"双碳"

目标下的工业行动技术路线

主编

任庚坡　吕小静

副主编

巫　蓓　毛俊鹏　王　祺

迈向 **3060** 实现碳达峰、碳中和

上海科学技术出版社

图书在版编目（ＣＩＰ）数据

"双碳"目标下的工业行动技术路线 / 任庚坡，吕小静主编；巫蓓，毛俊鹏，王祺副主编. -- 上海 ：上海科学技术出版社，2024.1
ISBN 978-7-5478-6291-9

Ⅰ. ①双… Ⅱ. ①任… ②吕… ③巫… ④毛… ⑤王… Ⅲ. ①企业－二氧化碳－排放－研究－中国 Ⅳ. ①X511.06

中国国家版本馆CIP数据核字(2023)第154579号

"双碳"目标下的工业行动技术路线

任庚坡　吕小静　主编

上海世纪出版(集团)有限公司
上海科学技术出版社 出版、发行
(上海市闵行区号景路 159 弄 A 座 9F - 10F)
邮政编码 201101　　www.sstp.cn
江阴金马印刷有限公司印刷
开本 787×1092　1/16　印张 23.25
字数 350 千字
2024 年 1 月第 1 版　2024 年 1 月第 1 次印刷
ISBN 978 - 7 - 5478 - 6291 - 9/TE · 9
定价：145.00 元

内 容 提 要

本书立足中国"双碳"目标的落地和实现,介绍了中国"双碳"目标的提出背景、意义、实现路径,以及政府和企业的响应指南,对科普"双碳"概念、指导相关主体制定落地计划具有重要意义。

本书第1章和第2章分别介绍了"双碳"目标提出的国际背景和对中国的意义;第3章和第4章分别从政府顶层设计和重点行业的重点技术介绍了现有实现路径;第5章分别从政府、园区、企业角度剖析了相关主体的行动方向;第6章和第7章分别从企业用能管理和碳资产管理角度介绍了企业加强碳排放管理的可行措施。

本书的出版可为政府部门实施碳达峰行动方案、制定产业发展政策、完善标准体系、丰富财税补贴政策等提供参考;为企业了解我国"双碳"工作顶层设计和工作进展,制定本集团或本企业的碳达峰方案、提高碳管理水平提供借鉴。

本书可供各级政府部门能耗管理、碳排放管理的决策人员,企事业单位领导和动力部门,各节能服务机构、碳资产管理公司、行业协会,关注碳达峰、碳中和发展的各界人士等,以及高等院校相关专业的师生参考学习。

编　委　会

序

全球气候变化已转变为一个国际社会共同关注的重大问题,气候治理的紧迫性已逐步成为共识。但由于各个国家经济、文化、科技发展的不平衡及资源禀赋的巨大差异,使全球气候治理行动一直在曲折中前进。

近 30 年来,在联合国气候大会达成的有关公约和协议指引下,国际气候治理经历了从《京都议定书》到《巴黎协定》的转变,从强调发达国家和发展中国家减排义务的"共同但有区别的责任"原则,演变到世界各国都要承担与自身发展水平相对应的"国家自主贡献"原则。如何有效减少二氧化碳等温室气体排放被视为解决气候问题最主要的途径。《巴黎协定》设定了 21 世纪后半叶实现净零排放的目标后,越来越多的国家正在将碳中和提升为国家战略。当前,新的全球气候治理格局正在形成。"碳达峰、碳中和"正在影响着全球发展和治理格局的重新塑造,将给世界经济社会发展带来巨大的改变。

我国于 2016 年 4 月签署《巴黎协定》,在减排承诺方面,我国提出了二氧化碳排放 2030 年左右达到峰值,并争取尽早达峰,单位国内生产总值二氧化碳排放比 2005 年下降 60%～65%等自主行动目标。2020 年 9 月 22 日,习近平主席在第七十五届联合国大会一般性辩论的讲话时向世界庄严宣布:"中国将提高国家自主贡献力度,采取更加有力的政策和措施,二氧化碳排放力争于 2030 年前达到峰值,努力争取 2060 年前实现碳中和。"2021 年 10 月,国家层面先后发布了《关于完整准确全面贯彻新发展理念做好碳达峰碳中和工作的意见》和《2030 年前碳达峰行动方案》两份"双碳"政策体系顶层设计文件,在顶层设计出台之后,国家层面陆续有其他"双碳"系列政策出台,包括对重点领域行业的实施政策和各类支持保障措施。2022 年 7 月,工业和信息化部、国家发展改革委、生态环境部联合印发《工业领域碳达峰实施方案》,它是国家"1＋N""双碳"政策体系的重要组成部分,对推动工业能效提升、培育形成绿色低碳发展新动能、促进工业经济健康增长具有重要的指导作用。同时,各省、市、自治区等地方政府部门也陆续制定出台了本地区的"双碳"政策文件。

党的二十大报告进一步指出:"加快发展方式绿色转型。加快推动产业结构、能源结构、交通运输结构等调整优化。实施全面节约战略,推进各类资源节约集约利用,加快构建废弃物循环利用体系。完善支持绿色发展的财税、金融、投资、价格政策和标准体系,发展绿色低碳产业,健全资源环境要素市场化配置体系,加快节能降碳先进技术研发和推广应用,倡导绿色消费,推动形成绿色低碳的生产方式和生活方式。"

我国选择尽快实施"双碳"战略,是积极主动之战略选择,参与全球气候治理不仅是压力与责任,更是动力与机会。当今我国已经在新能源领域蓄积了一定的优势地位,能源绿色低碳转型和产业结构体系重塑,夯实了我国实现"双碳"战略目标的基础。

《"双碳"目标下的工业行动技术路线》一书从"双碳"的由来说起,介绍了全球"双碳"发展的概况,重点阐述我国的"双碳"战略目标和实现路径。"双碳"目标的实现和各行各业都有密切的关系,但是从节能减排而言,工业无疑是最关键的领域,推动工业绿色低碳化发展,加快构建以高效、绿色、低碳、循环为特征的现代工业体系,是我国实现"双碳"目标的必由之路。所以本书特别围绕我国工业领域的重点行业、重点企业,从政府、园区、企业等视角,探讨实现"双碳"战略目标所需的技术和措施,希望本书能帮助大家了解实现碳达峰、碳中和对工业发展的重要意义,积极响应碳达峰、碳中和的号召,为建设美丽中国、实现持续发展做出积极贡献。

中国工程院院士

前言

近三十年来，全球对气候变化的重视程度逐渐上升，全球气候治理取得了里程碑式的进步。全球对气候变化的认识从环境保护的范畴逐渐上升到国际议程中的核心议题。1972年，在斯德哥尔摩举办的世界环境大会上形成了著名的《联合国人类环境会议宣言》，标志着气候变化开始成为一个重要的国际问题。1994年，《联合国气候变化框架公约》的生效，确立了国际社会在应对全球气候变化问题上进行国际合作的基本框架，并和其后的《京都议定书》和《巴黎协定》成为全球气候治理进程中里程碑式的三份法律文书。近年来，以碳中和承诺为入场券的新的全球气候治理格局正在形成。各国碳中和目标角逐的背后，是在科技、经贸、文化乃至外交等多领域的较量。

2020年9月22日，中国在第七十五届联合国大会上正式提出2030年实现碳达峰、2060年实现碳中和的目标。中国提出"双碳"目标，是党中央统筹国内国际两个大局作出的重大战略决策，是一场广泛而深刻的变革。从国内来讲，这一重大宣示为我国当前和今后一个时期，乃至21世纪中叶应对气候变化工作、绿色低碳发展和生态文明建设提出了更高的要求、擘画了宏伟蓝图、指明了方向和路径。从国际来看，这一重大宣示展示了中国应对全球气候变化作出的新努力、新贡献，体现了中国对多边主义的坚定支持，为推动全球疫后经济可持续和韧性复苏提供了重要政治动能和市场动能，也充分展现了中国作为负责任大国，为推动构建人类命运共同体的担当，受到国际社会广泛认同和高度赞誉。

自提出"双碳"目标后，中国已构建完成碳达峰、碳中和"1+N"政策体系，重点领域的碳达峰实施方案逐步出台，产业结构加快优化升级，能源绿色转型持续推进，生态环境质量稳步提升。落实"双碳"目标，需要长远系统的规划，需要具体的行动路径，也需要相关方的广泛参与。在近年的工作中，编者注意到，在响应和落实国家"双碳"政策的过程中，相关部门和人员存在一些误解和困惑。例如，认为控碳是控工业，对高耗能高排放的行业采取"一刀切"；认为控碳是政府的事；有的企业很关注国家的政策变动，却不知从何下手制定所在单位的行动方案；企业不知如何布局应对"双碳"背景下政策和国际贸易环境可能的变化。

基于以上发现的问题，本书以科普"双碳"知识，提供实践性强的操作指南为目标，整理了"双碳"的系统知识和最新动态，并重点从政府、园区、企业这三类主体角度梳理了响应"双碳"目标的思路和方向。本书正文共7章，分别从中国"双碳"目标提出的背景、意义、实现路径、重点行业和技术、相关方的响应指南等各方面进行了介绍。第1章介绍了"双碳"问题的由来，从气候变化的成因、国际气候治理的发展、重要的国际组织和会议方面，为读者提供了全局性的全球气候治理的形势和进程视角。第2章介绍中国"双碳"目标的提出和意义，深入浅出地阐述了中国"双碳"目标的提出背景、意义和挑战，便于加深读者对我国"双碳"目标的理解。第3章为"双碳"目标的实现路径分析，从技术路线方面，分析了国外重点国家已提出的路线和中国已出台的政策框架体系供读者参考，并解析了常见的"双碳"方面的十个误区。第4章对实现"双碳"目标的重点行业进行技术分析，分别从源头、消费和碳负排放技术方面介绍了重点技术的发展现状。第5章为"双碳"行动路径制定指南，从政府、园区和企业角度，分别介绍了如何制定对应的行动计划。对政府，介绍了现有的政策和抓手；对园区，介绍了现有的政策和先进案例，并介绍了零碳园区的概念；对企业，介绍了如何从摸家底开始，逐步建立健全碳管理体系。第6章为工业企业"双碳"实践重点行动，介绍了目前较通用的提高碳管理水平的技术。第7章介绍了碳交易机制和绿色金融，这是企业碳管理中较重要又常被忽视的方面，本书对此部分内容进行了详细介绍，便于企业及早进行布局和安排。

感谢上海市生态环境局科研项目《构建超大城市现代环境治理体系推进实施综合评估和集成示范支撑技术研究》（沪环科〔2021〕第1号）对本书出版的支持。希望通过本书，能够为读者提供关于"双碳"的较为全面系统的认识，为政府、园区、集团、企业、节能服务公司等相关方提供参考。由于水平有限，书中错误之处在所难免，如书中内容有不当之处，敬请读者指正。

编著者

2023年8月6日

目录
CONTENTS

1

1

『双碳』问题的由来

由于温室效应的存在，人类活动显著推动了气候变暖。全球变暖在全世界引起了一系列的严重问题，包括海平面上升、极端天气增多、农作物减产、物种灭绝威胁、人类疾病增多等。全球气候变化已从科学问题转变为一个国际社会共同关注的重大问题，涉及科学、政治、经济、社会、外交、国家安全等多个议题，成为当今人类最大的国际政治议题之一。

本章第一节从气候变暖的原因、表现和危害三方面介绍了气候变化带来的影响。第二节从国际社会对气候变化问题的认识发展、部分国家的气候治理政策和国际气候治理合作的发展三方面介绍了全球应对气候变化的发展和格局。第三节介绍了气候治理相关的重要机构、文件和会议。

在全球科学家和有识之士的推动下，气候治理的紧迫性已经成为共识，但是由于"公地悲剧"的存在，全球气候治理一直在曲折中前进。在历年的联合国气候大会上，各国政治家都在国家利益与全球利益的纠结中各持己见。近三十年来，在各国的博弈中，全球气候治理取得了里程碑式的进步，形成了基本框架和原则。但近年来，随着部分发达国家试图逃避减排责任，原有全球气候治理共识逐渐瓦解，以碳中和承诺为入场券的新的全球气候治理格局正在形成。

1.1 全球气候变化下的危机

1.1.1 气候变暖的原因

地球热量平衡被改变是全球变暖的根本原因,地球的大气层相当于一层厚厚的"玻璃罩"。白天,阳光透过大气层照射到地球上,绝大部分的能量和对人类有害的光线会被大气及地球表面吸收。夜晚,白天被地球表面吸收的能量以红外线的方式向外发射,但绝大部分被"玻璃罩"阻拦和吸收。在这个过程中,大气层对地球温度变化起了缓冲作用,使地球温度不会在太阳照射时迅速升高,并在阳光消失时急剧下降。但是人类活动加剧会打破这个平衡,人类活动排放到大气中的温室气体会增强"玻璃罩"的吸热及隔热功能,进而引起全球气候的变化。

导致全球变暖的原因有很多,既有自然因素,也有人为因素,但其中人为因素是造成气候变化的决定性因素。联合国气候行动认为,造成气候变化的主要原因有 7 个,其中,燃烧化石燃料(煤炭、石油和天然气)是迄今为止造成全球气候变化的最主要原因,其产生的温室气体占全球排放的 75% 以上,其中二氧化碳占全球排放的近 90%。

(1)发电。燃烧化石燃料以发电和供热造成了巨大的温室气体排放量。目前大部分电力仍旧是通过燃烧煤炭、石油或天然气产生的,在燃烧过程中会产生二氧化碳和一氧化二氮,这些强效的温室气体会包覆地球并吸收太阳的热量。

(2)工业制造。制造业产生的温室气体排放主要来自燃烧为制造水泥、钢铁、电子产品、塑料制品、衣服和其他商品提供能源的化石燃料。有些材料,如塑料,是由化石燃料中的化学物质制成的。制造业是全球温室气体排放的最大来源之一。

(3)砍伐森林。每年约有 1 200 万 hm^2 的森林被毁。砍伐森林会释放树木自身储存的碳,并且也限制了大自然吸收和储存二氧化碳的能力。砍伐森林,加上农业和其他土地使用方式的变化,这些活动产生的温室气体排放量约占全球总排放量的四分之一。

(4)使用交通工具。大部分汽车、卡车、轮船和飞机都靠化石燃料供能运行,这使得交通工具成为温室气体,尤其是二氧化碳排放的主要来源。交通工具的二氧化碳排放量约占全球能源相关碳排放量的四分之一。趋势表明,未来几年交通工具的能源消耗量将大幅增加。

(5)生产粮食。生产粮食的过程中(如砍伐森林和开垦土地、牛羊消化食物、生产和使用肥料与粪肥来种植作物,使用化石燃料等能源驱动设备)会排放二氧化碳、甲烷和其他温室气体。此外,包装和分销粮食也会排放温室气体。

(6)供能建筑。民用住宅和商业建筑消耗了全球一半以上的电力。近年来,随着空调拥有量的增加,供暖和制冷的能源需求不断增长,以及照明、电器和联网设备的用电量增加,导致建筑物的能源相关二氧化碳排放量上升。

(7)过度消费。日常生活活动,如用电、使用交通工具、消费食物,以及服装、电子产品和塑料等商品的消费都会排放温室气体。人们的生活方式对地球环境有着深远的影响。富有的人应对全球气候变化承担更大的责任:全球最富有的人(约占全球1%人口)的温室气体排放量大于全球最贫穷的人(约占全球50%人口)的排放量。

1.1.2 气候变暖的危害

在工业革命前,全球温度的变化幅度相对较小。工业革命后,全球温度迅速上升并达到前所未有的高度。在该上升趋势中,人为因素起了毋庸置疑的决定性作用。全球变暖对人类的影响主要表现在以下几个方面:

(1)气温升高。随着温室气体浓度升高,全球地表温度也在上升。过去十年,即2011—2020年,是有史以来最温暖的十年。自1980年以来,每十年都比前一个十年更温暖。温度升高会引发更多的高温病,野火风险加剧。

(2)风暴肆虐。随着温度的上升,更多的水分蒸发,加剧了极端的降雨和洪涝,引发更多的毁灭性风暴。热带风暴的发生频率和范围也受到了海洋变暖的影响。它们经常会摧毁房屋和社区,造成人员死亡并带来巨大的经济损失。

(3)干旱加剧。全球变暖加剧了已缺水地区的缺水状况,还会增加农业干旱和生态干旱的风险。沙漠正在扩大,不断减少种植粮食的土地。现在许多人经常面临着无法获得足够水资源的威胁。

（4）海洋变暖，海平面上升。海洋吸收了全球变暖的大部分热量。在过去的 20 年里，整个海洋的变暖速度都在加快。随着海洋变暖和冰盖融化，海平面的上升威胁着沿海和岛屿社区。此外，海洋不断吸收二氧化碳以避免其排放到大气中。但是，吸收更多的二氧化碳使海洋变得更加酸化，从而危及海洋生物和珊瑚礁。

（5）物种灭绝。气候变化对陆地和海洋物种的生存带来了风险。这些风险随着温度的上升而增加。气候变化加剧了物种灭绝的速度，全球物种灭绝的速度比人类史上任何时候都要快 1 000 倍。在未来几十年内，一百万个物种有灭绝的风险。森林火灾、极端天气、害虫入侵和疾病等威胁都与气候变化有关。有些物种能够迁徙并生存下来，但其他物种则没法做到。

（6）食物不足。气候变化和极端天气事件频发都是导致全球饥饿和营养不良现象增加的原因。渔业、农作物和牲畜可能会遭到破坏或产量降低。海洋酸化变得更加严重，为数十亿人提供食物的海洋资源正处于危险境地。许多北极地区冰雪层的变化已经破坏了畜牧、狩猎和捕鱼带来的食物供应。热应力会减少放牧所需的淡水和草地，导致作物产量下降并影响牲畜。

（7）健康风险增加。气候变化是人类面临的最大健康威胁。气候变化导致的空气污染、疾病、极端天气等正在损害人类健康。每年，环境因素夺走约 1 300 万人的生命。不断变化的天气形势会扩大疾病传播范围，极端天气事件也会增加死亡人数，这些因素使医疗系统难以随之升级。

（8）贫困和流离失所。气候变化增加了使人们陷入贫困的因素。洪水可能会冲毁城市贫民窟，摧毁家园和生计。炎热会使人们难以从事户外工作。缺水可能会影响农作物收成。在过去十年（2010—2019）中，平均每年约 2 310 万人因天气相关的事件流离失所，许多人也因此更容易陷入贫困。

1.2　国际社会的努力与博弈

1.2.1　国际社会对气候变化的认识发展

自 1990 年起，联合国政府间气候变化专门委员会（Intergovernmental Panel on Climate Change，IPCC）已发布了六次正式的评估报告。每一份 IPCC 报告，均由来自全球各地的科学家花费 5 年左右时间共同志愿编撰和审议，通过后公开发布,供决策者、科研人员、媒体、大众等了解气候变化进程和进行决策辅助使用。IPCC 每轮综合评估报告,一般分三册,每个 IPCC 工作组一册,另加综合报告。综合报告是将评估报告和特别报告中包含的材料进行综合和整合。IPCC 历次报告都对推动国际气候谈判进展,气候公约的签署和通过,以及气候治理机制的建立和完善起了重要作用。本节通过 IPCC 历次评估报告的重要发现,介绍国际上对气候变化问题的认识发展。

1）IPCC 第一轮评估报告：气候变化 1990

IPCC 第一轮评估报告公布于 1990 年。这份报告系统评估了过去 100 年气候变化的程度和影响,用气候变化学科的最新进展论证了开展气候治理的紧迫性,直接推动了 1992 年应对全球气候变暖的第一份框架性国际文件《联合国气候变化框架公约》的制定与通过。

报告指出,人类活动正在使大气中的温室气体浓度显著增加并导致温室效应增强,这些温室气体包括二氧化碳、甲烷、氯氟烃（CFC）和氧化亚氮。过去 100 年来,全球平均地面气温已经上升 0.3～0.6℃,全球海平面升高了 10～20 cm。如果不采取措施限制温室气体排放,下个 100 年内,全球平均温度将以平均每十年约 0.3℃ 的速度上升,全球平均海平面将以每十年约 6 cm 的速度上升。到 21 世纪末,全球平均气温将比当前升高 3℃ 左右,全球平均海平面将比当前升高约 65 cm。

在气候变化的影响评估方面,报告认为,大规模的自然事件能对农业和人类居住环境产生重大影响。预计的人口爆炸将对土地利用、能源、淡水、粮食和住房的需求产生严重影响,但这些影响在不同区域的程度是不同的,最严重的影响将发生在已受到威胁的地区,主要是发展中国家。大气温室气体浓度的增高可能导致气候不可逆转的变化。气候变化影响的严重性很大程度上取决于气候变化的速度。随着气候带向两极方向移动,地球自然生态系统会受此影响产生变化,全球生物多样性将减少。全球增温将加速海平面上升,改变海洋环流和海洋生态系统,因而造成严重的社会经济后果。降水和温度的变化,也会对农业、林业、人口分布和健康产生影响。

在本报告中,IPCC 建议采取以灵活和渐进的办法,为解决全球变暖问题实施全球性的、全面的和分阶段的行动。在控制排放方面,发达国家和发展中国家要承担共同但有区别的责任,建议控排目标设为将升温速度降为每十年

0.1℃左右。建议在报告提交后尽快开始一项框架公约的国际谈判,并加上可能商定的附加议定书。

2)IPCC第二轮评估报告:气候变化1995

IPCC第二轮评估报告公布于1995年。该报告的一个重要目的是为解释联合国气候变化框架公约第二条提供科学技术信息,即何种程度的温室气体浓度为"危险的人为干扰的水平"。该报告推动了1997年具有法律约束力的定量减排目标的《京都议定书》的通过。

报告指出,温室气体在大气中的浓度自工业化时代(1750年之后),已经有了很大的增加。这种趋势很大程度上是由于人类活动,主要是化石燃料的使用、土地使用的变化和农业造成的。许多温室气体在大气中能存在很长时间(如二氧化碳和一氧化二氮),因此将长期影响辐射强迫。许多碳循环模式表明,只有大约分别在40年、140年或240年的时间将人为排放的二氧化碳降低到1990年的水平,并进而明显下降到低于1990年的水平,才能实现将大气中二氧化碳浓度值分别稳定在450、650或1 000 mL/m³上。全球平均地面温度自19世纪以来升高了0.3~0.6℃,全球海平面在过去的100年中上升了10~25 cm,海平面上升的大部分原因可能与全球平均气温升高有关。

在气候变化的影响方面,气候模型除考虑了二氧化碳浓度增加外,还考虑了今后气溶胶浓度增长的作用。结果表明,相对于1990年,2100年的全球平均地面温度将上升1~3.5℃,海平面将上升15~95 cm。包括自然生态、社会经济、人类健康在内的大多数系统都对气候变化的程度和速度敏感,脆弱性随着适应能力的减少而增加。最脆弱的是那些对气候变化最敏感和适应能力最差的系统。对生态系统来说,许多生态系统的结构和地理分布会随着单个物种对气候变化的反应而变化;生物多样性将可能减少。气候达到新的平衡后,某些生态系统还需要几个世纪才能达到新的平衡。全球水文循环将因为气候变化加快,各区域的变化并不相同。全球农业生产是可维持的,但区域差异会很悬殊。气候变化对林业和渔业的负面影响超过了正面影响。报告还讨论了减少排放和增强温室气体的汇的可行方案。

3)IPCC第三轮评估报告:气候变化2001

IPCC第三轮评估报告公布于2001年。该报告促使《联合国气候变化框架公约》谈判确立了适应和减缓气候变化两个议题,为《京都议定书》的生效提供了科学支撑,并推动了《京都议定书》最终于 2005 年生效。

报告提出,20 世纪全球地面平均气温升高 0.4～0.8℃(该数据比第二次评估报告中高了 0.15℃,因为新增的年份温度较高和改进了资料处理方法),全球平均海平面升高了 0.1～0.2 m。20 世纪的增温可能(66%～90%概率)是过去的 1 000 年中所有世纪中最明显的,20 世纪 90 年代可能(66%～90%概率)是最暖的 10 年。过去的 20 年中,排放到大气中的二氧化碳有四分之三是由化石燃料燃烧产生的,其他则主要由土地利用变化尤其是森林砍伐造成的。在过去的 42 万年间,从未出现过如目前这么高的二氧化碳浓度水平。由于人类活动,大气温室气体浓度及其辐射强迫持续增强,且由于长生命期温室气体的存在,人类活动排放的温室气体造成的影响将持续几个世纪。

在气候变化的影响评估方面,近来的区域气候变化,特别是温度升高,已经影响了许多自然和生物系统,如冰川退缩、永冻土融化、中高纬度地区生长季延长、动植物范围向两极和高海拔地区扩展等。由于自然系统的适应能力有限,其在气候变化中是脆弱的,一些系统会遭受重大的、不可逆转的危害。受危害或损失的地域范围,以及受影响的系统数量,将和气候变化的幅度和速度成正相关关系。很多人类系统对气候变化是敏感的,甚至部分是脆弱的,如部分区域的作物将减产,部分疾病影响的人数将增加,很多居民居住地受洪涝影响的风险大大增加。

报告提出,在各种尺度上,适应是补充减缓气候变化努力的一个必要的战略。虽然人类和自然系统都可以在一定程度上自动适应气候变化,但是有计划地适应气候变化可以带来更好效果。若减缓气候变化的政策能与可持续发展的社会目标相一致,两者将能相得益彰,产生显著的环境、经济、社会效益。

4) IPCC 第四轮评估报告:气候变化 2007

IPCC 第四轮评估报告公布于 2007 年。该报告推动了"巴黎路线图"的通过。同年,IPCC 获得了诺贝尔和平奖(共享),以表彰 IPCC 在推动人类气候合作方面的积极作用。

报告提出,自 1750 年以来,人类活动很可能(90%以上可能性)是全球变暖的因素之一。目前从全球平均气温和海温升高、大范围雪和冰融化,以及海平面上升的观测中得到的证据均支持了气候系统的变暖。在大陆、区域和洋盆尺度上,已观测到气候的多种长期变化。从古气候学角度看,20 世纪后半叶北半球平均温度很可能比近500年中任何一个50年时段的平均温度都高，并且可能至少在最近1 300年中是最高的。报告预测，在IPCC设定的一系列不采取额外的控排气候政策的排放情景下，20世纪末全球地表温度将上升1.8~4.0℃。

在气候变化的影响评估方面，报告提出，许多自然系统正在受到区域气候变化，特别是受到温度升高的影响。由于全球变暖，冰川正在消融，冻土区正在融化，两极的部分生态系统在发生变化。全球变暖很可能已对陆地、海洋和淡水生物系统造成了影响。在对未来气候变化的影响的预估方面，报告认为，许多生态系统的适应弹性，可能在21世纪被气候变化、相关扰动（如洪涝、干旱、野火、虫害、海水酸化）和其他全球变化驱动因子（如土地利用变化、污染、资源过度开采）的空前叠加所超过。气候变化给工业、人居环境和社会带来的成本和效益，将因地点和规模的不同存在很大差异。但总体而言，气候变化愈剧烈，净影响愈趋向于负面。

在减缓气候变化方面，报告提出，若沿续现行的气候减缓政策和相关的可持续发展做法，未来几十年全球温室气体排放将继续增加。温室气体排放量会先达峰再下降，达峰值愈低，到达峰值的速度和随后下降的速度愈快。因此，今后二三十年的减缓努力将对能否实现较低的稳定水平有重要影响。

5）IPCC第五轮评估报告：气候变化2014

IPCC第五轮评估报告公布于2014年。该报告为《巴黎协定》的制定提供了主要的科学支撑。巴黎气候大会决议要求《巴黎协定》特设工作组将IPCC第五次评估报告作为参考来源以确定全球盘点所需的信息，并要求各缔约国依据IPCC的方法学及指标来核算各国的温室气体减排力度。

报告提出，气候系统的变暖是毋庸置疑的。自20世纪50年代以来，观测到的许多变化在几十年甚至上千年时间里都是前所未有的。大气系统已经变暖，过去三个十年的地表温度已连续高于1850年以来的任何一个十年。海洋变暖在气候系统中储存能量的增加中占主导地位。在20世纪末的二三十年间，全球范围内的冰川几乎都在继续退缩，大多数地区多年冻土温度已经升高。自20世纪中叶以来观测到全球表面温度升高的一半以上应归因于人为排放温室气体及其他人为驱动因素的影响（95％以上可能性）。

在气候变化的影响方面，最近几十年，气候变化已经对所有大陆上和海洋中的自然系统和人类系统造成了影响。为了应对不断发生的气候变化,许多陆地、淡水和海洋物种已经改变了其地理分布范围、季节活动、迁徙规律、丰度和物种交互(高信度)。更多情况下气候变化对作物产量的影响是负面的而非正面的(高信度)。近期极端气候事件的影响表明某些生态系统和许多人类系统对当前气候变化的速度具有明显脆弱性和暴露度。报告提出,通过限制气候变化的速度和幅度,可以降低气候变化影响的总体风险。

在减缓气候变化方面,报告认为,减缓及适应气候变化可以共同为实现联合国气候变化框架公约第 2 条所确定的目标作出贡献。气候变化是需要集体行动才能达成目标的,如果有行为主体根据自己的利益单独行事,将影响减缓目标的实现。制定减缓和适应政策时,要秉持平等、公正和公平原则。从全球范围看,经济和人口增长仍是推动因燃烧化石燃料导致二氧化碳排放增加的驱动因子。

6)IPCC 第六轮评估报告:气候变化 2023

IPCC 第六轮评估报告公布于 2023 年。该报告将为进一步落实《巴黎协定》提供科学参考。

报告提出,人类活动对大气、海洋和陆地变暖的影响是毋庸置疑的。大气、海洋、冰冻圈和生物圈都已经发生广泛而迅速的变化。人为影响以至少2 000 年来前所未有的速度使气候变暖。相比 100 年前,人为造成的全球表面温度上升幅度可能为 0.8~1.3℃,全球海平面平均上升了 0.2 m。自 20 世纪70 年代以来,全球上层海洋已经变暖,而且人为影响很可能是 20 世纪 90 年代以来全球冰川退缩及 1979—1988 年和 2010—2019 年间北极海冰面积减少的主要驱动因子。人类活动造成的气候变化已经影响到全球大部分区域的很多极端天气(如热浪、强降水、干旱、热带气旋等)气候事件。

在气候变化的影响方面,报告认为,当前气候变化、生态系统及人类社会的相互作用以负面影响为主,人类正面临显著的气候变化风险。为了地球生态系统健康和人类福祉,人类需要迅速采取有效的行动,确保可持续发展。对于近期(2021—2040 年)而言,风险主要取决于暴露度和脆弱性的变化;对于中期至远期(2041—2100 年)而言,气候变化风险将随着全球升温加剧而增加。全面、有效和创新的应对措施可以产生协同效应,减少适应和减缓之间的制约,从而改善自然和人类的福祉,实现可持续发展,并将这种解决方案框架称为"具有气候恢复力的发展"。气候恢复力的发展需要整个社会的共同努力。

在减缓气候变化方面,报告揭示了为实现不同温升控制水平全行业实施温室气体深度减排,特别是能源系统减排的重要性和紧迫性。同时强调了在可持续发展、公平和消除贫困的背景下开展气候变化减缓行动更容易被接受、更持久和更有效。若要将全球温升控制在 2℃ 以内,全球温室气体排放量须在 2025 年前达峰。

1.2.2 部分国家和组织的气候治理政策

1)美国:气候政策随政府更迭反复变化

里根政府时期(1981—1989 年):在此时期,美国政府对气候变化问题持消极态度。里根是在美国内外交困的时期出任总统的,在国内,美国正处于战后的经济危机中;国外,在美苏全球争霸中美国处于不利地位。此时重振美国经济是里根政府的重要战略,美国内政部长、美国科学院负责二氧化碳评估委员会的主席均对环保持负面态度,美国环境保护署的人员被削减。

乔治·H·W·布什政府时期(1989—1993 年):在这一阶段,美国政府开始关注气候变化问题,但给予的重视度不够。在对外关系上是积极的合作态度,表现为美国政府迅速批准了联合国气候变化框架公约。但是,由于当时对气候变化的问题研究和结论不够充分,乔治·H·W·布什政府起初就以气候变化的科学不确定性为由,拒绝过早地就减少温室气体而采取行动。深层次原因是乔治·H·W·布什政府认为,进行温室气体减排会严重损害美国的经济竞争力,影响经济的发展。

克林顿政府时期(1993—2001 年):克林顿上台后对气候变化问题采取了积极主动的政策,努力使美国在国际气候治理中发挥领导作用。在 1993 年4 月 22 日的"世界地球日"演讲中,克林顿宣布美国承诺到 2000 年将温室气体排放恢复到 1990 年的水平。这标志着美国的气候政策发生了重大转变。克林顿政府提出并通过 BTU 税,在《美国国家安全》中确认了气候变化的重要性,发布了首份《环境外交》报告,签署了《京都议定书》,向不发达国家提供资金技术援助等行动。但是由于国会的阻挠,克林顿政府很多关于气候变化的政策都受到了影响。

乔治·W·布什政府时期(2001—2008 年)：乔治·W·布什政府在应对气候变化问题上基本持单边主义，由于该政府代表的利益集团，乔治·W·布什政府在经济利益和环保中更考虑前者。2001 年 3 月，在乔治·W·布什政府上台不久，即宣布美国退出《京都议定书》。乔治·W·布什政府废除或推迟了克林顿政府的一些环保政策，并支持增加化石能源开发、简化新建炼油厂和发电站的审批手续、加强能源基础设施建设等相关议案。该政府的行为在国内外都遭到了激烈批评，在其第二任期内，其环境外交政策进行了一些调整，但并未采取相应的实质性减排行动。

奥巴马政府时期(2009—2017 年)：奥巴马政府的气候政策是积极主动的，将气候变化议题提到战略高度，并采取了一系列节能减排的措施。由于次贷危机对美国经济和全球经济的影响，奥巴马政府面对的是内忧外患的环境，其将刺激经济复苏、能源结构调整与气候变化政策联系了起来。该政府任用了一批对应对气候变化持积极态度的科学家为能源和环境部门的领导，加强了可再生能源的开发，签署了《巴黎协定》。奥巴马政府在气候治理方面的作为让人们一定程度上对美国重拾信心，但在对外关系上并没有实质性的改变，在哥本哈根气候大会、坎昆气候大会、德班气候大会及多哈气候大会等会中，美国政府仍表现消极。

特朗普政府时期(2017—2021 年)：特朗普政府对于气候治理的政策是消极的，其支持化石能源的开发和使用，并废除了许多环境法规。特朗普政府在能源方面的政策目标是让美国在使用化石燃料的基础上实现能源独立。特朗普就职后，就开始实施他的"美国优先能源计划"，放松能源监管，推动国内油气资源的开发。特朗普政府撤销了 98 项环境法规。2019 年 11 月，特朗普政府宣布美国正式退出《巴黎协定》。

拜登政府时期(2021 年至今)：拜登政府对气候变化的态度与特朗普政府完全相反，其积极参与气候治理活动，并力图使美国重新成为国际应对气候变化的领导者。拜登上任后第一天，签署了包括重新加入巴黎气候协定、《关于保护公众健康和环境及恢复科学应对气候危机的行政命令》在内的一系列行动方案。上任一周后，拜登将应对气候变化上升为"国策"。2021 年，拜登宣布扩大美国的减排承诺。在对外关系方面，拜登政府将气候变化问题完全纳入美国的外交政策、国家安全战略和贸易方式。但是，拜登政府对于减少使用化石燃料的态度十分谨慎,主张通过政策手段引导能源结构逐渐向低碳化转型。

2) 欧盟:气候治理的坚定支持者和领军者

萌芽时期(1990 年前):欧盟的减排意识由环保意识发展而来。因欧洲工业化发展较早,早期重工业发展忽视了对环境的保护,带来了一系列的资源环境问题。在 1951 年签订的《欧洲煤钢共同体条约》中就有关于节能和保护环境的内容。在《联合国气候变化框架公约》形成前,欧盟发起和组织了多次国际会议呼吁应对气候变化的重要性,推动全球气候治理合作。欧盟的"三驾马车",英国、法国、德国,对推动全球治理都持积极态度,从早期开始就积极采取应对气候变化的措施,并形成了一些创新性的做法。

积极参与时期(1990—1996 年):在《联合国气候变化框架公约》时期至《京都议定书》通过前,欧盟在全球气候治理中的角色是积极参与者。在这一阶段,欧盟一方面积极参与全球气候治理活动,一方面采取多项措施积极降低自身排放。在《联合国气候变化框架公约》谈判期间,欧盟提出了制定有法律意义的减排协议、设定减排时间表等主张。在《柏林授权书》谈判中,欧盟提出了对温室气体的减排指标建议、灵活履约机制和发展中国家自愿承诺减排义务。

领军时期(1997—2007 年):在《京都议定书》的谈判和生效过程中,美国的态度是消极的,欧盟却积极主动地斡旋和推动,对比之下,欧盟逐渐成为全球气候治理的领导者。在美国退出议定书后,欧盟一方面积极履行自身减排义务,一方面积极劝说其他国家尽快批准该议定书,为《京都议定书》的生效作出了重要贡献。在这段时期,欧盟成员国达成了《阿姆斯特丹条约》《欧盟战略和行动白皮书》《欧洲气候变化计划》等多项计划以控制温室气体排放。2005年欧盟开始构建欧盟碳排放交易体系,它是世界上第一个多国参与的排放交易体系,也是当时世界上覆盖温室气体排放量最大的碳排放交易体系。

领导力下降时期(2008—2009 年):由于国际金融危机的影响,欧盟内部一些国家开始担心减排行动对本国经济产生不利影响,欧盟内部开始出现意见上的不一致,使得欧盟整体减排意愿下降,在国际气候治理舞台上的活动也相对消极。在哥本哈根气候大会上,欧盟提出了激进的减排目标,并希望把发展中国家也纳入强制减排的框架内。由于欧盟的主张过于激进,其遭到了美国和发展中国家的反对,本次会议最终未达成具有法律约束力的文件。

　　重回领军地位时期(2009年至今)：哥本哈根气候会议后,欧盟对哥本哈根会议的失败进行了反思,并发布了《后哥本哈根国际气候政策：重振全球气候变化行动刻不容缓》政策文件,明确了欧盟日后气候变化谈判战略是要在《联合国气候变化框架公约》和《哥本哈根协议》基础上,尽力促进两年内达成有法律约束力的文件。其后,欧盟开始主动与发达国家和发展中国家开展对话,逐渐建立起"雄心联盟"。在2010年至2015年的气候大会上,欧盟都积极斡旋主动作为,为达成会议决议做出了显著的努力,并为《巴黎协定》的达成做出了关键性的贡献。

　　但是,随着全球气候治理结构多元化格局的形成和国际局势的变化,全球气候治理的推动力从依靠单个国家变为依靠联合国内外多种正式和非正式的渠道进行推动。欧盟的领导力相对有所削弱,但是他们的积极行动和作为使他们依然是全球应对气候变化的领军。2018年后,欧盟围绕碳中和实施了一系列行动,走在世界的前列。

　　2018年,欧盟公布了《欧盟2050战略性长期愿景》,首次提出到2050年将欧洲建成全球首个"碳中和"地区的愿景。2019年12月,欧盟委员会公布了"欧洲绿色协议"。这是对欧洲气候变化计划(ECCP)和气候与能源计划(CARE)等系列政策的更新。协议中再次提出到2050年实现碳中和的目标,并制定了详细的路线图和政策框架。2020年,欧盟委员会公布2030年气候目标计划,将2030年的减排目标从40%大幅提高到55%。2021年6月,欧盟将《欧洲气候法案》正式立法,将2030年减排55%、2050年净零排放的目标写入法律。其后,欧盟公布了"减碳55%(Fit for 55)"一揽子计划,它是一套关系到多个领域的减排立法提案,以确保欧盟能按期实现2030年减排目标。

　　3) 日本：气候变化国际合作的积极参与者

　　萌芽时期(1990年以前)：日本对气候变化的关注自1988年开始。在1988年多伦多会议上,日本开始注意到应对气候变化开始成为一个全球性议题。1989年,日本在首次将环境议题正式纳入对外战略框架。这一时期,日本一方面想同美国保持政治上的协同,另一方面在国内外的舆论压力下开始认识到气候变化的严峻,政策开始有了积极的变化。1990年,日本通过《防止全球变暖的行动计划》,设立了减少温室气体排放的国家目标为到2000年人均二氧化碳排放量维持在1990年的水平。

积极参与时期(1990—2004 年):1990 年《联合国气候变化框架公约》谈判正式开始,并于 1992 年 6 月 4 日在巴西里约热内卢举行的联合国环发大会(地球首脑会议)上通过。在该届联合国环发大会上,日本不仅承诺限制有害气体排放,还承诺五年内为环保事业提供 10 000 亿日元援助,远超欧盟和美国。此外,日本积极谋求成为《联合国气候变化框架公约》缔约方大会的主办国。1997 年 12 月,《联合国气候变化框架公约》第三次缔约方大会在日本京都召开,会议通过了《京都议定书》。日本于 2002 年签署了《京都议定书》,并承诺在《京都议定书》的第一承诺期削减 6% 的碳排放量。

积极性下降时期(2005—2019 年):《京都议定书》生效后,后京都时期的谈判开始启动。但是,由于日本国内的产业界对《京都议定书》设立的减排目标一直持消极态度,认为减排会阻碍经济发展。在相当一段时间里,日本对履行《京都议定书》的承诺都比较消极。在 2010 年的坎昆气候大会上,日本首次提出了抛弃《京都议定书》的立场,坚决反对把《京都议定书》延长至第二承诺期。但在此期间,日本在应对气候变化方面也采取了一些措施,其中最重要的一项是 2016 年,日本批准了《巴黎协定》,提出的减排目标为到 2030 年温室气体排放量比 2013 年降低 26%。

回归减排主流时期(2020 年至今):2020 年 10 月,日本菅义伟内阁宣布 2050 年实现碳中和,意味着日本气候行动的强度将与《巴黎协定》的要求一致,标志着日本在应对气候变化上立场的重大转变。其后日本出台了旨在推进落实碳中和承诺的一系列措施,以在后巴黎时代增加话语权,参与新规则的制定。2020 年 12 月,日本颁布了《2050 年碳中和绿色增长战略》,提出了推动日本实现碳中和的路线。2021 年 4 月,在华盛顿气候峰会上日本进一步提出要在 2030 年前比 2013 年减排 46% 的中期目标。2021 年 5 月,日本通过《全球变暖对策推进法》,将碳中和目标立法。2021 年 10 月,日本新任首相岸田文雄表示,将继续推动 2030 年和 2050 年减排目标的实现。2022 年,日本开始建设碳市场的前期准备。

1.2.3 全球气候治理合作的发展过程

1) 科学研究阶段(19 世纪初—1991 年)

回顾全球变暖的历史,一般会追溯到 1827 年,法国数学家、物理学家约瑟夫·傅里叶,首次提出了温室效应理论,认为地球表面温度受大气层化学结构的影响。19世纪60年代,英国物理学家丁泽尔通过实验证明大气温室效应是由包括二氧化碳和水蒸气在内的含量很少的几种气体贡献的,且二氧化碳是其中的关键因素。19世纪末,瑞典化学家斯万特·阿列纽斯开始定量地计算气候对二氧化碳变化的敏感性,并且意识到工业化和化石燃料消耗量的增加将导致气候变暖。1967年,真锅淑郎和理查德·韦瑟尔德在"给定相对湿度分布的大气热平衡"的著名论文中,得出了二氧化碳浓度每翻一倍,全球平均温度将会变暖约2.3℃的结论。

20世纪60年代后,随着工业化进程的加快,工业化发展带来的环境问题开始显现,出现了不少公害问题,人们开始关注环保问题。1972年,在斯德哥尔摩举办的世界环境大会首次将包含气候变化在内的环境保护问题列入正式议程,会议形成了著名的《联合国人类环境会议宣言》。本次会议标志着气候变化开始成为一个重要的国际问题。1979年,第一次世界气候大会在瑞士日内瓦召开,标志着气候变化开始提上国际议事日程。1988年,联合国成立了IPCC。1990年,IPCC发布第一份评估报告,同年,第二次世界气候大会呼吁建立一个气候变化框架条约。二者最终促成了《联合国气候变化框架公约》的出现和生效。1990年12月,联合国常委会批准了气候变化公约的谈判。

2)《联合国气候变化框架公约》的形成和完善时期(1992—2006年)

《联合国气候变化框架公约》于1992年5月获得通过,于同年的联合国环境与发展大会上开放签署,并于1994年3月生效。《联合国气候变化框架公约》是世界上第一个应对全球气候变化的国际公约,它确立了国际气候治理合作的基本原则,奠定了国际气候治理合作的法律基础和基本框架。自1995年起,缔约方每年都举行一次缔约方大会。

为了解决《联合国气候变化框架公约》没有对个别缔约方规定具体需承担多少义务的问题,自1995年起,缔约方决定就如何设立一份对缔约方有约束力的保护气候议定书开始了谈判。1997年,在东京气候大会上,通过了《京都议定书》。该条约是人类第一部限制各国温室气体排放的具有法律约束力的协议。它与《联合国气候变化框架公约》一起构成了全球气候治理的法律基石。《京都议定书》于2005年2月16日开始强制生效,其第一承诺期于2012年12月截止。

3）后京都时代（2007—2014 年）

由于《京都议定书》第一期承诺期到 2012 年结束，自 2007 年起，各国就议定书二期减排开始了谈判，这 7 年时间被称为"后京都时代"，这段时间是全球气候治理中艰难发展的一段进程。2007 年的巴厘岛气候大会上，艰难地达成了《巴厘岛路线图》，确认了《联合国气候变化框架公约》和《京都议定书》下的"双轨"谈判进程。

受金融危机的影响，许多主要发达国家的经济发展出现衰退，对于气候治理的态度转向消极，拒绝接受议定书第二谈判期的减排义务。当时世界上第一碳排放大国——美国，虽然签署了《京都议定书》但并未批准，并于 2001 年宣布退出议定书。日本在坎昆气候大会上，明确否定了《京都议定书》，并在其后的多次气候大会上起了负面带头作用。俄罗斯是《京都议定书》第二承诺期的坚定反对派，2009 年俄罗斯宣布将不接受议定书第二承诺期的义务。加拿大也是《京都议定书》第二承诺期的坚定反对派，并且在德班大会期间宣布正式退出《京都议定书》。

在这段时间，全球气候治理达成的主要进展包括：2012 年达成了《多哈修正》，从法律上确保了《京都议定书》第二承诺期在 2013 年实施，并以 8 年为期限。该修正案于 2020 年 12 月 31 日生效，包含了部分发达国家第二承诺期量化减限排指标。2014 年，中国和美国签署《中美气候变化联合声明》，美国首次提出到 2025 年温室气体排放较 2005 年整体下降 26%～28%，刷新美国之前承诺的 17%。中方首次正式提出 2030 年左右中国碳排放有望达到峰值，并将于 2030 年将非化石能源在一次能源中的比重提升到 20%。

4）后巴黎时代（2015 年至今）

2015 年巴黎气候大会上，各缔约方通过了《巴黎协定》，打破了僵局。该协定将减排目标设定模式由《京都议定书》的"自上而下"的分摊模式改为以"自下而上"为主的国家自主贡献模式。《巴黎协定》于 2016 年 11 月 4 日开始生效，自此国际气候治理的新秩序逐步形成。

这一阶段，逐渐形成了以《联合国气候变化框架公约》《京都议定书》和《巴黎协定》为核心的全球多元多层治理体系和网络，发展中国家崛起，非国家行为体的作用日益上升。主要发达国家出于不同的考虑，对全球气候治理的态度转为积极，美国、日本重返全球气候治理舞台，一段时间内甚至出现减排目标竞赛的情况。随着越来越多的国家宣布碳中和计划,加入巴黎协定逐渐成为主流,拒绝加入的国家将被孤立在全球气候治理行动外。但是,在全球经济复苏乏力,单边主义、保护主义明显上升,逆全球化思潮抬头,世纪疫情影响深远的背景下,全球气候治理仍面临很多挑战。

根据《博鳌亚洲论坛可持续发展的亚洲与世界 2022 年度报告》,截至 2021 年 12 月底,全球已有 136 个国家、115 个地区、235 个主要城市和 2 000 家顶尖企业中的 682 家制定了碳中和目标。碳中和目标已覆盖了全球 88% 的温室气体排放、90% 的世界经济体量和 85% 的世界人口。

1.3 气候相关重要国际组织和会议介绍

1.3.1 重要机构

全球气候治理方面,最为人熟知的机构,主要为联合国政府间气候变化专门委员会、联合国环境规划署、世界气象组织和国际能源署。本节将对这四个机构进行介绍。除了以上这些政府间国际组织外,还有很多非国家行为主体以自己的方式为推动气候变化治理作出贡献。其中知名度比较高的包括世界自然基金会、世界资源研究所、绿色和平组织、国际地球之友、气候行动网络、国际环境法中心、皮尤全球气候变化中心、全球公共资源研究所等。

1) 联合国政府间气候变化专门委员会(Intergovernmental Panel on Climate Change,IPCC)

IPCC 成立于 1988 年,是联合国评估气候变化相关问题的机构。该机构由世界气象组织及联合国环境规划署联合建立,旨在为决策者们制定关于气候变化相关政策时提供相关的科学信息支撑。IPCC 对联合国和世界气象组织的所有成员国开放,目前该机构拥有 195 个成员国。IPCC 负责评审和评估全世界产生的有关认知气候变化方面的最新科学技术和社会经济文献。它不开展研究,也不监督与气候有关的资料或参数。

IPCC 的组织架构为由三个工作组和一个专题组组成。第一工作组的主题是气候变化的自然科学基础;第二工作组的主题是气候变化的影响、适应和脆弱性;第三工作组的主题是减缓气候变化;国家温室气体清单专题组的主要目标是制订和细化国家温室气体排放和清除的计算与报告方法。除了工作组和专题组之外,为审议某个特定主题或问题,还可进一步建立有限或更长时限的专题组和指导组,例如气候变化评估数据支持任务组。

IPCC 的出版物为定期发布的评估报告,除此以外,还会发布一些特定主题的特别报告,如极端事件和灾害、可再生能源、全球升温 1.5C 的影响及相关的排放路径、海洋与冰冻圈,以及土地利用等。

2)联合国环境规划署(United Nations Environment Programme,UNEP)

UNEP 成立于 1973 年 1 月,其临时总部设在瑞士日内瓦,后于 1973 年 10月迁至肯尼亚首都内罗毕,是全球仅有的两个将总部设在发展中国家的联合国机构之一。所有联合国成员国、专门机构成员和国际原子能机构成员均可加入环境署。现有 100 多个国家和地区参加该署的活动。

UNEP 的主要职责是:贯彻执行环境规划理事会的各项决定;根据理事会的政策指导提出联合国环境活动的中、远期规划;制订、执行和协调各项环境方案的活动计划;向理事会提出审议的事项及有关环境的报告;管理环境基金;就环境规划向联合国系统内的各政府机构提供咨询意见等。

该机构的组织架构为理事会负责评估环境状况,促进国际合作并提供政策指导。理事会由大会选出的 58 个成员国组成,按洲分配名额。秘书处负责日常事务处理和环境活动的协调,由联合国秘书长领导。该机构的出版物为《联合国环境规划署新闻》(月刊)。

在气候变化方面,UNEP 通过 REDD+、气候和清洁空气联盟、气候技术中心和网络、气候融资、推进水资源综合管理等举措,致力于尽量减少气候变化的规模和影响。该机构在《2022 年排放差距报告》中,提出了国际社会远远没有达到巴黎的目标,尚无可靠路径将升温控制在 1.5℃ 以内,只有紧急进行全系统转型才能避免气候灾难的警告。

3)世界气象组织(World Meteorological Organization,WMO)

WMO 的前身是国际气象组织(International Meteorological Organization,IMO)。1879 年,在罗马召开的国际气象大会上,国际气象组织成立,它是一个非官方性机构。1951 年,该机构成为联合国负责气象(天气和气候)、水文和相关地球物理科学的专门机构。现拥有国家会员 187 个,地区会员 6 个。

该机构是各国气象和水文部门国际合作平台,主要在天气、气候、水三大领域开展工作。除气象观测和研究外,WMO 在全球实施各类项目,涉及农业生产、灾后重建、水资源开发、抗击干旱等方面。该机构的最高权力机构是世界气象大会,每4年召开一次,4年期间召开一次特别大会,还设有执行理事会、区域协会、技术委员会和秘书处。

该机构的出版物包括《世界气象组织公报》(半年刊)、《世界气象大会报告》、《执行理事会报告》、《区域协会报告》、《技术委员会报告》、《审计委员会报告》。

4)国际能源署(International Energy Agency,IEA)

IEA成立于1974年11月,是一个政府间的能源机构,是隶属于经济合作与发展组织(Organization for Economic Co-operation and Development,OECD)的一个自治的机构。其现有成员国包括美国、英国、澳大利亚、加拿大、法国、德国、日本、韩国等在内的31个国家,总部设在法国巴黎。最高权力机构为理事会,由各成员国的能源部长或高级官员为代表的一名或一名以上代表组成。管理委员会是理事会的执行机构,理事会设立了三个常设的委员会。常设小组的主要职权是为理事会准备报告、提出建议,目前有四个常设小组。秘书处负责处理日常事务。

国际能源署的宗旨主要体现在《国际能源纲领协议》的序言中,具体内容为:保障在公平合理基础上的石油供应安全;共同采取有效措施以满足紧急情况下的石油供应,如发展石油供应方面的自给能力、限制需求、在公平的基础上按计划分享石油等;通过有目的的对话和其他形式的合作,促进与石油生产国和其他石油消费国的合作关系,包括与那些发展中国家的关系;推动石油消费国与石油生产国之间能够达成更好的谅解;顾及其他石油消费国包括那些发展中国家的利益;通过建立广泛的国际情报系统和与石油公司的常设协商机制,以在石油工业领域发挥更加积极的作用;通过努力采取保护能源、加速替代能源的开发及加强能源领域的研究和发展等长期合作的措施,以减少对石油进口的依赖。

IEA的定期报告包括:《石油市场报告》(月报)、《煤炭信息》(年报)、《电力信息》(年报)、《油气信息》(年报)和《世界能源展望》(每年出版)。国际能源署秘书处已经成为全球能源统计的权威,其每月发行的《石油市场报告》和一年发行两期的《世界能源展望》,在世界上都颇具影响力。

该机构于1996年10月开始与中国建立联系,它认为和中国应当在包括有效利用能源等多领域加强合作。2015年,中国成为IEA的合作国。

1.3.2 重要文件

在全球气候治理的进程中,达成了众多文件,其中比较重要的有3份里程碑式的国际法律文本:《联合国气候变化框架公约》《京都议定书》和《巴黎协定》。

1)《联合国气候变化框架公约》

《联合国气候变化框架公约》由序言及26条正文组成,具有法律约束力,终极目标是将大气温室气体浓度维持在一个稳定的水平,在该水平上人类活动对气候系统的危险干扰不会发生。它于1992年5月9日通过,在1992年6月召开的联合国环境与发展会议(即里约地球峰会)期间开放签署,于1994年3月21日生效。截至2022年6月,加入该公约的缔约国共有197个。

公约的目的在第二条规定,但该公约没有对个别缔约方规定具体需承担的义务,也未规定实施机制。从这个意义上说,该公约缺少法律上的约束力。但是,该公约规定可在后续从属的议定书中设定强制排放限制。到目前为止,主要的议定书为《京都议定书》,后者甚至已经比本公约更加有名。

公约的核心内容包括:(一)确立了应对气候变化的最终目标;(二)确立了国际合作应对气候变化的基本原则,主要包括"共同但有区别的责任"原则、公平原则、各自能力原则和可持续发展原则等;(三)明确发达国家应承担率先减排和向发展中国家提供资金技术支持的义务;(四)承认发展中国家有消除贫困、发展经济的优先需要。

联合国气候变化框架公约是世界上第一个全面控制二氧化碳等温室气体排放以减少对人类经济和社会效益带来不良影响的国际公约。该公约提供了应对气候变化进行国际合作的基本框架,并成立了应对解决全球变暖所需要的国家之间合作的法律基础。自1995年起,该公约规定的签署国每年召开缔约方大会,分析每年气候变暖的数据,得到其中的进展,提出其应对方法。

2)《京都议定书》及其修正案

《京都议定书》,全称《联合国气候变化框架公约的京都议定书》,是《联合国气候变化框架公约》的补充条款。该条约是人类第一部限制各国温室气体排放的国际法案。条约规定,它在"不少于55个参与国签署该条约并且温室气体排放量达到附件中规定国家在 1990 年总排放量的 55％后的第 90 天"开始生效。"55 个国家"的条件在 2002 年 5 月 23 日当冰岛通过后首先达到，"55％"的条件在 2004 年 11 月 18 日俄罗斯通过该条约后达到，条约在 90 天后于 2005 年 2 月 16 日开始强制生效。

《京都议定书》的基本原则是全球各国对气候变化负有"共同而又有区别的责任"。这是因为发达国家从工业革命以来排放了大量的温室气体，应该率先采取行动减排。在此原则下，共 37 个欧洲国家被称为"附件 1 国家"，《京都议定书》为各国的二氧化碳排放量规定了具体标准。发展中国家暂时没有具体的指标，但要实行可持续发展。此外，《京都议定书》建立了三种旨在减排温室气体的灵活合作机制：国际排放贸易机制（International Emissions Trading，ET）、联合履约机制（Joint Implementation，JI）和清洁发展机制（Clean Development Mechanism，CDM），用于帮助发达国家履约。

至此，温室气体减排首次成为发达国家的法律义务。截至 2022 年 6 月，全球有 192 个国家和地区签署该议定书。我国于 1998 年 5 月 29 日签署并于 2002 年 8 月 30 日核准《京都议定书》，《京都议定书》于 2005 年 2 月 16 日起对中国生效。值得注意的是，美国于 1997 年美国签署《京都议定书》，目标为至 2012 年前比 1990 年减排 7％。2001 年 3 月美国政府宣布单边退出《京都议定书》。2011 年 12 月，加拿大宣布退出《京都议定书》，成为继美国之后第二个签署后又退出的国家。

2012 年多哈会议通过包含部分发达国家第二承诺期量化减限排指标的《〈京都议定书〉多哈修正案》。第二承诺期为期 8 年，于 2013 年 1 月 1 日起实施，至 2020 年 12 月 31 日结束。2014 年 6 月 2 日，中国常驻联合国副代表王民大使向联合国秘书长交存了中国政府接受《〈京都议定书〉多哈修正案》的接受书。

3）《巴黎协定》

《巴黎协定》于 2015 年 12 月 12 日在《联合国气候变化框架公约》第二十一届缔约方大会巴黎大会上通过。它是国际社会在气候问题上多年博弈后产生的应对全球气候变化新协议，确立了 2020 年后全球应对气候变化制度的总体框架。该协定是具有法律约束力的气候协议，填补了《京都议定书》第一承诺期 2012 年到期后存在的空白。该协定于 2016 年 11 月 4 日正式生效，截至

2022 年 6 月,《巴黎协定》签署方达 195 个,缔约方达 193 个。

《巴黎协定》主要内容包括:(一)重申了全球温控的长期目标;(二)要求各国应每五年通报一次"国家自主贡献",且每周期应比上一次贡献有所加强;(三)要求发达国家继续提出绝对量减排目标,鼓励发展中国家根据自身国情逐步向绝对量减排或限排目标迈进;(四)明确发达国家要继续向发展中国家提供资金支持;(五)增强了对"透明度"要求;(六)确定每五年进行全球盘点定期盘点,并于 2023 年进行首次全球盘点。

中国于 2016 年 4 月 22 日签署《巴黎协定》,并于 2016 年 9 月 3 日批准《巴黎协定》。在减排承诺方面,中国提出了二氧化碳排放 2030 年左右达到峰值,并争取尽早达峰,单位国内生产总值二氧化碳排放比 2005 年下降 60％～65％等自主行动目标。

1.3.3 历次缔约方大会

缔约方大会(COP)是《联合国气候变化框架公约》的最高机构,其每年召开一次。会议成果反映了全球气候治理的状态,也多次推动了全球气候治理的进程。本节最后的表 1-1 整理了历次缔约方大会的时间、地点和主要成果。

1)柏林气候大会(COP1)

本次会议于 1995 年 3 月 28 日—4 月 7 日在德国柏林召开。本次会议的目的是商谈《联合国气候变化框架公约》的实施细节。本次会议通过了《柏林授权书》等文件。会议决定立刻就 2000 年后应该采取何种行动来保护气候开始谈判,以期最迟于 1997 年签订议定书,该议定书应明确规定在一定期限内发达国家所应限制和减少的温室气体排放量(这直接推动了 1997 年《京都议定书》的签署)。会议决定,将《联合国气候变化框架公约》的办事机构——常设秘书处设在德国波恩。

2)日内瓦气候大会(COP2)

本次会议于 1996 年 7 月 8—19 日在瑞士第二大城市日内瓦召开。本次会议的主要目的是就《柏林授权书》涉及的《京都议定书》起草问题进行讨论。会议做出了《日内瓦宣言》,支持 IPCC 的研究发现与结论,并要求订立具有法理约束力的目标与显著的减排量。在"议定书"起草方面,本次大会未取得一致意见,决定由全体缔约方参加的"特设小组"继续讨论,加速谈判,争取在1997年12月前缔结一项"有约束力"的法律文件,并向COP3报告结果。

3)东京气候大会(COP3)

本次会议于1997年12月1—11日在日本首都东京召开。大会通过了《京都议定书》,规定了自2008年到2012年年末之间,主要工业发达的国家的温室气体排放量要在1990年的基础上平均减少5.2%。《京都议定书》遵循了《联合国气候变化框架公约》制定的"共同但有区别的责任"原则。但是,《京都议定书》通过后还需要各国签署,满足一定条件下才能生效。《京都议定书》是第一次设定了具有法律约束力的温室气体限排指标,操作性很强,是全球气候治理中的一个里程碑式的文件。

4)布宜诺斯艾利斯气候大会(COP4)

本次会议于1998年11月2—14日在阿根廷布宜诺斯艾利斯召开。本次会议的目的是制定落实议定书的工作计划。大会达成了《布宜诺斯艾利斯行动方案》,该方案包括七项决议,要求国际社会必须在2000年前解决温室气体减排的机制问题。本次大会决定采取措施推动《京都议定书》早日生效。

5)波恩气候大会(COP5)

本次会议于1999年10月25日—11月5日在德国波恩召开。本次会议通过了《联合国气候变化框架公约》附件和商定《京都议定书》有关细节的时间表。《联合国气候变化框架公约》附件包括所列缔约方国家信息通报编制指南、温室气体清单技术审查指南、全球气候观测系统报告编写指南,并就技术开发与转让、发展中国家及经济转型期国家的能力建设问题进行了协商。但在《京都议定书》所确立的三个重大机制上未取得重大进展。

6)海牙气候大会(COP6)

本次会议于2000年11月13—24日在荷兰海牙召开。本次会议主要目的是决定公约下发达国家的减排任务。由于美国要求大幅度降低减排目标,会议无法达成预期的海牙议定书,故将原定于其后举行的公约工作会议作为COP6的续会。2001年3月,美国宣布退出《京都议定书》,理由是议定书不符合美国的国家利益。

2001年7月16—27日,第二期会议在德国波恩召开。本次会议达成了执行布宜诺斯艾利斯行动的决议草案《波恩政治协议》,在资金、碳汇、机制、遵约等问题上达成了一致意见。该协议维护了议定书的框架,在美国政府拒绝批准议定书的不利背景下,防止了气候变化谈判进程的破裂。但是会议未能在落实该协议的具体技术谈判上取得一致,相关问题留待下一次大会解决。

7)马拉喀什气候大会(COP7)

本次会议于2001年10月29日—11月9日在摩洛哥马拉喀什召开。此次会议是2001年7月在波恩会议的延续。会议结束了《波恩政治协议》的技术性谈判,最终通过了《马拉喀什协定》,明确了《京都议定书》的执行指南和操作规则,为其生效铺平了道路。在美国退出《京都议定书》的背景下,该协定稳定了国际社会对应对气候变化行动的信心。

8)新德里气候大会(COP8)

本次会议于2002年10月23日—11月1日在印度新德里召开。本次会议,对发展中国家具有不同寻常的意义,因为会议上抵御气候变化威胁的适应策略及与此相关的公平问题被提上议事日程。会议最终通过了《德里宣言》,重申了《京都议定书》的要求,敦促工业化国家在2012年年底以前把温室气体的排放量在1990年的基础上减少5.2%,并强调减少温室气体的排放与可持续发展仍然是各缔约国今后履约的重要任务,回应了京都议定书在2012年之后的目标的问题。

9)米兰气候大会(COP9)

本次会议于2003年12月1—12日在意大利米兰召开。本次会议的目的是评估全球在解决气候变化方面取得的进展及未来应对气候变暖的方案,并敦促各国政府针对气候变化采取更有力的措施,此外制定气候变化的专项基金的具体运行机制也是本次会议的重要议题。本次会议的议题更多集中在技术与操作层面,会议通过了约20条具有法律约束力的环保决议。由于缔约方坚持各自诉求,总的来说,会议取得的成果十分有限。

10)布宜诺斯艾利斯气候大会(COP10)

本次会议于2004年12月6—17日在阿根廷布宜诺斯艾利斯召开。本次会议前,俄罗斯终于批准加入《京都议定书》使之最终生效,受到了各方普遍欢迎。本次会议上,与会代表围绕《联合国气候变化框架公约》生效10周年的相关议题,在资金、技术转让、能力建设等议题上进行了谈判,但进展不大,具体的减排行动更是收效甚微。

11）蒙特利尔气候大会（COP11）

本次会议于 2005 年 11 月 28 日—12 月 9 日在加拿大蒙特利尔召开。当年 2 月，《京都议定书》正式生效。本次会议也是《京都议定书》生效后的第一次缔约方大会。本次会议议题集中在能力建设、技术转让、气候变化对发展中国家和最不发达国家的不利影响等方面。本次会议最终通过了双轨制的"蒙特利尔路线图"：157 个缔约方启动 2012 年后的议定书二期减排谈判，同时在《联合国气候变化框架公约》基础上，189 个缔约方就应对气候变化所必须采取的行动展开磋商。

12）内罗毕气候大会（COP12）

本次会议于 2006 年 11 月 6—17 日在肯尼亚首都内罗毕召开。本次会议也是《京都议定书》缔约方第二次会议。大会的主要议题是"后京都"问题，即 2012 年之后如何进一步降低温室气体的排放。本次大会达成了包括"内罗毕工作计划"在内的几十项决定，以帮助发展中国家提高应对气候变化的能力，并且一致同意将"适应基金"用于支持发展中国家具体的适应气候变化活动。

13）巴厘岛气候大会（COP13）

本次会议于 2007 年 12 月 3—15 日在印度尼西亚巴厘岛召开。在本次会议前，限于对气候变化的认识，谈判仅以温室气体减排为重点。本次会议上首次将适应气候变化也作为重要的谈判内容。本次大会确立了"巴厘岛路线图"，要求在 2009 年前达成一份新协议，作出《京都议定书》首次承诺期到 2012 年到期后，全球应对气候变化的安排。自此，气候谈判正式进入了议定书二期减排谈判和公约长期合作行动谈判并行的"双轨"格局。

14）波兹南气候大会（COP14）

本次会议于 2008 年 12 月 1—12 日在波兰波兹南召开。本次会议的主要目的是会议将总结今年气候变化谈判取得的进展，并为明年年底在哥本哈根达成新的温室气体减排协议做准备。大会总结了"巴厘岛路线图"一年来的进程，正式启动 2009 年气候谈判进程，同时决定启动帮助发展中国家应对气候变化的适应基金。

15）哥本哈根气候大会（COP15）

本次会议于 2009 年 12 月 7—18 日在丹麦首都哥本哈根召开。会议的主要目的是商讨《京都议定书》一期承诺到期后的后续方案，并就未来应对气候变化的全球行动签署新的协议。会议通过了不具法律约束力的《哥本哈根协议》,维护了《联合国气候变化框架公约》和《京都议定书》确立的"共同但有区别的责任"原则,就发达国家实行强制减排和发展中国家采取自主减缓行动作出了安排,并就全球长期目标、资金和技术支持、透明度等焦点问题达成广泛共识。但是,发达国家的减排目标、资金的关键问题尚未得到解决,被留置下一次气候大会上谈判。

16)坎昆气候大会(COP16)

本次会议于 2010 年 11 月 29 日—12 月 10 日在墨西哥坎昆召开。在全球经济复苏依然缓慢的背景下,谈判进展艰难,最终未能完成"巴厘岛路线图"谈判。大会最终强行通过了《坎昆协议》,该协议汇集了进入"双轨制"谈判以来的主要共识,维护了"双轨制"谈判方式,并同意 2011 年就议定书第二期和"巴厘岛路线图"中未达成共识的部分继续谈判。

17)德班气候大会(COP17)

本次会议于 2011 年 11 月 28 日—12 月 11 日在南非德班召开。本次会议的关键问题是《京都议定书》第二承诺期的存续问题。本次会议决定建立德班增强行动平台特设工作组(即"德班平台"),在 2015 年前负责制定一个适用于所有《联合国气候变化框架公约》缔约方的法律工具或法律成果。大会决定实施《京都议定书》第二承诺期并正式启动绿色气候基金。在德班大会期间,加拿大宣布退出《京都议定书》,遭到了各国的谴责。

18)多哈气候大会(COP18)

本次会议于 2012 年 11 月 26 日在卡塔尔首都多哈召开。本次大会通过的决议中包括《京都议定书》修正案(即《多哈修正》),从法律上确保了《京都议定书》第二承诺期在 2013 年实施,并以 8 年为期限。此外,大会还评估了《联合国气候变化框架公约》长期合作工作组成果,并通过了有关气候变化造成的损失损害补偿机制等方面的多项决议。遗憾的是,加拿大、日本、新西兰和俄罗斯拒绝参加第二承诺期。

19)华沙气候大会(COP19)

本次会议于 2013 年 11 月 11—23 日在波兰首都华沙召开。本次会议的目的是落实"巴厘岛路线图"已确定的各项任务、共识和承诺,并开启德班谈判。在德班平台、资金和损失损害三个核心议题上,因发达国家和发展中国家分歧严重,会议并未取得重大进展。会议取得的主要成果包括:重申了落实"巴厘岛路线图"成果的重要性,在绿色气候基金上达成了一系列安排,决定进一步推动"德班平台"。

20)利马气候大会(COP20)

本次会议于 2014 年 12 月 1—14 日在秘鲁首都利马召开。本次大会的主要目的是落实"巴厘岛路线图"成果和推进"德班平台"谈判。大会最终通过决议,主要内容包括:一是重申了各国须在 2015 年制定并提交 2020 年之后的国家自主决定贡献,并对 2020 年后国家自主决定贡献所需提交的基本信息作出要求;二是决定了国家可自愿将适应纳入自己的国家自主决定贡献中;三是产出了一份巴黎协议草案,作为 2015 年谈判起草巴黎协议文本的基础。

21)巴黎气候大会(COP21)

本次会议于 2015 年 11 月 30 日—12 月 11 日在法国首都巴黎召开。本次会议的目的是达成一项普遍适用的协议,并于 2020 年开始付诸实施。大会通过了《巴黎协定》,该协定是《联合国气候变化框架公约》下继《京都议定书》后第二份有法律约束力的气候协议,连同《联合国气候变化框架公约》一起构成后京都时代国际气候变化制度的法律基础。《巴黎协定》规定,通过国家自主决定贡献的方式实行"自下而上"的减排义务,灵活务实地确立了 2020 年后全球气候治理的总体框架,为徘徊多时的全球气候治理行动注入了强心剂。值得注意的是,美国于 2017 年退出《巴黎协定》,又于 2020 年决定重新加入《巴黎协定》。

22)马拉喀什气候大会(COP22)

本次会议于 2016 年 11 月 6—18 日在摩洛哥马拉喀什召开。本次气候大会也是《巴黎协定》生效后的第一次缔约国大会。会议目的主要是谈判落实《巴黎协定》规定的各项任务,同时督促各国落实 2020 年前应对气候变化承诺。本次大会通过了《巴黎协定》第一次缔约方大会决定、《联合国气候变化框架公约》第 22 次缔约方大会决定和《马拉喀什行动宣言》,宣言重申支持《巴黎协定》,强调各方应深入落实 2020 年前行动目标。

23)波恩气候大会(COP23)

本次会议于 2017 年 11 月 6—18 日在德国波恩召开。本次大会的一个主要任务是落实《巴黎协定》规定的各项任务,为 2018 年完成《巴黎协定》实施细则的谈判奠定基础。大会通过了名为"斐济实施动力"的一系列成果,达成了《巴黎协定》实施细则案文草案,明确了 2018 年促进性对话的安排,通过了盘点 2020 年前全球应对气候变化行动的一系列安排。

24)卡托维兹气候大会(COP24)

本次会议于 2018 年 12 月 2—15 日在波兰南部城市卡托维兹召开。此次会议的主要目的是完成《巴黎协定》的实施细则,以便于接下来全面落实《巴黎协定》。来自全球 196 个国家的代表最终通过了《卡托维兹气候一揽子计划》。该计划是《巴黎协定》的实施细则,对各国国家自主贡献的信息进行了规范化的规定,建立了更有雄心的气候融资目标。此外,发布的"塔拉诺亚行动"与"公平过渡宣言"有助于推动迅速和公平的减排行动。

25)马德里气候大会(COP25)

本次会议原定于 2019 年 12 月 2 日在智利圣地亚哥召开。2019 年 10 月,因智利政府宣布放弃主办,应西班牙政府提议,移至马德里举行,召开时间为 2019 年 12 月 2—15 日。

马德里大会是《巴黎协定》全面实施前的一次重要会议,主要目的是解决协定实施细则遗留问题。本次会议的重点是探讨和交流如何加速世界经济"脱碳",以将巴黎协定的目标付诸行动。因谈判各方分歧严重,大会最终决议通过的《智利-马德里气候行动时间时刻》,未能就核心议题——《巴黎协定》第六条实施细则达成共识。该议题继上一年大会(COP24)讨论无果后被再次顺延,给原本就任务繁重的格拉斯哥气候大会增添了新的不确定性。

26)格拉斯哥气候大会(COP26)

本次会议于 2021 年 10 月 31 日—11 月 13 日在英国格拉斯哥召开。本次大会是《巴黎协定》进入实施阶段后召开的首次缔约方大会。各缔约方最终完成了《巴黎协定》实施细则的谈判,发布了《格拉斯哥气候公约》。公约首次提到了对化石燃料的安排,敦促发达国家在 2025 年前持续为发展中国家提供应对气候变化专项资金,并敲定了巴黎协定未决的碳市场规则。本届大会对于维护多边主义、聚焦《巴黎协定》落实具有重要意义。

27)沙姆沙伊赫气候大会(COP27)

本次会议于 2022 年 11 月 6—20 日在埃及的红海度假胜地沙姆沙伊赫召开。本次会议的目的是就一系列对应对气候紧急情况至关重要的问题采取行动。本次大会达成了《沙姆沙伊赫实施计划》,决定了设立气候"损失与损害"基金机制,启动了一项致力于在发展中国家推广技术解决方案的机制,重申了将全球变暖幅度控制在1.5℃之内的目标。在逆全球化重新抬头,气候问题更加复杂的背景下,本次大会为推进各国气候行动与全球能源转型合作起到了积极作用。

表1-1 历次联合国气候大会时间及主要成果一览表

时间	大会	会议地点	主要成果
1995年	COP1	德国柏林	通过了《柏林授权书》,决定将《联合国气候变化框架公约》的办事机构设在德国波恩
1996年	COP2	瑞士日内瓦	做出了《日内瓦宣言》
1997年	COP3	日本东京	通过了《京都议定书》,是全球气候治理中的一个里程碑式的文件
1998年	COP4	阿根廷布宜诺斯艾利斯	达成了《布宜诺斯艾利斯行动方案》,决定采取措施推动《京都议定书》早日生效
1999年	COP5	德国波恩	通过了《联合国气候变化框架公约》附件和商定《京都议定书》有关细节的时间表
2000年,2001年	COP6	荷兰海牙,德国波恩	分成两期举行,第二期达成了《波恩政治协议》,在美国退出议定书的不利背景下,防止了气候变化谈判进程的破裂
2001年	COP7	摩洛哥马拉喀什	形成了《马拉喀什协定》,为《京都议定书》的生效铺平了道路
2002年	COP8	印度新德里	通过了《德里宣言》,强调了各缔约国今后履约的重要任务
2003年	COP9	意大利米兰	没有实质性进展
2004年	COP10	阿根廷布宜诺斯艾利斯	成效甚微
2005年	COP11	加拿大蒙特利尔	通过了双轨制的"蒙特利尔路线图"
2006年	COP12	肯尼亚内罗毕	达成了"内罗毕工作计划"
2007年	COP13	印尼巴厘岛	通过了"巴厘岛路线图"
2008年	COP14	波兰波兹南	成果有限
2009年	COP15	丹麦哥本哈根	通过了不具法律约束力的《哥本哈根协议》,避免了《京都议定书》第一承诺期结束后,全球没有一个共同文件来约束温室气体的排放的空白

时间	大会	会议地点	主要成果
2010 年	COP16	墨西哥坎昆	通过了《坎昆协议》
2011 年	COP17	南非德班	决定建立"德班平台",实施《京都议定书》第二承诺期并正式启动绿色气候基金
2012 年	COP18	卡塔尔多哈	通过了《京都议定书》修正案(即《多哈修正》),从法律上确保了《京都议定书》第二承诺期在 2013 年实施,并以 8 年为期限
2013 年	COP19	波兰华沙	未取得重大进展
2014 年	COP20	秘鲁利马	大会通过决议就 2015 年巴黎大会协议草案的要素基本达成一致
2015 年	COP21	法国巴黎	有法律约束力的《巴黎协定》签署,确立了 2020 年后全球气候治理的总体框架
2016 年	COP22	摩洛哥马拉喀什	通过了《马拉喀什行动宣言》
2017 年	COP23	德国波恩	通过了"斐济实施动力"
2018 年	COP24	波兰卡托维兹	通过了《卡托维兹气候一揽子计划》
2019 年	COP25	西班牙马德里	达成了《智利-马德里气候行动时间时刻》
2021 年	COP26	英国格拉斯哥	完成了《巴黎协定》实施细则的谈判,发布了《格拉斯哥气候公约》
2022 年	COP27	埃及沙姆沙伊赫	形成了《沙姆沙伊赫实施方案》

参考文献

[1] 联合国.气候变化的原因和影响[OL].[2023 - 05 - 05].https://www.un.org/zh/climatechange/science/causes-effects-climate-change♯collapseOne.

[2] 联合国政府间气候变化专门委员会. IPCC1990 和 1992 年评估报告[R/OL].(1992 - 06)[2023 - 05 - 05].https://www.ipcc.ch/site/assets/uploads/2018/05/ipcc_90_92_assessments_far_full_report_zh.pdf.

[3] 联合国政府间气候变化专门委员会.气候变化 1995:综合报告[R/OL].(1995 - 12)[2023 - 05 - 05].https://www.ipcc.ch/site/assets/uploads/2018/05/2nd-assessment-cn.pdf.1995.

[4] 联合国政府间气候变化专门委员会.气候变化 2001:综合报告[R/OL].(2001 - 09)[2023 - 05 - 05].https://www.ipcc.ch/site/assets/uploads/2018/08/TAR_

syrfull_zh.pdf.2001.

［5］联合国政府间气候变化专门委员会.气候变化 2007：综合报告［R/OL］.(2007 - 11 -
17)［2023 - 05 - 05］.https：//archive. ipcc. ch/publications_and_data/ar4/syr/zh/
contents. html. 2007.

［6］联合国政府间气候变化专门委员会.气候变化 2014：综合报告［R/OL］.(2014 -
11 - 02)［2023 - 05 - 05］. https：//archive. ipcc. ch/pdf/assessment-report/ar5/
syr/SYR_AR5_FINAL_full_zh.pdf.2014.

［7］联合国政府间气候变化专门委员会.气候变化 2023 综合报告［R/OL］.(2023 -
03 - 20)［2023 - 05 - 05］.https：//www.ipcc. ch/report/ar6/syr/.2023.

［8］澎湃新闻.COP26·释新闻|各国历史上曾推出过哪些气候政策？［OL］.
(2021 - 11 - 01)［2023 - 05 - 05］.https：//baijiahao. baidu. com/s? id＝1715184
205157679507&wfr＝spider&for＝pc.2021-11.

［9］马建英.美国的气候治理政策及其困境［J］.美国研究,2013,27(4)：72 -96,6.

［10］任芹芹.欧盟在全球气候治理中的领导力研究［D］.济南：山东大学,2020.
DOI：10.27272/d.cnki.gshdu.2020.004487.

［11］张晋岚.欧盟在联合国气候治理进程中的领导力探析［D］.北京：北京外国语
大学,2019.

［12］董朝阳.欧盟参与国际气候变化谈判的进程及策略分析［D］.北京：外交学院,
2022.DOI：10.27373/d.cnki.gwjxc.2022.000165.

［13］邵冰.日本参与国际气候变化合作及其动因［J］.长春大学学报,2011,21(5)：
85 - 87.

［14］澎湃新闻.更温暖的天空下：全球变暖研究 170 年［OL］.(2022 - 09 - 27)
［2023 - 05 - 05］.https：//baijiahao. baidu. com/s? id＝17450933856329017914&
wfr＝spider&for＝pc.

［15］张中祥,张钟毓.全球气候治理体系演进及新旧体系的特征差异比较研究［J］.
国外社会科学,2021(5)：138 - 150,161.

［16］张乐.全球气候治理发展历程与欧、中、美气候政策分析［D］.苏州：苏州大
学,2011.

［17］外交部.联合国概况|联合国环境规划署［OL］.(2022 - 06)［2023 - 05 - 05］.
https：//www.mfa. gov. cn/web/gjhdq_676201/gjhdqzz_681964/lhg_681966/
jbqk_681968/200704/t20070411_9380002. shtml.

［18］外交部.世界气象组织［OL］.(2022 - 06)［2023 - 05 - 05］.https：//www. mfa.
gov. cn/web/gjhdq_676201/gjhdqzz_681964/sjqx_685760/gk_685762/.

［19］外交部.《联合国气候变化框架公约》进程［OL］.(2023 - 03 - 01)［2023 - 05 -
05］.https：//www. mfa. gov. cn/web/ziliao_674904/tytj_674911/tyfg_674913/

201410/t20141016_7949732.shtml.

[20] 绿水青山　节能降碳.盘点|走向COP27·历届气候大会成果[OL].(2022-10-27)[2023-05-05].https://mp.weixin.qq.com/s?＿＿biz＝MjM5Mz IwOTM4Ng＝＝&mid＝2649589153&idx＝2&sn＝1de8c2b8c29f1f5832019af 2f8b06574&chksm＝be83a8e489f421f24d07be7161680cde259dd1f58ae4594ede 892039719d239b253d403c1107&scene＝27.

[21] Leo.盘点历届联合国气候变化大会(1/2)[OL].(2016-08-18)[2023-05-05].https://mp.weixin.qq.com/s?＿＿biz＝MzI1MTE4OTU1Nw＝＝&mid＝2247484073&idx＝1&sn＝9f07a3cf32bb2c05eaa32aa60c8b4ac2&chksm＝e9f782f3de800be5613309bde6b77811af6934d71cafebd01ed6d7a254ebf10686abd e785652&scene＝27.

2

『双碳』目标的提出和意义

本章对"双碳"目标的形成脉络和提出过程进行了梳理,对碳排放权有关核心焦点问题及相关国家的碳排放政策进行了介绍,并重点分析阐述了"双碳"对我国经济社会发展的机遇与挑战,总体而言我国"双碳"目标的提出是一场广泛而深刻的经济和社会变革,将对我国能源结构、产业结构、科技创新、消费结构产生多方面、深层次的影响。

　　碳达峰、碳中和是全球应对气候变化进程必然要经历的阶段,我国所提出的碳达峰目标与碳中和愿景,一方面是我国应对气候变化工作、绿色低碳发展和生态文明建设进入新阶段必然要求,展示了我国应对全球气候变化作出的新努力、新贡献,体现了我国对多边主义的坚定支持,也充分展现了中国作为负责任大国,为推动构建人类命运共同体的担当。从早期碳排放达峰问题研究和探索,到《巴黎协定》中我国自主贡献的承诺 2030 年二氧化碳排放达峰,再到习近平主席在 2022 年 9 月 22 日第七十五届联合国大会一般性辩论上首次对外宣示我国"双碳"目标,以及习近平主席在国际国内重大会议上的讲话,我国的"双碳"目标逐渐清晰、方向和路径逐渐明确。另一方面,我们应认识到"双碳"目标的设定是为了我国经济能够长远持续的发展,但其在推进实现碳达峰和碳中和的过程中,仍会面临较大的挑战,同时也会给我国经济带来新的发展机遇。我国要在相对较短的时间内实现碳达峰、碳中和,不仅要深化调整产业结构和能源结构,更要加快转变生产生活方式,建立健全绿色低碳循环发展体系,走出一条生产发展、生活富裕、生态良好的文明发展道路。

2.1 "双碳"目标的提出过程

2.1.1 "双碳"目标提出背景

我国早已开展了"双碳"问题的相关研究和探索。一方面,关于二氧化碳排放达峰问题,早在 2013 年我国政府就组织了 2050 年我国低碳发展宏观层面的战略研究,当时就预判我国可以在 2025 年左右实现二氧化碳排放达峰,并基于国情,对达峰做了战略路线的估计。一是煤炭消费率先达峰,为非化石能源(可再生能源加核电)或低碳能源(非化石能源加天然气)的发展留出空间;二是工业部门率先达峰,为其他行业特别是新兴产业发展所带来的二氧化碳排放增量留出空间;三是东部地区率先达峰,为中西部地区的发展留出排放空间。为了稳妥起见,国家对《巴黎协定》自主贡献的承诺是:2030 年左右二氧化碳排放达峰,并尽早达峰。这一宣示,已经暗含了 2030 年之前可能达峰。另一方面,关于碳中和这个概念的提法,是国家主席习近平在 2022 年 9 月 22 日第七十五届联合国大会一般性辩论上首次对外宣示,但实际上,以习近平同志为核心的党中央对这一问题也早有谋划。从"绿水青山就是金山银山"理念的提出,到 2014 年"四个革命、一个合作"能源安全新战略提出,再到 2018 年中央财经委员会第一次会议提出"调整能源结构,减少煤炭消费,增加清洁能源使用",2019 年 10 月国家主席习近平明确指出"能源低碳发展关乎人类未来",而且,在美国退出《巴黎协定》后,党和国家领导人多次强调,中国将全面履行《巴黎协定》,100% 兑现自己的承诺,这些都为 9 月 22 日的重大宣示做好了铺垫。

碳达峰目标与碳中和愿景,是党中央、国务院统筹国际国内两个大局作出的重大战略决策,影响深远、意义重大。从国内来讲,这一重大宣示为我国当前和今后一个时期,乃至 21 世纪中叶应对气候变化工作、绿色低碳发展和生态文明建设提出了更高的要求、擘画了宏伟蓝图、指明了方向和路径。从国际来看,这一重大宣示展示了中国应对全球气候变化作出的新努力、新贡献,体现了中国对多边主义的坚定支持,为推动全球疫后经济可持续和韧性复苏提供了重要政治动能和市场动能,也充分展现了中国作为负责任大国,为推动构建人类命运共同体的担当,受到国际社会广泛认同和高度赞誉。

2.1.2 "双碳"目标形成过程

实现碳达峰、碳中和事关中华民族永续发展和构建人类命运共同体,深入学习贯彻习近平生态文明思想,完整、准确、全面贯彻新发展理念。以下梳理了党的十八大以来习近平关于碳达峰、碳中和的重要论述,更为清晰地反映了我国"双碳"目标的提出和形成过程。

1)在中美气候变化联合声明的讲话

时间:2014 年 11 月 12 日

摘要:中国计划 2030 年左右二氧化碳排放达到峰值且将努力早日达峰,并计划到 2030 年非化石能源占一次能源消费比重提高到 20% 左右。

2)在中美元首气候变化联合声明的讲话

时间:2015 年 9 月 25 日

摘要:中国正在大力推进生态文明建设,推动绿色低碳、气候适应型和可持续发展,加快制度创新,强化政策行动。中国到 2030 年单位国内生产总值二氧化碳排放将比 2005 年下降 60%～65%,森林蓄积量比 2005 年增加 45 亿 m³ 左右。

3)在气候变化巴黎大会开幕式的讲话

时间:2015 年 11 月 30 日

摘要:要提高国际法在全球治理中的地位和作用,确保国际规则有效遵守和实施,坚持民主、平等、正义,建设国际法治。发达国家和发展中国家的历史责任、发展阶段、应对能力都不同,共同但有区别的责任原则不仅没有过时,而且应该得到遵守。中国在"国家自主贡献"中提出将于 2030 年左右使二氧化碳排放达到峰值并争取尽早实现,2030 年单位国内生产总值二氧化碳排放比 2005 年下降 60%～65%,非化石能源占一次能源消费比重达到 20% 左右,森林蓄积量比 2005 年增加 45 亿 m³ 左右。虽然需要付出艰苦的努力,但我们有信心和决心实现我们的承诺。

4)在第七十五届联合国大会一般性辩论的讲话

时间:2020 年 9 月 22 日

摘要:应对气候变化《巴黎协定》代表了全球绿色低碳转型的大方向,是保护地球家园需要采取的最低限度行动,各国必须迈出决定性步伐。中国将提高国家自主贡献力度,采取更加有力的政策和措施,二氧化碳排放力争于

2030 年前达到峰值,努力争取 2060 年前实现碳中和。

5)在联合国生物多样性峰会的讲话

时间:2020 年 9 月 30 日

摘要:中国切实履行气候变化、生物多样性等环境相关条约义务,已提前完成 2020 年应对气候变化和设立自然保护区相关目标。作为世界上最大发展中国家,我们也愿承担与中国发展水平相称的国际责任,为全球环境治理贡献力量。中国将秉持人类命运共同体理念,继续作出艰苦卓绝努力,提高国家自主贡献力度,采取更加有力的政策和措施,二氧化碳排放力争于 2030 年前达到峰值,努力争取 2060 年前实现碳中和,为实现应对气候变化《巴黎协定》确定的目标作出更大努力和贡献。

6)在第三届巴黎和平论坛的讲话

时间:2020 年 11 月 12 日

摘要:绿色经济是人类发展的潮流,也是促进复苏的关键。中欧都坚持绿色发展理念,致力于落实应对气候变化《巴黎协定》。不久前,我提出中国将提高国家自主贡献力度,力争 2030 年前二氧化碳排放达到峰值,2060 年前实现碳中和,中方将为此制定实施规划。我们愿同欧方、法方以明年分别举办生物多样性、气候变化、自然保护国际会议为契机,深化相关合作。

7)在金砖国家领导人第十二次会晤的讲话

时间:2020 年 11 月 17 日

摘要:全球变暖不会因疫情停下脚步,应对气候变化一刻也不能松懈。我们要落实好应对气候变化《巴黎协定》,恪守共同但有区别的责任原则,为发展中国家特别是小岛屿国家提供更多帮助。中国愿承担与自身发展水平相称的国际责任,继续为应对气候变化付出艰苦努力。我不久前在联合国宣布,中国将提高国家自主贡献力度,采取更有力的政策和举措,二氧化碳排放力争于 2030 年前达到峰值,努力争取 2060 年前实现碳中和。我们将说到做到!

8)在二十国集团领导人利雅得峰会"守护地球"主题边会的讲话

时间:2020 年 11 月 22 日

摘要:二十国集团要继续发挥引领作用,在《联合国气候变化框架公约》指导下,推动应对气候变化《巴黎协定》全面有效实施。不久前,我宣布中国将提高国家自主贡献力度,力争二氧化碳排放 2030 年前达到峰值,2060 年前实现碳中和。中国言出必行,将坚定不移加以落实。

9)在气候雄心峰会上的讲话

时间:2020 年 12 月 12 日

摘要:中国为达成应对气候变化《巴黎协定》作出重要贡献,也是落实《巴黎协定》的积极践行者。今年 9 月,我宣布中国将提高国家自主贡献力度,采取更加有力的政策和措施,力争 2030 年前二氧化碳排放达到峰值,努力争取 2060 年前实现碳中和。

在此,我愿进一步宣布:到 2030 年,中国单位国内生产总值二氧化碳排放将比 2005 年下降 65% 以上,非化石能源占一次能源消费比重将达到 25% 左右,森林蓄积量将比 2005 年增加 60 亿 m^3,风电、太阳能发电总装机容量将达到 12 亿 kW 以上。

10)在中央经济工作会议上的讲话

时间:2020 年 12 月 18 日

摘要:做好碳达峰、碳中和工作。我国二氧化碳排放力争 2030 年前达到峰值,力争 2060 年前实现碳中和。要抓紧制定 2030 年前碳排放达峰行动方案,支持有条件的地方率先达峰。要加快调整优化产业结构、能源结构,推动煤炭消费尽早达峰,大力发展新能源,加快建设全国用能权、碳排放权交易市场,完善能源消费双控制度。要继续打好污染防治攻坚战,实现减污降碳协同效应。要开展大规模国土绿化行动,提升生态系统碳汇能力。

11)在省部级主要领导干部学习贯彻党的十九届五中全会精神专题研讨班上的讲话

时间:2021 年 1 月 11 日

摘要:加快推动经济社会发展全面绿色转型已经形成高度共识,而我国能源体系高度依赖煤炭等化石能源,生产和生活体系向绿色低碳转型的压力都很大,实现 2030 年前碳排放达峰、2060 年前碳中和的目标任务极其艰巨。

12)在世界经济论坛"达沃斯议程"对话会上的特别致辞

时间:2021 年 1 月 25 日

摘要:中国将加强生态文明建设,加快调整优化产业结构、能源结构,倡导绿色低碳的生产生活方式。我已经宣布,中国力争于 2030 年前二氧化碳排放达到峰值、2060年前实现碳中和。实现这个目标,中国需要付出极其艰巨的努力。我们认为,只要是对全人类有益的事情,中国就应该义不容辞地做,并且做好。中国正在制定行动方案并已开始采取具体措施,确保实现既定目标。中国这么做,是用实际行动践行多边主义,为保护我们的共同家园、实现人类可持续发展作出贡献。

13)在中央全面深化改革委员会第十八次会议上的讲话

时间:2021年2月19日

摘要:要围绕推动全面绿色转型深化改革,深入推进生态文明体制改革,健全自然资源资产产权制度和法律法规,完善资源价格形成机制,建立健全绿色低碳循环发展的经济体系,统筹制定2030年前碳排放达峰行动方案,使发展建立在高效利用资源、严格保护生态环境、有效控制温室气体排放的基础上,推动我国绿色发展迈上新台阶。

14)在主持召开中央财经委员会第九次会议时的讲话

时间:2021年3月15日

摘要:实现碳达峰、碳中和是一场广泛而深刻的经济社会系统性变革,要把碳达峰、碳中和纳入生态文明建设整体布局,拿出"抓铁有痕"的劲头,如期实现2030年前碳达峰、2060年前碳中和的目标。

15)在福建考察时的讲话

时间:2021年3月22日至25日

摘要:要把碳达峰、碳中和纳入生态建设布局,科学制定时间表、路线图,建设人与自然和谐共生的现代化。

16)在参加首都义务植树活动时的讲话

时间:2021年4月2日

摘要:我们要牢固树立绿水青山就是金山银山理念,坚定不移走生态优先、绿色发展之路,增加森林面积、提高森林质量,提升生态系统碳汇增量,为实现我国碳达峰、碳中和目标、维护全球生态安全作出更大贡献。

17)同法国总统马克龙、德国总理默克尔举行中法德领导人视频峰会时的讲话

时间:2021年4月16日

摘要:我一直主张构建人类命运共同体,愿就应对气候变化同法德加强

合作。我宣布中国将力争于 2030 年前实现二氧化碳排放达到峰值、2060 年前实现碳中和,这意味着中国作为世界上最大的发展中国家,将完成全球最高碳排放强度降幅,用全球历史上最短的时间实现从碳达峰到碳中和。这无疑将是一场硬仗。中方言必行,行必果,我们将碳达峰、碳中和纳入生态文明建设整体布局,全面推行绿色低碳循环经济发展。

18)在"领导人气候峰会"上的讲话

时间:2021 年 4 月 22 日

摘要:去年,我正式宣布中国将力争 2030 年前实现碳达峰、2060 年前实现碳中和。这是中国基于推动构建人类命运共同体的责任担当和实现可持续发展的内在要求作出的重大战略决策。中国承诺实现从碳达峰到碳中和的时间,远远短于发达国家所用时间,需要中方付出艰苦努力。中国将碳达峰、碳中和纳入生态文明建设整体布局,正在制定碳达峰行动计划,广泛深入开展碳达峰行动,支持有条件的地方和重点行业、重点企业率先达峰。

19)在广西考察时的讲话

时间:2021 年 4 月 25 日至 27 日

摘要:要继续打好污染防治攻坚战。把碳达峰、碳中和纳入经济社会发展和生态文明建设整体布局,建立健全绿色低碳循环发展的经济体系,推动经济社会发展全面绿色转型。

20)在中共中央政治局会议时的讲话

时间:2021 年 4 月 30 日

摘要:要有序推进碳达峰、碳中和工作,积极发展新能源。

21)在十九届中央政治局第二十九次集体学习时的讲话

时间:2021 年 4 月 30 日

摘要:实现碳达峰、碳中和是我国向世界作出的庄严承诺,也是一场广泛而深刻的经济社会变革,绝不是轻轻松松就能实现的。各级党委和政府要拿出"抓铁有痕""踏石留印"的劲头,明确时间表、路线图、施工图,推动经济社会发展建立在资源高效利用和绿色低碳发展的基础之上。不符合要求的高耗能、高排放项目要坚决拿下来。

"十四五"时期,我国生态文明建设进入了以降碳为重点战略方向、推动减污降碳协同增效、促进经济社会发展全面绿色转型、实现生态环境质量改善由量变到质变的关键时期。要全面实行排污许可制,推进排污权、用能权、用水权、碳排放权市场化交易,建立健全风险管控机制。要增强全民节约意识、环保意识、生态意识,倡导简约适度、绿色低碳的生活方式,把建设美丽中国转化为全体人民自觉行动。

22)同联合国秘书长古特雷斯通电话时的讲话

时间:2021年5月6日

摘要:全球应对气候变化是一件大事。中国宣布力争2030年前实现二氧化碳排放达到峰值、2060年前实现碳中和,时间远远短于发达国家所用的时间。这是中方主动作为,而不是被动为之。行胜于言。中国将根据实际可能为应对气候变化作出最大努力和贡献,愿根据共同但有区别的责任原则继续积极推动国际合作。

23)在中央全面深化改革委员会第十九次会议上的讲话

时间:2021年5月21日

摘要:要围绕生态文明建设总体目标,加强同碳达峰、碳中和目标任务衔接,进一步推进生态保护补偿制度建设,发挥生态保护补偿的政策导向作用。

24)在青海考察时强调

时间:2021年6月9日

摘要:进入新发展阶段、贯彻新发展理念、构建新发展格局,青海的生态安全地位、国土安全地位、资源能源安全地位显得更加重要。要优化国土空间开发保护格局,坚持绿色低碳发展,结合实际、扬长避短,走出一条具有地方特色的高质量发展之路。

25)致金沙江白鹤滩水电站首批机组投产发电的贺信

时间:2021年6月28日

摘要:白鹤滩水电站是实施"西电东送"的国家重大工程,是当今世界在建规模最大、技术难度最高的水电工程。全球单机容量最大功率百万千瓦水轮发电机组。实现了我国高端装备制造的重大突破。你们发扬精益求精、勇攀高峰、无私奉献的精神,团结协作、攻坚克难,为国家重大工程建设作出了贡献。这充分说明,社会主义是干出来的,新时代是奋斗出来的。希望你们统筹推进白鹤滩水电站后续各项工作,为实现碳达峰、碳中和目标,促进经济社会发展全面绿色转型作出更大贡献!

26）在中国共产党与世界政党领导人峰会上的主旨讲话

时间：2021 年 7 月 6 日

摘要：中国将为履行碳达峰、碳中和目标承诺付出极其艰巨的努力，为全球应对气候变化作出更大贡献。中国将承办《生物多样性公约》第十五次缔约方大会，同各方共商全球生物多样性治理新战略，共同开启全球生物多样性治理新进程。

27）在亚太经合组织领导人非正式会议上的讲话

时间：2021 年 7 月 16 日

摘要：地球是人类赖以生存的唯一家园。我们要坚持以人为本，让良好生态环境成为全球经济社会可持续发展的重要支撑，实现绿色增长。中方高度重视应对气候变化，将力争 2030 年前实现碳达峰、2060 年前实现碳中和。中方支持亚太经合组织开展可持续发展合作，完善环境产品降税清单，推动能源向高效、清洁、多元化发展。

28）在中南海召开党外人士座谈会上的讲话

时间：2021 年 7 月 28 日

摘要：做好下半年经济工作，要坚持稳中求进工作总基调，完整、准确、全面贯彻新发展理念，深化供给侧结构性改革，加快构建新发展格局，推动高质量发展，做好宏观政策跨周期调节，挖掘国内市场潜力，强化科技创新和产业链供应链韧性，坚持高水平开放，统筹有序做好碳达峰、碳中和工作，防范化解重点领域风险，做好民生保障和安全生产。

29）在中共中央政治局会议时的讲话

时间：2021 年 7 月 30 日

摘要：要统筹有序做好碳达峰、碳中和工作，尽快出台 2030 年前碳达峰行动方案，坚持全国一盘棋，纠正运动式"减碳"，先立后破，坚决遏制"两高"项目盲目发展。

30）主持召开中央全面深化改革委员会第二十一次会议并发表重要讲话

时间：2021 年 8 月 30 日

摘要："十四五"时期，我国生态文明建设进入以降碳为重点战略方向、推动减污降碳协同增效、促进经济社会发展全面绿色转型、实现生态环境质量改善由量变到质变的关键时期，污染防治触及的矛盾问题层次更深、领域更广，要求也更高。

31）在金砖国家领导人第十三次会晤时的讲话

时间：2021 年 9 月 9 日

摘要：我们要推动共同发展，坚持以人民为中心的发展思想，全面落实 2030 年可持续发展议程。要根据共同但有区别的责任原则，积极应对气候变化，促进绿色低碳转型，共建清洁美丽世界。

32）在陕西榆林考察时的讲话

时间：2021 年 9 月 13 日至 14 日

摘要：煤炭作为我国主体能源，要按照绿色低碳的发展方向，对标实现碳达峰、碳中和目标任务，立足国情、控制总量、兜住底线，有序减量替代，推进煤炭消费转型升级。煤化工产业潜力巨大、大有前途，要提高煤炭作为化工原料的综合利用效能，促进煤化工产业高端化、多元化、低碳化发展，把加强科技创新作为最紧迫任务，加快关键核心技术攻关，积极发展煤基特种燃料、煤基生物可降解材料等。

33）在第七十六届联合国大会一般性辩论上的讲话

时间：2021 年 9 月 21 日

摘要：坚持人与自然和谐共生。完善全球环境治理，积极应对气候变化，构建人与自然生命共同体。加快绿色低碳转型，实现绿色复苏发展。中国将力争 2030 年前实现碳达峰、2060 年前实现碳中和。这需要付出艰苦努力，但我们会全力以赴。中国将大力支持发展中国家能源绿色低碳发展，不再新建境外煤电项目。

34）在《生物多样性公约》第十五次缔约方大会领导人峰会上的主旨讲话

时间：2021 年 10 月 12 日

摘要：为推动实现碳达峰、碳中和目标，中国将陆续发布重点领域和行业碳达峰实施方案和一系列支撑保障措施，构建起碳达峰、碳中和"1＋N"政策体系。中国将持续推进产业结构和能源结构调整，大力发展可再生能源，在沙漠、戈壁、荒漠地区加快规划建设大型风电光伏基地项目，第一期装机容量约 1 亿 kW 的项目已于近期有序开工。

35）在第二届联合国全球可持续交通大会开幕式上的主旨讲话

时间：2021 年 10 月 14 日

摘要：坚持生态优先，实现绿色低碳。建立绿色低碳发展的经济体系，促进经济社会发展全面绿色转型，才是实现可持续发展的长久之策。要加快形成绿色低碳交通运输方式，加强绿色基础设施建设，推广新能源、智能化、数字化、轻量化交通装备，鼓励引导绿色出行。让交通更加环保、出行更加低碳。

36）主持召开深入推动黄河流域生态保护和高质量发展座谈会

时间：2021 年 10 月 21 日

摘要：要坚定走绿色低碳发展道路，推动流域经济发展质量变革、效率变革、动力变革。从供需两端入手，落实好能耗双控措施，严格控制"两高"项目盲目上马，抓紧有序调整能源生产结构，淘汰碳排放量大的落后产能和生产工艺。要着力确保煤炭和电力供应稳定，保障好经济社会运行。

37）同英国首相约翰逊通电话时强调

时间：2021 年 10 月 29 日

摘要：中方宣布碳达峰、碳中和目标。并提出一系列提高国家自主贡献力度的具体举措。意味着广泛而深刻的经济社会变革，需要循序渐进和付出艰苦努力。中国加快绿色低碳发展的决心坚定不移，一贯言出必行。中方支持英方发挥《联合国气候变化框架公约》第二十六次缔约方大会主席国作用，坚持共同但有区别的责任原则，促使各国将高雄心转化为实实在在的行动力。

38）在二十国集团领导人第十六次峰会第一阶段会议上的讲话

时间：2021 年 10 月 30 日

摘要：中国一直主动承担与国情相符合的国际责任，积极推进经济绿色转型，不断自主提高应对气候变化行动力度，过去 10 年淘汰 1.2 亿 kW 煤电落后装机，第一批装机约 1 亿 kW 的大型风电光伏基地项目已于近期有序开工。中国将力争 2030 年前实现碳达峰、2060 年前实现碳中和。我们将践信守诺，携手各国走绿色、低碳可持续发展之路。

39）在北京继续以视频方式出席二十国集团领导人第十六次峰会时强调

时间：2021 年 10 月 31 日

摘要：过去 15 年，中国碳排放强度大幅超额完成 2020 年气候行动目标。中方将陆续发布重点领域和行业碳达峰实施方案和支撑措施，构建起碳达峰、碳中和"1＋N"政策体系。持续推进能源、产业结构转型升级，推动绿色低碳技术研发应用，支持有条件的地方、行业、企业率先达峰，为全球应对气候变化、推动能源转型的努力作出积极贡献。

40）向《联合国气候变化框架公约》第二十六次缔约方大会世界领导人峰会发表书面致辞

时间：2021年11月1日

摘要：近期，中国发布了《关于完整准确全面贯彻新发展理念做好碳达峰碳中和工作的意见》和《2030年前碳达峰行动方案》，还将陆续发布能源、工业、建筑、交通等重点领域和煤炭、电力、钢铁、水泥等重点行业的实施方案，出台科技、碳汇、财税、金融等保障措施，形成碳达峰、碳中和"1＋N"政策体系，明确时间表、路线图、施工图。中国秉持人与自然生命共同体理念，坚持走生态优先、绿色低碳发展道路，加快构建绿色低碳循环发展的经济体系，持续推动产业结构调整，坚决遏制高耗能、高排放项目盲目发展，加快推进能源绿色低碳转型，大力发展可再生能源，规划建设大型风电光伏基地项目。

41）在亚太经合组织工商领导人峰会发表题为《坚持可持续发展共建亚太命运共同体》的主旨演讲

时间：2021年11月11日

摘要：我提出碳达峰目标及碳中和愿景以来，中国已经制定《2030年前碳达峰行动方案》，加速构建"1＋N"政策体系。"1"是中国实现碳达峰、碳中和的指导思想和顶层设计，"N"是重点领域和行业实施方案，包括能源绿色转型行动、工业领域碳达峰行动、交通运输绿色低碳行动、循环经济降碳行动等。中国将统筹低碳转型和民生需要，处理好发展同减排关系，如期实现碳达峰、碳中和目标。

42）在亚太经合组织第二十八次领导人非正式会议上的讲话

时间：2021年11月12日

摘要：实现包容可持续发展。要坚持人与自然和谐共生，积极应对气候变化，促进绿色低碳转型，努力构建地球生命共同体。中国将力争2030年前实现碳达峰、2060年前实现碳中和，支持发展中国家发展绿色低碳能源。中国愿同有关各国一道，推进高质量共建"一带一路"。今年9月，我在联合国大会上提出全球发展倡议，旨在推动全球发展迈向平衡协调包容新阶段，对推动亚太地区可持续发展具有重要意义。

43）同美国总统拜登举行视频会晤

时间：2021 年 11 月 16 日

摘要：关于气候变化问题，习近平指出，中美曾携手促成应对气候变化《巴黎协定》，现在两国都在向绿色低碳经济转型，气候变化完全可以成为中美新的合作亮点。中国将用历史上最短的时间完成全球最高的碳排放强度降幅，需要付出十分艰苦的努力。中国讲究言必信、行必果，说了就要做到，做不到就不要说。

44）出席并主持中国-东盟建立对话关系 30 周年纪念峰会

时间：2021 年 11 月 19 日

摘要：中方愿同东盟开展应对气候变化对话，加强政策沟通和经验分享，对接可持续发展规划。要共同推动区域能源转型，探讨建立清洁能源合作中心，加强可再生能源技术分享。要加强绿色金融和绿色投资合作，为地区低碳可持续发展提供支撑。中方愿发起中国东盟农业绿色发展行动计划。增强中国-东盟国家海洋科技联合研发中心活力，构建蓝色经济伙伴关系，促进海洋可持续发展。

45）在中非合作论坛第八届部长级会议开幕式上的主旨演讲

时间：2021 年 11 月 29 日

摘要：推进绿色发展。面对气候变化这一全人类重大挑战，我们要倡导绿色低碳理念，积极发展太阳能、风能等可再生能源，推动应对气候变化《巴黎协定》有效实施，不断增强可持续发展能力。

46）在北京考察冬奥会、冬残奥会筹办备赛工作

时间：2022 年 1 月 4 日

摘要：要坚持绿色办奥、共享办奥、开放办奥、廉洁办奥的理念，突出科技、智慧、绿色、节俭特色。无论是新建场馆还是场馆改造，都要注重综合利用和低碳使用，集合体育赛事、群众健身、文化休闲、展览展示、社会公益等多种功能。"冰丝带"设计和建设很好贯彻了这样的理念。要在运营管理中融入更多中国元素，使之成为展示中国文化独特魅力的重要窗口，成为展示我国冰雪运动发展的靓丽名片。

47）同印度尼西亚总统佐科通电话

时间：2022 年 1 月 11 日

摘要：双方要共同发展，树立务实合作标杆。要把共建"一带一路"同中国构建新发展格局、印尼国家中长期发展规划结合起来，统筹推进后疫情时期合作，高质量建设雅万高铁，实施好"区域综合经济走廊""两国双园"等重点项目，培育新能源、低碳、数字经济、海上合作等新增长点。只要是有助于促进印尼发展、深化中印尼合作的事情，中方都会积极参与、全力而为。

48）在世界经济论坛"达沃斯议程"视频会议上的演讲

时间：2022年1月17日

摘要：实现碳达峰、碳中和是中国高质量发展的内在要求，也是中国对国际社会的庄严承诺。中国将践信守诺、坚定推进，已发布《2030年前碳达峰行动方案》，还将陆续发布能源、工业、建筑等领域具体实施方案。实现碳达峰、碳中和，不可能毕其功于一役。中国将破立并举、稳扎稳打，在推进新能源可靠替代过程中逐步有序减少传统能源，确保经济社会平稳发展。

49）在中共中央政治局第三十六次集体学习中的讲话

时间：2022年1月25日

摘要：实现"双碳"目标是一场广泛而深刻的变革，不是轻轻松松就能实现的。我们要提高战略思维能力，把系统观念贯穿"双碳"工作全过程，注重处理好四对关系。

一是发展和减排的关系。减排不是减生产力，也不是不排放，而是要走生态优先、绿色低碳发展道路，在经济发展中促进绿色转型、在绿色转型中实现更大发展。要坚持统筹谋划，在降碳的同时确保能源安全、产业链供应链安全、粮食安全，确保群众正常生活。

二是整体和局部的关系。既要增强全国一盘棋意识，加强政策措施的衔接协调，确保形成合力；又要充分考虑区域资源分布和产业分工的客观现实，研究确定各地产业结构调整方向和"双碳"行动方案，不搞齐步走、"一刀切"。

三是长远目标和短期目标的关系。既要立足当下，一步一个脚印解决具体问题，积小胜为大胜；又要放眼长远，克服急功近利、急于求成的思想，把握好降碳的节奏和力度，实事求是、循序渐进、持续发力。

四是政府和市场的关系。要坚持两手发力，推动有为政府和有效市场更好结合，建立健全"双碳"工作激励约束机制。

推进"双碳"工作，必须坚持全国统筹、节约优先、双轮驱动、内外畅通、防范风险的原则,更好发挥我国制度优势、资源条件、技术潜力、市场活力,加快形成节约资源和保护环境的产业结构、生产方式、生活方式、空间格局。

第一,加强统筹协调。要把"双碳"工作纳入生态文明建设整体布局和经济社会发展全局,坚持降碳、减污、扩绿、增长协同推进,加快制定出台相关规划、实施方案和保障措施,组织实施好"碳达峰十大行动",加强政策衔接。各地区各部门要有全局观念,科学把握碳达峰节奏,明确责任主体、工作任务、完成时间,稳妥有序推进。

第二,推动能源革命。要立足我国能源资源禀赋,坚持先立后破、通盘谋划,传统能源逐步退出必须建立在新能源安全可靠的替代基础上。要加大力度规划建设以大型风光电基地为基础、以其周边清洁高效先进节能的煤电为支撑、以稳定安全可靠的特高压输变电线路为载体的新能源供给消纳体系。要坚决控制化石能源消费,尤其是严格合理控制煤炭消费增长,有序减量替代,大力推动煤电节能降碳改造、灵活性改造、供热改造"三改联动"。要夯实国内能源生产基础,保障煤炭供应安全,保持原油、天然气产能稳定增长,加强煤气油储备能力建设,推进先进储能技术规模化应用。要把促进新能源和清洁能源发展放在更加突出的位置,积极有序发展光能源、硅能源、氢能源、可再生能源。要推动能源技术与现代信息、新材料和先进制造技术深度融合,探索能源生产和消费新模式。要加快发展有规模有效益的风能、太阳能、生物质能、地热能、海洋能、氢能等新能源,统筹水电开发和生态保护,积极安全有序发展核电。

第三,推进产业优化升级。要紧紧抓住新一轮科技革命和产业变革的机遇,推动互联网、大数据、人工智能、第五代移动通信(5G)等新兴技术与绿色低碳产业深度融合,建设绿色制造体系和服务体系,提高绿色低碳产业在经济总量中的比重。要严把新上项目的碳排放关,坚决遏制高耗能、高排放、低水平项目盲目发展。要下大气力推动钢铁、有色、石化、化工、建材等传统产业优化升级,加快工业领域低碳工艺革新和数字化转型。要加大垃圾资源化利用力度,大力发展循环经济,减少能源资源浪费。要统筹推进低碳交通体系建设,提升城乡建设绿色低碳发展质量。要推进山水林田湖草沙一体化保护和系统治理,巩固和提升生态系统碳汇能力。要倡导简约适度、绿色低碳、文明健康的生活方式,引导绿色低碳消费,鼓励绿色出行,开展绿色低碳社会行动示范创建,增强全民节约意识、生态环保意识。

第四,加快绿色低碳科技革命。要狠抓绿色低碳技术攻关,加快先进适用技术研发和推广应用。要建立完善绿色低碳技术评估、交易体系,加快创新成果转化。要创新人才培养模式,鼓励高等学校加快相关学科建设。

第五,完善绿色低碳政策体系。要进一步完善能耗双控制度,新增可再生能源和原料用能不纳入能源消费总量控制。要健全"双碳"标准,构建统一规范的碳排放统计核算体系,推动能源双控向碳排放总量和强度双控转变。要健全法律法规,完善财税、价格、投资、金融政策。要充分发挥市场机制作用,完善碳定价机制,加强碳排放权交易、用能权交易、电力交易衔接协调。

第六,积极参与和引领全球气候治理。要秉持人类命运共同体理念,以更加积极姿态参与全球气候谈判议程和国际规则制定,推动构建公平合理、合作共赢的全球气候治理体系。

要加强党对"双碳"工作的领导,加强统筹协调,严格监督考核,推动形成工作合力。要实行党政同责,压实各方责任,将"双碳"工作相关指标纳入各地区经济社会发展综合评价体系,增加考核权重,加强指标约束。各级领导干部要加强对"双碳"基础知识、实现路径和工作要求的学习,做到真学、真懂、真会、真用。要把"双碳"工作作为干部教育培训体系重要内容,增强各级领导干部推动绿色低碳发展的本领。

50)在中国共产党第二十次全国代表大会上的报告

时间:2022年10月16日

摘要:积极稳妥推进碳达峰、碳中和。实现碳达峰、碳中和是一场广泛而深刻的经济社会系统性变革。立足我国能源资源禀赋,坚持先立后破,有计划分步骤实施碳达峰行动。完善能源消耗总量和强度调控,重点控制化石能源消费,逐步转向碳排放总量和强度双控制度。推动能源清洁低碳高效利用,推进工业、建筑、交通等领域清洁低碳转型。深入推进能源革命,加强煤炭清洁高效利用,加大油气资源勘探开发和增储上产力度,加快规划建设新型能源体系,统筹水电开发和生态保护,积极安全有序发展核电,加强能源产供储销体系建设,确保能源安全。完善碳排放统计核算制度,健全碳排放权市场交易制度。提升生态系统碳汇能力。积极参与应对气候变化全球治理。

2.2 "双碳"目标是中国对国际社会的庄严承诺

2.2.1 "双碳"是重塑世界格局的手段

世界经济的几次转折,都伴随着重大的科技进步,或者说是世界治理模式大的改变。未来,碳达峰、碳中和也许是最重要的改变世界的新手段,哪个国家能够在这一过程中发挥重要的影响力和占据主导地位,哪个国家就将会是世界经济发展的主要推动者。

全球气候变暖是人为因素还是客观因素造成的目前还没有准确定论,但是从观测数据来看,100多年以来全球气温持续上升是不争的事实,气温上升造成的影响也是重大的,因此大家普遍认为是人为因素造成了全球气候变暖。应对气候变化、能源结构清洁低碳化、碳减排最初由欧洲推动,使得欧洲获得了气候变化领域的话语权和先发优势。碳达峰、碳中和对全球发展格局的重新塑造,也许真的将成为人类文明发展的一个新"拐点",给世界经济发展带来巨大的改变,但是这个改变不会是突变,注定会是一个长期的过程。

碳达峰、碳中和具有重大意义,它可以影响世界文明进程的模式,将为世界带来一次新的启蒙,对物质的欲望变成了对整个生态文明的尊重。中国可以通过这个进程再次赢得其他文明的认同,成为创造新文明的重要成员,这也是中华民族伟大复兴的内涵。中国从农业社会到工业社会的转变,是被迫的;从计划经济到市场经济的转变,也是被动的。这一次中国也许可以主动一次,至少可以不再扮演被动角色了。

2.2.2 全球碳排放权之争

碳排放权本质是发展权,围绕"碳排放权"这块蛋糕,当前全球碳排放权之争大有愈演愈烈之势。有的国家站在道德制高点上,试图主导"全球气候治理"格局;有的国家志在发展经济,不甘受限;还有的国家左右为难,消极被动地跟随。虽然联合国气候大会已达成很多国际协议和共识,但在大会之外,气候变化问题早已在科技、经贸、文化乃至外交等多领域产生深远影响,当前新一轮大国博弈的主战场从"能源大战"切换到"碳排放大战",各主要国家都采取了一系列行动。

美国在能源及经济结构、技术装备、国际关系等方面优势明显。从能源结构看,2016 年,美国的一次能源生产主要包括石油、天然气、煤炭、可再生能源和核能。其中,石油占 37%,天然气占 29%,煤炭占 14%,由水能、太阳能、生物质能等组成的可再生能源占 11%,核能占 9%。自 2009 年后,煤炭消费量比重逐年降低,老旧煤电机组自 2012 年开始大规模退役,煤炭占能源消费总量比重陆续被天然气、石油超越,2019 年更是被可再生能源超过。时至今日,煤炭仅占美国一次能源消费的十分之一。而在新型冠状病毒(以下简称"新冠")疫情肆虐时期,可再生能源依然保持增长,"碳排放"不再是能源消费增长的瓶颈。从经济结构看,美国作为发达国家,牢牢把持着高端制造业与金融服务业,能源消费与经济发展基本脱钩,降低碳排放对其经济影响有限,其结构性失业或可通过新能源创造的就业机会弥补。

美国总统拜登在竞选时提出的《清洁能源革命与环境正义方案》(以下简称《方案》)核心问题包括推出更具雄心的气候目标以及绿色目标与经济目标的融合,具体包括五个工作方向。

1) 在气候减排领域

拜登提出"美国在 2050 年之前实现 100% 的清洁能源经济和净零排放"的气候目标。为实现这一目标,拜登制定了一项到 2035 年使电力行业脱碳的计划,并计划将特朗普此前对化石能源的补贴转移到清洁能源领域。与欧盟当前推动的《欧盟气候法》相似,拜登希望在就任的第一年以立法的形式确定美国的气候目标。相比于政策性手段,气候立法更加稳定,不会因政府权力在两党间更迭而变化。若成功立法,美国气候政策的可预期性将获得极大的提升。

2) 在气候适应领域

拜登提出"建立强大且适应性更强的国家"。《方案》提出制定气候适应议程,开发降低及转移气候风险的政策、金融工具等多项具体政策。基础设施在气候适应性计划中占有重要位置。拜登计划发起"第二次铁路革命"推动清洁交通体系在美国的建立,通过加强评估及"基于自然的解决方案"则可以有效提升城市及社区的抗灾能力。拜登的气候适应性政策由于包含交通、建筑等行业的绿色化,这在一定程度上可能创造出新的绿色价值链与绿色就业,其对于实现环境与经济全面协调方面占有重要地位。

3）在全球气候治理领域

拜登提出"召集世界其他地区应对严重的气候威胁",这意味着美国将重返全球气候治理舞台的重要位置。回到联合国框架下的《巴黎协定》是拜登的竞选承诺之一,而除此之外《方案》更提出了主持召开"世界气候首脑会议"、建立碳边境调节税、签订双边减排协定等措施。拜登的全方位气候外交政策包括"现有多边机制""新多边机制"及"双边机制",无疑是多层次综合性的。重要的是《方案》将环境气候问题上升到了国家安全的高度,这与美国代表在联合国安理会的立场是相一致的。同时,拜登多次提到如何处理在环境气候方面与中国的关系,强调将在未来对中国的碳减排提出更高期望及同中国进行气候合作。

4）在确保环境公平领域

拜登提出"保护有色人种及低收入群体免受更多污染"。环境正义是绿色与政治的交叉领域,也是拜登本次气候计划中较为强调的部分。《方案》中提出要通过强调"污染者买单",来为遭受污染更为严重的族群提供经济支持。

5）在重污染行业工人再就业领域

拜登提出"履行对工人的责任"。这一工作同样是保证环境正义的一部分,《方案》中认可了来自重污染行业工人对美国经济发展的历史贡献,并承诺保证其与家人的养老及医疗福利。

从《方案》的五个方向来看,拜登的气候政策并未将绿色作为一个独立的领域看待。正如《方案》提到的"绿色目标与经济目标的融合",拜登在环境气候领域谋求的是经济与政治的全面绿色化。经济的绿色化主要体现为能源结构上提出脱碳的绿色转型目标、在交通与建筑领域进行气候适应性的建设及设立碳边境调节税保护本国企业的市场竞争力,其核心其实为《方案》标题中所提到的"清洁能源革命"。而在政治方面则紧紧围绕在国内保障环境正义及在国际谋求气候治理的主导权,两者间相互联系,共同构成了《方案》的另一标题——环境正义。在可预见的未来,拜登的环境气候政策不仅仅将关注绿色问题本身,更有可能对于美国经济社会运行模式产生深远影响。

欧盟一直是"全球气候治理"最积极的呼吁者,也是"碳减排"的发起者。欧盟的目标很清晰:一方面依靠技术与金融优势可创造新的经济增长点;另一方面通过碳排放配额限制后发展国家;更重要的是,可以打造"欧元-碳排放"体系参与全球金融治理。欧盟的优势与美国类似：经济发展与能源消费基本脱钩；可再生能源占比领先全球其他国家，接近20%，部分欧盟国家甚至接近80%；节能环保、新能源技术和装备全球领先。为确保《巴黎协定》中碳减排计划目标，欧盟在2021年7月公布了"Fit for 55"一揽子计划提案，提案在能源、交通、林业碳汇、减排责任和资金支持等方面制定了相应措施，推动欧盟实现兼顾竞争力和社会公正的绿色转型具体措施如下。

第一，修订欧盟碳排放交易体系。碳排放交易体系（ETS）是欧盟减排的主要政策工具，它要求发电站和工业企业在排放时购买二氧化碳排放许可证，并对工厂、发电站、航空业及海上航运业（新增）为实现总体排放目标而可以排放的温室气体数量设定上限。欧盟碳排放交易所覆盖行业的排放量，2030年需较2005年减排63%，主要措施有五点。其一，减少免费配额额度。免费配额年度下降率从2.2%提升至4.2%；对于碳边境机制覆盖的行业，免费配额逐年减少10%，直至2035年取消免费配额；航空配额的年度下降率也提升至4.2%，2027年前取消免费配额，所有配额需要通过拍卖方式获取；增加市场稳定配额储备，避免配额过剩，稳定碳价。其二，扩大碳排放交易体系覆盖范围，纳入海运排放，针对总吨位超过5000 t的大型船舶，全程在欧盟内的核算包括全部航行排放，在欧盟内有起点或终点的国际航运核算50%航行排放，以上也包括停泊欧盟港口产生的排放；船舶运营商有三年过渡期，从2026年开始执行法令，未购买配额的船舶将被禁入欧盟港口。其三，针对道路交通和建筑部门设立平行碳市场，以实现以上两个行业2030年较2005年碳排放下降43%的目标，该市场计划于2025年开始，2026年设定配额总量及配额年下降率。其四，扩大创新基金支持额度及覆盖技术范围，新增50亿 t配额，将技术覆盖范围扩大至对减缓气候变化有重大贡献的减排技术上（包括突破性的创新技术和基础设施），通过碳差价合约等形式发放以上配额，以鼓励企业积极探索深度减排方法。其五，优化交易收入用途，要求成员国将碳排放交易收入全部用于气候能源项目，道路交通和建筑部门排放交易的部分收入用于支持弱势家庭和运输用户；将2.5%的总配额进行拍卖，拍卖收入放入现代化基金，为2016—2018年人均GDP低于65%欧盟平均水平的成员国提供能源转型基金。

第二，修订减排分担条例。该条例覆盖的是未纳入欧盟碳排放交易体系及土地利用、土地利用变更、林业条例的行业，主要包括交通（航空和非国内航运除外）、建筑、农业、工业装置、废弃物及能源和生产用途中的非燃烧相关排放等。减排分担条例所覆盖行业的排放量，2030 年需较 2005 年减排 40%（此前是 30%），主要措施有两点。一是强化成员国减排目标，各成员国 2030 年较 2005 年的减排目标从 10% 至 50% 不等，且相比修订前均有显著提高；考虑到新冠疫情及恢复速度的影响，条例允许各成员国在 2025 调整其目标，以保证 2026 年至 2030 年的碳排放约束既不宽松也不过于严苛。二是建立额外的配额储备以发挥保障作用，该储备在欧盟 2030 年温室气体排放量较 1990 年减少了至少 55%，以及碳去除已达到最大限额的情况下生效。

第三，提出碳边境调节机制。碳边境调节是在《京都议定书》背景下提出的对碳税和碳排放权交易机制的"弥补性"措施，主要指采纳了碳定价制度的国家为了拉平进口产品与本国产品的生产成本而对进口产品实施的一种贸易措施。该机制根据欧盟进口商品的含碳量对其进行价格调整，力图减少欧盟境内外企业在碳排放成本上的不对称，以保护欧盟企业的竞争力、避免碳泄漏、保障欧盟实现其减排目标，并可通过价格传导推动贸易伙伴采取更强有力的减排措施，其设计要素包括行业覆盖范围、含碳量计算方法、免费配额额度、征收方式等。根据 2022 年 6 月 22 日欧洲议会通过的碳边境调节机制最新提案，2023 年 1 月 1 日起开始实施，2023—2026 年是碳关税实施的过渡期，2027 年起，欧盟将正式全面开征碳关税，进口商需要为其进口产品的直接碳排放支付费用，价格挂钩欧盟碳排放交易体系。

总体来看，欧盟出台一揽子气候立法提案是为了抢抓国际气候变化规则制定权，以实现"名利双收"。一方面，依托其绿色技术优势巩固全球气候变化领导权；另一方面，以环境保护为名，站在道德制高点上设置绿色贸易壁垒，保护本土企业。

继欧盟提出碳边境调节机制之后，英国也启动了就碳关税方案的制定程序。2022 年 4 月，英国国会的环境审计委员会发布报告《绿色进口：英国碳边界方法》。这份报告认为，碳边境调整机制（CBAM）有助于降低企业碳泄漏风险，避免企业为规避国内高碳污染税收而将生产线转移到海外。实施 CBAM 利大于弊，将可敦促企业减少产品碳排放，并且英国目前的碳排放交易系统不包括管制进口排放量，但这类排放占全国总碳排放接近 50%，政府也应制定对高碳型进口商品的征税计划,以确保进口高碳产品与国内生产负担相同碳价。报告还提出,多边碳税系统对于降低全球排放量将比英国单独行动更有效,因此可从单边行动促进多边合作,并鼓励各国加强本国碳价和脱碳措施。之后,英国政府表示,其正在与欧盟就欧盟 CBAM 的相关内容进行积极磋商。

据统计,英国 2019 年产业部门所产生的温室气体占其总排放量的 21%,包括钢铁、水泥、铝等原材料生产,这类产业特点为资本密集且投资期限长。根据英国 Grantham 气候变化与环境研究所和英国气候变迁经济与政治研究中心的一份研究显示,如果英国将与欧盟在产业脱碳政策上协调配合,在此之下,若英国对非欧盟国家的进口贸易,实施狭义碳边境调整机制(仅涵盖原材料产品,即至少一种原材料含量大于或等于 90% 的产品),以 50 欧元/t 二氧化碳计算,英国财政税收每年将增加近 8 亿英镑。如果实施广泛碳边境调整机制(即涵盖至少一种原材料含量大于或等于 50% 之产品及半成品),税收将再增加约 11 亿英镑,其中对该税收贡献度最大的产品为钢铁及铝,分别在上述狭义及广义机制下,占总税收贡献近 50% 及 20%。欧盟为英国原材料出口之主要目的地,在 2010 年至 2018 年期间,英国向欧盟出口的原材料和半成品之年均值为 589 亿欧元,占同期英国生产平均总值之 13.5%。而若英国出口项目完全受到欧盟碳边境调整机制的影响,将影响英国向欧盟的出口总值约 34% 的贸易额,因此,对英国而言,国内气候政策与欧盟保持一致应极为重要。Grantham 气候变化与环境研究所的报告还显示,虽然英国制造业占全国就业比重较小,但英国制造业出口受到欧盟碳边境调整机制潜在影响较大。在狭义及广泛机制下,钢铁行业皆将面临巨大税务负担,其次为铝行业,然后是塑料生产业。在狭义碳边境调整机制下,英国钢铁业、铝业和塑料生产业,将分别面临约 6.63 亿英镑、1.92 亿英镑和 1.72 亿英镑的额外税务。若在广义碳边境调整机制之下,英国钢铁业、铝业和塑料生产业,将分别面临更高额外税务。其中,钢铁业应缴税额将增加 31%,达 8.68 亿英镑;铝业应缴税额增加 2.2%,至 1.97 亿英镑;塑料生产业应缴税额也将增加 18.2%,至 2 亿英镑。

因此,英国紧跟欧盟的碳关税步伐,与其同欧盟紧密的市场贸易联系有关。如果英国未能及时与欧盟在针对产业部门的气候政策上达成协调,可能会加剧危害英国出口受到碳边境调整机制的影响,甚至可能导致英国金融资本大量转向欧盟。当然,除了利益计算之外,维护《巴黎协定》的气候目标和避免碳泄漏也是关键因素。

相关研究表明,大多数发达国家已经实现碳达峰,碳排放总量和强度进入下降通道。截至 2019 年,全世界已经有 46 个国家和地区实现碳达峰,占全球碳排放总量的 36%。大多新兴经济体目前仍处于基础设施大发展、工业加快转型的阶段,碳排放总量还在上升通道。对于新兴经济体而言,发展才是第一要务,以实现本国经济中高速增长、人民生活水平不断提高、贫困人口不断减少,污染和环境治理,以及相应的能源供给保障。在国际间发展阶段的不对称不平衡的情况下,减少和控制"碳排放",对一些发展中国家而言则是勉为其难。

除中国外,世界人口排名前列的发展中国家,如印度、巴西、巴基斯坦、尼日利亚、越南、刚果等国,在国际"碳排放权"之争中,没有任何优势,但劣势显著。首先,发展资金不足。实现能源清洁低碳转型非朝夕之功,需要大量的资金支持,而发展中国家多以传统化石能源为主,若不计成本投入升级改造,本国能源成本必将急速上升,对本国工商业的国际竞争力将是巨大打击,甚至连能源普及率都将倒退,极易引发社会动荡。当然,无法获取外部贷款也将限制本国传统能源的进一步开发利用。以印度为例,煤电占比超过 70%,仍约有 1.63 亿印度人过着没有电的日子。其次,能源技术短板。可再生能源种类繁多,技术要求门槛较高,单一可再生能源难以满足一国所需,一方面可再生能源技术的储备研发需要较长的周期和较高的成本;另一方面技术引进面临一定的贸易壁垒和知识产权纷争。相关技术短时间内很难有突破性进展。最后,能源安全。发展中国家主要依靠传统化石能源,不少国家的油气对外依存度较高,能源基础设施严重不足,能源安全始终是他们面临的严峻问题。如果大幅提升可再生能源比例及终端电气化程度,发展中国家能源安全,包括电源、电网、运维、技术、系统、制造等将更多地依赖发达国家,可能会丧失能源安全的主动权。

2.2.3 碳排放权焦点

限制温室气体排放和减缓全球变暖已成为全球共识,国际间"碳排放权"之争的焦点主要集中在全球历史碳排放平衡和消费国碳排放核算两方面。关于历史排放平衡,多数发达国家虽然已经实现碳达峰,但站在世界发展进程角度看,全球大气二氧化碳浓度骤升的趋势是从工业革命开始的。根据 Carbon Brief 的数据,自 1850 年以来到 2021 年年底,保守测算美国累计排放超过 5 900 亿 t 二氧化碳,占全球总量的 20.3%,是全球最大的累计排放国,欧盟也以 3 900 亿 t"位居第二"。

因此,当前气候变化问题不单单是发展中国家造成的,发达国家长期累积的历史排放,才是产生气候变化问题的主要原因。关于消费国碳排放核算。目前国际上主流的碳排放核算方法学基本都是以生产者角度去核算温室气体,包括生产过程中的直接排放和间接排放。发达国家占据全球产业分工的顶端,本国碳密集产业已基本调整转型或是转移国外,在全球一体化中可以直接购买廉价资源与必需工业品。而发展中国家则不断生产,通过外贸出口满足他国消费需求,但是要承担减碳和减排的责任,这本身就有失公平。因此,消费国理应承担部分其消耗物品生产环节所产生的碳排放。

在"坚持共同但有区别的责任"这一国际公认的原则下,发达国家必须也应当对气候变化承担更多责任。虽然,目前在涉及到具体的减排责任、资金与技术支持等问题上,国际上依然分歧严重,但对于多数发展中国家来说,还是应当积极应对,主动提升应对气候变化政策的优先级,加快打造"可测量、可报告、可核实"的碳排放核算体系与交易体系,以应对可能的贸易与金融挑战。一方面继续大力发展本国工业,加快工业现代化进程,要求发达国家在资金和技术上对本国可再生能源、节能、污染治理等方面给予更多的支持;另一方面逐步建立本国碳交易市场或加入全球碳交易市场,通过市场化手段让发达国家在碳排放承担更多的责任。

2.2.4 中国如何为全球"双碳"作贡献

在全球应对气候变化浪潮中,我国已经为全球作出了重要贡献,还将作出更大的贡献。我国已经是全球最大的碳排放国家,2021 年,随着我国经济社会秩序持续稳定恢复,能源需求也呈逐步回升态势。全年能源消费总量 52.4 亿 t 标准煤,碳排放量应已超过 100 亿 t,约占全球碳排放总量的 30%。在全球经济一体化不断发展的过程中,虽然我国少数产业已具备全球核心竞争力和领导力,但我国仍承担了全球大部分的中低端制造业。中短期来看,我国必须还得保持并发展一定数量和规模的高能耗高碳排放和劳动密集型产业。虽然能耗、污染和碳排放会有所增加,但可以换取全球能耗消耗总量降低,且治理污染和控制减排的总体成本下降。并且从全球角度看,全球制造业产品的需求在不断增长,在一个区域集中生产、专项治理、循环利用,最节约、最经济、最有效率,也最有利于污染治理和碳排放控制,中国制造无疑是最好的选择。

中国在承担全球中低端制造业的同时,还必须继续走节能优先、提高能效、降低排放的绿色低碳发展之路。一是鼓励技术创新和装备升级,做好统筹规划和切实可行的部署,不能一窝蜂、一刀切式地减碳,加强节能、降污、减碳技术的国际交流合作,加快中低端制造业的绿色化改造。二是发挥我国在新能源产业领域的优势,如核电、水电、风电、光伏、储能、电动汽车等产业,加快走出去步伐,帮助更多发展中国家加快步入低碳能源新时代。三是加快能源低碳化转型,在安全经济可靠的前提下,加快传统化石能源的低碳化替代,继续降低单位产品的能耗和碳排放。探索分布式能源供给和区域能源低碳化模式,为发展中国家低碳转型提供参考和经验。

当前在国内外复杂环境特别是全球气候变化日益严峻的背景下,我国能源资源安全问题依然突出,环境污染治理任务重,生态系统不断面临新压力,实现"双碳"目标可以提供系统的解决方案。从发展角度看,碳排放与大气污染物同根同源,碳达峰、碳中和工作要求加速能源结构转型、引导产业结构调整,这将在促进减污降碳的同时,实现大气环境质量不断提升。力争于 2030 年前实现二氧化碳排放达到峰值、2060 年前实现碳中和,意味着我国作为世界上最大的发展中国家,将完成全球最高碳排放强度降幅,用全球历史上最短的时间实现从碳达峰到碳中和。碳达峰分为自然达峰和政策驱动达峰。自然达峰与国家经济发展、产业结构及城镇化水平有着密切关系,一些发达国家达峰过程都是在经济发展过程中因产业结构变化、能源结构变化、城市化完成而自然形成的。相比发达国家,我国目前工业化、城镇化等进程远未结束,将近一半以上的城市第二产业占比超过 50%,且主要以高耗能高碳排放的建材、钢铁、石化、化工、有色金属冶炼等产业为主。在此条件下,我国提出 2030 年前实现碳达峰,一方面要通过政策手段遏制高耗能高排放项目盲目发展,快速缩短达峰时间和降低达峰峰值,另一方面又要在这一过程中保持经济社会平稳健康发展,特别要保证能源安全、产业链供应链安全和粮食安全,这无疑是一场硬仗。

2009 年哥本哈根气候变化会议上,我国政府作出"2020 年单位国内生产总值二氧化碳排放比 2005 年下降 40%～45%"的郑重承诺。经过坚持不懈努力,截至 2020 年年底,我国单位国内生产总值二氧化碳排放比 2005 年降低 48.4%,超过了向国际社会作出的承诺。作为制造业大国,2020 年我国人均二氧化碳排放量约为美国的一半,历史累计排放量也约为美国的一半。我国工业化、城镇化还在深入推进,发展经济和改善民生的任务依然很重,能源消费仍将保持刚性增长,承诺实现从碳达峰到碳中和的时间仅有 30 年左右,远远短于发达国家所用时间,充分体现了大国担当的雄心和力度。

2.3 "双碳"目标是中国推动经济转型发展的机遇

2.3.1 "双碳"目标带来的机遇与挑战

实现碳达峰、碳中和目标具有重要的现实意义,可引导我国适时进行低碳转型,以低碳创新促进可持续发展。同时,"双碳"目标还将促进产业结构的调整,及时遏制高能耗高排放产业的发展势头,促进战略性新兴产业、高技术产业、现代服务业的发展,带动大量的绿色金融投资,为高质量发展提供新的经济增长点和就业岗位。我国提出的"双碳"目标,不仅反映了"共区原则"和以发展为基础的应对气候变化的基本原则,同时也表明了一个负责任的国家在应对气候变化方面的积极态度。但是,要达到这一目标,还必须克服许多困难,如工业偏重、能源偏煤、低效率、高碳发展路径依赖等。因此,实现"双碳"目标是复杂的、科学化的系统工程,具有很强的政策性。要把握好发展的步调,积极稳妥地进行,避免"一刀切"的简单化,避免因改革不力造成的落后、低效的投资。碳达峰不是攀高峰,更不是冲高峰,而是为了更好的发展,为了达到碳中和的目的。碳中和是我国经济和社会发展的新动力,必须走出成本、经济效益和社会效益相结合的道路。

我国将用 40 年时间实现碳中和目标,其中前 10 年是用碳达峰检验我们的行动方向、推进路线、技术路径。最重要的是,要真正把碳达峰指标变为碳中和目标的分解依据,而不仅仅局限于绿色工业、绿色能源、绿色交通、绿色建筑等子系统目标的理念层次,而是要真正构建完整的行动体系。同时,碳达峰目标不仅是为了完成数字,更重要的是新发展模式的形成,要规划出高质量发展的绿色低碳、可持续模式,在发展过程中大幅减少碳排放量,这就需要建立一个科学合理的评价体系。这一体系,要在碳达峰过程中进行验证和不断修正,不断适应技术革命的新形势,确保行之有效。

对我国来说,碳中和的确立绝不仅是为了顺应全球应对气候变化的时代潮流,而是为了我国绿色健康发展行稳致远,更是为了全人类的永续发展福祉。从保障我国能源安全来看。"富煤、贫油、少气"的基本国情决定了我国对石油和天然气对外依存度很高。根据 IEA 和 BP 统计,我国已于 2017 年超过美国成为最大的石油进口国,并于 2018 年取代日本成为全球最大的天然气净进口国。2020 年,中国消费的石油和天然气中分别有超过 70% 和 45% 来自进口,如果能用风能、太阳能等全球分布相对均衡的绿色能源取代化石能源,将打破我国资源过度依赖海外进口的现状。而利用这些新能源的关键,取决于我国的新能源技术水平和制造业能力。未来在新能源利用领域的技术成熟后,我国有望从"化石能源进口国"转型为"新能源生产能力出口国"。在过去五年,我国在许多绿色能源技术的制造领域已经占据全球领先地位,加快能源转型将巩固我国在全球清洁能源技术价值链中的地位。从发展新动能来看,技术进步率对经济增长有着持续且巨大的推动作用。据测算,在 1980—2010 年,我国的技术进步率基本维持在 4%~5% 的水平,但在 2010—2018 年,随着我国逐步进入工业化中后期,技术进步率逐渐下降到了 2%。碳中和将促使我国在绿色低碳技术上进行研发投入,从而为我国未来的经济高质量发展提供持续动能。与产业数字化转型、新基建等其他选项相比,碳中和将是新发展阶段推动技术进步提升的最大动能,能带来更大的经济社会系统性的深刻变革。事实上,我国已经开始在"十四五"规划中制定具体的行动,第十四个五年规划(2021—2025 年)指出,我国力争将下一代信息技术、生物技术、新能源、新材料、高端设备等战略性新兴产业占 GDP 中的份额从 2019 年的 12% 左右提高到 2025 年的 17%。因此,我们必须认识到,实现碳中和目标,不仅仅是一场能源革命,还将推动我国绿色低碳技术水平的大幅提高,以及人民生活方式向绿色转变、生态文明价值观深入人心。这一全方位的变革,不是某一部门、某一省市、某一行业的事,而是跨部门、跨地区、跨行业的大事,需要不断深化。

总体而言,碳达峰、碳中和目标的设定是为了我国经济能够长远持续地发展,尽管我国从"十一五"以来不断推进节能减排,但在推进实现碳达峰、碳中和的过程中,仍会面临较大的挑战,尤其是在新冠疫情的影响下。但机会总是与挑战所并存的,在面临较大挑战的同时,碳达峰、碳中和的推行也会给我国经济带来新的机遇。

2.3.2 中国能源碳排放总体情况

能源是经济社会发展的基础和动力,迄今为止社会生产模式的重大变革都与人类生产生活中主要使用的能源变更息息相关。社会的每一次进步都对能源供应的数量、稳定性和安全性提出更高要求。一方面,热值更高、供给更加稳定的能源供给支撑起了机器大工业生产,社会生产力的进步最终推动了社会生产方式的进步,不断满足人民美好生活需要;另一方面,随着城市化进程的不断加快,越来越多的人口居住在城市中,电气化使得能源终端消费和能源初始供应进一步分离。社会化分工提高了能源供应效率,为人类生产生活提供了便利。能源变革与经济社会发展相互驱动,相辅相成。现阶段,全球绝大多数国家主要使用的能源资源仍以煤炭、石油和天然气等化石燃料为主。相较于煤炭、石油,尽管天然气开采生产运输过程中产生的污染较低,具有热值较高的特点,但并非零排放。根据 IEA 数据,2018 年全球二氧化碳的排放中,煤炭的燃烧和使用贡献了约 44% 的二氧化碳,石油贡献了 34%,天然气贡献了约 21%,其他能源排放量占比不到 1%。当煤炭、石油、天然气等化石能源在能源结构中占据了较高比例时,人类社会生产生活的各个环节都将产生能源消费和二氧化碳等温室气体排放。根据《BP 世界能源统计年鉴(2022)》,2021 年全球化石能源在一次能源中占比为 82%,较 5 年前的 85%略有下降。

近些年来,我国一次能源消费结构呈现出明显的低碳化、清洁化趋势(表2-1)。2003—2020 年煤炭消费量比重从 70.2% 下降至 56.8%,共下降 13.4个百分点;天然气消费量则从 2.3% 提高到 8.4%,清洁能源(一次电力及其他能源)消费量从 7.4% 提高到 15.9%,合计占比提高 14.6 个百分点。

表 2-1　中国能源消费总量和构成

年份	能源消费总量/万t标准煤	煤炭		石油		天然气		一次电力及其他能源	
		总量/万t标准煤	占比	总量/万t标准煤	占比	总量/万t标准煤	占比	总量/万t标准煤	占比
2003年	197 083	138 352	70.2%	39 614	20.1%	4 533	2.3%	14 584	7.4%
2004年	230 281	161 657	70.2%	45 826	19.9%	5 296	2.3%	17 501	7.6%
2005年	261 369	189 231	72.4%	46 524	17.8%	6 273	2.4%	19 341	7.4%
2006年	286 467	207 402	72.4%	50 132	17.5%	7 735	2.7%	21 199	7.4%
2007年	311 442	225 795	72.5%	52 945	17.0%	9 343	3.0%	23 358	7.5%
2008年	320 611	229 237	71.5%	53 542	16.7%	10 901	3.4%	26 931	8.4%
2009年	336 126	240 666	71.6%	55 125	16.4%	11 764	3.5%	28 571	8.5%
2010年	360 648	249 568	69.2%	62 753	17.4%	14 426	4.0%	33 901	9.4%
2011年	387 043	271 704	70.2%	65 023	16.8%	17 804	4.6%	32 512	8.4%
2012年	402 138	275 465	68.5%	68 363	17.0%	19 303	4.8%	39 007	9.7%
2013年	416 913	280 999	67.4%	71 292	17.1%	22 096	5.3%	42 525	10.2%
2014年	428 334	281 844	65.8%	74 102	17.3%	23 987	5.6%	48 402	11.3%
2015年	434 113	276 964	63.8%	79 877	18.4%	25 179	5.8%	52 094	12.0%
2016年	441 492	274 608	62.2%	82 559	18.7%	26 931	6.1%	57 394	13.0%
2017年	455 827	276 231	60.6%	86 151	18.9%	31 452	6.9%	61 992	13.6%
2018年	471 925	278 436	59.0%	89 194	18.9%	35 866	7.6%	68 429	14.5%
2019年	487 488	281 281	57.7%	92 623	19.0%	38 999	8.0%	74 586	15.3%
2020年	498 314	282 864	56.8%	94 122	18.9%	41 832	8.4%	79 182	15.9%

数据来源：中国统计年鉴。

　　"双碳"目标下全社会能源结构需加快转型,相关机构预计,非化石能源在一次能源结构中的比重将显著提高,2025年达到21%,并于2030年达到甚至超过25%,到2060年非化石能源在一次能源消费中的占比超过80%。煤炭在一次能源中的占比稳步下降,过去很长时期内我国是以煤为主的能源格局,2030 年前煤炭占比进一步下降,石油在一次能源中的占比稳中有升,随后开始逐步下降。天然气占比呈现出先增长后下降的趋势,天然气的消费比重在 2030 年达到 10% 以上,并一直保持到 2050 年,此后随着可再生能源技术和储能技术的成熟及零碳、负碳技术的大规模应用,天然气消费占比将回落至个位数左右。

2001 年我国加入世界贸易组织(WTO)之后,经济得到迅速发展,第二、三产业的生产活动进一步扩张,2005 年我国"十一五"规划中首次对节能减排提出要求后,我国宏观经济开始发生变化。其中最明显的是产业结构,2005 年我国三大产业结构占比次序分别是第二产业占比 47.02%、第三产业占比 41.34% 和第一产业占比 11.64%。随着 2005 年以后我国在节能减排方面不断加大管控力度,我国第二产业在总体工业总产值中的贡献占比在 2006 年达到 47.56% 的顶峰后呈现下降趋势,至 2020 年仅为 37.82%。过去 20 年随着我国经济的高速增长,温室气体排放量也呈上升趋势。根据世界银行的数据,中国二氧化碳总体排放量从 2005 年的 58.24 亿 t 增长到 2019 年的 107.07 亿 t,增长将近一倍(表 2-2)。2005 年中国超过美国成为世界第一大碳排放国,到 2019 年,我国已经是全世界碳排放量最多的国家,碳排放量占全球碳排放量比重达 27.92%。其次分别是美国、印度、俄罗斯和日本,占比分别为 14.5%、7.18% 和 4.61%,可见我国亟须控制碳排放量。

表 2-2　中国二氧化碳排放情况

年　份	二氧化碳排放量/百万 t	单位 GDP 二氧化碳排放量/(t/万元)
2005 年	5 824.6	3.1
2006 年	6 437.5	3.0
2007 年	6 693.2	2.5
2008 年	7 199.6	2.4
2009 年	7 719.1	2.2
2010 年	8 474.9	2.1

年　份	二氧化碳排放量/百万 t	单位 GDP 二氧化碳排放量/(t/万元)
2011 年	9 282.5	2.0
2012 年	9 541.9	1.9
2013 年	9 984.6	1.7
2014 年	10 006.7	1.6
2015 年	9 861.1	1.5
2016 年	9 874.7	1.3
2017 年	10 096	1.2
2018 年	10 502.9	1.1
2019 年	10 707.2	1.1

数据来源：世界银行世界发展指标（WDI），中国统计年鉴。

虽然我国二氧化碳排放的总量较高，但在控制碳排放总量和强度、实现绿色发展方面取得了积极进展。一方面，二氧化碳排放增速明显放缓。2005—2010 年二氧化碳排放年均增速约达 8%，2011—2015 年下降至 3%，2016—2019 年进一步下降至约 1.9%。另一方面，单位 GDP 的二氧化碳排放强度逐步下降。这些进展在很大程度上受益于能源结构的不断调整。

2.3.3　发达国家实现"碳达峰"的启示

目前已实现碳达峰的国家无一不是在节能低碳技术方面具有显著优势，但技术水平的提高是一个渐进的过程，主要依靠能源利用技术水平提升及各类用能装备效率提高。技术和装备进步，依靠内生的创新非常缓慢，引进其他国家成熟的技术和装备是通常的捷径。对一个大国而言，能效水平难以短期内上一个新台阶，更不可能一蹴而就。能效提升有助于碳达峰，但对碳中和边际效应递减。纵观发达国家基本都在实现碳达峰基础上，又逐步实现经济增长与能源消耗和碳排放脱钩。近 50 年来，全球发生了多次的石油供应危机，导致全球油价暴涨。发达大国一方面加大力度掌控全球石油资源，确保本国能源供应安全；另一方面严格控制交通、工业、建筑等主要部门的碳排放量和强度,同时,节能低碳技术和能源装备在发达国家得到大规模推广应用。

特别重要的是,自 20 世纪 70 年代后,发达国家推行对环境污染的严厉措施和惩罚机制,迫使工商业减少对传统能源的使用,加速了国内高能耗、高污染、高排放("三高"产业)和劳动密集型产业向发展中国家转移。改革开放以后,我国逐渐成为发达国家产业转移的最佳选择地,成为接受"三高"和劳动密集型产业转移最多的国家,为配合这些产业转移,我国各地兴建以制造业为主的各类产业园区,打通产业链条,上中下游全力配套,各产业基本上形成了 100 km 范围内的生态圈。四十多年改革开放成就了中国全球最大的制造大国、用能大国和产业工人大国,进入工业化快速发展时期。发达国家在转移出"三高"和劳动密集型产业后,产业发展集中于设计、研发、集成、品牌、管理、传媒、娱乐、金融、贸易、航运、高端装备和高端制造业等低能耗、低污染、低排放("三低")产业,实现了能源消耗与经济增长的脱钩,碳排放自然达峰。同时,人均 GDP 继续增长,人均工作时间减少,全社会进入发达经济阶段。

"十二五"以来,为适应新发展阶段我国致力于加快推动产业结构调整和经济结构转型,以期实现高质量绿色发展。实现碳达峰、碳中和是我国向世界做出的庄严承诺,也是一场广泛而深刻的经济社会系统性变革,绝不是轻轻松松就能实现的。在 2030 年前实现碳达峰、2060 年前实现碳中和,意味着中国作为世界上最大的发展中国家,将完成全球最高碳排放强度降幅,用全球历史上最短的时间实现从碳达峰到碳中和。

2.3.4 "双碳"对中国经济社会的影响

受经济社会发展阶段、资源能源禀赋等因素影响,我国要用不到 10 年的时间实现碳达峰,要比欧美碳达峰过程克服更多挑战、付出更大努力。一是能源结构方面,我国能源结构偏煤,化石能源消费占比高达 85% 左右,燃煤发电更是占到全部发电量的 62% 左右,构建新型电力体系任重道远。二是产业结构方面,我国产业结构总体偏重,包括电力在内的工业源碳排放占比高达 80%,钢铁、化工、建材等传统高耗能高排放行业低碳转型压力较大。三是科技创新能力方面,当前制约我国重点行业、重点领域低碳发展乃至零碳发展的共性关键技术尚未取得实质性突破。当前我国仍处于工业化和城镇化深化发展阶段,未来 15 年是我国基本实现社会主义现代化的关键时期,经济发展仍需保持合理增速,能源资源需求将刚性增长。在此形势下,我国要在相对较短的时间内实现碳达峰、碳中和,不仅要深化调整产业结构和能源结构,更要加快转变生产生活方式,建立健全绿色低碳循环发展体系,走出一条生产发展、生活富裕、生态良好的文明发展道路。

1)能源方面

从能源发展规律看,人类最初利用生物质能,之后才用煤炭、石油、天然气,可再生能源使用时间不长,能源结构经历了从低碳到高碳再回归低碳的演变过程。一次能源结构正以油气为代表的化石能源为主导,转向以太阳能、风能为代表的清洁能源为主导,电能将成为主要消费品种。清洁能源要转化为电能,电能生产和消费主要来自清洁能源;化石能源要逐步退出能源生产和消费领域。电和热的生产主要依靠可再生能源而不是化石能源,实现"清洁替代"。消费领域主要依靠电能替代化石能源,实现"电能替代",通过清洁替代和电能替代实现能源领域减碳目标。据IPCC评估报告,实现2℃温控目标,到2050年全球清洁能源占一次能源比重要达50%左右(44%~65%);实现1.5℃温控目标,清洁能源占比要更高。

2020年,在我国一次能源结构中煤炭占比高达56.8%,煤电占比约72%。能源禀赋决定了煤炭的基础性地位,煤炭是能源安全保障的"压舱石"。在我国已探明的一次能源资源储量中,油气等资源占比约为6%,而煤炭占比约为94%。煤炭的清洁开采与利用,无论从理论、实践上还是技术、经济上都已相当成熟。从碳中和的政策导向看,煤炭清洁利用潜力必须深挖,这也是保障国家能源安全的必然选择。2022年4月,国家发展和改革委员会(发改委)、工业和信息化部(工信部)、生态环境部等六部门联合发布了《关于发布〈煤炭清洁高效利用重点领域标杆水平和基准水平(2022年版)〉的通知》,划定了8个煤炭利用领域的能效标杆水平和基准水平,明确了改造目标、改造和淘汰时限及配套支持政策等内容,要求加强相关工艺技术装备研发和推广应用,加快企业煤炭清洁高效利用改造升级步伐。

煤炭行业要有"伤筋动骨"的举措,推动煤炭绿色转型发展,实现从煤炭勘察、开采、加工利用、废物处理等全生命周期绿色低碳转变,推动煤炭由单一燃料向"燃料+原料"转型,推进分级分质利用,实现煤炭行业向绿色化、大型化、规模化、集约化、低碳化和智能化发展。按照"绿色矿山"的标准建设矿山,重视安全和绿色开采;在保障安全前提下,把能采出来的煤炭开采出来,实现煤炭行业的更高质量、更高效率、更公平、更可持续、更安全的发展。一些学者认为将"去煤化"、发展可再生能源作为碳达峰、碳中和的根本途径,这可能是现有技术经济条件下一种好的选择;而从另一个角度看,实现碳达峰、碳中和目标,受到冲击最大的必然是煤炭行业。当然,如果没有煤炭的生产和消费,我国能源安全可能无法保障。因此,从我国富煤少气贫油的能源资源禀赋出发,必须重视煤炭生产、转化方式变革,将发电排放的二氧化碳转化成有用的材料,实现煤炭消费的"近零排放"。要实现从煤炭燃料向原料转变,劳动密集型向技术密集型转变,污染型向绿色环保型转变,高危型行业向安全型行业转变。煤炭开采要推进煤矿掘进、采煤、运输等新技术的研发与应用,由"人力驱动"向"科技驱动"转型,从劳动密集型向技术密集型转变,从机械化向智能化转变,完成产业升级与产业链延伸。在保障生态安全上下功夫,从降低安全事故向职业安全健康转变,实现经济效益、社会效益和生态环境效益的有机统一。

另外,将电、热和其他可再生能源(如氢能、风能等)聚合集成起来,通过电力物联网提高能源清洁化和电气化比例,进而改变未来的电力配置和消费格局。我国清洁能源资源丰富,但资源富集地区与使用负荷中心并不吻合。水电资源集中分布在西南地区,占全国总量的67%;风能资源集中在"三北"地区,经济可开发量占全国的90%以上;西北地区的太阳能资源占全国的80%以上。然而,约70%的电力消费在东部沿海和中部省份,负荷地与资源富集地相距 1 000~4 000 km。加快"源网荷储一体化"的电网结构调整及数字技术与能源系统的深度融合,实现大规模消纳清洁能源,实现风光互补、区域互济、电力生产消费平衡,保障我国能源安全。

煤炭消耗和能源生产结构以煤炭为主是导致我国碳排放总量大的直接原因,改变能源生产和消费结构、逐步降低煤炭在能源结构中的比重是实现碳中和的必由之路。实现碳达峰、碳中和,必须推动全方位、全链条、全生命周期的能源革命。要优化能源结构,构建清洁低碳安全高效的能源体系,在保障供应的前提下努力控制化石能源总量,推动煤炭消费尽早达峰;要加快发展非化石能源,大力提升风电、光伏发电规模,加快发展东中部分布式能源,支持沿海潮汐能和西南水电等清洁能源和可再生能源发展,因地制宜发展生物质能,提高非化石能源生产和消费比重。增加绿色氢能供应,实施可再生能源替代行动,努力使用非化石能源以满足新增能源需求、替代存量化石能源消费量;加强石油天然气开发利用和进口供应安全保障,安全稳妥推动沿海核电建设,合理控制煤电建设规模和发展节奏,逐步降低煤电比例,改变能源转化方式,构建以新能源为主体的新型电力系统,不断提高消费端电气化水平,实现能源管理数字化、智能化。同时,有序推动高耗能、高排放等重点行业、重点企业及城乡居民生活用能煤改气、煤改电,降低煤炭资源直接消耗规模。促进分布式太阳能光伏发电与农、林、牧、渔业融合协同发展,因地制宜依托工业和民用建筑发展分布式太阳能光伏发电。

当前我国能源结构正处于变革阶段。2021 年,我国非化石能源发电装机达到 11.17 亿 kW,同比增长 13.4%,约占总发电装机容量比重的 47%,比上年提高 2.3 个百分点,历史上首次超过煤电装机比重。非化石能源发电量 2.9 万亿 kW·h,同比增长 12.0%。风电、光伏发电、水电、生物质发电装机规模连续多年稳居世界第一,清洁能源消纳持续向好。有关研究机构认为,中国能源革命在 2020 年到 2030 年为能源变革期,主要是落实清洁能源替代煤炭战略;2030 年到 2050 年为能源定型期,形成"需求合理化、开发绿色化、供应多元化、调配智能化、利用高效化"的新型能源供需体系。不论是煤炭还是石油、天然气,均面临不可再生、资源耗竭的问题。我国应当也必须走一条不同于西方国家的能源结构升级路线,跨越油气,提高电的终端消费比重。从生产端看,需要构建安全清洁、低碳高效、可持续的能源体系。在转化过程中,要实现资源利用最大化。在消费端,优先节能提效,优化电力源、网、荷、储、用关系,煤、油、气要控量增效,加快提升非化石能源占比,推动能源技术革命,促进能源与新一代信息技术深度融合。

2)产业结构方面

工业作为我国经济社会发展的支柱,既是"用能大户",也是"碳排放大户",其低碳转型影响着我国碳达峰、碳中和目标实现。改革开放以来,我国工业水平式扩张特点明显,2000—2018 年,工业部门增加值增长了 4 倍以上,而工业部门能源消费总量增长了 3 倍,钢铁、水泥等高耗能原材料产品产量也增长了 3~6 倍。我国已成为全球最大的铁矿石、原油、铝土矿甚至煤炭等大宗产品进口国和消耗国,工业发展已背负过重的资源和能源"包袱",可持续发展面临重大挑战。

当前,我国工业领域已从高速发展阶段转向高质量发展阶段,绿色化、低碳化成为工业转型发展的"主旋律"。我国作为全球最大发展中国家和人口最多的国家,能源消费总量逐年上升,成为了碳排放的最主要来源。同时,我国是全球制造业第一大国,随着制造强国战略的深入实施,我国制造业规模持续快速增长,成为了碳排放的另一个重要来源。另一方面,我国工业产品产能过大,产能过剩已成为可持续发展面临的重大挑战。2017年,工业产能平均利用率仅为75%左右,粗钢、水泥、焦炭、风机设备、造船的产能利用率均低于70%,光伏与电解铝不足60%。过去一段时期以传统产业为主导的发展模式所创造的经济增长动能正在逐渐减弱,亟待开辟发展新动能。与工业低碳发展相关的新技术、新业态和新模式正是新动能的重要组成部分,促进工业部门深度减碳有利于形成新的经济增长点并提升发展质量。

"十四五"规划为产业绿色低碳发展设定了目标、指明了方向,确定了路线图。一是着力推进工业绿色化转型。工业绿色化是实现"资源集约利用、减少污染物排放、降低环境影响,提高劳动生产率、增强可持续发展"的必然选择。从产业布局、产业结构调整、全生命周期管理、技术促进与创新、激励与约束机制等多个方面入手,把绿色发展理念贯穿于工业经济全领域、工业生产全过程、企业管理各环节。坚持以工业节能降碳为目标,推进设计生态化、过程清洁化和废物资源化,显著提升产品的节能、低碳、环保水平。要按照生态理念、清洁生产要求、产业耦合连接的原则,强化园区产业布局、基础设施建设和经营管理,努力打造具有示范意义和特色的"零碳园区"。在重点行业领域,建立"绿色工厂",做到"集约化""无害化""低碳化""环境宜居",并努力探索"绿色工厂"的可复制和推广模式。持续健全绿色采购体系,从设计、采购、生产、包装、物流、销售、循环利用等方面,打造绿色低碳供应链,践行生态环境保护、节能减排等企业社会责任,保障产业链、供应链安全。二是持续推进产业结构优化升级。优化产业结构,是提高产业素质、推动高质量发展的内在要求。要坚持深化供给侧结构性改革主线,打好产业基础高级化和产业链现代化的攻坚战。实施关键核心技术和产品攻关工程,着力突破"卡脖子"技术,着重打好关键核心技术攻坚战,催生更多原创性、颠覆性技术,聚焦核心基础零部件、关键基础元器件、先进基础的制造工艺和装备、关键基础材料、工业软件,努力增品种、提品质、创品牌,提升产业整体水平。推动集成电路、5G、新能源、新材料、高端装备、新能源汽车、绿色环保等新兴战略性产业的发展壮大,打造一批具有国际竞争力的产业集群。健全优质企业梯度培育体系,大力培育专精特新"小巨人"企业,制造业单项冠军企业和具有生态主导力、核心竞争力的产业链龙头企业。三是推动工业化、信息化和绿色化协同发展,做好工业节能降碳。严格落实能耗双控政策,坚决遏制"两高"项目盲目发展,完善产能信息预警发布机制。加快制定出台重点行业领域碳达峰行动方案和路线图,围绕碳达峰、碳中和目标制定汽车产业实施路线图。加快推进新型基础设施节能降碳,优化布局,提升在建与新建设施运行能效;推动新一代信息技术与传统工业制造的融合,加快制造业数字化转型;加强工业节水管理,推动重点行业企业定期开展节水诊断、水平衡测试。持续推进资源综合利用和高效利用,继续推进资源综合利用基地建设工作,促进工业固体废物综合利用;推动电子电器、废塑料等再生资源回收利用,推动重点产业循环链接;大力发展再制造产业,加强再制造产品认证与推广应用,实现效率变革。

总体来看,实现碳达峰、碳中和目标,对我国产业结构低碳化提出更高要求,钢铁、水泥、石化、建材等传统高耗能高排放产业的发展空间将进一步收紧,迫使产业由过去的规模化粗放型发展快速转向精细化高质量发展,产业链价值链将全面升级,企业竞争格局将得到重塑,传统产业中在技术、工艺、装备、产品等各方面创新升级的领先企业得到更好的发展机遇和更强的市场竞争力。鼓励发展绿色低碳产业,支持引导传统产业节能和减排技术改造,降低资源消耗强度。同时,新能源、节能环保、高端制造、清洁生产等新兴产业凭借自身突出的低碳属性和高技术禀赋,将迎来新一轮快速发展机遇,产业发展潜力将得到进一步释放,在我国产业结构中的地位也将逐渐提升。作为产业发展重要载体,工业园区绿色生态属性需要彰显。实现碳达峰、碳中和目标,既要在碳排放端"节流",也要在碳消纳端"开源","节流"在于工业领域的节能减排,而"开源"则与生态文明建设息息相关。工业园区作为我国工业领域产业、企业的最主要载体,未来提升自身碳消纳能力将是重点任务之一,在园区建设过程中,同步探索开发生态工程碳汇项目将成为一大趋势。通过此举,一方面能够提升工业园区自身碳消纳能力,加快低碳转型进程,另一方面能够推动环境资源向资产转变,能够实现园区整体价值的进一步提升,使自身由功能单一的工业载体加快向宜居宜业宜游的产城融合发展模式转变。

3）科技创新方面

科技创新支撑碳达峰、碳中和具有巨大的发展潜力和广阔的发展前景。科技创新可以促进新能源开发和利用成本不断下降,为能源结构的优化提供巨大支撑。根据中国国家能源局数据,截至 2020 年年底,中国清洁能源发电装机总规模达到 9.3 亿 kW,其中水电 3.7 亿 kW、风电 2.8 亿 kW、光伏发电 2.5 亿 kW,清洁能源占总装机的比重达到 42.4%,相比 2012 年增长 14.6%。以风电、光伏、水电、核能为代表的清洁能源比例大幅提高,主要是新能源技术和材料技术的进步促进了成本的大幅降低。近十年来通过科技创新,风电、光伏逐步进入平价时代,陆上风电项目发电单位千瓦平均造价下降 30% 左右,光伏组件、光伏系统成本分别从 30 元/W 和 50 元/W 下降到目前的 1.8 元/W 和 4.5 元/W,均下降 90% 以上。近年来,我国不断发展低碳技术,推动传统能源工业的科技革新。以煤炭工业为例,大力推广超临界、超超临界机组及热电联供技术,国家能源集团有 98% 的常规煤电机组实现超低排放,新建机组发电煤耗降至 256 g/(kW·h),为世界最低。推动煤气化为核心的整体煤气化联合循环(Integrated Gasification Combined Cycle,IGCC)和燃料电池联合循环技术、煤炭高效清洁利用技术的开发和应用,推进煤气化重要技术装备国产化;研发新型煤基路线化工工艺,成功开发煤制烯烃工艺技术,有效推进了煤炭的绿色低碳转型,提高了煤炭的使用效率和经济价值。在低碳技术开发与应用的支撑下,中国碳排放强度逐年下降,2019 年较 2005 年单位 GDP 二氧化碳排放量下降约 60%。

强化科技创新,加快绿色低碳科技革命。一是做好科技支撑顶层方案设计。以 2030 年前碳达峰、2060 年前碳中和为依据,从新能源开发、储能、输送、终端应用等维度出发,分阶段制定近期、中期、远期科技创新支撑方案。加强绿色低碳技术研发布局,实施清洁低碳技术、全新零碳技术、先进负碳技术的研究计划。着力解决制约绿色低碳技术发展的因素,破除新技术融合壁垒,支持绿色技术规模化和工业化示范工程。坚持基础科学研究与科技创新并重,以能源革命为契机,布局重大基础科学研究内容,重点解决绿色低碳技术创新的卡脖子问题。坚持市场应用为导向,推动产业绿色升级改造,支持新型绿色低碳产业发展。推动政府、企业、高校、科研院所等多主体参与,协同实现绿色低碳转型发展。坚持顶层设计,统筹安排,从两个维度进行有序推动碳达峰。时间维度上,推动新能源占比较高的能源生产企业、电力为主要能源的高技术企业、清洁技术占比较高的制造业、终端服务业等有条件的企业率先实现碳达峰,按照行业类型、规模、技术种类合理规划碳达峰时间表。空间维度上,根据不同区域的能源特点,制定碳达峰技术路线。在能源富集的西北地区,开展煤炭高效清洁利用技术,开发风光资源率先实现能源清洁化;在水、风、光、天然气资源丰富的西南地区,形成多能互补,综合开发利用;在煤炭消费超过70%的京津冀地区,重点推进减污降碳技术开发应用,实施清洁能源替代;在能源高度依赖外部输送的长三角地区,利用科技创新优势,推动海上风电开发,提高能源使用效率;在60%电力由外部输送的珠三角地区,积极开发海上风电,研发海洋油气资源利用技术。二是加快提升产业创新能力。深入实施创新驱动发展战略,坚持把自立自强作为战略支撑,新一代信息技术、新材料技术、新能源技术等正在加快突破和快速发展,深刻改变着世界经济发展模式和国际产业分工格局。应当充分发挥我国超大规模市场优势和新型举国体制优势,聚焦集成电路、关键软件、关键新材料、重大装备以及工业互联网,着力增强核心竞争力,深入推进制造业协同创新体系建设,强化基础共性技术供给。大力发展超低排放、资源循环利用、传统能源清洁高效利用等绿色低碳技术,加速绿色制造发展,打造更多的绿色园区、绿色工厂、绿色供应链、绿色产品等示范工程。支持行业龙头企业联合科研院所、高等院校和中小企业组建创新联合体,开展有关低碳技术、气候变化等领域基础理论和方法研究。推进低碳前沿技术攻关,培育一批国家级科技创新平台,加快创新成果应用和产业化。强化企业创新的主体地位,加强新型储能技术攻关示范和产业化应用,加强氢能生产、储存、应用关键技术研发示范和规模化应用。推进规模化碳捕集利用与封存技术研发、示范和产业化应用。建立完善绿色低碳技术评估、交易体系和科技创新服务平台。三是着力提升产业链供应链自主可控能力。自主、完整、灵活的产业链供应链是经济稳定发展的关键。我国拥有最完备的行业分类、完善的行业结构,与国际分工的深度融合,既保障了我国经济的稳定、健康发展,又为全球经济的发展作出了巨大的贡献。要根据不同的产业特点,进行科学的规划和精准的政策,突出现有的产业集群的作用,在产业优势领域精耕细作,挖掘产业链存量潜力,布局新兴产业链,大力推进太阳能光伏发电、生物质能、潮汐能、风能等新能源和可再生能源的工艺技术和设备研发创新，提高新能源和可再生能源项目的技术水平，增强安全稳定性，进一步提高经济性尤其是提高与煤电的竞争力。把提升产业链、供应链的稳定性和竞争力作为重点，大力推进制造业强链、补链行动、改造产业基础等项目，加快补短板、锻长板、布局新兴产业链，着力增强产业链、供应链自主可控能力，塑造未来发展新优势，在激烈的国际市场竞争中牢牢把握住主动权。

4）生活消费方面

消费是国民经济运行的基本环节之一，居民消费是生产端产品和服务需求的最终主体，其直接消费和间接消费都对碳排放有着重要影响。控制消费端的碳排放是碳达峰、碳中和进程中的关键环节之一。公众的消费低碳化偏好和取向，不仅能直接降低最终消费环节的碳排放，而且将在很大程度上影响生产端运营与供应链绿色低碳的变革。"双碳"目标下的消费变革聚焦于降低消费需求侧的能源消耗和碳排放，以及由此引致的低碳生活方式，可以概括为"低碳消费"，对降低二氧化碳的排放有直接或间接的影响。一方面，消费者在消费品的购买、使用和处置过程中充分评估二氧化碳排放量，以最低的碳排放作为决定消费行为的依据，主动选择低碳产品、低碳出行、节约资源能源，直接减少消费环节的碳排放；另一方面，消费者对低碳产品和服务的需求，引导原材料开发利用、生产加工、运输、储存和回收等环节严格遵守低碳准则，通过低碳消费需求来推动低碳生产，推动经济的整体转型。

我国拥有庞大的人口规模和巨大的消费能力，推动低碳消费是我国落实减碳任务的主要依托，也是创新消费模式、激发内需潜力、提高居民生活品质的重要途径。我国居民生活领域的能源需求量持续上升。目前，我国近70%的能源消费集中在工业，源于居民生活领域的能耗占比约为11%，主要集中在工业品、建筑和交通运输等领域。从终端需求活动导致的碳排放占比情况来看，我国35%的碳排放源自家庭能源消费。尤其是在城镇化进程快速推动下，居民消费所带来的二氧化碳排放量将会持续增加，因此，在消费端进行碳排放控制显得尤为重要。同时，一些不合理的生活方式也会加剧能源资源紧张，需要通过政策引导、产品开发、市场培育等手段创造更好的条件，帮助消费者将低碳意识转化为行为。我国消费减碳的潜力巨大。据《大型城市居民消费低碳潜力分析》（2020年）测算，在1 000万人以上人口的我国大型城市里，若在衣食住行上选择使用低碳产品或服务,个人消费年均减排潜力将超过1吨,约占中国人均碳排放的七分之一。同时,随着我国消费者的消费心理越来越成熟,越来越多消费者开始关注企业和产品的可持续发展信息,更愿意选择绿色低碳产品,这将有助于撬动企业进行绿色生产,履行企业环境责任,实现生产方式和生活方式的绿色转型。

低碳消费活动覆盖居民衣、食、住、行、用等生活各领域,是一个渐进发展的过程。实现程度的高低与经济社会所处的发展阶段、生产生活方式和技术水平等因素息息相关。当前制约绿色低碳消费因素主要有低碳产品流通服务以及市场环境有待改善,绿色低碳产品供给不足,企业在低碳产品研发推广技术创新能力不足,消费者对低碳认知不足、低碳消费能力和意愿不足等问题。需要加快构建以政府为主导、企业为着力点、居民为主体、社会为支撑,多元参与和推进的格局。

在政策层面,健全低碳消费制度体系,完善低碳消费激励政策,加强低碳消费宣传力度,培育低碳消费意识。一是加强引导消除认知偏差,个体低碳消费意愿可能与实际低碳消费行为之间存在差距,例如低碳产品的价格、购买和使用的便利程度等因素,会使消费者产生认知偏差,违背最初的低碳消费意愿。可通过提高低碳产品质量、完善相关配套服务、提供相应的财税补贴激励手段等,引导消费者规范行为、树立多元长远的价值导向,自发作出低碳消费选择。例如,为节能产品提供的信息越清晰和简化,这些产品就越有可能抓住消费者的意愿。二是培育低碳消费风尚。例如,从政府的角度规范低碳产品认证标准体系、发挥政府绿色采购示范效应,推动消费者转变消费观念;从居民的角度,以碳信用积分、低碳文化等助推方式引导居民选购低碳产品、选择低碳出行、传播低碳理念,发挥亲友间的互助示范效应,使个体低碳消费行为在社会互动过程中不断强化,最终形成低碳社会氛围。三是改善配套支撑条件,让低碳消费变成一种经济便利的选择。完善低碳产品认证标识制度,使消费者更容易识别所需求的低碳产品,了解低碳产品消费的环境影响;同时提升低碳技术、低碳基础设施等支撑条件,推动低碳交通、低碳建筑、完善低碳公共服务等,使低碳产品和服务在实践中好操作、价格上可承受。四是建立健全低碳消费的市场监管、技术体系、检测标准、信息共享机制等,规范低碳消费生产、经营和消费秩序,强化低碳消费保障监督机制。不断探索完善认证管理、宣传倡导、激励机制等方面的制度,制定鼓励性的政策制度,规范低碳消费市场秩序,加大对滥用认证标志的惩处力度,提升绿色标志的权威性,使绿色低碳产品得到更多人的认同和信任。在低碳产品认证制度中纳入"全生命周期"管理模式,使低碳原则贯穿原材料采集、产品生产、使用、废弃物回收全过程。

在社会层面,积极培育低碳消费市场,落实市场主体的节能减排责任,开展碳排放权交易。将碳定价与能源资源价格相融合,让最终消费品能够真实反映资源能源使用成本,扩大绿色低碳产品消费,倡导简约适度、绿色低碳的生活方式,反对奢侈浪费和不合理消费。在利益分配环节,构建产品奖惩机制和产品成本分摊机制。同时,加快建设低碳社区消费场景,塑造低碳环保的社区氛围,利用社会规范助推低碳行为,从衣、食、住、行、用、娱等方面推进全社会绿色低碳程度提升。另外,用好绿色消费信贷等绿色金融手段,给予节能低碳产品适当的补贴和税收减免,最大限度激发全社会低碳消费潜力。研究开展零碳城市、零碳社区、零碳校园等试点示范工作,鼓励支持具备条件的地方因地制宜开展"气化"城市、"光伏"城市、"光伏"农村等重大工程和行动,为绿色低碳发展探索新路径、积累新经验。

在企业层面,加大低碳消费产品的研发力度,提供更多的低碳消费产品和服务。以利用技术和平台优势,帮助并激励用户作出更可持续的消费决策。比如,建立低碳产品信息可追溯系统,以二维码等形式展示产品的碳标识或者碳足迹信息,解决低碳产品消费信息不对称问题。构建基于网络的绿色低碳生活场景,拓宽低碳消费形式和渠道,搭建数字化平台,创新低碳消费激励模式,引导公众低碳行为。同时,发挥好社会组织的宣传、组织和监督作用,监督企业在绿色产品认证等方面的信息合规性,维护消费者对于绿色低碳产品信息的知情权,对衡量低碳消费减碳效果、构建社会碳积分体系等开展调查研究。

参考文献

[1] 李俊峰.碳中和,中国发展转型的机遇与挑战[EB/OL].(2021-01-13)[2022-04-03].https://hxny.com/nd-52834-0-17.html.

[2] 经济学家圈.碳中和的逻辑[M].北京:中国经济出版社,2022:50-52.

[3] 李瑾,俞东阳,张雪莱,任庚坡.美国重返"气候圈"政策分析[J].上海节能,

2021(1)：3-7.

［4］ European Commission. Delivering the European Green Deal[EB/OL]. (2020-01-12)[2022-04-06].http：//capreform.eu/agriculture-in-the-european-green-deal.

［5］ 惠婧璇.欧盟一揽子气候立法提案解读及应对建议[J].中国能源,2021,43(11)：9-14.

［6］ 任庚坡.欧盟碳边境调节机制进展与应对政策[J].上海节能,2022(7)：858-862.

［7］ 王祺.欧盟碳边境调节机制背景下我国企业ESG信息披露机制思考[J].中国能源,2022,44(8)：47-54.

［8］ Phillip Adnett. Consultation on UK carbon border tariff planned，HM Treasury confirms[EB/OL]. (2022-06-21)[2022-06-28]. https：//www.export.org.uk/news/609112/Consultation-on-UK-carbon-border-tariff-planned-HM-Treasury-confirms.htm.

［9］ 汤雨,赵荣美,王进.中国如何为全球"双碳"作贡献？[EB/OL].(2021-10-13)[2022-06-05]. https：//finance.sina.cn/china/gncj/2021-10-13/detail-iktzscyx9381111.d.html?from＝wap&ivk_sa＝1023197a.

［10］ 夏清.碳达峰不是简单的碳指标数字任务[N].中国能源报,2022-5-30(7).

［11］ 宁凯亮,韦婷,朱茜.碳达峰、碳中和带来的机遇和挑战研究报告[R].北京：前瞻产业研究院,2021.

［12］ 刘仁厚,王革,黄宁,等.中国科技创新支撑碳达峰、碳中和的路径研究[J].广西社会科学,2021,314(8)：1-7.

［13］ 魏一鸣,余碧莹,唐葆君,等.中国碳达峰碳中和路径优化方法[J].北京理工大学学报(社会科学版),2022,24(4)：3-12.

［14］ 魏一鸣,余碧莹,唐葆君,等.中国碳达峰碳中和时间表与路线图研究[J].北京理工大学学报(社会科学版),2022,24(4)：13-26.

［15］ 朱黎阳.大力发展循环经济 助力实现碳达峰碳中和目标[EB/OL].(2021-11-05)[2022-06-09]. https：//www.ndrc.gov.cn/fggz/fgzy/xmtjd/202111/t20211105_1303317.html.

［16］ 周宏春,霍黎明,李长征,等.开拓创新 努力实现我国碳达峰与碳中和目标[J].城市与环境研究,2021(1)：35-51.

［17］ 王安.新发展格局下煤炭行业高质量发展系统性分析[J].中国煤炭,2020,46(12)：1-5.

［18］ 周宏春,李长征,周春.碳中和背景下能源发展战略的若干思考[J].中国煤炭,2021,47(5)：1-6.

［19］ 马涛,马巍威.工业低碳转型是碳达峰碳中和的关键[EB/OL].(2021-03-

05)[2022-06-11].https://www.sohu.com/a/454285692_260616.

[20] 中国长期低碳发展战略与转型路径研究课题组/清华大学气候变化与可持续发展研究.读懂碳中和[M].北京:中信出版社,2021:223-224.

[21] 庄贵阳,周宏春.碳达峰碳中和的中国之道[M].北京:中国财政经济出版社,2021:31-33.

[22] 周宏春,史作廷.碳中和背景下的中国工业绿色低碳循环发展[J].新经济导刊,2021(2):7.

[23] 薄凡,庄贵阳."双碳"目标下低碳消费的作用机制和推进政策[J].北京工业大学学报(社会科学版),2022,22(1):70-82.

3

『双碳』目标的实现路径分析

自《巴黎协定》签订以来，全球承诺在21世纪中叶左右实现净零排放的国家越来越多，法国、英国、日本、韩国、加拿大、南非、阿根廷、墨西哥等国均承诺到2050年实现净零碳排放。本章在全球碳中和背景下，列举了欧盟、日本、美国等世界发达国家及经济体在推进碳中和目标上的战略路线与行动路径，从法规政策、现实基础等角度，充分借鉴他们的方法和经验，为我国全面推动能源结构、产业结构与消费结构改革，完善碳中和顶层设计，实现"双碳"目标提供参考。

在全球范围的能源革命背景下，发达国家实现碳中和目标的路径主要包括以下几个方面：一是优化能源结构，以风能、氢能、核能、太阳能、地热能、海洋能、生物质能等清洁能源逐步替代传统化石能源所占的比例；二是在工业领域推动低碳化发展道路，探索一种低能耗、低污染、低排放的可持续发展模式；三是在交通运输领域发展绿色交通，提高新能源车占比，使用清洁的电能、生物质燃料取代柴油、汽油；四是在建筑领域发展绿色建筑、节能建筑，借助节能设备与系统、区域供冷系统等减少建筑整个生命周期内的碳排放；五是在农业领域构建绿色生态发展体系，减少农产品生产、流通过程中的能耗。此外，采用碳市场与碳税措施等监管手段，运用市场的机制，对实现节能减排目标作出有效贡献。

中国作为目前世界上碳排放量最大的国家，要用全球历史上最短的时间来实现"双碳"目标，无疑是一个巨大的挑战，挑战体现在难度高、时间紧迫、产业转型困难、能源资源禀赋不足等各个方面。

2021年10月，《关于完整准确全面贯彻新发展理念做好碳达峰碳中和工作的意见》和《关于印发2030年前碳达峰行动方案的通知》的发布，标志着"双碳""1＋N"政策体系中"1"的建立，紧随其后，各省、自治区、直辖市陆续发布"N"政策，目前，"双碳""1＋N"政策体系已基本建立。

尽管"双碳"已逐步成为大众广泛接受的概念，但在认知上容易产生各类误区，如认为控碳只是控二氧化碳等，本章梳理了一些常见误区，需要大家警惕并正确认识。

3.1 国际上"双碳"目标的提出和执行情况

2015年12月12日,近200个《联合国气候变化框架公约》缔约方在巴黎气候变化大会上达成《巴黎协定》,为2020年后全球应对气候变化行动作出部署。《巴黎协定》提出,为防止气候问题进一步恶化,21世纪末全球平均气温较工业化前水平不应超过1.5℃或2℃,全球需要在2065—2070年实现碳中和。与《京都议定书》的最大不同在于,《巴黎协定》明确了世界各国共同追求的"硬指标"。这也是首次明确提出全球碳中和时间表,为2020年后全球气候治理格局奠定基础。

截至2021年8月,全球193个国家中已有超过130个国家和地区通过政策宣示、法律规定或提交联合国等不同方式提出了"零碳"或"碳中和"的气候目标。其中有2个国家(不丹、苏里南)已提早实现碳中和,10个国家及地区将实现净零目标写入法律,其余国家已在官方政策文件中作出承诺。在目标年份方面,本书将国家的目标年份分为2050年前、2050年和21世纪下半叶三类。以欧盟为代表的欧洲工业化国家普遍提出设定2050年为气候中和目标年,以瑞典、芬兰、冰岛等为代表的北欧国家在气候中和措施方面表现良好,将目标年提前至2035—2040年,而大部分发展中国家(中国、巴西等)则承诺2060年前实现碳中和。相比之下,新加坡和毛里求斯等国家从自身减排成本角度出发,制定了到21世纪下半叶实现碳中和的目标。以下分别整理了以法律宣告、政策宣示、联合国备案方式宣布碳中和目标的主要国家和地区。

1)以法律形式确立碳中和目标的国家或地区

欧盟(目标日期:2050年)

2018年11月,欧盟委员会首次提出了2050年实现碳中和的欧洲愿景。2019年12月,欧盟委员会颁布《欧洲绿色新政》,提出到2050年欧盟温室气体达到净零排放并且实现经济增长与资源消耗脱钩,并将推动工业向清洁循环经济转型作为新政的重要内容。2020年3月,欧盟委员会通过了《欧洲气候法》提案,旨在从法律层面确保欧洲到2050年实现碳中和;2021年7月,欧盟委员会发布了"减碳55%"一揽子计划,并通过了9条提案。

丹麦（目标日期：2050年）

2018年，丹麦政府制定了一个到2050年建成"气候中性社会"的计划，发布了很多政策，例如从2030年起禁售新的汽油和柴油汽车，推动电动汽车普及应用，并于2019年6月依法承诺到2050年实现碳中和。政府承诺引入具有约束力的脱碳目标，并加强其到2030年将排放量从1990年水平以下40%减少到70%的雄心。丹麦国营公用事业公司Energinet发布的数据显示2019年该国47%的能源仅来自风能。这种可再生能源是该国脱碳计划的关键组成部分，因为它的目标是确保其电力部门到2030年不再使用化石燃料。

法国（目标日期：2050年）

2019年6月，法国国民议会通过投票将碳排放净零目标纳入法律。该法律还提高了2030年将化石燃料消耗量减少30%～40%的目标。法国是一个严重依赖核能的国家，它正在寻求加快低碳能源和可再生氢的开发，同时计划近几年逐步关闭存量的燃煤电站。正在采取措施改善该国约720万个绝缘不良的家庭，因为住房部门约占其电力消耗的45%，产生的碳排放量的25%。为了在2050年实现碳中和，法国新成立的气候高级委员会建议将碳减排速度提升三倍。

德国（目标日期：2050年）

2019年12月，德国第一部主要气候法正式生效。在这部法律的导言中，德国明确表示要在2050年之前实现温室气体中和。

匈牙利（目标日期：2050年）

匈牙利在2020年6月通过的气候法中承诺到2050年实现气候中和。匈牙利的碳中和宣言没有包括加强其2030年的气候目标，届时它的目标是将排放量相比1990年的水平减少40%。同时，该国计划在未来十年内开展更大的节能减排计划，预计在2025年之前关闭其最后一个剩余的燃煤电站，并扩大核电规模。

瑞典（目标日期：2045年）

2017年6月，瑞典承诺到2045年实现碳中和——使其成为第一个将时间表纳入法律以确保其提前实现《巴黎协定》目标的国家。与1990年的水平相比，它计划将其绝对排放量减少85%，其余15%将通过投资于有助于减少瑞典和世界其他地方污染的项目来根除。该国多年来一直通过增加核电站和投资水力发电来使其能源部门脱碳,同时在 1990 年代征收碳税以支持从化石燃料的转变。

英国(目标日期:2050 年)

早在 2008 年,英国就通过一项减排框架法,设定了 80% 的减排目标。2019 年 6 月,英国议会通过修正案,将 80% 调整为 100%。苏格兰议会制定了一项法案,承诺在 2045 年实现净零排放,并于 2019 年秋季正式形成法律规定。在这样做的过程中,英国成为第一个以这种规模遏制气候变化的 G7 国家,建立在其先前在未来 30 年内将排放量减少 80% 的目标的基础上。作为其努力的一部分,英国的碳排放量在过去 10 年中下降了 29% 至 3.54 亿 t。

爱尔兰(目标日期:2050 年)

爱尔兰总统迈克尔·D.希金斯签署了一项新法案《2021 年气候行动和低碳发展(修正案)法案》,由环境与气候部长和绿党领袖埃蒙·瑞安提交到众议院,该法案在众议院和参议院都获得了通过,现在已经被总统签署成为法律。该行动法案承诺到 2050 年爱尔兰实现碳中和,并包含了通过引入气候变化咨询委员会提出的五年"碳预算"来实现具有法律约束力的排放目标的条款。

新西兰(目标日期:2050 年)

在新西兰,二氧化碳的主要来源是农业。新西兰于 2019 年 11 月通过了一项法律,到 2050 年实现净零排放。它声称可以很好地实现目标,该国 80% 的电力来自可再生能源,并计划在 2030 年逐步淘汰石油和天然气。但是政府的气候提案存在一个很大的漏洞,因为它没有包括在甲烷排放方面达到净零——据信甲烷在大气中捕获的热量是二氧化碳的 30 倍。农业占新西兰温室气体排放量的近一半,而反刍动物的甲烷排放量约占其总排放量的三分之一。该国已提议到 2030 年将这些排放量比 2017 年的水平减少 10%,然后到 2050 年减少 24%~47%。

西班牙(目标日期:2050 年)

2020 年 5 月,西班牙政府提交了一份气候框架法案草案,设立专门的委员会监督法案执行情况,并立即停止发放新的煤炭、石油和天然气勘探许可证。

2) 以政策宣示形式确立碳中和目标的国家或地区

中国(目标日期:2060 年)

在 2020 年 9 月召开的联合国大会上,中国宣布计划在 2060 年实现碳中和,并采取有效措施力争在 2030 年之前实现碳达峰。

日本(目标日期:2050 年)

2020 年 10 月 25 日,日本政府公布了实现 2050 年"碳中和"目标的工程表——绿色增长战略,该战略书中不仅确认了"2050 年日本实现净零排放"的目标,还提出了对日本海上风能、电动汽车、氢燃料等 14 个重点领域的具体计划目标和年限设定。绿色增长战略旨在通过技术创新和绿色投资的方式加速向低碳社会转型。

奥地利(目标日期:2040 年)

在 2020 年 1 月,奥地利联合政府在宣誓就职时承诺在 2030 年实现100%清洁电力,2040 年实现气候中立,这些目标得到了右翼人民党和绿党的认可。

巴西(目标日期:2060 年)

巴西环境部长里卡多·萨列斯在 2020 年 12 月 8 日宣布,巴西将在气候变化《巴黎协定》框架内,力争于 2060 年实现碳中和。

芬兰(目标日期:2035 年)

全球领导人气候峰会上,芬兰承诺在 2035 年实现碳中和。在逐步实现这一目标的进程中,芬兰于 2021 年 1 月成为世界上首批发布国家电池战略的国家之一。

美国(目标日期:2050 年)

现任总统拜登 2021 年 1 月 20 日上任第一天就宣布重返《巴黎协定》,并就减少排放提出若干新政。《关于应对国内外气候危机的行政命令》中提出:"到 2035 年,通过向可再生能源过渡实现无碳发电;到 2050 年,让美国实现碳中和。"这是美国在气候领域提出的最新目标。

加拿大(目标日期:2050 年)

2019 年 10 月,特鲁多总理实现连任,承诺到 2050 年实现碳中和,并制定了具有法律约束力的五年一次的碳预算。

智利(目标日期:2050 年)

2019 年 6 月,皮涅拉总统宣布智利会努力实现碳中和。2020 年 4 月,智利政府向联合国提交了一份承诺书,明确提出会在 2024 年之前关闭 8 座燃煤电站,2040 年之前逐步淘汰煤电,到 2050 年实现碳中和。

冰岛(目标日期：2040 年)

冰岛是为数不多的承诺在 2040 年实现碳中和的国家之一,其底气在于利用当地丰富的地热资源和水力资源获得了几乎不产生碳排放的电力和供暖,接下来就是逐步淘汰运输行业使用的化石燃料,恢复植被与湿地。

挪威(目标日期：2030 年/2050 年)

挪威承诺在 2030 年通过国际抵消实现碳中和,到 2050 年在国内实现碳中和。截至目前,挪威还没有发布任何有约束力的气候法,上述承诺只是政策宣示。

葡萄牙(目标日期：2050 年)

2018 年 12 月,葡萄牙发布了一份实现碳中和的路线图,涵盖了能源、运输、废弃物、农业、森林等方方面面的内容,宣布要在 2050 年实现碳中和。

乌克兰(目标日期：2060 年)

2021 年 3 月发布的《2030 经济战略》中,提出了不晚于 2060 年实现碳中和的计划。

南非(目标日期：2050 年)

2020 年 9 月,南非政府发布低碳排放发展战略,提出要在 2050 年实现碳中和,成为净零经济体。

韩国(目标日期：2050 年)

韩国总统文在寅在 2020 年 10 月的国民议会演讲中承诺将在 2050 年之前实现碳中和。作为该国于 2020 年 7 月宣布的绿色新政的一部分,这个严重依赖化石燃料为其电网供电的东亚国家将结束其对煤炭的依赖,并用可再生能源取而代之。煤电目前是韩国电力供应的基石,约占韩国总能源结构的 40%,而且还有 7 座新的煤电机组在建,这将不可避免地使净零挑战变得更加困难。但该国的绿色新政提出将包括用于绿色项目的 8 万亿韩元(71 亿美元),誓言要征收碳税,结束对海外燃煤电站的融资,并建立电力和氢充电站车辆。

瑞士(目标日期：2050 年)

2019 年 8 月,瑞士联邦委员会宣布计划在 2050 年实现碳净零排放,并通过议会修订气候立法,通过技术开发与创新推动碳中和目标的实现。

3) 以联合国备案形式确立碳中和目标的国家或地区

哥斯达黎加(目标日期：2050 年)

2019 年 2 月,哥斯达黎加政府制定了一揽子气候政策,在 12 月提交给联合国的计划书中明确表示要在 2050 年实现净零排放。

斐济(目标日期：2050 年)

斐济是 2017 年联合国气候峰会 COP23 的主席国,为了以身作则,彰显自己的领导力,2018 年向联合国提交了一份计划,明确表示要在 2050 年让所有经济部门实现净零排放。

马绍尔群岛(目标日期：2050 年)

2018 年 9 月,马绍尔群岛向联合国提交了一份报告,承诺要在 2050 年实现净零排放,但没有发布具体的政策。

阿根廷(目标日期：2050 年)

2020 年 12 月,阿根廷向联合国提交了一份报告,承诺要在 2050 年实现净零排放,但没有发布具体的政策。

新加坡(目标日期：21 世纪后半叶尽早实现)

新加坡从自身减排成本等角度出发提出了到 21 世纪下半叶实现碳中和的目标。新加坡在 2020 年 3 月向联合国提交的长期战略中,明确表示会在 2040 年淘汰内燃汽车,以电动汽车替代。

斯洛伐克(目标日期：2050 年)

斯洛伐克承诺要在 2050 年实现气候中和。在欧盟成员国中,斯洛伐克是第一批向联合国提交长期战略的国家之一。

乌拉圭(目标日期：2030 年)

乌拉圭向联合国提交的报告表示,其将通过减少牛养殖、能源消耗与废弃物排放,在 2030 年实现碳中和,成为净碳汇国。

不丹(目标日期：目前为碳负,并在发展过程中实现碳中和)

不丹人口不到 100 万,收入低,周围有森林和水电资源,平衡碳账户比大多数国家容易。但经济增长和对汽车需求的不断增长,正给排放增加压力。

3.2 欧盟碳中和路径介绍

3.2.1 实现碳中和的计划与路径

1) 欧盟"气候中和"2050 愿景

2018 年 11 月 28 日,欧盟发布"全人类的清洁星球：建立繁荣、现代、有竞争力且气候中和的欧盟经济体的长期战略愿景",旨在到 2050 年实现温室气体净零排放。其中提出如下战略重点:最大限度提高能源效率的效益,包括零排放建筑;通过最大限度地使用可再生能源和电力,使欧洲的能源供应系统完全脱碳;支持清洁、安全、互联的交通出行方式;通过有竞争力的欧盟产业和循环经济推动温室气体的减排;建设充足的智能网络基础设施和互联网络;充分受益于生物经济并建立基本的碳汇;通过碳捕获和储存(Carbon Capture and Storage,CCS)管理残余碳排放。

2019 年 12 月 11 日,欧盟发布《欧洲绿色协议》,提出到 2050 年,欧盟将转变为一个公平繁荣的社会和一个具有竞争力、资源节约型的现代经济体,实现温室气体净零排放,并使经济增长与资源消耗脱钩。其中提出如下转型路径:提高欧盟 2030 年和 2050 年的气候目标;提供清洁、负担得起和安全的能源,推动工业领域向清洁循环经济转型;高能效和高资源效率建造及翻新建筑;实现无毒环境和零污染目标;保护与修复生态系统和生物多样性;"从农场到餐桌",建立公平、健康、环境友好的食品体系;加快向可持续及智慧出行的转型。

2020 年 3 月 4 日,欧盟提出《欧洲气候法》,旨在将 2050 年实现温室气体净零排放的目标载入法律。其中提出要采取如下必要步骤:将 2030 年欧盟新目标(将温室气体排放与 1990 年水平相比,削减至少 55%)纳入《欧洲气候法》;欧盟将在 2021 年 6 月完成审核所有相关政策工具并在必要时出台修改提案,以实现 2030 年额外减排目标;欧盟将提议通过 2030—2050 年欧盟范围温室气体减排路线图,以测量减排进展,并为政府、企业和公民提供可预测性;欧盟将于 2023 年 9 月,且随后每五年一次,评估欧盟及其成员国的减排措施是否与气候中和目标及 2030—2050 年减排路线保持一致性;欧盟将有权向未达成气候中和目标的成员国提出建议,成员国有义务对建议加以考虑,如果不采纳建议,则必须说明理由;成员国还必须制定并落实适应策略以增强抵御力,降低气候变化带来的脆弱性。

2021 年 4 月 21 日,欧盟就《欧洲气候法》条例达成了临时协议,其中包括:设立宏伟的 2030 年气候目标,即与 1990 年相比至少削减 55% 的温室气体净排放量,并明确减排量和去除量的贡献;认识到有必要通过更雄心勃勃的土地利用、土地利用变更和林业(LULUCF)条例来加强欧盟的碳汇,欧盟将就此于 2021 年 6 月提出建议;尽快明确 2040 年气候目标,同时要考虑到欧盟将发布的 2030—2050 年指示性减排预算;作出 2050 年后负排放量的承诺;设立欧洲气候变化科学咨询委员会,提供独立的科学意见;制定更强有力的规定以适应气候变化;保持欧盟各项政策与气候中和目标之间的高度一致性;承诺与各部门合作,制定针对具体部门的路线图,带领经济各领域走向气候中和。

2021 年 7 月 14 日,为确保完成"到 2030 年将其温室气体排放量相比 1990 年减少至少 55%"的国家自主贡献更新目标,欧盟正式提出了包含能源、交通、林业碳汇、减排责任和资金支持等在内的一揽子"减碳 55%"立法提案,把目标通过政策手段分解落地。欧盟"气候中和"2050 愿景的重要文件内容见表 3-1。

表 3-1　欧盟出台"气候中和"2050 愿景一览表

类别	文件名	发布机构	发布时间	主要内容
政策框架	《欧洲绿色协议》	欧盟委员会	2019 年 12 月 11 日	提出欧盟迈向气候中立的行动路线图和七大转型路径
	《欧洲气候法》	欧盟委员会	2020 年 3 月 4 日	提出具有法律约束力的目标,并提出 6 个主要步骤
	《欧洲气候法》临时协议	欧盟委员会	2021 年 4 月 21 日	设立宏伟的 2030 年气候目标,并明确减排量和去除量的贡献
	"减碳 55%"一揽子计划	欧盟委员会	2021 年 7 月 14 日	通过 9 条提案,以实现 2030 年温室气体排放量比 1990 年至少下降 55% 的目标

在《欧洲气候法》、"减碳 55%"一揽子计划和"欧洲绿色协议"的框架下,欧盟主要从七个方面构建和完善碳中和政策框架:① 将 2030 年温室气体减排目标从 50%~55% 提高到 60%;② 气候相关政策法规的修订;③ 基于《欧洲绿色协议》与行业战略,统筹与协调欧盟委员会的所有政策与新举措;④ 构建数字化智能管理系统;⑤ 完善欧盟碳交易机制;⑥ 建立公平的过渡机制;⑦ 统一管理欧盟绿色预算。

2)欧盟碳中和具体行业政策

(1)电力行业。

电力端脱碳是欧洲实现气候中和的重中之重,政策目标具体:2030 年是欧洲气候目标的关键时间点,许多电力领域的脱碳政策都是以此为基础制定的。2018 年 12 月,《可再生能源指令》要求到 2030 年欧盟可再生能源占比至少达到终端能源消费的 32%,并实现 15% 的电力和智能网络以及储能的互联互通。2020 年 9 月,欧盟委员会在《2030 年气候目标计划》中提出,到 2030 年欧洲可再生能源发电比例至少要提高到 65%。同年 11 月,《海上可再生能源战略》发布,提出到 2030 年欧洲海上风电装机容量至少达到 60 GW。同时,作为欧盟碳交易体系的重点行业之一,电力行业和其他 ETS 行业必须在 2030 年相比 2005 年减排 43% 以上。

在绿色电力目标的指引下,欧洲电力能源结构进一步优化,电力脱碳进程正在加速。从能源供应来看,2015—2019 年欧洲核电发电占比稳步下降,而可再生能源发电占比逐年上升,2015—2020 年,可再生能源发电占比从 15% 上升到 23.43%,6 年间提升了 8.29%,未来可再生能源将逐渐成为欧洲电力系统的重要支撑,电力行业或将成为欧洲最早脱碳的行业。欧洲电力行业相关政策见表 3-2。

表 3-2 欧洲电力行业相关政策一览表

政策或指令	内　　容
2030 年气候目标计划	到 2030 年,发电与建筑部门的排放须比 2015 年的水平降低至少 60%,可再生能源发电提升至 65% 以上
排放交易系统指令	电力部门为欧盟碳交易覆盖的行业之一,需要与其他被覆盖的行业一起实现 2030 年前排放量达到相比 2005 年减少 43% 的目标
可再生能源指令	电力部门为该指令的重点关注领域。到 2030 年,可再生能源在欧盟最终能源消费的份额达到至少 32%;对于电力部门,需要通过发展输配电网基础设施、智能网络、储能设施以及互联互通,提高可再生能源的技术可行性和经济可承受水平,在 2030 年实现 15% 的电力互联目标
能源联盟治理条例和气候行动	为实现 2030 年欧盟可再生能源占最终能源消费总额至少 32% 的目标,各成员国从 2021 年起需遵循一定的指示性增长路径:到 2022 年,各国可再生能源份额需实现从 2020 年国家目标至 2030 年计划贡献总增长幅度的 18%,2025 至少达到 43%,2027 年则需至少完成 65%
海上可再生能源战略	到 2030 年,海上风电装机容量至少达到 60 GW,海洋能源装机量至少达到 1 GW;到 2050 年,海上风电及海洋能源装机容量分别达到 300 GW 和 40 GW;到 2050 年,海上可再生能源成为欧洲能源体系的核心组成部分

政策或指令	内　　　　容
氢能战略	到 2050 年,欧洲能源结构中氢的份额预计将从目前的不到 2％增长到 13％～14％

（2）工业。

通过关注能源密集型行业,排放交易机制和能源政策将共同促进脱碳。目前,欧洲工业排放以能源密集型行业为主,脱碳政策的具体指引可分为欧盟碳交易计划和能源政策。碳交易机制主要旨在帮助工业实现其最终减排目标,并将通过减少排放配额和增加排放成本来迫使欧洲工业加速脱碳。在能源政策方面,2018 年《可再生能源指令》设定了欧洲到 2030 年至少实现 32.5％能源效率的目标。2020 年《氢能战略》和《欧盟工业战略》设想大力提高氢能在欧洲的能源结构比重,同时创建清洁氢联盟,实现工业部门的数字化和现代化脱碳,以提高欧洲工业的国际竞争力。欧洲工业行业相关政策见表 3－3。

表 3－3　欧洲工业行业相关政策一览表

政策或指令		内　　　　容
欧盟碳交易机制	排放交易系统指令	能源密集型工业为 EU ETS 的重点监控部门。在 2030 年前,需要与其他行业一起实现排放量达到比 2005 年减少 43％的目标,同时排放限额将从 2021 年起以 2.2％的速率递减
能源相关	欧盟工业战略	重视绿色发展与循环经济:对能源密集型产业加以重视,多措并举以实现现代化与碳中和。提高能源效率水平,加强针对碳泄漏的措施,确保低碳能源充足持续且具有价格竞争力;建立清洁氢联盟。加速工业脱碳,提高欧盟工业的国际竞争力
	可再生能源指令	到 2030 年,可再生能源在欧盟最终能源消费的份额达到至少 32％
	能效指令	2030 年能源效率总体目标为至少 32.5％;到 2030 年,与 2005 年的水平相比,欧盟的一次能源消耗应减少 26％,最终能源消耗应减少 20％
	氢能战略	到 2050 年,欧洲能源结构中氢的份额预计将从目前的不到 2％增长到 13％～14％;到 2030 年,欧盟电解槽产量达到 2×40 GW;到 2024 年,欧盟至少安装 6 GW 可再生氢电解槽。生产多达 100 万吨的可再生氢;到 2030 年,欧盟至少安装 40 GW 可再生氢电解槽,并生产 1 000 万 t 的可再生氢

（3）交通运输。

欧盟交通政策侧重于支持全面推进脱碳进程。根据 2020 年 9 月发布的《2030 年气候目标计划》，到 2030 年，可再生能源在欧洲交通部门的份额必须达到总量的 24%。欧洲分别于 2019 年 4 月及同年 6 月出台《汽车和货车二氧化碳排放新标准的法规》及《新型重型车辆二氧化碳排放性能标准的法规》，设定减排及低排车辆渗透率目标。在政策支持方面，除了资金支持，欧洲交通运输行业脱碳的政策以"补贴＋税收＋信贷"为主。其中，补贴包括个人购车补贴和以出租车公司为代表的企业奖励。在税收方面，优惠力度大、范围广，包括购置税、财产税及在某些国家/地区的进口税。积分政策可以有效推动小排量汽车的生产和投放。欧洲交通运输行业相关政策见表 3 - 4。

表 3 - 4 欧洲交通运输行业相关政策一览表

政策或指令	内　　容
《2030 年气候目标计划》	2030 年，交通运输部门的可再生能源份额达到 24%
汽车和货车二氧化碳排放新标准的法规	从 2020 年 1 月 1 日起，欧盟新乘用车的平均排放目标为 95 g CO_2/km，在欧盟注册的新轻型商用车的平均排放目标为 147 g CO_2/km，若超过该值，制造商需要为每辆车支付排放溢价；2025 年 1 月 1 日起，新乘用车及新轻型商用车的平均排放量在 2021 年的基础上减少 15%；从 2030 年 1 月 1 日起，欧盟新乘用车的平均排放量需在 2021 年目标水平上减少 37.5%，新轻型商用车的平均排放量在 2021 年的目标水平上减少 31%；2025 年 1 月 1 日起，零排与低排车辆应分别占新乘用车及新轻型商用车的 15%；2030 年 1 月 1 日起，零排及低排车需分别占新乘用车和新轻型商用车的 35% 和 30%
新型重型车辆二氧化碳排放性能标准的法规	新型重型车辆的排放量与 2019 年 7 月 1 日至 2020 年 6 月 30 日的欧盟平均排放水平相比，从 2025 年起需减少 15%，从 2030 年起需减少 30%

政策引导下欧洲新能源车发展迅猛，交通运输行业脱碳进程不断加快。在目标细化推动以及相关政策激励下，2013—2020 年，欧洲新能源汽车销量持续上升，且增速逐渐加快，在 2020 年电动车销量超越了中国。同时，欧洲新能源汽车渗透率也逐年加速递增，在 2020 年达到 8.71%，是中国的逾 1.5 倍，美国的近 3.7 倍，在国际上占绝对领先地位。在欧洲激进的交通政策背景下，交通运输行业的脱碳步伐预计将继续加快。欧洲低碳交通的支持政策见表 3 - 5。

表 3-5 欧洲低碳交通支持政策一览表

政策或指令		内　　容
补贴政策	购车补贴	对购买 BEV 及 PHEV 的车主进行补贴,补贴金额各国不同,BEV 的补贴数额一般较高
	地方激励	主要在城市及大都会地区,对出租车公司、驾校、拼车机构进行补贴激励。2018 年,已在柏林、马德里、维也纳等地区应用
税收减免	购置税	对电动汽车购买者免征购置税或实施最低税率,如英国、奥地利、法国等;或对排放量低于一定水平的汽车即实施免征或最低税率,如西班牙、比利时、荷兰等
	保有税	对电动汽车、低排车辆实施免征或执行最低税率或一定时间的税额豁免,如德国、英国、爱尔兰等
	进口关税	对电动汽车或排放低于一定标准的车辆免征,如冰岛、瑞士
积分政策	超级积分	若车企生产并向市场投放排放量低于 50 g/km 的车辆,则会获得积分奖励,积分可用于抵消高排车辆的排放,2020—2022 年每辆低排车的生产分别可抵 2 辆、1.67 辆、1.33 辆污染严重的车型
资金支持	欧洲结构性投资基金	为交通运输部门提供了 700 亿欧元,其中 390 亿欧元用于支持低排放交通
	地平线 2020	为欧洲低碳交通发展提供 64 亿欧元

　　欧盟于 2021 年发布的"减碳 55％"一揽子气候立法提案在交通方面制定了相应的具体措施。首先,修订民用轿车与轻型商用车二氧化碳排放标准。新标准要求 2030 年和 2035 年注册的民用轿车排放量较 2021 年水平分别下降 55％和 100％,轻型商用车分别下降 50％和 100％。取消对电池电动车、氢动力燃料车和插入式混动电动车的扶持。其次,修订替代燃料基础设施指令。要求成员国根据零排放汽车销售情况加快相关基础设施部署,到 2030 年实现主要公路至少每 60 km 设置一个充电点,每 150 km 设置一个加氢站。再次,提出可持续航空燃料倡议。要求飞离欧盟机场的飞机逐步增加可持续航空燃料使用量,即先进的生物质燃料与合成航空燃料(非生物质来源的可再生燃料),可持续航空燃料比例在 2025 年、2030 年、2035 年、2040 年、2045 年和 2050 年的比例需要分别达到 2％、5％、20％、32％、38％和 63％。最后,提出欧盟海运燃料倡议。对停靠欧盟港口船舶所用能源的温室气体强度设定最高

限额,同时要求靠泊客船和集装箱船必须使用陆上供电。

（4）建筑。

提高能源效率是欧洲建筑业脱碳政策的核心:据欧盟委员会称,建筑约占欧洲总能源消耗的40%和二氧化碳排放量的36%。提高建筑物的能源效率是减少欧洲碳排放的关键。无论是欧盟还是国家层面的建筑脱碳政策,主要目标都是提高能源效率。欧盟2018年发布的《建筑能效指令》建议,旧建筑的翻新率应达3%,新建筑在出售、出租和建造时应配备能源性能证书;《欧洲绿色新政2019》重申了提高建筑能效的重要性,并提出严格执行建筑能效的相关立法。在国家层面,英国高度重视提高建筑能效,对建筑二氧化碳排放量制定了具体目标;德国更详细地提出建筑物的供暖、制冷和供电必须改用可再生能源,法国计划提高建筑物的能源效率并投入大量资金进行改造。欧洲建筑行业相关政策见表3-6。

表 3-6 欧洲建筑行业相关政策一览表

政策或指令	内　　容
欧洲绿色协议	提出"革新浪潮"倡议;计划将欧盟建筑的年翻新率由当前0.4%～1.2%的水平翻一倍;严格执行对建筑物能源性能的相关立法,审查建筑产品法规,确保新建筑及翻新建筑在所有阶段均符合循环经济的要求,同时促进建筑的数字化以及气候防护;考虑将建筑部门的碳排放纳入欧洲碳排放交易体系
建筑能效指令	成员国应采取必要措施,确保新建筑满足规定的最低能源性能要求;每一幢新建、进行重大翻新或总建筑面积超过250 m²的建筑和建筑单元都需要能源性能证书;对于被建造、出售、出租的建筑物,应向租户或买家出示递交能源性能证书复印件;应当对于新建筑物和正在进行重大翻修的建筑物,成员国应鼓励在技术、功能和经济上可行的情况下采用高效的替代系统;为实现欧盟的能源效率目标,建筑物翻新需以每年3%的速度进行
绿色工业革命十点计划	到2028年,每年安装60万台热泵;按照"未来住宅标准"建造的建筑应当做好"零碳"准备,其二氧化碳排放量应比当前标准低75%～80%;计划到2030年将150万户住宅的能源效率提升至能源性能证书的C标准
2050年气候行动计划	将提高能效与可再生能源的使用相结合;计划大量投资于具有高能源标准的建筑项目;建筑物中的供暖、制冷及电力供应逐步转向可再生能源;到2050年,实现建筑物的气候中立,并将建筑行业的一次能源需求相比2008年的水平降低至少80%

政策或指令	内　　　容
国家低碳战略	加快建筑物翻修的进展,并为建筑物的能源改造计划投入大量资金;提高建筑物的能效性能,并增加对环保资源的利用,最大限度地利用脱碳能源;到2030年,实现建筑部门与2015年相比减排49%,2050年实现建筑行业完全脱碳
2050年能源战略	设定建筑构件的最低效率标准,并要求在翻修建筑时需要符合该标准;将能耗评级融入建筑规例中,促进建造极低能耗的新建筑物

（5）林业碳汇。

欧盟已承诺到 2030 年将温室气体排放量减少至少 40%,而森林占碳捕获量的 10% 左右。为实现这一目标,欧盟已于 2018 年 5 月通过了欧盟 2030 年气候和能源政策框架,其中将土地利用、土地利用变化和林业产生的温室气体排放和清除作为核算的一部分。该法规首次规定,欧盟成员国必须在 2021—2030 年期间将排放到大气中的二氧化碳减少等量或更多,以抵消由此产生的温室气体排放。欧盟委员会设定了欧盟成员国必须在 2021—2025 年应用的"森林参考水平"。该法规强调了土地部门在实现长期气候变化缓解目标方面的重要性。为更好地指导森林经营,在 2020 年公布的《生物多样性战略 2030》的基础上,欧盟宣布将制定涵盖森林整个生命周期的新林业战略,该战略将利用有效的植树造林和森林保护、恢复为主要目标,要求到 2030 年至少植树 30 亿棵,提高森林固碳能力,保护生物多样性,促进社会经济发展。欧盟碳汇政策见表 3-7。

表 3-7　欧盟碳汇政策一览表

政策或指令	内　　　容
2030气候与能源政策框架 （第2018/841号法规）	将土地利用、土地利用变化和林业（LULUCF）所产生的温室气体排放量和吸收量纳入核算框架。该法规首次规定,在2021—2030年期间,欧盟成员国有义务减少等量或以上的大气二氧化碳,来抵消LULUCF所产生的温室气体排放量
2030年生物多样性战略	计划到2030年保护其30%的陆地生物多样性,严格保护至少1/3的欧盟保护区,包括所有剩余的欧盟原生和古老森林。严格保护碳含量高的森林和湿地

政策或指令	内　容
新森林战略	将以有效的植树造林和森林保护与恢复为主要目标,要求到 2030 年,再种植至少 30 亿棵树,以提高森林固碳能力,保护生物多样性,促进社会经济发展

3.2.2　已采用的碳定价机制

1)欧盟碳交易机制

欧盟碳交易机制(European Union Emissions Trading Scheme,EU ETS),是欧洲议会和理事会于 2003 年 10 月 13 日通过的欧盟 2003 年第 87 号指令,并于 2005 年 1 月 1 日实施温室气体排放配额交易制度。该机制允许碳排放权作为商品在欧盟流通,是欧洲碳市场的承载者,是迄今为止国际上最完备、影响最广泛、流通性最好的碳交易机制之一。目前欧盟碳交易所主要对电力、工业行业的碳排放有所约束,包括电力部门、热能生产、能源密集型工业部门、航空部门。其中包括能源密集型行业,包括炼油厂、钢厂,以及铁、铝、金属、水泥、石灰、玻璃、陶瓷、纤维素、纸张、纸板、酸和大宗有机化学品的生产。欧盟委员会根据《京都议定书》为欧盟各成员国规定的减排目标和欧盟内部减排量分担协议,确定了各成员国的二氧化碳排放量,之后再由成员国根据国家分配计划(National Allocation Plan,NAP)分配给该国的企业。如果企业当年的实际二氧化碳排放量大于配额,企业有权在碳市场购买配额,如果实际二氧化碳排放量小于配额,企业必须将配额出售给其他公司或政府。综上所述,企业需要升级技术或与其他企业进行交易以满足减排要求。

欧洲碳市场作为全球最大的碳市场,自运行以来,其交易量约占全球总量的四分之三。EU ETS 不仅是欧盟成员国每年温室气体许可排放量交易的支柱,也是当今主导全球碳市场的引领者。

欧盟排放交易体系由五个部分组成:

(1)总量控制体系:欧盟为每个成员国设定配额,每年减少一定数量,以达到最终的减排目标。

(2)MRV 体系:该体系通过对排放主体排放量的测量、报告和核查,为排放权交易提供数据处理。

（3）强制达标方案：如果实际排放量超过公司履行合同时的数量，则会被政府处以每吨100欧元的罚款。

（4）减排项目补偿机制：作为一种合法途径，企业可以通过购买其他企业未发放的剩余配额来履行合同。

（5）统一登记簿：该系统记录各成员国年度履约情况（如履约产品的种类和数量）和配额明细。EU ETS自2005年建立以来，共经历了四个发展阶段，随着时间推进，减排要求更严格，覆盖的行业范围更广：

第一阶段（2005—2007年）：试运行阶段只考虑电站和高耗能行业的二氧化碳排放量，几乎所有的排放份额都无偿分配给企业。但由于缺乏可靠的排放数据，估算存在偏差，以能源领域为代表，市场上二氧化碳排放配额供大于求，导致碳价大幅下跌。2007年的价格甚至接近于零。

第二阶段（2008—2012年）：正式运行阶段，冰岛、挪威和列支敦士登加入交易体系，新增航空行业，免费排放份额的比例减至90%左右，选择性加入N20。

第三阶段（2013—2020年）：拍卖是配额分配的默认做法，涵盖更多的产业，更多种温室气体。2020年9月欧盟委员会公布的"2030 Climate Target Plan"将道路运输和建筑的排放纳入EU ETS管控范围；同时考虑将欧洲内部海运也纳入EU ETS。

第四阶段（2021—2030年）：将碳排放配额年减降率自2021年起升至2.2%（或许更高），并巩固市场稳定储备，继续免费分配，以保护存在碳泄漏风险的工业部门的国际竞争力。

EU ETS体系运行多年，企业履约度很高，降低了欧盟国家的履约成本，重要的是温室气体排放得到了有效控制。欧盟的碳排放交易体系目前已进入第四阶段（2021—2030年），2018年年初修订了EU ETS第四阶段的立法框架，以实现欧盟2030年减排目标，修订的重点：① 碳排放限额上限将以更快的速度递减，将碳排放配额年度递减率自2021年起由1.74%升至2.2%，并巩固市场稳定储备，以保证第四阶段的强碳价有效性；② 继续分配免费配额，以保护存在碳泄漏风险的工业部门的国际竞争力，同时确保强调免费分配规则并反映技术进步；③ 通过各种低碳金融机制，帮助工业和能源部门应对低碳转型的创新和投资挑战。

在欧盟"减碳55％"一揽子计划中进一步对碳排放交易体系进行修订。欧盟碳排放交易所覆盖行业的排放量,2030年需较2005年减排61％,主要行动有以下几点:第一,减少免费配额。免费配额年降幅从2.2％上升到4.2％;对碳边界机制覆盖的行业,免费配额逐年同比减少10％,直至2035年取消免费配额;航空配额年递减率也将增加至4.2％;2027年前取消免费配额,所有配额必须通过拍卖获得;增加市场稳定配额储备,避免配额过多,稳定排放配额价格。第二,将碳交易计划的范围扩大到包括海上排放,针对5000总吨位以上的大型船舶,航运全程在欧盟范围内的包括所有与航运相关的排放,起点或目的地在欧盟的国际航运核算50％航行排放,以上也均包括停泊欧盟港口产生的排放;船舶运营商从2026年开始有三年的过渡期。为实施该规定,未购买配额的船舶将被禁止进入欧盟港口。第三,建立道路交通和建筑行业平行碳市场,实现2030年道路交通和建筑行业二氧化碳排放比2005年减少43％的目标。计划2025年启动,2026年设定配额总量和全年配额下调幅度。第四,加大创新基金支持力度和技术覆盖范围,新增50亿t配额,将技术覆盖范围扩大到对减缓气候变化有重大贡献的减排技术上(包括突破性的创新技术和基础设施),上述配额通过碳差价合约等形式发放,鼓励企业积极探索深度减排方式。第五,优化交易收入的使用,要求成员国将所有碳交易收入用于气候能源项目,并将部分排放交易收入用于道路运输和建筑行业,以支持弱势家庭和交通用户;拍卖所有配额的2.5％,拍卖所得将分配给现代化基金;为2016—2018年人均GDP低于欧盟平均水平65％的成员国提供能源转型基金。

2)欧盟碳税

碳税最先于20世纪90年代初在北欧国家实施,目前已在多数发达国家和少部分发展中国家施行。当前,碳税主要是针对不同类型温室气体排放行为征收的一种税,国际主流是对消耗化石燃料(如煤炭、天然气、石油燃料等)所产生的二氧化碳排放行为征收的一种税收。

欧盟碳税起步早、机制全面,在全球处于领先地位。几乎所有欧洲国家碳税均实现了对重排放行业的覆盖,部分国家对不同燃料来源的排放实施不同税率。截至2021年4月,欧洲共有19个国家引入碳税。从引入时间上看,芬兰、荷兰自1990年开始征收碳税,卢森堡自2021年开始征收碳税。从征税范围来看,各国征收碳税的行业包括工业、矿业、农业、航运等;碳税征收对象正逐步从煤炭、天然气等一次能源产品向电力等二次能源产品扩展。征收范围不同,导致碳税涵盖的辖区温室气体排放份额存在差异,其中,乌克兰份额最高,占比为71%;挪威、卢森堡紧随其后,分别为66%和65%;西班牙的碳税仅适用于氟化气体,占比为3%;拉脱维亚占比也为3%。从税率来看,瑞典征收的碳税税率最高,每吨碳排放116.33欧元(137美元),其次是瑞士和列支敦士登,每吨碳排放为85.76欧元(101美元),波兰碳税率最低,每吨碳排放为0.07欧元(0.08美元)。

目前国际碳税政策模式有两种:单一碳税政策和复合碳税政策。单一碳税政策是从碳减排工具中只选择一种碳税,例如芬兰和其他北欧国家最初的碳税计划,以及英国的气候变化税。复合碳税政策是将碳税与排放权交易等其他碳定价机制并行,这种模式在欧盟较为普遍。此外,在已经征收碳税的国家(地区),碳税不是作为一种独立的税种存在,而是作为加强环境保护和节能减排的税收制度的一部分。很多国家经历了从单一政策向复合政策的转变:芬兰多次改革后形成"能源-碳"混合税体系;欧盟建立欧盟碳排放权交易体系后,逐渐由单一碳税制度向碳税、碳交易并行的混合制度转化。目前多数国家选择复合碳税政策。

从碳税出台至今,欧洲各国碳税整体呈上升趋势。部分国家制定了碳税提升目标,以期通过税率提升来推动减排和低碳转型。近年来,考虑到税赋对行业国际竞争力发展的影响,各国也对特定实体进行一定程度的豁免。

碳税和碳排放权交易作为间接减排的两种手段,从制度设计到运行条件,二者相比较,碳税具有如下的优点:碳税征收相对灵活,成本低,适用对象广;碳税符合污染者付费原则,相对更公平、更透明;征收碳税可以为政府获得收入,并用于节能减排。部分发达国家实施碳税绩效评估显示,征收碳税对降低能源消耗和减少碳排放具有积极效果,在推动节能减排技术应用和进步等方面发挥了重要作用,已成为实现碳中和目标的重要减排手段。

3)碳边境调节机制

碳边境调节机制(Carbon Border Adjustment Mechanism,CBAM),是全球发布的首份关于碳关税的法令。欧盟CBAM是欧盟"减碳55%"一揽子计划的重要组成部分,它要求欧盟进口商在进口特定种类产品时,必须参考EU ETS的价格,购置相对应的碳含量交易许可。该制度的目的是防止所谓的

"碳泄漏",即:防止企业把生产放在碳排放监管较为宽松的国家或地区,并将产品出口至监管严格的欧盟,从而逃避碳排放限制的行为。

欧盟理事会于2022年3月15日通过CBAM提案,并于6月22日历经多轮修正,欧洲议会正式通过了CBAM草案的修正案,待欧盟委员会、欧盟理事会和欧洲议会三方磋商达成一致,将形成最终法律文本。该制度的施行分为两阶段:第一阶段为过渡期(2023—2026年),其间仅要求进口商按季度报告进口产品的数量和相应的碳排放量等信息;第二阶段为全面实施期(2027年1月1日后),欧盟将正式对进口的电力、钢铁、水泥、铝、化肥、有机化学品、氢、氨和塑料制品的相关产品征收碳关税。在进口产品的含碳量计算方法方面目前只采取直接排放的方式,但法案中提到,过渡期结束并经过进一步的评估之后,间接排放将被纳入核算范围。在免费配额方面,2027—2031年免费配额发放比例将逐年减少,分别为93%、84%、69%、50%、25%,并于2032年降为0。在征收方式方面,欧盟拟为碳边境机制设立专门行政机构,进口商须先在此机构注册成为"授权申报人",形成进口账户。此后,进口商每年5月31日前需要向欧盟上交一定额度的"碳边境调节机制证书",才能获得相应进口资格,该证书交易价格拟设定为欧盟碳排放权交易市场每周平均碳价。同时,明确了违法行为处罚力度,在CBAM正式实施后,每年5月31日之前,未向CBAM管理机构提交与上一年度进口货物中对应排放的CBAM相关证书或提交虚假信息的,在补交未结数量的CBAM证书的同时,处以上一年度CBAM证书平均价格三倍的罚款。为避免"双重征税",如果出口国有碳定价机制,在提供证明并通过审核的情况下,可在碳边界调整机制证明中扣除费用;如果进口产品受益于免费的欧盟碳配额,也可以扣除。同时在年度申报后,欧盟将予以回购和清零结余碳边境调节机制证书。欧盟CBAM制度的主要规定见表3-8。

表3-8 欧盟CBAM制度的主要规定

序 号	规 定	内 容
1	抵扣规则	如果产品是遵循欧盟的碳定价规则生产的,那欧盟进口商需要购买与其本应支付的碳价格相对应数量的碳证书。另一种情况下,如果非欧盟生产商能够证明他们已经为在第三国生产的进口商品支付了碳价,也可以扣除该欧盟进口产品的相应成本

序　号	规　定	内　容
2	适用产品范围及生效期限	适用于电力、钢铁、水泥、铝、化肥、有机化学品、氢、氨和塑料制品等产品。自 2023 年起,简化的 CBAM 系统将适用于进一步包含行业的产品,进口商必须报告其商品中的排放量,而无须支付财务调整费用。一旦最终系统于 2027 年全面运行,欧盟进口商将必须每年申报其前一年进口到欧盟的具体产品总数及包含的碳排放量,并交出相应数量的 CBAM 证书
3	申报主体	CBAM 产品的进口商应在产品报关进入欧盟前,向中央登记处申请成为 CBAM 授权申报人,且在每年的规定时间向有关部门履行申报义务或上缴规定的 CBAM 证书数量
4	碳排放价格	CBAM 证书价格采用每周欧盟碳交易机制拍卖平台上碳排放配额交易收盘价的平均价格
5	碳排放量的计算方法	CBAM 条例草案中的附件三列出了具体计算方法。目前仅要求计算产品的直接碳排放量,即生产过程中的碳排放

作为欧盟"气候中和"目标下的重要减排工具,以碳边界调整机制为代表的其他政策也将对碳交易造成影响,进而推动欧洲碳交易体系的碳价上涨。对于碳交易覆盖下的部分企业,该机制遏制了他们履行减排义务时的讨巧做法,提高了减排成本,刺激其对碳排放限额的需求,支撑欧洲碳交易价格的升高。

3.3　日本碳中和路径介绍

2020 年 10 月,日本菅义伟内阁宣布 2050 年实现碳中和;2021 年 4 月,日本进一步提出要在 2030 年前比 2013 年减排 46％的中期目标,标志着 2011 年福岛核事故后日本应对气候变化政策从消极转向积极。为此,日本政府拟定清洁能源、绿色金融和全产业电动化转型整体方案,决心在全球气候治理大变局中谋求规则主导权。

3.3.1　实现碳中和的计划和路径

1) 绿色增长战略

为实现碳中和目标,日本经济产业省于 2020 年 12 月发布了《2050 年碳中和绿色增长战略》(以下简称《绿色增长战略》),提出到 2050 年实现碳中和目标,构建"零碳社会"。为落实上述目标,该战略针对 14 个产业提出了具体的发展目标和重点发展任务,主要包括海上风电,氨燃料,氢能,核能,汽车和蓄电池,半导体和通信,船舶,交通物流和建筑,食品、农林和水产,航空,碳循环,下一代住宅、商业建筑和太阳能,资源循环,生活方式等。日本经济产业省将通过监管、补贴和税收优惠等激励措施,动员超过 240 万亿日元(约合 2.33 万亿美元)的私营领域绿色投资,力争到 2030 年实现 90 万亿日元(约合 8 700 亿美元)的年度额外经济增长,到 2050 年实现 190 万亿日元(约合 2 万亿美元)的年度额外经济增长。

《绿色增长战略》是一项转变了传统的思维方式并积极采取措施促进产业结构和社会经济变革,创造"经济与环境良性循环"的产业政策。能源行业中,有很多企业需要彻底改变过去的商业模式和战略。在引领新时代的机遇中,日本政府将全力支持民营企业大胆投资、创新绿色技术应对挑战。在国家层面,日本政府将尽可能做出具体预测、设定更高目标,创造一个有利于民营企业应对挑战的环境。从产业政策的角度来看,为了找到预期增长的领域和产业,日本政府首先提出实现 2050 年碳中和的能源政策和能源供需前景,并对有望推动碳中和与经济增长目标实现的相关产业(14 个领域)设定了实施计划和 2050 路线图(图 3-1)。以下对其中 7 大领域进行介绍。

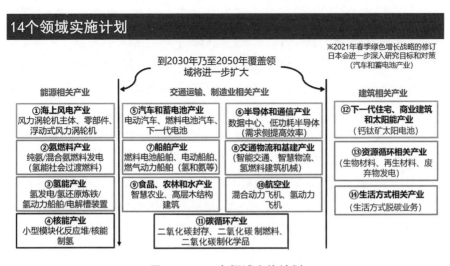

图 3-1　14 个领域实施计划

（1）海洋风力发电产业。

海洋风力发电如果能够实现大规模应用与较低成本，其经济价值值得期待，未来将会成为可再生能源中的主要电力来源，其好处有以下几点：一是创造国内市场。对此，日本政府将制定明确的海洋风力发电目标，以吸引国内外投资。具体而言，到 2030 年要使海洋风力发电量达到 1 000 万 kW，到 2040年要达到 3 000 万～4 500 万 kW（含浮动式海洋风力发电）。二是促进投资，形成供应链。对此，日本政府将创造条件，逐步提高产业界在整个海洋风力发电产业全周期中的投资比重，到 2040 年应达到 60%，并使海洋风力发电成本到 2035 年降至 8～9 日元/（kW·h）；积极推进供应链评估，促进在全球范围内对相关设备进行采购。三是开发新一代技术，加强国际合作，进军亚洲市场。对此，日本政府将于 2021 年内出台《海洋风力技术开发路线图》，重点支持能够提高竞争力的关键要素技术；为企业长期开展技术研发与实证提供持续支持；展望亚洲的广阔市场，通过政策对话及国际实证等，构建政府间合作关系，促进国内外企业合作。

（2）氢产业。

氢能能够应用于发电、运输、生产制造等广泛领域，是实现碳中和的关键技术。日本领先全球制定了《氢能基本战略》，在多个领域率先进行技术开发，但欧洲、韩国等紧随其后也制定了相关战略：一是在氢能应用方面，日本政府将支持企业开展早期氢能发电涡轮机实证，加速氢能在日本的商业化步伐；完善引入氢能发电的电力市场；加速推进氢燃料卡车实证研究，并推动其商业化发展；完善加氢站基础设施建设；率先在全球研发出氢能炼铁技术，并设立行业脱碳标准，力争实现"零排放炼铁"。二是在氢能制备方面，日本政府将集中力量支持日本企业大型水电解制氢装置及关键技术的实际应用，进一步降低设备成本，提高设备耐用性，从而保持和加强日本企业的国际竞争力；在福岛等已经具备氢能制造设备的发电场地集中进行氢能应用实证研究，进行必要的规制修正，并向全国推广；加强国际合作，推动"绿色氢气"定义的国际标准化；加强与可再生能源丰富国家的合作，积极开拓需求国家，进而确立由日本主导、稳定、灵活、透明的国际氢能市场。

（3）核能产业。

为在 2050 年实现碳中和，核能将发挥重要作用。一方面，应提高核反应堆的安全性,另一方面,还应致力于核能创新研发技术。日本将通过国际合作进行小型模块化反应堆实证研究;对高温燃气反应堆进行实证研究,力争到2030年开发出利用高温试验反应堆制造氢气的关键技术,通过国际热核聚变实验堆计划等的国际合作,切实推进核聚变研发。

（4）汽车与蓄电池产业。

日本致力于推动电动汽车发展。目前,欧洲部分国家及美国加利福尼亚州已经禁止销售燃油汽车,未来电动汽车有望实现更快发展。日本政府将出台一揽子政策,最迟到2030年中期百分之百实现电动汽车。对此,日本将建立以电池为首、领先世界的电动汽车产业供应链,构建电动化移动社会:一是变革汽车使用方式,推进电动汽车发展。包括提高电动汽车使用率,扩大相关基础设施构建;强化电池、燃料电池、发动机等电动汽车相关技术研发与实证,以及相关供应链价值链构建;变革车辆使用方式,推动用户选择使用电动汽车,并提供可持续的移动服务。二是实现燃料碳中和。对此,日本将致力于利用现有技术提高合成燃料效率,降低成本;开发创新技术和工艺,并开展应用研究,为实现合成燃料商业化奠定基础。三是支持蓄电池产业发展。包括通过规模化生产降低蓄电池价格,并支持引入固定型蓄电池;对相关技术进行研发与实证,提高全固态锂离子电池、创新型电池及蓄电池材料的性能,提升蓄电池材料及低碳生产工艺水平,实现资源重复回收利用;致力于实现蓄电池生命周期二氧化碳排放量可视化,并构建旨在减少排放的相关国际规则及标准。

（5）新一代太阳能产业。

目前,在新一代太阳能电池研究与开发领域,各国竞争已经处于白热化阶段。未来,日本将大力支持相关技术研发,加速推进提高太阳能电池性能的研发,重点投资从实验室向实用化阶段迈进的研发,到2030年实现相关技术市场化发展。

（6）资源循环相关产业。

在资源循环方面,日本政府将通过完善法律和相关规划,推动技术开发及社会应用:一是减少排放与加大可再生能源应用,包括:构建相关部门已用完产品与原料信息共享系统,提高资源循环效率;开展相关研发,提高生物材料性能,扩大用途并降低成本;开发循环使用技术,并创造需求。二是重复循环回收利用与废气利用,包括:开发循环利用性能较好的材料及循环应用技术,实现最优回收路径,并扩大设备容量,进一步扩大可再生能源使用范围;开发创新技术,推动实证研究,进而通过扩大规模,降低废气利用成本。三是废弃物发电、热能应用、生物燃料,包括:开发低质垃圾高效能源回收技术;提高废弃物燃烧设备运行效率,提高蓄热能力及运输技术水平,实现远距离热能供给;推动甲烷发酵等生物燃料生产设备的大规模实证研究。

(7)半导体与信息通信产业。

随着信息应用以及数字化的快速发展,在电力化与数字化社会有望在制造、服务、运输及基础设施等各大领域实现碳中和目标。因此,半导体与信息通信产业作为数字化与电力化的基础,未来要推动绿色化发展与数字化发展齐头并进:一是基于数字化实现有效且低碳的能源需求,包括构建绿色数据中心,完善新一代信息通信基础设施,成为世界领先的绿色数字大国;进行新一代软件开发,利用数字化技术开展地区节能低碳实证研究,加速在各大产业、企业和地区推进数字化转型。二是推动数字设备与信息通信产业自身的节能绿色发展。在功率半导体以及新一代半导体应用方面,推进超高效新一代半导体(GaN、SiC、Ga_2O_3 等)商业化相关研发,并进行半导体相关供应链设备投资,力争到 2030 年实现能够节能 50% 以上新一代半导体的实际应用与普及;推进新一代节能设备(电力电子、电机控制用半导体等)及新一代安装材料(线圈等)研发、实证及应用。在数据中心节能发展方面,通过开发新软件,提高处理效率,实现系统整体节能;加大对节能半导体制造设备的投资,并大力使用可再生电能,到 2030 年,实现全部新建数据中心节能 30% 的目标。

2)日本实现碳中和的具体路径

为落实 2030 年中期目标及 2050 年碳中和目标,日本政府打出政策组合拳,制定了"绿色增长战略",修订《地球温暖化对策推进法》及与之配套的"地球温暖化对策计划",修订《能源基本计划》等,试图同时运用财政与金融两手,推动能源革命、产业转型、技术换代,在全球绿色转型大变局中重新确立全球产业竞争力,参与制定新规则,主导国际经济新秩序。实施的路径主要有以下五个方面。

第一,推动能源结构转型。能源领域是日本温室气体排放的重点领域,在这个领域切实落实减排措施成为日本实现温室气体减排战略目标的关键。2013 年日本的温室气体排放总量为 14.08 亿 t(换算成二氧化碳,2030 年削减

46％相当于使排放量降至约 7.6 亿 t）。日本温室气体排放量的约 90％是二氧化碳，而能源领域的二氧化碳排放量占二氧化碳排放总量的 80％以上。日本政府在最新修订的"地球温暖化对策计划"中明确提出，力争到 2030 年使来自能源的二氧化碳排放量较 2013 年减少 45％至约 6.8 亿 t。

为此，日本政府分领域确定了更加细致的目标。一方面，大幅提升电力部门中零排放电源占比。电力部门是主要的二氧化碳排放部门，排放量约占 37％。日本计划将 2030 年非化石燃料电源在全部发电量中的占比目标值由此前的 44％调高至 59％。其一是大幅提升可再生能源发电占比，由 22％～24％升至 36％～38％。具体来看，主要是将太阳能发电由 7％提升至 15％、风电由 1.7％升至 6％；2050 年力争使可再生能源发电占比达 50％～60％，成为主力电源。其二是大力发展氢、氨发电，使之占比达到约 1％，力争 2050 年进一步增至 10％。三是恢复核电事业，加速重启"3·11"大地震后关停的核电机组，力争将核电占比恢复到 20％～22％，接近福岛核事故前约 28％的水平。与此同时，压缩化石燃料电源比例，将液化天然气发电占比从 27％降至 20％；煤炭发电由 26％降至 19％；石油发电由 3％进一步降至 2％。同时，在火电领域加速推进碳回收技术开发应用，努力到 2050 年前实现核电与完成碳回收的火电合计构成比达 30％～40％的目标。

另一方面，加速推动非电力产业部门的电动化转型并推进节能工程转型。日本政府估算，受人口减少等因素影响，到 2030 年前日本的能源总需求较 2013 年可能自然减少 6％。在此基础上，日本政府提出节能 6 200 万千升（换算成原油，占能源总需求的约 18％）目标，力争到 2030 年使实际能源消耗较 2013 年减少 24％。此外，在产业领域电动化转型得以如期推进的前提下，日本政府估算，到 2030 年前日本全国的电力总需求将比 2013 年增加 11％。在此基础上，政府提出节电 2 300 亿度（约占电力总需求的 21％）目标，力争到 2030 年使实际用电量较 2013 年减少 12％。为实现 2030 年减排中期目标，日本政府还对各领域分别设定各自减排目标，如家庭部门计划减排 66％（此前设定的目标为 39％）、办公业务及其他经济部门计划削减 50％（此前为 40％）、能源转换部门计划削减 43％（此前为 28％）、运输部门计划削减 38％（此前为 28％）、产业部门计划削减 37％（此前为 7％）。

日本政府还就产生于能源领域以外的二氧化碳及其他温室气体提出了具

体的减排目标。例如,通过强化环境保护措施,如减少塑料废弃物焚烧等,使来自能源以外的二氧化碳排放到 2030 年前减排 15%,总量减少至约 7 000 万 t;通过减少厨房垃圾填埋等使城市甲烷减排 11%,总量减少至约 2 670 万 t;通过减少农用肥料的使用量等,使农村的一氧化二氮排放量减少 17%,总量减少至约 1 780 万 t;通过强化物资回收力度,促进循环利用等措施,使氟利昂替代物减排 44%,总量降至约 2 180 万 t。通过扩大森林及城市绿化等增加绿色植被措施,吸收二氧化碳 4 770 万 t。

第二,加速产业结构调整,广泛提升日本企业在全球产业分工中的地位和水平。日本政府在能源、运输和制造、家庭和办公等三大领域划定了 14 个去碳化重点发展产业,即海上风电、燃料氨、氢能、核电;汽车及蓄电池、半导体及信息通信、造船、物流交通及基建、食品及农林水产、航空、碳回收;建筑及太阳能、资源循环利用、生活方式相关产业等。日本政府评估认为,日本在上述产业拥有较强的"知识产权竞争力",如氢能、汽车及蓄电池、半导体及信息通信、食品及农林水产等 4 个领域居全球之首,海上风电、燃料氨、造船、碳回收、建筑及太阳能、生活方式相关等 6 个领域在全球排名第二或第三,希望通过加大政府政策扶持力度,促进"知识产权竞争力"转化为现实"产业竞争力"。

其一,强化清洁能源产业的扶持力度。一是重点发展海上风电,特别是"漂浮式"风电。日本政府在近海海域划定多个风电特区,筹建海底电缆,计划到 2030 年使海上风电的发电能力达到 1 000 万 kW,2040 年进一步升至 3 000 万~4 500 万 kW,发电能力约相当于 45 座核电机组。政府计划通过技术创新和财政补贴到 2030—2035 年使海上风电的发电成本降至 8~9 日元/(kW·h),到 2040 年海上风电机组的国内采购率达到 60%。二是将氢能定位为实现碳中和的关键技术,继续加大对氢能研发的支持力度。日本政府计划以"蓝氢"(制造过程实现碳回收)和"绿氢"(使用"去碳化电源"电解水制成)为重点,大力发展"绿氢"制造、氢能发电、氢气制铁、氢能汽车、船舶和飞机等产业,完善包括液化氢运输船、输氢管道、加氢站等在内的氢供应网;计划到 2030 年使氢使用量达到 300 万 t,采购成本降至 30 日元/m^3;2050 年使用量进一步增至 2 000 万 t,采购成本则降到 20 日元/m^3 以下。三是将氨定位为实现氢能社会的重要过渡期燃料,大力推动燃料氨产业发展。日本政府提出重点发展煤氨混烧发电、研发氮氧化物减排技术,计划 2030 年实现加入 20%

氨的煤氨混烧发电商用化、2050 年实现纯氨发电。在此基础上,加强国际合作,形成规模效应,分散新兴产业创业成本,例如提出通过向东南亚等国推广煤氨混烧发电技术,形成内外一体,标准一致的跨国规模化生产经营,降低能源转型成本。四是坚持发展核电。日本将核电视为"准国产能源"和"基础电源",看重其稳定性。无论是从提高能源自给率、提升能源安全的角度,还是助力绿色转型、降低对化石燃料的依赖来看,核电对日本都具有极其重要的价值。自 2012 年自民党重新执政以来,安倍政府就开始推动加速重启核电站,菅义伟执政时期提出重点研发小型模块堆和核聚变发电技术等核电未来发展方向,岸田执政后进一步加大了日美核能战略合作。2022 年年初,日本经济产业相萩生田光一在与美国能源部部长格兰霍姆举行在线会谈时表示,日本政府计划参与美国企业等开发的核能快中子反应堆、小型模块堆的国际合作实证项目,在核能领域加强同美国的合作。1 月底,日本原子能研究开发机构和三菱重工等企业与美国泰拉能源公司签订技术合作备忘录,加入其正在推进的新一代快中子反应堆研发项目。

其二,推进汽车产业电动化。日本政府已宣布乘用车自 2035 年起、卡车等商用车自 2040 年起禁止销售燃油车。未来,日本市场上的新车销售将全部转为纯电动车、油电混动车、插电式混动车和氢燃料电池车。与此同时,日本政府还计划在社区、道路沿线、商业街及其他公共场所增设充电桩、充电站,支援车载蓄电池的研发和生产,最终计划在 2030 年前将电动车成本降至燃油车水平。

其三,加速碳捕集、利用与封存技术(Carbon Capture, Utilization and Storage, CCUS)的实用化和普及化。日本经济产业省 2016 年就已经开始实施地下储存二氧化碳的实证试验,截至目前已将超过 30 万 t 的二氧化碳埋入海底,并且正在监测储存地层的状况。日本政府估算,全国潜在可储存用地的容量达到数百亿吨,是日本全年排放量的数十倍。2021 年,日本新能源与产业技术综合开发机构(NEDO)宣布启动全球首个二氧化碳综合运输系统的实证试验,计划在 2023—2026 年,将京都府舞鹤市燃煤电站排放的二氧化碳进行液化,每年将约 1 万 t 的液化二氧化碳用专门的运输船运送至北海道苫小牧市的接收点进行填埋。目前,位于舞鹤发电站的液化二氧化碳出货基地和全球首艘专用液化二氧化碳运输试验船都已开工建设,项目有望在 2023 年如期正式实施。此外,日本还推进使用回收的二氧化碳种菜、养殖藻类生产生物质燃料、生产混凝土等。

第三,构建绿色金融体系,为能源转型、绿色经济输血。日本政府设立2万亿日元"绿色创新基金",公开招募企业,支援企业研发脱碳技术。该基金共设立降低海上风电成本、新型太阳能蓄电池研发、构筑大规模液化氢供应链、"绿氢"制造等18个项目。目前已有9个项目完成招标,投入资金共计9 144.6亿日元。在税制上,企业基于已获国家认定的项目计划,对燃料电池、海上风电等促进去碳化的设备投资时,可从企业所得税额中最多抵扣10%。在融资上,日本央行出台资金供应新政,对于旨在实现去碳化的企业提供贷款的金融机构予以优惠,不仅向利用新制度的金融机构以零利率提供贷款原资,还根据投资贷款的实际成绩为其在央行的账户资金付息,以减轻负利率影响。其重点方向是对"生产设备减排投资""电源转型投资"(风电、太阳能发电型),以及"车辆电动化转型投资"实施金融优惠政策。该机制采取对商业银行发行的低息债券进行投资的方式,而不是直接对企业以零利率融资,这样既有利于保持央行的中立姿态,又能调动商业银行的积极性,最终完成对脱碳转型的投资支持。政府还鼓励企业发行绿色债券,央行也表态积极购买。在企业治理上,金融厅和东京证券交易所2021年6月修改规范上市企业行为的"公司治理准则",按由主要国家金融部门等组成的国际机构设置的气候相关财务信息披露工作组(TCFD)有关建议,要求企业披露气候变化对业务的影响。7月,金融厅又开始研究拟规定企业在"有价证券报告"中写明气候变化相关风险,以使其具有法律强制力。商业银行及投资机构转变观念,推进绿色金融。如商业银行的融资担保开始注重对绿色资产的容忍、接纳,在长期融资支持上,也将环境基准作为重要指标,编入融资框架。以各种投资机构、投资平台、对冲基金等为代表的民间投资主体,开始将环境、社会和企业治理(ESG)作为新的投资方向和选择目标。

第四,与地方自治体合作打造示范区。目前,日本全国已有420个自治体宣布2050年前实现碳中和目标。2021年6月,日本制定"地区去碳化路线图",计划从离岛、农山渔村、市区等选出100个区块作为2030年率先实现碳中和的示范区。日本还将自2022年开始的未来5年定为集中推进期,在先行示范区内因地制宜地推广使用太阳能、风能、地热等可再生能源。同时,加大节能力度,力争实现家庭与商业设施净零排放。日本还在地方人才支援制度中设置绿色领域,派遣相关专家赴各地一线指导。政府要求企业在商品包装和收据上标注其生产和流通环节所产生的温室气体量,鼓励民众选择环保商品。此外,日本还计划到2030年前在半数的中央和地方政府设施中引进太阳能发电,2040年前实现可再生能源全覆盖。通过推广家庭安装太阳能面板免初装费政策,到2050年前使所有家庭实现分布式电力自给自足。2022年年初,日本政府又决定在秋季设立总规模约为1 000亿日元的"去碳化基金",对积极实施去碳化项目的地方政府加大财政转移支付力度。

第五,积极参与国际合作。日本计划利用与接受技术援助等的国家分享减排量作为回报的联合信用机制(JCM),以"印太"地区为中心,力争到2030年累计减排1亿t。JCM于2013年启动,迄今已在17个国家敲定约180个项目,预计到2030年可累计减排约1 700万t。为实现新目标,未来将大幅增加双多边的合作项目。利用JCM,日本将向受援方提供生产可再生能源、物流节能化、利用焚烧垃圾产生的热能发电等优势技术,并助力日企开拓海外市场。此外,日本还表示将向东盟提供100亿美元投资额度的金融支援,助其导入可再生能源和节能技术,并加速推广液化天然气发电以替代煤电。2022年年初,日本首相岸田文雄在其执政后首次发表的施政演说中宣布,日本将力争构建"亚洲零排放共同体",在包括面向零排放技术开发和氢基础设施的国际联合投资、联合资金筹措、技术标准化、亚洲排放权市场等领域发挥领导作用。2022年3月中旬,岸田访问印度,两国首脑决定新建"日印清洁能源伙伴关系",强化在绿色转型和能源安全方面合作,加快构建《巴黎协定》框架下日印联合信用机制的谈判进程。同日,日本铃木公司宣布在印度新设电动汽车和车载电池工厂,并将投资1 500亿日元。

3.3.2 已采用的碳定价机制

日本的碳市场可大致分为三个阶段:阶段一,全国范围无体系个体自愿参与(1997—2008年);阶段二,全国范围有体系个体自愿参与(2008—2010年);阶段三,地区范围有体系总体强制参与(2010年至今)。

第一阶段:伴随1997年《京都议定书》达成和确定减排承诺,日本经团联1997年中期推出环境自愿行动计划。该计划与日本京都目标实现计划

(Kyoto Protocol Target Achievement Plan，KTAP)相连，是京都目标实现计划主要确定的市场体系，主要针对工业和能源转换部门减排，由相关企业做出长期自愿承诺，目标是将燃料燃烧和工业生产排放的二氧化碳排放量到2010年稳定在1990年的水平。但并没有与政府间达成任何协议以保证目标实现。

第二阶段：日本环境部2005年4月提出，2008年10月开始实施试行交易体系。过去几年，日本努力履行京都承诺，建立了年度评估机制，对目标达成情况进行审查，并调整适当措施以确保实现目标。京都目标实现计划在1998年的《防止气候变暖促进措施概览》的基础上，于2002年、2005年和2008年进行了三次修订。KTAP提到了为日本工业引入新的排放交易计划，该计划整合了日本经济团体联合会环境自愿行动计划等现有举措，是一项试行的自愿排放交易计划。

第三阶段：地区级的强制总量交易体系出现，地区试点扩散全国，正式进入第三阶段。2010年4月，东京都总量限制交易体系作为亚洲首个碳交易体系正式启动，这既是日本首个地区级的总量限制交易体系，也是全世界第一个城市总量限制交易计划。该体系覆盖1 400个办公楼、商业建筑和工厂（包括1 100个商业设施和300个工厂），覆盖商业和工业两个行业，占到东京总排放的20%。东京都确立温室气体减排目标是到2020年比2000年排放水平下降25%。

东京都碳市场设立了四个为期五年的履约期：第一履约期（2010—2014年），市场参与者的总量管制排放上限设为比基准排放水平（2002年和2007年之间连续3年的平均值）低6%；第二履约期（2015—2019年），设定为比基准排放水平低17%；第三履约期（2020—2024年），2020年4月，东京排放交易系统开始第三履约期，要求各设施根据其类别，将排放量减少基准年排放量的25%或27%；第四履约期（2025—2029年），减排目标预计为较基准排放减少35%。

在前两个履约期内控排企业的减排目标分别为2002—2007年内任意连续三年平均碳排放水平的6%~8%和15%~17%，具体以哪三年的平均数作为基准排放由控排对象自主选择；在配额分配方式上，是选择基于历史法的全部免费分配还是基准线法，也由控排对象自主决定。对于未完成履约的控排对象，东京都要求其按照未履约部分排放量的1.3倍进行补缴，同时予以公示警告。在第二个履约期(2015—2019年),东京都优化了数据核算方法,将控排对象使用低碳电力带来的减排纳入考虑,以鼓励低碳电力的使用。为激励控排对象践行节能减排,东京都碳市场依据能效先进场所的排名对控排对象给予不同奖励,允许其仅完成原定减排目标的一半或四分之三。此外,东京都还建立了强制性的年度排放报告第三方核查制度,并要求纳入碳交易体系的工商业场所配备相应的监管和技术人员。

目前东京都碳市场已经走完了两个履约期,从运行效果看,第一个履约期超额实现了碳排放降低6%～8%的目标。根据2015年的统计数据,东京都碳市场已经实现在基准排放基础上减排26%。东京都碳市场允许使用抵消量进行履约,可用于履约的抵消量品种有:东京都内未被覆盖的中小型场所、东京都外的大型场所和可再生能源产生的抵消量。截至2018年9月,东京都共签发抵消量1 000余万t,累计交易量67余万t。同时,东京都控排对象还从埼玉县碳市场总计购买了约5 000 t的碳排放权用于履约。东京都碳市场的碳排放配额价格初期较高,随着市场的日益成熟,碳价趋于下降,从2011年的1.25万日元/t(约合人民币767.7元)降至2018年的650日元/t(约合人民币39.9元)。

3.4 美国碳中和路径介绍

为实现碳中和目标,2021年11月1日,美国国务院与白宫总统办公室联合发布了《美国长期战略:2050年实现净零温室气体排放的路径》。该气候战略基于美国的国家自主贡献2030年目标,系统阐述了美国实现2050年净零排放的中长期目标和技术路径,阐明了实现目标的三大时间节点、四大战略支柱、五大关键领域,其中能源替代转型是重要内容。

3.4.1 实现碳中和的计划和路径

美国碳排放在2005年前后已经达峰,约为6.7 Gt二氧化碳,因此美国碳中和路线图以2005年为基准年,2020年排放5.6 Gt二氧化碳,较2005年下降大约17%。美国的碳中和路径图可以分为三个时间节点:

第一个节点是2030年,为美国承诺的国家自主贡献目标年,要比2005年的排放下降50%～52%。按照拜登的长期战略碳排放轨迹,2020—2025年总排放要下降到 5 Gt 二氧化碳。2025—2030 年总排放要下降到 3.2 Gt 二氧化碳~3.3 Gt 二氧化碳,这段时期下降斜率最大,排放直降 1.8 Gt 二氧化碳左右,任务重、挑战大,此阶段是 2050 年实现碳中和的重要基础,也称之为"决定性的十年"。

第二个节点是 2035 年,美国实现 100％ 清洁电力目标,这个节点虽然不是美国整体的排放目标,但实现电力完全脱碳的目标至关重要,它与能源消费端电气化相结合,是实现 2030 和 2050 两个目标的关键技术路径。

第三个节点是 2050 年,不迟于 2050 年实现整个社会经济系统的净零排放,包括国际航空、海运等。

从行业来看,主要有以下举措。

1）电力行业

电力行业温室气体排放量约占美国碳排放总量的 1/4。美国的电力行业一直在快速脱碳,近年来可再生能源的使用显著增加。2020 年美国发电量达 4.3 万亿 kW·h,主要来自天然气(占比 40％)、可再生能源(21％)、核能(20％)、煤炭(19％)和其他(<1％)。其中,2020 年可再生能源发电量首次超过煤炭发电量。此外,煤炭和天然气的发电量之和在过去十年中也有所下降,这表明可再生能源发挥着重要作用。到 2050 年,美国电力部门可再生能源的使用将显著增加,太阳能、风能等发电量将由 2020 年 1.72 万亿 kW·h 大幅增长至 2050 年的 4.1 万亿~7.5 万亿 kW·h,同期占比由 21％ 提升到 64％;现有的核能发电仍在运行,发电量由 2020 年 0.8 万亿 kW·h 小幅增长至 1 万亿~1.5 万亿 kW·h,同期占比由 20％ 降至 14％;2020 年化石燃料发电 2.5 万亿 kW·h,发电总量占比 59％。现有化石燃料电站开始安装碳捕获装置,到 2050 年发电量将增长到 1 万亿~2 万亿 kW·h,未配有 CCS 技术的发电将减少至 1 万亿 kW·h 以下,到 2050 年发电总量占比将下降至 22％。

2）工业

美国工业的温室气体排放量约占全社会排放量的 23％,占能源系统排放总量的 30％。能源密集型和排放密集型行业包括采矿、钢铁制造、水泥生产和化工生产,这些行业的排放总量占工业总排放量的近一半。除了工业用电需求产生的二氧化碳排放外,工业部门还直接从许多操作和过程中排放温室气体,包括使用化石燃料进行现场能源使用和作为原料,水泥生产和其他行业产生的二氧化碳直接过程排放,以及非二氧化碳温室气体的排放,如生产硝酸和己二酸所产生的一氧化二氮。尽管工业活动中有许多难以脱碳的元素,但对先进非碳燃料技术、能效和电气化领域的投资可以在 2050 年将工业部门的碳排放减少 69%~95%。其关键技术包括能源效率、材料效率、电气化、低碳燃料和原料、CCS、余热回收等。其中,低碳燃料和原料包括清洁的氢和低碳生物燃料,可以减少难以电气化的过程中的排放,CCS 可以用于难以通过其他方式减少的排放,特别是在水泥、化学和钢铁行业。

3)交通运输

交通运输部门通过公路车辆、飞机、火车、轮船、公共交通和各种其他方式为人员和货物提供重要的流动服务,是目前碳排放最高的行业,占美国总排放量的 29%。为实现 2050 年净零目标,必须确保 21 世纪 30 年代初,零排放车辆销售占主导地位。为此,美国将继续增加交通领域的电力和低碳燃料替代,并在 2050 年实现美国交通部门全面的电气化和燃料替代。美国交通长期战略的核心就是扩大新的交通技术应用,包括在轻型、中型和重型汽车中迅速推广零排放车辆,并在长途运输和航空等应用中转向低碳或无碳生物燃料和氢。在政策方面,美国制定了 2030 年销售的所有新型轻型汽车中一半为零排放汽车(包括纯电动汽车、插电式混合动力汽车或燃料电池电动汽车)的目标,到 2030 年生产 30 亿 gal(1 gal≈3.785 L)可持续航空燃料,约占预期总需求的 11%,并在所有运输方式中加快部署并降低成本。预计到 2050 年,美国交通运输总能源消费将减少,而电力和替代燃料(包括生物质衍生燃料和氢)的使用将增加,为整个美国的交通运输系统提供能量。清洁氢和可持续生物燃料等低碳燃料的研究、开发、示范和应用的加快,将有助于实现航空、海洋运输和一些中型与重型卡车等可能更难实现电气化的应用领域的脱碳。

4)建筑

住宅和商业建筑排放量占美国能源系统排放量的 1/3 以上。目前约有 2/3 的排放来自电力,其余的排放来自空间供暖、水供暖、烹饪和其他服务的天然气、石油及其他燃料的直接燃烧。自 2005 年以来,建筑的二氧化碳排放量一直在下降,主要原因是能源效率提高、电力部门脱碳及终端使用电气化。未来减少建筑部门排放的关键在于终端部门的电能替代,电力在终端能源需求的份额将由 2020 年的 50% 增加至 2050 年的 90%,甚至更高。尽管预计到

2050年,建筑数量、建筑面积和人口将大幅增长,但通过有效电气化、能效提高等多种可能的途径,建筑部门的能源需求将在2030年减少9％,2050年减少30％。天然气、石油和其他燃料的现场燃烧大幅减少,2050年预计降至0.7亿～2亿t标准煤。

3.4.2 已采用的碳定价机制

美国目前并未形成全国性的碳排放交易市场,主要由各州市政府牵头组成了区域性的碳市场,其中较为重要的包括区域温室气体倡议(RGGI)和加州碳市场(CCTP)。美国各个碳市场既有共性也存在区别,它们共同构成了美国碳排放交易体系的一部分。

1)区域温室气体倡议(RGGI)

RGGI,是针对电力部门建立的碳排放限额与贸易机制,由美国东北和大西洋沿岸7个州于2005年12月达成,目前成员包括康涅狄格州、特拉华州、缅因州、马里兰州、马萨诸塞州、新罕布什尔州、新泽西州、纽约州、罗得岛州、佛蒙特州和弗吉尼亚州。

RGGI的发展经历了四个控制期:

(1)第一控制期(2009—2011年)。

在2009—2011年期间,RGGI拍卖了3.95亿份二氧化碳津贴,占现有5.64亿份津贴的70％。该地区的二氧化碳排放量低于上限,留下大量未售出的二氧化碳津贴。在该计划的前14个季度拍卖中,二氧化碳津贴的结算价在1.86～3.35美元,收入为9.22亿美元。纽约州能源研究与发展局的一份报告将该地区二氧化碳排放量的减少归因于燃料从石油和煤炭转向碳密集程度较低的天然气,降低了电力需求,增加了核和可再生能源的能力。在第一个控制期结束时,新泽西州州长克里斯·克里斯蒂从RGGI中撤出了该州。

(2)第二个控制期(2012—2014年)。

其余九个RGGI州继续该计划,降低上限,以解释新泽西州的离开。2012年全年对津贴的需求仍然很低,价格从未超过1.93美元。然而,随着更新的模型规则的发布,需求急剧增加,该规则将2014年的二氧化碳预算降至9 100万t。在下次拍卖会上,结算价格高达3.21美元,100％的限额被售出。2012—2013年间,拍卖会上提供的津贴中,有近80％被出售。

(3) 第三个控制期(2015—2017年)。

随着核电站关闭和奥巴马政府发布清洁能源计划,到2015年,津贴价格稳步上涨,达到7.5美元/t的高点。2015年成本控制储备已全部售完,显示出其减缓价格上涨的有效性。然而,由于清洁能源计划显然不会实施,价格在2016年和2017年年初稳步下降,降至2.53美元/t的低点。在2016年计划审查完成,RGGI州宣布到2020年将上限降低30%的目标后,价格再次上涨。在第三个控制期的第一次拍卖中提供的所有津贴都已售出。

(4) 第四控制期(2018—2020年)。

第四个控制期间的平均拍卖限额价格为5.08美元,是2020—2030年总体上限降低前的最后控制期。

RGGI的核心机制设计主要包括配额总量设置,配额分配机制,监测、报告与核查(MRV)机制。在过去十几年里,参与RGGI的国家的发电站的二氧化碳排放量急剧下降。自该项目启动前的2008年以来,RGGI的二氧化碳排放量从1.33亿st(1 st≈0.907 t)下降到2018年的7000万t,在此期间,RGGI各州在电力行业实现了令人印象深刻的减排,比全国其他地区的减排速度快了90%。

2) 加州碳市场(CCTP)

加州(即加利福尼亚州)碳市场是当前美国国内最大的碳市场,覆盖了450家排放实体,管控约85%的州内温室气体排放,交易额约占世界总额的10%。加州碳市场于2012年启动(履约期从2013年1月1日开始计),在北美排放权交易体系建设中一直扮演领导者的角色。加州碳市场允许电站、工厂、炼油厂通过买卖行政区许可来进行排放,设计中包含与其他州或地区的类似交易体系连接的计划。

美国加州规划与加拿大的碳排放交易制度密切整合。加拿大魁北克省与美国加州历年来采取积极沟通政策,期望整合成单一碳市场,希望能够建立一套完整法治制度使得碳交易制度可以顺利施行。从2011年开始,美国加州与加拿大魁北克省开始进行碳交易立法;而其他三个加拿大省也积极发展各自的碳交易计划。依照西部气候初始计划,加州与魁北克在2013年1月开始正式施行碳交易制度。

加州碳市场自成立以来发展顺利,可以说是碳市场的一次成功尝试。加州碳市场的运行在保持加州经济持续增长的同时,实现了最初减少温室气体排放的目标。数据显示,加州 GDP 在 2013 年的增长超过了 2%,而碳市场启动第一年纳入行业的碳排放减少了将近 4%。从拍卖和交易数据看,加州的碳市场从启动开始就保持着稳定和强劲的势头,纳入碳市场的企业都能做到积极履约。

3.5　中国实现"双碳"目标的挑战

中国目前的碳排放量大约占全球排放总量的 30%,作为世界上最大的发展中国家,中国将完成全球最大的碳排放强度降幅,用全球历史上最短的时间来实现从碳达峰到碳中和,这无疑是一个巨大的挑战。

"双碳"目标下中国面临的挑战主要体现在以下几个方面:

1)碳减排难度高

从国际角度看,中国碳排放总量、人均碳排放等关键指标都比较高。目前,中国的碳排放总量约占全球的 30%,位居第 1 位。碳强度是全球平均水平的 1.3 倍,是欧美国家的 2～3 倍,人均碳排放也已经超越欧盟。实现"双碳"目标,意味着中国要完成全球最大总量、最高强度的碳排放降幅,可想而知,这是前所未有的巨大挑战。

2)实现碳达峰、碳中和目标时间极为紧迫

作为一个负责任的发展中大国,从"十一五"开始,我国根据自身国情国力,把节能降碳纳入国民经济和社会发展规划之中,成为从中央到地方各级政府的一项常规性工作。通过积极推动产业结构调整、能源结构优化、重点行业能效提升,节能减排取得显著成效,为实现"双碳"目标奠定了经验基础。但是,欧盟从碳达峰到实现碳中和历时 71 年,美国历时 43 年。中国提出碳达峰到碳中和时间,只有 30 年左右。此外,欧美等发达国家在人均 GDP 达到 20 000 美元之后开始转型,从碳达峰向碳中和过渡时,已实现了经济发展与碳排放的脱钩,各方面压力较小。而我国尚处于人均 GDP 刚过 10 000 美元的经济上升期,2020 年,我国二氧化碳年排放总量超过 100 亿 t,远超欧盟及美国,工业化、城市化仍处于快速发展进程中,排放尚未达峰。要用 30 年左右的时间来实现能源结构、产业结构、经济社会发展模式和生产生活模式的转型,时间极为紧迫。

3）产业转型代价高，打造发展新范式难度大

中国目前仍属于发展中国家，工业化进程较晚，中国大部分制造企业还处于工业 2.0—3.0 的混合阶段。整体处于工业化中后期阶段，传统"三高一低"（高投入、高能耗、高污染、低效益）产业仍占较高比例。许多领域在全球产业链、价值链分配中仍处在较低端水平，存在生产管理粗放、高碳燃料用量大、产品能耗物耗高、产品附加值低等问题。当前，我国经济将长期处于高速平稳发展阶段，能源需求尚未达峰。根据国家统计局数据，2021 年中国一次能源消费总量达 52.4 亿 tce，同比增速 5.2%。中国人均一次能源消费量约为 OECD 国家的一半，人均用电量是 OECD 国家的 60%。如果比较人均居民用电量，中国仅为 OECD 国家的 29%，显著偏低，随着现代化和城镇化进程的推进，居民用电需求仍将迎来大幅增长。预计"十四五""十五五"期间，我国 GDP 年均增速仍将保持 5% 以上，到 2030 年，我国一次能源需求将达到 60 亿 tce，年均增速 2%，人均能源需求将从 2021 年的 3.7 tce 上升到 4.1 tce。新形势下我国产业结构转型升级面临自主创新不足、关键技术"卡脖子"、能源资源利用效率低、各类生产要素成本上升等挑战，亟待转变建立在化石能源基础上的工业体系及依赖资源、劳动力等要素驱动的传统增长模式。

4）碳中和技术储备不足

当前中国各行业大量使用的技术仍以传统技术为主，特别是部分行业中，传统技术的投入还未达到其投资回报期，或尚未达到使用寿命周期，这意味着转换到碳中和技术可能要放弃前期投资，承担大量经济损失。实现"双碳"目标是一场新的革命与竞争，需要在核心技术和颠覆性技术方面实现突破。如果保持国内当前的政策、标准和投资水平都不变，依靠现有技术，尽管能够实现 2030 年碳达峰，但与 2060 年前碳中和目标尚有较大距离。我国在一些碳中和技术领域处于领先位置，但低碳、零碳、负碳技术的发展尚不成熟，各类技术系统集成难，环节构成复杂，技术种类多，成本昂贵，技术储备并不充足，如果不能把握好碳中和技术发展的战略机遇，将在全球新一轮技术变革与技术竞争中处于不利位置。

5）企业结构和区域发展不平衡

以制造业为例，在企业结构方面，中国制造业仍以中小企业为主，企业数

量占中国企业总数的 95％以上,经济规模约占 GDP 的 55％,就业占比约 75％。历经新冠疫情影响,目前又叠加"双碳"目标高质量发展的需求,中小企业亟须进行经营管理模式转型,转型中面临资金、技术、人才等多重压力,特别是因就业问题可能导致的社会压力。在区域发展方面,中国仍存在显著地区差异。西部地区经济和工业基础相对薄弱,实现跨越式发展需要较长时间。以上事实都意味着,中国的"双碳"目标较难在全国同步推进。如何认识到客观存在的区域差异,设计公平合理的分区域、分步骤实施方案,考验着中国达成目标的战略智慧。

6) 传统能源资源禀赋不足

长久以来,我国能源资源禀赋被概括为"一煤独大",呈"富煤贫油少气"的特征,2020 年我国能源消费总量为 49.8 亿 t 标准煤,煤炭消费量占能源消费总量的 56.8％,石油和天然气对外依存度分别为 73％和 43％。随着经济的增长,能源需求仍在不断增加。想要实现"双碳"目标,最理想的情况是新增能源需求主要依靠新能源来满足,但对中国而言用新能源替代化石能源的困难比其他国家艰巨许多,替代化石能源生产的供应体系建设将是一个相当庞大的工程。在能源投资方面,中国能源领域投资还未达到周期性回报的时间。煤电机组运行时间超过 30 年的发达国家占 80％以上,超过 40 年的约占一半,最长的达到 60 年,现在已经到达煤电的淘汰窗口期。而中国情况不同,据统计,中国的煤电发电少于 10 年的煤电机组占 40％～56％,在 10～20 年的占 40％左右。特别是大于 1 000 MW 的大型机组,共 97 台,其中 90 台小于 10 年,最长的机组也仅为 12 年,这些投资都尚未达到回报周期,因此,摆脱"碳锁定"面临着艰难抉择。

7) 碳定价机制尚不成熟

中国碳市场经过一段时期的发展,已经形成了基本构架。全国碳市场在线交易后的发展情况有待进一步观察。从试点碳市场近几年运行情况来看,其发展速度较慢,尚存在一些问题亟须厘清:一是在碳配额方面,其属性是什么,是一种碳排放权还是可以转换为资本的资产。二是在碳价方面,存在"碳价该怎么定"的问题。中国目前的每吨碳价是 40～50 元,发达国家目前价格是 50 欧元左右。全国碳市场上线交易一年,碳配额累计成交量超过 1.94 亿 t,累计成交额接近 85 亿元。碳价是基于市场供需和国家政策双因素决定,如果未来配额紧张,碳价可能还会提高。三是碳市场与碳税的关系问题。针对碳减排是采用碳市场或碳税单一市场工具推动还是双重工具同时推动。这都需要进一步探讨。

8) 实现"双碳"目标需要对现行社会经济体系进行一场广泛而深刻的系统性变革

碳达峰、碳中和既是自然科学问题也是社会科学问题,既是近期问题也是长远问题,需要科技、法律、制度、金融、国家安全、社会稳定等全方位的互动、协调和统筹,也包括对既得利益的调整。对我国这样一个有着 14 亿人口的大国而言,进行这种规模的转变极其复杂。

综上,实现"双碳"目标面临多重困难和挑战,需要付出极其艰巨的努力。尽管如此,实现"双碳"目标仍是中国进入新发展阶段的重要选择,是中国推进现代化的必由之路,对全球应对气候变化和构建人类命运共同体具有重要意义。

3.6 中国已出台的"双碳"政策框架体系

3.6.1 "1＋N"政策体系

2021 年 10 月 24 日,《中共中央 国务院关于完整准确全面贯彻新发展理念做好碳达峰碳中和工作的意见》(以下简称《意见》),《意见》指出,实现碳达峰、碳中和,是以习近平同志为核心的党中央统筹国内国际两个大局做出的重大战略决策,是着力解决资源环境约束突出问题、实现中华民族永续发展的必然选择,是构建人类命运共同体的庄严承诺。该文件作为"双碳""1＋N"政策体系中的"1",为"双碳"这项重大工作进行了系统谋划和总体部署。紧随其后,2021 年 10 月 26 日,国务院印发《2030 年前碳达峰行动方案》(以下简称《方案》),为实现 2030 年前碳达峰的目标提出具体行动方案。

两份文件的正式印发,意味着"双碳""1＋N"政策体系的顶层设计出炉。

《意见》在"双碳"政策体系中发挥统领作用,是"1＋N"中的"1",从 10 大方面提出了 31 项重点任务,在"双碳"政策体系中起到统领全局的作用。《方案》是"N"中首要的政策文件,明确了"双碳"目标的路线图、施工图,有关部门和单位将根据方案部署制定能源、工业、城乡建设、交通运输等行业碳达峰实施方案,科技支撑、碳汇能力、统计核算、督察考核等支撑措施和财政、金融、价格等保障政策,各地区也将按照方案要求制定本地区碳达峰行动方案。在顶层设计出台之后,中央层面陆续有其他"N"政策出台,包括对重点领域行业的实施政策和各类支持保障政策。除中央外,各省具体实施政策也属于"N"政策,以战略性指导文件、保障支撑文件、地方法规等形式出台,"1＋N"政策的框架体系如图3－2所示。

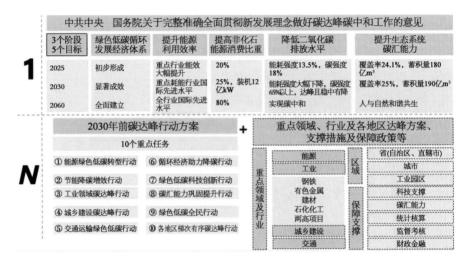

图3－2 "1＋N"政策框架体系

顶层设计中的《方案》中提到的10大行动已经明确了"N"的政策范围,见表3－9。

表3－9 两份顶层文件的重点内容

发布时间	政策文件		重点内容
2021年10月24日	《中共中央 国务院关于完整准确全面贯彻新发展理念做好碳达峰碳中和工作的意见》	十大方面	1. 推进经济社会发展全面绿色转型 2. 深度调整产业结构 3. 加快构建清洁低碳安全高效能源体系 4. 加快推进低碳交通运输体系建设 5. 提升城乡建设绿色低碳发展质量 6. 加强绿色低碳重大科技攻关和推广应用 7. 持续巩固提升碳汇能力 8. 提高对外开放绿色低碳发展水平 9. 健全法律法规标准和统计监测体系 10. 完善政策机制

发布时间	政策文件	重点内容	
2021年10月26日	《2030年前碳达峰行动方案》	十大行动	1. 能源绿色低碳转型行动 2. 节能降碳增效行动 3. 工业领域碳达峰行动 4. 城乡建设碳达峰行动 5. 交通运输绿色低碳行动 6. 循环经济助力降碳行动 7. 绿色低碳科技创新行动 8. 碳汇能力巩固提升行动 9. 绿色低碳全民行动 10. 各地区梯次有序碳达峰行动

3.6.2　已出台的国家政策

从行业领域来看,重点工业、城乡建设和科技支撑领域的碳达峰实施方案均已发布。尽管能源领域碳达峰方案暂未公布,多部与能源相关的"双碳"政策文件已相继出台,如《"十四五"现代能源体系规划》《"十四五"可再生能源发展规划》等。部分重点行业已经发布"双碳"相关文件,如钢铁行业《关于促进钢铁工业高质量发展的指导意见》确定2030年碳达峰目标。"双碳"相关政策梳理见表3-10。

表 3-10　"双碳"顶层设计及分领域分行业政策梳理

行　　业		发布时间	政策文件
顶层设计		2021年10月24日	《中共中央 国务院关于完整准确全面贯彻新发展理念做好碳达峰碳中和工作的意见》
		2021年10月26日	《2030年前碳达峰行动方案》
能源	能源	2022年1月29日	《"十四五"现代能源体系规划》
		2022年2月10日	《关于完善能源绿色低碳转型体制机制和政策措施的意见》
		2022年5月14日	《关于促进新时代新能源高质量发展的实施方案》
		2022年10月9日	《能源碳达峰碳中和标准化提升行动计划》
	煤炭	2022年5月10日	《煤炭清洁高效利用重点领域标杆水平和基准水平(2022年版)》

行　业		发布时间	政策文件
能源	煤炭	2022 年 8 月 29 日	《关于进一步提升煤电能效和灵活性标准的通知》
	节能降碳	2022 年 1 月 24 日	《"十四五"节能减排综合工作方案》
		2022 年 2 月 11 日	《高耗能行业重点领域节能降碳改造升级实施指南(2022 年版)》
		2022 年 6 月 10 日	《减污降碳协同增效实施指南》
		2022 年 11 月 17 日	《重点用能产品设备能效先进水平、节能水平和准入水平(2022 年版)》
	清洁能源	2022 年 6 月 1 日	《"十四五"可再生能源发展规划》
	氢能	2022 年 3 月 23 日	《氢能产业发展中长期规划(2021—2035 年)》
	储能	2021 年 7 月 23 日	《关于加快推动新型储能发展的指导意见》
		2022 年 3 月 21 日	《"十四五"新型储能发展实施方案》
工业	工业	2021 年 10 月 21 日	《关于严格能效约束推动重点领域节能降碳的若干意见》
		2021 年 11 月 5 日	《关于加强产融合作推动工业绿色发展的指导意见》
		2022 年 1 月 10 日	《高耗能行业重点领域能效标杆水平和基准水平(2021 年版)》
		2021 年 12 月 3 日	《"十四五"工业绿色发展规划》
		2022 年 2 月 17 日	《关于加快推动工业资源综合利用的实施方案》
		2022 年 6 月 29 日	《工业能效提升行动计划》
		2022 年 6 月 21 日	《工业水效提升行动计划》
		2022 年 7 月 7 日	《工业领域碳达峰实施方案》
	电力装备	2022 年 8 月 29 日	《加快电力装备绿色低碳创新发展行动计划》
	信息通信	2022 年 8 月 22 日	《信息通信行业绿色低碳发展行动计划(2022—2025 年)》
	轻工业	2022 年 6 月 20 日	《关于推动轻工业高质量发展的指导意见》
	化纤	2022 年 4 月 21 日	《关于化纤工业高质量发展的指导意见》

行　　业		发布时间	政策文件
工业	纺织	2022 年 4 月 21 日	《关于产业用纺织品行业高质量发展的指导意见》
	石化	2021 年 10 月 21 日	《石化化工重点行业严格能效约束推动节能降碳行动方案(2021—2025 年)》
		2022 年 4 月 7 日	《关于"十四五"推动石化化工行业高质量发展的指导意见》
	冶金建材	2021 年 10 月 21 日	《冶金、建材重点行业严格能效约束推动节能降碳行动方案(2021—2025 年)》
	建筑	2022 年 1 月 19 日	《"十四五"建筑业发展规划的通知》
		2022 年 3 月 11 日	《"十四五"建筑节能与绿色建筑发展规划》
	钢铁	2022 年 2 月 7 日	《关于促进钢铁工业高质量发展的指导意见》
	有色金属	2022 年 11 月 17 日	《有色金属行业碳达峰实施方案》
	医药	2022 年 1 月 30 日	《"十四五"医药工业发展规划》
	环保装置	2022 年 1 月 21 日	《环保装备制造业高质量发展行动计划(2022—2025 年)》
	智能制造	2021 年 12 月 28 日	《"十四五"智能制造发展规划》
城乡建设		2021 年 10 月 21 日	《关于推动城乡建设绿色发展的意见》
		2021 年 11 月 17 日	《关于拓展农业多种功能促进乡村产业高质量发展的指导意见》
		2022 年 1 月 19 日	《"十四五"建筑业发展规划的通知》
		2022 年 1 月 24 日	《"十四五"推动长江经济带发展城乡建设行动方案》
		2022 年 1 月 24 日	《"十四五"黄河流域生态保护和高质量发展城乡建设行动方案》
		2022 年 2 月 11 日	《"十四五"推进农业农村现代化规划》煤炭
		2022 年 3 月 11 日	《"十四五"住房和城乡建设科技发展规划》
		2022 年 3 月 11 日	《"十四五"建筑节能与绿色建筑发展规划》
		2022 年 7 月 12 日	《"十四五"新型城镇化实施方案》

续　表

行　　业	发布时间	政策文件
城乡建设	2022 年 6 月 30 日	《城乡建设领域碳达峰实施方案》
	2022 年 6 月 30 日	《农业农村减排固碳实施方案》
	2022 年 7 月 7 日	《"十四五"全国城市基础设施建设规划》
	2022 年 11 月 7 日	《建材行业碳达峰方案》
交通运输	2022 年 1 月 18 日	《"十四五"现代综合交通运输体系发展规划》
	2022 年 1 月 21 日	《绿色交通"十四五"发展规划》
	2022 年 6 月 24 日	《贯彻落实〈中共中央 国务院关于完整准确全面贯彻新发展理念做好碳达峰碳中和工作的意见〉的实施意见》
	2022 年 7 月 12 日	《国家公路网规划》
	2022 年 8 月 18 日	《绿色交通标准体系(2022 年)》
	2022 年 9 月 23 日	《2022 中国民航绿色发展政策与行动》
科技支撑	2022 年 4 月 2 日	《"十四五"能源领域科技创新规划》
	2022 年 5 月 7 日	《加强碳达峰碳中和高等教育人才培养体系建设工作方案》
	2022 年 8 月 18 日	《科技支撑碳达峰碳中和实施方案(2022—2030 年)》
碳汇能力	2021 年 12 月 31 日	《林业碳汇项目审定和核证指南》
	2022 年 9 月 26 日	《海洋碳汇核算方法》
	2022 年 6 月 30 日	《农业农村减排固碳实施方案》
统计核算	2022 年 3 月 15 日	《企业温室气体排放核算方法与报告指南发电设施(2022 年修订版)》
	2022 年 3 月 15 日	《关于做好 2022 年企业温室气体排放报告管理相关重点工作的通知》
	2022 年 8 月 19 日	《关于加快建立统一规范的碳排放统计核算体系实施方案》
	2022 年 10 月 31 日	《建立健全碳达峰碳中和标准计量体系实施方案》

行　业	发布时间	政策文件
督察考核	2021 年 11 月 27 日	《关于推进中央企业高质量发展做好碳达峰碳中和工作的指导意见》
	2022 年 1 月 27 日	《关于引导服务民营企业做好碳达峰碳中和工作的意见》
保障政策	2021 年 12 月 14 日	《实施绿色低碳金融战略 支持碳达峰碳中和行动方案》
	2022 年 3 月 15 日	《关于做好 2022 年企业温室气体排放报告管理相关重点工作的通知》
	2022 年 6 月 2 日	《银行业保险业绿色金融指引》
	2022 年 5 月 31 日	《支持绿色发展税费优惠政策指引》
	2022 年 5 月 30 日	《财政支持做好碳达峰碳中和工作的意见》
	2022 年 5 月 31 日	《支持绿色发展税费优惠政策指引》
	2023 年 2 月 17 日	《最高人民法院关于完整准确全面贯彻新发展理念 为积极稳妥推进碳达峰碳中和提供司法服务的意见》

3.6.3　已出台的地方政策

截至 2023 年 2 月,各省级碳达峰、碳中和政策进展整理更新见表 3－11。

表 3－11　省级碳达峰、碳中和政策进展

地　区	文　件	主要内容
北京	《北京市碳达峰实施方案》	"十四五"期间,单位地区生产总值能耗和二氧化碳排放持续保持省级地区最优水平,安全韧性低碳的能源体系建设取得阶段性进展,绿色低碳技术研发和推广应用取得明显进展,具有首都特点的绿色低碳循环发展的经济体系基本形成,碳达峰、碳中和的政策体系和工作机制进一步完善。到 2025 年,可再生能源消费比重达到 14.4% 以上,单位地区生产总值能耗比 2020 年下降 14%,单位地区生产总值二氧化碳排放下降确保完成国家下达目标

地　区	文　件	主要内容
天津	《天津市碳达峰实施方案》	到 2025 年,单位地区生产总值能源消耗和二氧化碳排放确保完成国家下达指标;非化石能源消费比重力争达到 11.7% 以上,为实现碳达峰奠定坚实基础
河北	《关于完整准确全面贯彻新发展理念,认真做好碳达峰碳中和工作的实施意见》	到 2025 年,绿色低碳循环发展的经济体系初步形成。非化石能源消费比重达到 13% 以上;森林覆盖率达到 36.5%,森林蓄积量达到 1.95 亿 m³,为实现 2030 年前碳达峰奠定坚实基础
山西	《山西省碳达峰实施方案》	到 2025 年,非化石能源消费比重达到 12%,新能源和清洁能源装机占比达到 50%、发电量占比达到 30%,单位地区生产总值能源消耗和二氧化碳排放下降确保完成国家下达目标,为实现碳达峰奠定坚实基础
内蒙古	《内蒙古自治区碳达峰实施方案》	到 2025 年,非化石能源消费比重提高到 18%,煤炭消费比重下降至 75% 以下,自治区单位地区生产总值能耗和单位地区生产总值二氧化碳排放下降率完成国家下达的任务,为实现碳达峰奠定坚实基础
辽宁	《辽宁省碳达峰实施方案》	到 2025 年,非化石能源消费比重达到 13.7% 左右,单位地区生产总值能源消耗比 2020 年下降 14.5%,能源消费总量得到合理控制,单位地区生产总值二氧化碳排放比 2020 年下降率确保完成国家下达指标
吉林	《吉林省碳达峰实施方案》	到 2025 年,非化石能源消费比重达到 17.7%,单位地区生产总值能源消耗和单位地区生产总值二氧化碳排放确保完成国家下达目标任务,为 2030 年前碳达峰奠定坚实基础
黑龙江	《黑龙江省碳达峰实施方案》	到 2025 年,绿色低碳循环发展的经济体系初步形成,非化石能源消费比重提高至 15% 左右,单位地区生产总值能源消耗和二氧化碳排放下降确保完成国家下达目标,为实现碳达峰奠定坚实基础
上海	《上海市碳达峰实施方案》	"十四五"期间,产业结构和能源结构明显优化,重点行业能源利用效率明显提升,煤炭消费总量进一步削减,与超大城市相适应的清洁低碳安全高效的现代能源体系和新型电力系统加快构建,绿色低碳技术创新研发和推广应用取得重要进展,绿色生产生活方式得到普遍推行,循环型社会基本形成,绿色低碳循环发展政策体系初步建立。到 2025 年,单位生产总值能源消耗比 2020 年下降 14%,非化石能源占能源消费总量比重力争达到 20%,单位生产总值二氧化碳排放确保完成国家下达指标

地　区	文　件	主　要　内　容
江苏	《江苏省碳达峰实施方案》	到 2025 年,单位地区生产总值能耗比 2020 年下降 14％,单位地区生产总值二氧化碳排放完成国家下达的目标任务,非化石能源消费比重达到 18％,林木覆盖率达到 24.1％,为实现碳达峰奠定坚实基础
浙江	《浙江省工业领域碳达峰实施方案》	到 2025 年,规模以上单位工业增加值能耗较 2020 年下降 16％以上,力争下降 18％;单位工业增加值二氧化碳排放下降 20％以上(不含国家单列项目);重点领域达到能效标杆水平产能比例达到 50％;建成 500 家绿色低碳工厂和 50 个绿色低碳工业园区
安徽	《安徽省碳达峰实施方案》	到 2025 年,非化石能源消费比重达到 15.5％以上,单位地区生产总值能耗比 2020 年下降 14％,单位地区生产总值二氧化碳排放降幅完成国家下达目标,碳达峰基础支撑逐步夯实
福建	《关于完整准确全面贯彻新发展理念 做好碳达峰碳中和工作的实施意见》	到 2025 年,绿色低碳循环发展的经济体系初步形成,重点行业能源利用效率大幅提升。单位地区生产总值能耗和二氧化碳排放下降完成国家下达目标;非化石能源消费比重达到 27.40％;森林覆盖率比 2020 年增加 0.12 个百分点,森林蓄积量达到 7.79 亿 m^3,为实现碳达峰、碳中和奠定坚实基础
江西	《江西省碳达峰实施方案》	到 2025 年,非化石能源消费比重达到 18.3％,单位生产总值能源消耗和单位生产总值二氧化碳排放确保完成国家下达指标,为实现碳达峰奠定坚实基础。新型储能装机容量达到 100 万 kW
山东	《山东省碳达峰实施方案》	到 2025 年,煤电机组正常工况下平均供电煤耗降至 295 g标准煤/kW·h 左右,天然气综合保供能力达到 450 亿 m^3。非化石能源消费比重提高至 13％左右,单位地区生产总值能源消耗、二氧化碳排放分别比 2020 年下降 14.5％、20.5％,为全省如期实现碳达峰奠定坚实基础
河南	《河南省城乡建设领域碳达峰行动方案》	到 2025 年,全省城乡建设系统绿色发展理念深入人心,城乡建设领域绿色发展新格局初步形成,城镇新建建筑全面执行绿色建筑标准,装配式建筑占比力争达到 40％,2000 年前建成需改造的老旧小区基本完成改造,城市绿色社区创建达到 60％以上,城市生活垃圾收集、转运和无害化处理全覆盖,资源化利用率达到 60％以上,基本实现农村生活垃圾分类、资源化利用全覆盖

地　区	文　件	主要内容
湖北	《湖北省碳达峰碳中和科技创新行动方案》	到 2023 年,构建我省绿色低碳技术创新体系,大幅提升绿色低碳前沿技术原始创新能力,显著提高减排降碳增汇关键核心技术攻关能力,抢占碳达峰、碳中和技术高点,率先在中部地区实现绿色崛起,打造全国高质量发展的增长极
湖南	《关于完整准确全面贯彻新发展理念 做好碳达峰碳中和工作的实施意见》	到 2025 年单位地区生产总值能耗比 2020 年下降 14%,单位地区生产总值二氧化碳排放下降率完成国家下达的目标任务,非化石能源消费比重达到 22% 左右,森林蓄积量达到 71 亿 m³
广东	《广东省碳达峰实施方案》	到 2025 年,非化石能源消费比重力争达到 32% 以上,单位地区生产总值能源消耗和单位地区生产总值二氧化碳排放确保完成国家下达指标,为全省碳达峰奠定坚实基础
广西	《广西壮族自治区碳达峰实施方案》	到 2025 年,非化石能源消费比重达到 30% 左右,单位地区生产总值能源消耗和二氧化碳排放下降确保完成国家下达的目标,为实现碳达峰奠定坚实基础
海南	《海南省碳达峰实施方案》	到 2025 年,初步建立绿色低碳循环发展的经济体系与清洁低碳、安全高效的能源体系,碳排放强度得到合理控制,为实现碳达峰目标打牢基础。非化石能源消费比重提高至 22% 以上,可再生能源消费比重达到 10% 以上,单位国内生产总值能源消耗和二氧化碳排放下降确保完成国家下达目标,单位地区生产总值能源消耗和二氧化碳排放继续下降
重庆	《中共重庆市委 重庆市人民政府关于完整准确全面贯彻新发展理念 做好碳达峰碳中和工作的实施意见》	到 2025 年,绿色低碳循环发展的经济体系初步形成,重点行业能源利用效率大幅提升。单位地区生产总值能耗比 2020 年下降 14%,单位地区生产总值二氧化碳排放下降率完成国家下达目标,非化石能源消费比重达到 25%,森林覆盖率达到 57%,森林蓄积量达到 2.8 亿 m³,为实现碳达峰、碳中和奠定坚实基础
四川	《四川省碳达峰实施方案》	到 2025 年,全省非化石能源消费比重达到 41.5% 左右,水电、风电、太阳能发电总装机容量达到 1.38 亿 kW 以上,单位地区生产总值能源消耗下降 14% 以上,单位地区生产总值二氧化碳排放确保完成国家下达指标,为实现碳达峰奠定坚实基础

地　区	文　件	主要内容
贵州	《贵州省碳达峰实施方案》	到2025年非化石能源消费比重达到20%左右、力争达到21.6%,单位地区生产总值能耗和单位地区生产总值二氧化碳排放确保完成国家下达指标,为实现碳达峰奠定坚实基础
云南	《云南省碳达峰实施方案》	到2025年,绿色低碳循环发展的经济体系初步形成,清洁低碳安全高效的能源体系初步建立,城乡扩绿增汇取得显著成效。单位地区生产总值能耗和二氧化碳排放下降完成国家下达目标,非化石能源消费比重不断提高,全省风电、太阳能发电总装机容量大幅提升,森林蓄积量稳步提升,为实现"双碳"目标奠定坚实基础
西藏	《西藏自治区2022年国民经济和社会发展计划执行情况与2023年国民经济和社会发展计划草案报告》	出台实施《自治区碳达峰行动实施方案》,加快构建碳达峰、碳中和"1+N"政策体系,统筹推动工业、交通、能源等领域和行业碳达峰行动,开展碳达峰、碳中和示范区建设
陕西	《陕西省碳达峰实施方案》	到2025年,全省非化石能源消费比重达到16%左右,单位地区生产总值能源消耗和二氧化碳排放下降确保完成国家下达目标,为实现碳达峰奠定坚实基础
甘肃	《关于严格能效约束推动重点领域节能降碳的实施方案》	到2025年,钢铁、电解铝、水泥、平板玻璃、炼油、乙烯、合成氨、电石等重点行业和数据中心达到标杆水平的产能比例超过30%,行业整体能效水平明显提升,碳排放强度明显下降,绿色低碳发展能力显著增强
青海	《青海省碳达峰实施方案》	单位生产总值能源消耗和单位生产总值二氧化碳排放确保完成国家下达指标;清洁能源发电量占比超过95%,非化石能源占能源消费总量比重达52.2%;森林覆盖率达到8%,森林蓄积量达到5 300万 m^3,草原综合植被盖度达58.5%,为实现碳达峰、碳中和奠定坚实基础
宁夏	《关于完整准确全面贯彻新发展理念 做好碳达峰碳中和工作的实施意见》	到2025年,奠定碳达峰、碳中和坚实基础。绿色低碳循环发展的经济体系初步形成,重点行业能源利用效率大幅提升。全区单位地区生产总值能源消耗比2020年下降15%。单位地区生产总值二氧化碳排放比2020年下降16%。非化石能源消费比重达到15%左右
新疆	《自治区城乡建设领域碳达峰实施方案》	到2030年前,在全区一盘棋下城乡建设领域碳排放达到峰值。绿色建材、绿色建筑、绿色社区、能源与资源利用等对社会碳减排贡献进一步加大。城乡建设绿色低碳发展政策体系和体制机制基本建立,"大量建设、大量消耗、大量排放"基本扭转。建筑节能、垃圾资源化利用水平大幅提高,城乡建设能源利用效率进一步提高,用能结构和方式更加优化,城乡建设绿色低碳转型取得积极进展

大部分省级政策文件和"十四五"规划都覆盖了能源、工业、交通、建筑等与减排降碳相关的主要领域,各省级地区基本都已承诺在2030年前实现碳达峰,部分省级地区提出了先于全国实现达峰。

3.6.4 已出台的"N1"政策覆盖的碳排放

在顶层设计文件出台后,中央层面已有几十余项"N1"系列"双碳"政策陆续发布(本节为方便区分,将中央层面出台的"N"系列"双碳"政策称为"N1"政策)。根据"N1"政策的内容和实施方式,可以将其分成两个维度:一是针对重点领域和行业实施的"双碳"政策。作为"N1"中为首的政策文件,《2030年前碳达峰行动方案》的十大行动已经明确了"N1"的政策范围包括能源、工业、城乡建设、交通运输、农业农村等重点领域和行业,也包括科技支撑、碳汇能力、统计核算、督察考核等支撑措施和财政、金融、价格等保障政策。二是各省具体实施的"双碳"政策。在具体的碳达峰实施方案设计中,遵循由上至下的任务分解方式,各省份将按照中央顶层设计文件制定本地区碳达峰行动方案。自从《行动方案》出台以来历经一年有余,这一系列"N1"政策文件不断丰富扩充,为碳达峰、碳中和工作的总体行动,以及各重点领域和行业、各省份碳达峰、碳中和行动提供了政策文件支撑。

1)重点领域和行业覆盖的碳排放量接近95%

根据中国碳核算数据库(CEADs)测算的1997—2019年中国分部门碳排放量数据(图3-3、图3-4),本节对涉及《行动方案》中重点工业领域(电力、钢铁、有色金属、石化化工和建材等)、能源、交通运输及城乡建设等相关工业行业的碳排放量予以统计。整体来看,目前"N"系列政策文件的重点领域和行业覆盖的碳排放量占比近95%。

中国碳排放量长期保持最高的前三行业分别是电力、钢铁和水泥行业,2019年全年碳排放量分别约46.42亿t、18.53亿t和11.12亿t,占全国碳排放量比重约为47.39%、18.92%和11.25%。电力、钢铁和水泥行业是"双碳"政策重点关注的领域,其"双碳"相关政策文件均于2022年2月底前率先出台。2022年1月国家发改委、国家能源局发布《"十四五"现代能源体系规划》,对大力发展非化石能源,推动构建新型电力系统作出部署。2022年1月,工信部等三部门发布《关于促进钢铁工业高质量发展的指导意见》,提出钢

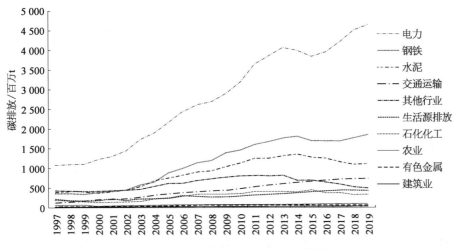

图 3‑3　1997—2019 年中国分部门碳排放量

（来源：CEADs，中金研究院）

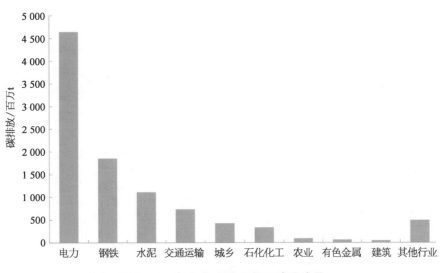

图 3‑4　2019 年中国分部门碳排放量

（来源：CEADs，中金研究院）

铁行业 2025 年阶段性目标和 2030 年达峰目标。2022 年 2 月，国家发改委发布《水泥行业节能降碳改造升级实施指南》提出了到 2025 年水泥行业实现能效标杆水平以上的熟料产能比例达到 30％的目标。

除这三个行业外,交通运输、生活源(城市和农村)、石化化工、农业、有色金属、建筑的碳排放也被纳入"双碳"政策覆盖范围,2019 年全年碳排放量分别为 7.32 亿 t、4.26 亿 t、3.35 亿 t、0.91 亿 t、0.65 亿 t 和 0.44 亿 t,占碳排放总量比重共计约 17.30%。上述领域或行业的"双碳"政策在 2022 年 3 月之后陆续出台。例如,2022 年 3 月交通运输部等 4 部门联合发布《新时代推动中部地区交通运输高质量发展的实施意见》,提出中部地区 2025 和 2035 年发展目标。2022 年 4 月工信部等六部门发布《关于"十四五"推动石化化工行业高质量发展的指导意见》,提出到 2025 年石化化工行业产能利用率达到 80%以上等具体目标。2022 年 3 月住建部发布《"十四五"住房和城乡建设科技发展规划》,聚焦城乡建设绿色低碳技术研究等 9 个方面技术突破。

2) 省级"双碳"政策覆盖的碳排放量接近 100%

为推动实现我国碳达峰、碳中和目标,全国 31 个省(自治区、直辖市)(不包括港澳台地区)均针对"双碳"工作提出了相关要求,推动出台碳达峰、碳中和系列政策文件。目前,31 个省(自治区、直辖市)均已发布了"双碳"相关的政策文件。按 CEADs 省级碳排放清单口径计算,2019 年全年碳排放量最高的三个省份是山东、河北和江苏,分别为 9.37 亿 t、9.14 亿 t 和 8.05 亿 t(图 3-5),这三个省份均已出台"双碳"相关政策文件。已经出台"双碳"政策文件的 31 个

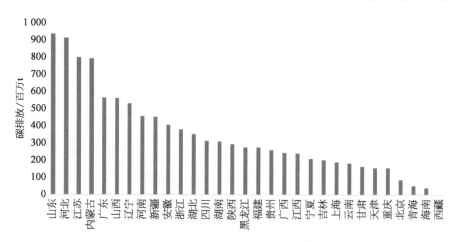

图 3-5 已经出台"双碳"政策文件的 31 个省(自治区、直辖市)2019 年的碳排放量

注:不含港、澳、台特别行政区,西藏自治区排放量数据缺失。

(来源:CEADs)

省(自治区、直辖市)碳排放量合计 98 亿 t,几乎占全年总碳排放量的 100%。

当前,我国"双碳""1＋N"政策体系已初步建成。自 2021 年以来,中央和地方各级政府着手制定顶层、行业、省市碳达峰、碳中和政策。政府网站显示,目前能源、工业、城乡建设、交通运输、农业农村等重点领域实施方案,煤炭、石油天然气、钢铁、有色金属、石化化工、建材等重点行业实施方案,科技支撑、财政支持、统计核算、人才培养等支撑保障方案,以及大部分省区市碳达峰实施方案均已制定。系列文件已构建起目标明确、分工合理、措施有力、衔接有序的碳达峰、碳中和"1＋N"政策体系,下一阶段"双碳""1＋N"政策推进重点将由搭建体系转变为在细分领域进一步完善。

3.7 "双碳"中常见误区分析

在全面推进"双碳"目标的过程中,经常会遇到一些认知误区,下面列举了一些常见误区,需要警惕并正确认识。

误区一:控碳即是控二氧化碳

有的人认为控碳就是控二氧化碳,忽视了非二氧化碳气体对于全球温升的作用。IPCC 第五次报告指出,工业革命以来,约有 35% 的温室气体辐射强迫源自非二氧化碳温室气体排放。但同时非二氧化碳温室气体具有减排成本低、响应速度快、协同效益明显的特点。相关研究表明,减少非二氧化碳温室气体排放将是实现温控目标较为快捷的方式。

近年来,我国高度重视非二氧化碳温室气体的减排力度。"十四五"规划已明确提出,要加大甲烷、氢氟碳化物、全氟化碳等其他温室气体的控制力度。《中美格拉斯哥联合宣言》中也强调甲烷排放对于温升的显著影响。但目前我国对非二氧化碳温室气体的减排尚缺乏完善的顶层设计,还需要进一步完善。

误区二:控碳即是控能源

很多人认为控碳即是控能源,忽视了能源对经济平稳运行的重要性。能源是经济发展的基本动力,能源消费与经济增长脱钩是实现碳减排的重要途径。根据全球历史经验,人均 GDP 达到 1.19 万美元(2011 年价格)时,经济增长与能源消费出现"弱脱钩"——即能源增速低于经济增速;人均 GDP 超过 3.64 万美元后,经济—能源之间才出现"强脱钩",即经济增长的同时能源消费下降。一般而言,从"弱脱钩"到"强脱钩"需要 40 年。

我国目前正处于经济发展的关键爬坡阶段,经济与能源高度相关。即使 2030 年"碳达峰",中国经济增速预计仍将超过 5%,处于中高速增长阶段,能源消费持续增长不可避免。因此,简单控制能源总量将会威胁宏观经济平稳运行,短期内化石能源大规模退出,不仅影响市场主体收益和活力,还将带来能源品的成本上升,并进一步导致消费品价格上涨,形成通胀预期,引发相关行业失业。

误区三:控碳即是减煤炭、控煤电

中国是一个多煤、少油、缺气的国家,原油的进口已经超过 70%,煤炭在我国能源安全战略中发挥"压舱石"作用。2020 年我国煤炭消费占能源消费总量的比重为 62.2%。同时,中国又是世界工厂,钢铁、炼焦、铝锭、水泥等高耗能产品占全球 50% 以上,经济结构决定了能源消耗状况。中国在煤电和控煤上的立场上,既要考虑遵守全球气候变化协议,也要基于本身经济发展水平和能源结构的客观现实。要立足以煤为主的基本国情,能源转型要建立在能源安全之上,先立后破,推动煤炭和新能源优化组合。目前煤炭和煤电仍然是保障能源安全、电力安全的主体,如果盲目、快速减少煤炭和削减煤电,可能有两方面安全隐患。

一是削弱煤炭保障能源系统安全运转的作用。风、光等可再生能源发电具有强波动性、高不确定性和弱调频性的特性,大规模并网造成电网系统抗扰动、频率调节和电压调控等能力下降,大规模减煤炭、控煤电将进一步增加能源系统的不确定性和脆弱性。

二是煤炭和煤电的退出会影响经济社会的平稳运行。2018 年我国煤炭相关行业就业人数超过 300 万,2019 年我国煤电机组亏损率达到 61%,全国六大煤电装机大省的剩余贷款本息和超过 1 000 亿元,现存机组转型导致的搁浅资产为 1.9 万亿~3.9 万亿元。虽然煤电装机占全国电力的总装机容量在 2020 年首次低于 50%,但全国仍有 10.8 亿 kW 煤电装机在运行,而且大多数燃煤电站是在过去 15 年内投产运行的,离正常退役还有 20~30 年时间,让这些机组提前退役会造成很大经济损失。特别是经济不发达的西部地区,机组运行年龄更短。如若大规模减煤炭、控煤电,将直接带来就业、信贷多项风险。

研究显示,在全球温升控制在 1.5℃ 的目标下,煤电将更多地承担系统调峰、调频、调压和备用功能,通过降低利用小时,2045 年中国可实现煤电全面退出;在全球温升控制在 2℃ 的目标下,煤电全面退出可能要推后到 2055 年。尽管基于当前的技术水平和经济性的考虑,大幅减少化石能源使用有助于大幅削减温室气体排放,但煤电是否全面退出,与是否有抵消碳排放的负碳技术,以及这些技术是否能够得到经济合理的利用有关。中国目前只有大约 400 万 t 的碳收集量,对比中国一年 100 亿 t 的碳排放量,是远远不够的。CCUS 技术作为保底技术,也就是零碳技术成本的上限,未来 CCUS 技术的成本下降幅度和发展规模,对控煤和煤炭消费量的下降幅度也将产生重要影响。

误区四:控碳即是发展"风光"

"双碳"目标推进过程中,以新能源为重点的可再生能源也是发展的重中之重。2020 年我国新增风电装机容量 57.8 GW,占全球新增装机容量的 60%,新增太阳能光伏装机容量为 48.2 GW,可再生能源的开发利用规模稳居世界第一。我国具备强大的装备制造能力与国内超大规模市场,掌握核心技术和关键产业链优势,为清洁能源技术的成本降低和推广应用带来无可比拟的优势。

但控碳并不是一味地发展以"风光"为代表的新能源而忽视其潜在风险。

一方面,大规模发展可再生能源可能触发稀有金属安全问题。光伏、氢能等新能源产业发展的原料依赖于稀有金属,然而我国在稀有金属生产和储备方面还存在严重不足,生产电池的碳酸锂品位相对较差,开采难度大;钴和镍资源相对缺乏,严重依赖进口,2020 年电池原料自供率只有 32%。

另一方面,大规模发展可再生能源可能暴露新的卡脖子技术。风能和光能利用的前沿技术研发储备不足,未来产业大规模发展可能面临技术被颠覆的风险。氢能和生物质能产业发展已初具条件,但氢能基础理论研究薄弱,储氢材料设计研发也亟待解决;生物质转化技术、生物塑料单体技术和非金属仿真催化剂等仍依赖引进。一旦可再生能源产业大规模发展,底层理论、核心技术等如果无法同步,则极易出现行业短板、引发产业链安全问题。

误区五：控碳即是控工业

以制造业为主体的工业是中国国民经济的支柱产业，同时也是碳排放大户。2020年，中国工业部门能源消费量占比为73.3%，其中制造业占工业部门的能源消费比重达81.5%。在调整经济结构、减少碳排放的背景下，近年来我国制造业增加值占GDP比重从2011年的高点32%，回落至2020年年末的26%。"十四五"规划纲要中首次提及"保持制造业比重基本稳定"，将制造高质量发展放到更加突出的位置。

控碳不能忽视经济部门内部的多样性和关联性。在保持制造业比重基本稳定条件的限制下，制造业部门的实际减排潜力已不多。反之，其他经济部门还有潜力可挖，例如交通、建筑分别为我国碳排放贡献8%，农业是非碳温室气体排放的主要来源，在全球范围内，约21%～37%的温室气体排放量可归因于整个食物系统周期，特别是家畜养殖排放的甲烷和化肥释放的一氧化氮。

误区六：控碳即是发展碳市场

碳市场是我国实现"双碳"目标的核心政策工具之一。2017年全国碳市场建设正式启动，2021年7月16日正式上线运行。虽然中国碳排放权交易市场已经成为全球覆盖温室气体排放量最大的市场，但当前市场发育不足，碳排放交易主体只集中于电力企业等重点排放单位，节能减排覆盖范围较为有限，且配额免费发放，导致交易市场出现流动性不足的情况，运行一周年，累计碳排放配额成交量1.94亿t，累计成交金额84.92亿元。

碳市场机制通过引入碳价来修正气候变化带来的外部性问题。虽然其理论框架非常明确，国际实践也已有一定积累，但将其转化为操作性强、行之有效的具体政策却挑战巨大。由于中国还处于碳排放增长阶段，对于总量目标设定具有较大难度，当前碳交易规模尚不足以支撑"双碳"目标的实现。

误区七：控碳是政府控碳

我国实行的自上而下的碳减排方案并不意味着政府包办一切。一方面，许多地方政府还未摸清碳排放家底，不少地区对于"双碳"战略到底如何落实依然很迷茫。面对能耗预警经常只能采用紧急拉闸限电的方案。这种"急转弯"虽然在一定时间内能实现控碳效果，但却极大影响了生产生活，忽视了市场的客观规律。

此外,现有治理往往聚焦于供给端,忽视了社会需求端的源头管理。当前我国大多数减排政策都针对工业部门的末端治理,国际经验表明,引导包括居民在内的全社会形成绿色的生产、生活方式,对落实"双碳"目标具有重要作用,但我国对于全社会需求侧的源头引导和管理还存在较大政策空白,目前深圳已于2022年2月出台了《深圳碳普惠体系建设工作方案》,而上海的碳普惠政策也即将出台,将会对需求侧的引导带来一定补充。需要进一步创新管理、市场和社会方式,引导全社会形成碳中和的氛围与合力。

误区八:节能即是降碳

节能并不等同于降碳,同样的能源消耗既可以是高碳的也可以是低碳甚至是零碳的,我们的目标是在保证必要能源供应的前提下通过调整能源结构,用低碳或者零碳能源替代高碳能源,逐步降低碳含量。目前我国人均收入水平刚过1万美元,根据规划,到2035年我国要达到中等发达国家的人均收入水平(3万~4万美元),这就意味着我们还有相当大的增长空间,包括人均能耗,特别是人均电耗。所以,如果能源消费总量控制不当,制约了应有的经济增长速度,同样不符合发展的初衷。

当然,我们也要意识到节能是降碳的关键性手段和主要途径。使用煤、石油等高碳化石能源产生的二氧化碳是全球碳排放的主要来源,超过温室气体排放总量的60%。截至2020年年底,我国化石能源消费占一次能源比重为84.1%,节能意味着直接减少化石能源使用,也是从源头减少二氧化碳排放的主要途径。

误区九:碳达峰与碳中和是两条完全不同的路

碳达峰和碳中和并非完全不同的道路。尽管我们提出了"双碳"目标,但是,碳达峰只是碳中和路上的一个里程点,与其他道路不同的是,目前所采用的减排战略是否与碳中和战略相一致。有些战略可以在短期内达到碳减排的目标,但是没有达到碳中和的指标,也有些现有技术在短期内对碳减排几乎没有任何作用,但是它的技术路线与未来的碳中和的需求是一致的。其中最典型的例子就是天然气和电力。

很多工业生产都需要蒸气,比如纺织、造纸、化工等。以前,大多数工业都是靠煤的锅炉来提供蒸气。当然,为了更好地使用能源,大部分采用的都是热电站。在实现"双碳"的目标下,煤炭锅炉必将被新选择替代。

选择煤气锅炉,立刻就能减少一半的二氧化碳排放量,而且对企业的成本也会降低;选用电锅炉,目前的电网结构,仅能实现微量的减排,并且对公司而言,其使用费用略有增加。若仅从碳达峰的角度来看,最好的方案是煤气锅炉;但是,如果从碳中和的角度来看,目前只有电锅炉才能达到零排放。

举例来说,许多公司在当地政府的大力支持下,对锅炉进行天然气改造,而不是使用电锅炉。考虑到成本问题,公司也许会选择使用燃气锅炉。但他们的成本是基于超过20年的天然气锅炉,而不包括在碳中和的背景下矿物能源资产的搁浅。

美国经济学家杰里米里夫金在其《零碳社会》一书中指出,碳中和将为全球带来100万亿美元的"化石燃料搁浅资产",包括管道、海洋平台、储存设施、锅炉、发电站、石化加工厂等。在碳中和的趋势下,大部分的资产都不会在生命的最后期限内消失。他甚至预测,新能源的价格会继续下跌。化石能源产业的整体毁灭将在2023年到2030之间。因此,如果还选择使用天然气锅炉,那就是给这100万亿美元增加了一块砝码,让它变成了另一块被搁置的石油资源。因此,碳中和与碳达峰是两条道路,但并非完全不同。在确定碳达峰的过程中,也应该考虑到这条道路是否满足碳中和的需要。

误区十:碳达峰就是碳冲锋

在我国提出碳达峰、碳中和目标后,有些地方政府认为,距离碳达峰只有10年时间,应该抓紧(甚至盲目安排)高耗能高排放项目,冲高当地碳排放峰值,为今后当地发展预留排放空间。也有一些地方刚开始对开展"双碳"工作节奏把握不准,于是抢跑、开展运动式"减碳",提出一些可能不切实际的目标。党的二十大报告明确提出要"积极稳妥推进碳达峰碳中和",延续了2021年中央工作会议"要坚定不移推进,但不可能毕其功于一役"的节奏把控,强调"积极稳妥""先立后破"和"有计划分步骤实施碳达峰行动"。生态环境部应对气候变化司司长李高也曾在多个场合表示:碳达峰不是攀高峰,而是高质量的达峰。那么如果不是为了冲高留减排余地,我们完全可以直接提碳中和目标,又为什么要给出 10 年时间来达峰呢?

首先,我们的碳排放目前仍然是在增长的。根据清华大学的相关研究,我国二氧化碳的排放 2005 年为 60.6 亿 t,2010 年为 81.3 亿 t,2015 年为 93.7 亿 t,2020 年为 100.3 亿 t,2030 年达峰时有望控制在 105 亿 t 以下。从数据可知,我国的二氧化碳排放从上升到达峰是一个斜率越来越小的平滑曲线,这是符合事物发展规律的、对社会经济影响最小的情景。任何事物都有惯性,如果踩急刹车,就很容易翻车。如果不尊重这种规律,一定会对中国的经济造成很大冲击。

以电力供需为例,假如明天电力供应马上降低 10%,那么电力需求就必须跟着降 10%,这 10% 的需求短时间该往哪里降呢?让工厂停产或是让家庭停电都不现实。因此,留出 10 年时间碳达峰并不是为了冲一个高点好留出更多的下降空间,而是二氧化碳的排放从上升到持平本身就需要一个缓冲时间,因此设置了 2030 年达峰。

参考文献

[1] 董利苹,曾静静,曲建升,等.欧盟碳中和政策体系评述及启示[J].中国科学院院刊,2021,36(12):1463-1470.DOI:10.16418/j.issn.1000-3045.20210715003.

[2] 惠婧璇.欧盟"Fit for 55"一揽子气候立法提案解读及应对建议[J].中国能源,2021,43(11):9-14.

[3] 张锐.欧盟碳市场的运营绩效与经验提炼[J].金融发展研究,2021(10):36-41.DOI:10.19647/j.cnki.37-1462/f.2021.10.005.

[4] 张锐.欧盟碳市场的运营绩效与基本经验[J].对外经贸实务,2021(8):12-17.

[5] 秦傲寒,侯星星.全球碳排放市场机制现状及发展动向[J].中国船检,2021(5):77-81.

[6] 陈晓径.欧盟"气候中和"2050 愿景下的低碳发展路径及其启示[J].科技中国,2021(1):37-41.

[7] 郑大宇,郑林琳.欧盟碳交易运行机制及中国碳交易市场现状[J].低温建筑技术,2017,39(3):118-121+144.DOI:10.13905/j.cnki.dwjz.2017.03.035.

[8] 杨莉.北美碳市场的发展和展望[J].产业与科技论坛,2011,10(12):52-54.

[9] 中国碳排放交易网.分析日本碳交易市场发展的三个阶段[EB/OL].[2014-02-05].http://www.tanpaifang.com/tanjiaoyi/2014/0225/29379.html.

［10］袁志刚.碳达峰碳中和［M］.北京：中国经济出版社,2021.

［11］经济学家圈.碳中和的逻辑［M］.北京：中国经济出版社,2022.

［12］刘燕华,李宇航,王文涛.中国实现"双碳"目标的挑战、机遇与行动［J］.中国人口·资源与环境,2021,31(9)：1－5.

［13］全球能源互联网发展合作组织.中国2030年前碳达峰研究［R］.2021－03.

［14］向俊杰.从碳达峰碳中和看节能监察管理［J］.上海节能,2021(6)：570－575.

［15］庄贵阳.我国实现"双碳"目标面临的挑战及对策［J］.人民论坛,2021(18)：50－53.

［16］宋国新,董雪.我国"双碳"目标实现的主要挑战与路径选择［J］.东北亚经济研究,2022,6(6)：109－119.

［17］寇玥,王汉锋."碳"策中国(15)："1＋N"双碳政策碳排放覆盖已达95%.［OL］中金点睛.2022－05.https://mp.weixin.qq.com/s/mnPhWEVWCpnDjLOav6gjYQ.

［18］寇玥,蒋姝睿,等."碳"策中国(26)：二十大强调积极稳妥推进双碳进程［OL］.中金点睛.2022－10. https://mp.weixin.qq.com/s/NSHfE1_F8YJaFeKczcc11A.

［19］魏楚,张晓萌.中国科学报.中国人民大学应用经济学院.推进"双碳",小心7大误区［N］.中国科学报.2022－02.

［20］汪军.碳中和时代：未来40年财富大转移［M］.北京：电子工业出版社,2021.

［21］经济学家圈.碳中和的逻辑［M］.北京：中国经济出版社,2022.

4

实现『双碳』目标的重点行业技术分析

本章从温室气体的产生—排放—回收的流程出发，分别从能源供给侧、能源需求侧及碳捕捉和封存角度梳理了中国的现状。在能源供给侧，中国是一个以化石能源为主的且能源消费总量仍在增长的国家，目前推广清洁能源和进行电力市场改革是我国优化能源供给侧结构的主要方式。在能源消费侧，工业能耗占我国总能耗的大部分，本章梳理了钢铁、石化化工、建材、煤炭天然气、有色、机械等重点行业的节能减排技术。在碳捕捉和封存方面，我国CCUS的关键技术取得了长足的进步，但在商业化应用方面仍有待进一步推进。

　　党的二十大报告指出："实现碳达峰碳中和是一场广泛而深刻的经济社会系统性变革。立足我国能源资源禀赋，坚持先立后破，有计划分步骤实施碳达峰行动。""双碳"目标下，我国能源结构调整和产业结构调整任重而道远。"双碳"目标的实现，关键点在重大技术突破和科技创新支撑。相比国际上已实现自然碳达峰的国家，我国实现碳达峰将更依赖于国家的主动作为和推动，这体现了中国推进人类命运共同体建设的大国担当，也是中国实现低碳经济发展的必然要求与根本出路。

4.1 源头：能源供给侧结构优化

随着"碳中和"的推行，碳达峰的时间跨度变得更短，而且所需的减排斜率也变得更大。因此，碳中和技术的发展，不仅是中国实现能源安全与经济转型的必要手段，更是世界各国共同努力的结果。"碳排放权"的争夺在很大程度上反映出发展权的斗争，而"碳达峰、碳中和"则是在全球范围内推动气候变化的共同努力。与发达国家不同，我们正在努力推进这一进程，为"碳达峰、碳中和"的实施提供可行的方案：能源供给侧结构优化，推进电力行业改革，减少煤电排放，增加清洁能源占比；能源需求侧结构升级，从重点行业（钢铁、有色、化工等）着手，全面推广终端电气化、清洁技术、节能提效；改良工业过程，针对工业原料的氧化还原、分解采取针对性的原料替换。

4.1.1 能源结构现状

我国的资源蕴藏量处于全球首位，同时又是全球第二大资源生产国和消费国。一是资源中煤矿居多，可再生资源开采与利用水平较低。中国探明的煤炭资源占一次能源总量的 90％以上，处于中国能源生产与消费中支配地位。20 世纪 60 年代以前中国煤炭的生产与消费占能源总量的 90％以上，70 年代占 80％以上，80 年代占 75％左右，90 年代占 72％左右；21 世纪初占 70％，10 年代占 60％左右。到 2021 年，中国一次能源消费总量 52.4 亿 t 标准煤，其中煤炭占 56％，石油占 18.5％，天然气占 8.9％，非化石能源占 16.6％。虽然中国非化石能源增长迅速，能源结构不断优化，但仍然处于附属地位。随着全球能源从传统的燃料转向油气为主的发展模式，中国仍然保持着煤炭燃料为主的能源模式。

二是能源消费总量不断增长，能源利用效率较低。随着经济规模的不断扩大，中国的能源消费呈持续上升趋势。1957—1989 年中国能源消费总量从 9 644 万 t 标准煤增加到 96 934 万 t，增加了 9 倍；1989—1999 年，中国能源消费从 96 394 万 t 标准煤增加到 122 000 万 t，增长 26％；1999—2020 年，中国能源消费总量增加到 498 300 万 t。

三是能源消费以国内供应为主，环境污染状况加剧，优质能源供应不足。

中国经济发展主要建立在国产能源生产与供应基础之上,能源技术装备也主要依靠国内供应。随着能源消费量的持续上升,以煤炭为主的能源结构造成城市大气污染,过度消耗生物质能引起生态破坏,生态环境压力越来越大。

4.1.2 能源供给侧结构优化

能源供给结构指能源供给侧各个方面的构成及其相互之间的关系,包括能源供给主体结构、能源产业结构、能源产品结构、能源价格结构、能源供给动力结构、能源供给区域结构等。能源供给结构优化是指为了实现满足能源需求、提高能源供给能力与效率、减少能源生产和消费污染、控制碳排放、保障能源供应安全等目标,改善能源供给侧各种不合理或次优的结构。

1)能源生产稳步增长,增加清洁能源

中国的一次性能源消费量从 90 年代的 9.87 亿 t 标准煤到 2000 年 13.85 亿 t 标准煤,上升到 2010 年的 29.6 亿 t 标准煤,一直持续到 2020 年,我国能源消费总量达到 49.8 亿 t 标准煤。

2021 年,随着增产保供政策持续推进,能源生产稳步增长,原煤、原油、电力生产增速比上年加快,天然气生产增速放缓。一次能源生产总量 43.3 亿 t 标准煤,同比增长 6.2%。原煤产量 41.3 亿 t,同比增长 5.7%。原油产量 19 888.1 万 t,同比增长 2.1%。天然气产量 2 075.8 亿 m^3,同比增长 7.8%。全国发电量 85 342.5 亿 kW·h,同比增长 9.7%;火电发电量 58 058.7 亿 kW·h,同比增长 8.9%;水电发电量 13 390 亿 kW·h,同比减少 1.2%;核电发电量 4 075.2 亿 kW·h,同比增长 11.3%。

截至 2021 年年底,全国全口径非化石能源发电装机容量突破 11 亿 kW,达 111 720 万 kW,同比增长 13.4%,占总发电装机容量比重约为 47%,比上年提高 2.3%,历史上首次超过煤电装机比重。其中,水电装机容量 3.9 亿 kW。风电、太阳能发电装机容量突破 3 亿 kW,分别达 3.3 亿 kW、3.1 亿 kW。核电装机容量突破 5 000 万 kW,达 5 326 万 kW。生物质发电装机容量 3 798 万 kW。储能累计装机 4 610 万 kW,同比增长 30%。2021 年是我国储能产业政策密集出台的一年,也是储能行业从商业化初期向规模化发展转变的第一年。根据中国能源研究会储能专委会和中关村储能产业技术联盟(CNESA)全球储能项目库不完全统计,2021 年,我国已投运电力储能项目累计装机 4 610 万 kW,占全球市场总规模的 22%,同比增长 30%。其中,抽水蓄能累计装机 3 980 万 kW,同比增长 25%;新型储能累计装机 572.97 万 kW,同比增长 75%。(数据来源:CNESA 全球储能项目库)

近年来,我国氢气产量保持连续增长,已成为世界第一产氢大国,氢气产能约 4 000 万 t/年,2021 年产量达 3 300 万 t。目前,我国已累计建成加氢站超过 250 座,约占全球总数的 40%,加氢站数量位居世界第一,35 MPa 智能快速加氢机和 70 MPa 一体式移动加氢站技术获得突破。现有加氢站的日加注能力主要分布在 500~1 000 kg 区间,大于 1 000 kg 的规模化加氢站仍待进一步布局建设。多元应用方面,除传统化工、钢铁等工业领域,氢能在交通、能源、建筑等领域逐步开展试点应用。在交通领域,我国现阶段以客车和重卡为主,正在运营的氢燃料电池车辆超过 6 000 辆,约占全球运营总量的 12%。

随着燃料电池汽车市场的增长及国家政策的扶持,我国燃料电池装机规模呈明显增长态势,但氢燃料电池行业尚未进入商业化阶段。据高工产业研究院(GGII)不完全统计,2021 年我国氢燃料电池装机 17.29 万 kW,同比增长 118.31%。

2)推广电力市场改革,绿证交易率有较大提升

电力工业作为公用事业,其发展长期采用垂直一体化垄断管理方式。20 世纪 80 年代以来,由于科技和现代经济理论的迅速发展,世界上大多数国家开始了电力市场化改革的步伐,突破传统电力体制和管理方式。电力行业依靠信息技术的进步提高竞争。

(1)中国电力市场的发展。

1997 年,国家电力公司成立,积极探索电力市场交易、电力企业法人治理等方面。2002 年,国务院印发了《电力体制改革方案》(国发〔2002〕5 号),解决了"用上电"的问题。1978 年,全国电力装机大概为 5 600 万 kW,从 1978 年到 2002 年,24 年的时间,增长了 3 亿 kW,平均每年新增装机 1 250 万 kW,5 号文件颁布后平均每年新增装机 1 亿 kW,5 号文件在发电侧引入了市场竞争机制,积极地促进电力行业的发展,在解决"用上电"的问题上起到了重要作用。

为了进一步深化电力体制改革,2015 年,中共中央、国务院下发《关于进一步深化电力体制改革的若干意见》(中发〔2015〕9 号),提出"要坚持社会主

义市场经济改革方向,加快构建有效竞争的市场结构和市场体系,形成主要由市场决定能源价格的机制"。9号文直观理解就是主要解决"用好电"的问题,其基本思路是"三放开、一独立、三强化",即"有序放开公益性和调节性以外的发电侧发电计划和用户端用电计划,有序放开输配以外的竞争环节电价,有序向社会资本放开配售电业务,构建相对独立的交易机构,保证交易的公平规范"。对于电力市场建设可以概括为"放开两头,管住中间",加强具有网络型自然垄断属性的输电和配电环节的政府监管,在发电侧、售电侧引入多元化市场主体,赋予用户充分的选择权,形成多买多卖的双边交易机制,真正使市场在优化资源配置的过程中发挥决定性作用。

电力价格市场化改革走向纵深,有序放开全部燃煤发电电量上网电价与工商业用户用电价格。2021年10月,国家发改委印发《关于进一步深化燃煤发电上网电价市场化改革的通知》,明确有序放开全部燃煤发电电量上网电价,通过市场交易在"基准价+上下浮动"范围内形成上网电价,上下浮动原则上均不超过20%,电力现货价格不受上述幅度限制。有序推动工商业用户全部进入电力市场,按照市场价格购电,取消工商业目录销售电价。居民、农业用电执行现行目录销售电价政策。目前尚未进入市场的用户,10 kV及以上的用户要全部进入,对暂未直接从电力市场购电的用户由电网企业代理购电(《国家发展改革委办公厅关于组织开展电网企业代理购电工作有关事项的通知》对电网企业代理购电方式流程进行了规范)。此外,为保障燃煤发电上网电价市场化改革,进一步放开各类电源发电计划,加强与分时电价政策衔接。完善目录分时电价机制。《关于进一步完善分时电价机制的通知》称,在保持销售电价总水平基本稳定的基础上,进一步完善目录分时电价机制,建立尖峰电价机制,健全季节性电价机制。

电力现货试点稳步推进,广东2022年开启整年结算试运行省内电力现货市场在第一批8个试点均已完成至少一个月的连续结算试运行的基础上,甘肃、福建、浙江、四川、山西、广东陆续启动连续结算试运行;山东已经启动5次电力现货市场结算试运行,自2022年1月1日起进入长周期连续结算试运行;南方(以广东起步)电力现货市场原则上自2022年1月1日起进入全年连续结算试运行。2021年4月发布的《关于进一步做好电力现货市场建设试点工作的通知》,选择辽宁、上海、江苏、安徽、河南、湖北作为第二批现货试点。

此外,上海、江苏、安徽现货市场建设应加强与长三角区域市场的统筹与协调;支持开展南方区域电力市场试点,加快研究京津冀电力现货市场建设、长三角区域电力市场建设的具体方案。江苏能源监管办已于2021年11月对《江苏省电力现货交易规则(征求意见稿)》展开研讨。此外,可再生能源参与市场的新机制在广东省现货市场规则中显现。2021年12月,广东省能源局发布《南方(以广东起步)电力现货市场实施方案》(征求意见稿),提出建立"中长期＋现货＋辅助服务"的电力市场体系,引入有可再生能源电力消纳需求的市场化用户,通过售电公司与集中式风电、光伏和生物质等可再生发电企业开展交易。条件成熟时,研究开展可再生能源电力参与现货市场交易。

(2)电力市场现状与发展方向。

我国已初步形成在空间范围上覆盖省间、省内,在时间周期上覆盖多年、年度、月度、月内的中长期交易及日前、日内现货交易,在交易标的上覆盖电能量、辅助服务、合同、可再生能源消纳权重等交易品种的全市场体系结构。目前省间、省内中长期市场已较为完善并常态化运行。

绿证是我国对发电企业每 $MW\cdot h$ 非水可再生能源上网电量颁发的具有独特标识代码的电子证书,是非水可再生能源发电量的确认和属性证明以及消费绿色电力的唯一凭证。

2020年全国电力市场化交易规模3.17万亿 $kW\cdot h$,占全社会用电量的42%,占电网售电量的54%,市场化交易电量较2016年增长了2.8倍。全国省间交易规模1.388万亿 $kW\cdot h$,同比增长5%,其中市场化电量比重40.25%。2021年,电力消费增长创下自2012年来最高纪录。全社会用电量同比增长10.3%,达到8.3万亿 $kW\cdot h$;年度用电增量约为"十三五"时期五年增量的一半。2021年,全社会用电量两年平均增长7.1%。电力消费增速持续高于能源消费增速,我国电气化进程持续推进,预计该趋势在未来将继续维持。2021年8月,《绿色电力交易试点工作方案》提出通过开展绿电专场交易,对参与绿电交易的新能源发电主体核发绿证,在流通环节将绿色属性标识和权益凭证直接赋予绿电产品,实现绿证和绿电的同步流转,从而充分还原绿色电力的商品属性。2022年1月,国家发改委等七部门联合印发的《促进绿色消费实施方案》提出,建立绿色电力交易与可再生能源消纳责任权重挂钩机制,市场化用户通过购买绿色电力或绿证完成可再生能源消纳责任权重。同月,国家发改委、国家能源局联合印发的《关于加快建设全国统一电力市场体系的指导意见》提出,做好绿色电力交易与绿证交易、碳排放权交易的有效衔接。在系列政策的积极推动下,2021年以来绿证交易率有较大程度提升。

根据绿证认购平台数据进行测算,2017年7月正式启动以来至2022年6月9日,风电、光伏累计核发量分别为 3 279 万份、1 112 万份,累计挂牌量分别为 634 万份、202 万份,累计成交量分别为 78 万份、155 万份。从挂牌率看,绿证挂牌量的比例不足核发量的五分之一。从交易率看,光伏交易量占挂牌量比值较高,达到 76.73%。但与核发量、挂牌量的绝对值对比看,风电、光伏交易量均较小。据华经产业研究院数据,2021 年 1 月,风电、光伏及总体交易率分别为 1.30%、0.03%、1.19%,而 2022 年 6 月 9 日,这三个数据分别提升为 12.30%、76.73%、27.87%。

根据绿证认购交易平台的数据,2021 年我国风电绿证和光伏绿证成交的平均价格分别为 145.9 元/个、76.1 元/个。其中,补贴项目风电绿证和光伏绿证成交的平均价格分别为 193.3 元/个、649.9 元/个,非补贴项目风电绿证和光伏绿证的成交平均价格分别为 50 元/个、50.2 元/个,补贴项目的绿证价格远高于非补贴项目的绿证价格。

电力市场促进消纳可再生能源。"坚持清洁能源优先上网"与"可再生能源参与市场机制"并不矛盾。一是清洁能源发电属于国家优先发电范畴,在年度电量中会优先安排落实。二是现货市场能促进消纳清洁能源。一般情况下,发电机组按报价由低至高的排列顺序依次为可再生能源发电、无调峰能力的水电、核电、低煤耗煤电、高能耗煤电、有调峰能力的水电、燃气发电等,除燃气机组之外,与节能发电调度的排序基本一致,满足清洁能源的优先消纳。现货交易以 5~15 min 的实时报价,风电等清洁能源功率预测与火电等相比差别不大,因其边际发电成本最低,基本上可以做到优先上网,与节能发电调度的排序基本一致。三是借助跨省级行政区域的发电权交易,鼓励可再生能源发电和清洁能源消纳。另外,借助改变电网系统生产企业的盈利方式,能够使电网系统更好地面向发电机发电生产企业和电力系统计算机用户,促进做到非歧视的公平和公开,以及更加注重清洁能源消纳建设有利于解决弃水、弃风、弃光等问题。

电力市场为电力规划提供指导。现货交易价格能够充分反映发电机组在不同时间、不同地点的边际成本情况和市场供需情况,可以有效引导电源投资、优化电源结构和布局。若系统峰谷时段价格差别很大,意味着系统缺少调峰容量,需要投资建设电源;若系统峰谷时段价格差别较小,则预示着市场短期内不需要新建发电站;当不同地区(或节点)之间存在价格差异时,则反映这些地区间(或节点间)可能需要新(扩)建电网输电工程。

在目前电力系统的操作流程和交易方式下,发电企业和用户更多关注交易电量和电价,对电力系统的实时平衡情况关注不多,发电企业为了多发电,不会主动降低或调整出力,造成系统调节资源不足甚至紧缺。只有电力市场中出现了不同时段上下波动的价格信号,才能促使发电企业从"调度要我做"改为"报价要我做",甚至尖峰时段的高价格,将引导发电企业准备优质燃料,加强重点时刻设备监控,保证高峰时段的设备运行健康。另外,价格信号还将刺激发电企业充分释放其现有的全部调节能力,提供更多更快速的系统调节资源,甚至激发社会活力,促进电池、储能等新技术参与调频、调峰,提高系统调节资源的充裕度。电力市场能有效提高电力系统运行效率。电力现货交易是以第二天或当天内每 5~60 min 的电量为交易标的物,标的物的持续时间越短(如 5 min),对电力系统的实时维护自动平衡越有利,反映电力系统市场供求快速变化的价格信号将逐步形成,价格信号将用于引导和帮助各类市场主体进行交易的基本原则电力系统,帮助市场主体开展电力中长期交易、输电权交易和电力期货交易,最终提高资源配置效率,进一步提高电力系统的运行效率和自动化程度。

GDP、能源消费和电力消费的变化趋势基本一致,能源和电力对我们国家经济发展具备重要支撑作用。进一步放开发电计划的重点是放开可再生能源和外部能源计划:可再生能源价值低,其市场份额将无法获得与其自身同等的竞争地位,从而致使在无法获得合理利益的情况下,这将进一步妨碍中国碳中和目标的实现。因此,在国家层面出台可再生能源发电计划的过程中,正在考虑采取相应的扶持措施;商业是主体,约占全社会用电量的 20%。这部分市场化电力大多数情况被受端电网视为"外发发电计划",以保证优先购电者的电力供应,应进一步放开。

3)能源发展相关政策

政府作为政策制定者,在实现碳中和目标中起着主导和监督的作用。政府通过编制和实施相关的中长期专项规划和年度计划,将碳中和目标纳入国民经济和社会发展规划,通过立法手段、确立行业和企业标准、面向社区公众的激励政策等,做好碳中和目标的顶层设计。为不同行业、企业构建完善的政策体系来推动企业层面的碳中和行动,加强对低碳零碳技术保护和扶持,完善低碳零碳知识产权保护,并利用气候投融资工具,降低企业零碳创新成本,为企业自主探索碳中和发展路径拓宽渠道。政府通过对社会公众进行节能减排的宣传教育,加深公众对碳中和愿景的认识和理解,促使其自愿开展绿色低碳行动,积极履行节能减排社会责任。

(1)我国碳达峰、碳中和"1+N"政策体系核心内容发布。

2021年10月24日,中共中央、国务院印发《关于完整准确全面贯彻新发展理念做好碳达峰碳中和工作的意见》,10月26日国务院印发《2030年前碳达峰行动方案》。作为碳达峰、碳中和"1+N"政策体系中的"1",《意见》是党中央对碳达峰、碳中和工作进行的系统谋划和总体部署,在政策体系中发挥统领作用。《方案》是"N"中为首的政策文件,是碳达峰阶段的总体部署,明确了到2025年和2030年的目标,并提出了"碳达峰十大行动"。《意见》和《方案》是我国碳达峰、碳中和"1+N"政策体系中最为核心的内容,对于全国统一认识、汇聚力量完成碳达峰、碳中和这一艰巨任务具有重大意义。

(2)中央经济工作会议:正确认识和把握碳达峰、碳中和。

2021年12月8日,中央经济工作会议强调要正确认识和把握碳达峰、碳中和,实现碳达峰、碳中和是推动高质量发展的内在要求,要坚定不移推进,但不可能毕其功于一役。要坚持全国统筹、节约优先、双轮驱动、内外畅通、防范风险的原则。传统能源逐步退出要建立在新能源安全可靠的替代基础上。要立足以煤为主的基本国情,抓好煤炭清洁高效利用,增加新能源消纳能力,推动煤炭和新能源优化组合。要狠抓绿色低碳技术攻关。要科学考核,新增可再生能源和原料用能不纳入能源消费总量控制,创造条件尽早实现能耗双控向碳排放总量和强度双控转变,加快形成减污降碳的激励约束机制,防止简单层层分解。要确保能源供应,大企业特别是国有企业要带头保供稳价。要深入推动能源革命,加快建设能源强国。

(3)《完善能源消费强度和总量双控制度方案》印发。

2021年9月11日,国家发改委印发《完善能源消费强度和总量双控制度方案》,明确"十四五"时期我国能耗双控制度的总体安排、工作原则和任务举措。《方案》提出总体目标,到 2025 年,能耗双控制度更加健全,能源资源配置更加合理、利用效率大幅提高。到 2030 年,能耗双控制度进一步完善,能耗强度继续大幅下降,能源消费总量得到合理控制,能源结构更加优化。到 2035 年,能源资源优化配置、全面节约制度更加成熟和定型,有力支撑碳排放达峰后稳中有降目标实现。

(4) 政策"组合拳"力促能源保供稳价。

2021 年 9 月以来,国际煤炭、石油、天然气价格飞速上涨,多个国家、地区面临多年以来罕见的电力供应困难状况。国内多个省市区用电紧张,企业面临临时限产和临时停产压力。10 月 19 日,国家发改委发文表示,研究对煤炭价格实施干预措施,标志着能源保供稳价"保卫战"打响。随后,国家发改委组织召开煤电油气重点企业保供座谈会,组织赴河北秦皇岛港、曹妃甸港保供稳价工作,调研煤炭生产、流通成本价格情况,组织召开工业重点企业合理用能会议,研究制止煤炭企业牟取暴利的政策举措,查处发布涉及煤炭造谣信息行为等。国家能源局先后召开煤矿智能化建设、加快释放先进产能专题会议和采暖季天然气保供专题会议,部署供暖季煤炭、天然气增产保供工作,并对保供督导作出安排,确保人民群众温暖过冬。在国家发改委、国家能源局及有关部门系列政策调控下,全国煤炭产量明显增加,煤炭现货价格快速下降,电站存煤水平快速提升。

(5) 强化可再生能源电力消纳责任权重引导机制。

根据 2019 年印发的《关于建立健全可再生能源电力消纳保障机制的通知》,我国将建立健全可再生能源电力消纳保障机制,按省级行政区域确定消纳责任权重(含总量消纳责任权重和非水电消纳责任权重),并按年度设定最低消纳责任权重和激励性消纳责任权重,以建立促进可再生能源持续健康发展的长效机制。《2021 年能源工作指导意见》明确,发布 2021 年各省(区、市)可再生能源电力消纳责任权重,加强评估和考核,增强清洁能源消纳能力。随后,国家能源局于 2021 年 5 月发布《关于 2021 年风电、光伏发电开发建设有关事项的通知》,明确强化可再生能源电力消纳责任权重引导机制。国家不再下达各省(区、市)的年度建设规模和指标,而是坚持目标导向,测算下达各省年度可再生能源电力消纳责任权重,引导各地据此安排风电、光伏发电项目建设,推进跨省跨区风光电交易。同月,国家发改委、国家能源局发布的《关于2021年可再生能源电力消纳责任权重及有关事项的通知》明确,从2021年起,每年年初滚动发布各省权重,同时印发当年和次年消纳责任权重。其中,当年权重为约束性指标,各省按此进行考核评估,次年权重为预期性指标,各省按此开展项目储备。同时,各省可以根据各自经济发展需要、资源禀赋和消纳能力等,相互协商采取灵活有效的方式,共同完成消纳责任权重。对超额完成激励性权重的,在能源双控考核时按国家有关政策给予激励。

（6）引导新能源陆续开展平价上网。

2021年,国家发改委、国家能源局等部门多措并举,引导风电、太阳能发电等新能源陆续开展平价上网。5月,国家能源局发布的《关于2021年风电、光伏发电开发建设有关事项的通知》明确,2021年给予户用光伏发电项目国家财政补贴5亿元,由电网企业保障电量并网消纳,以稳步推进户用光伏发电建设。6月,国家发改委发布的《关于2021年新能源上网电价政策有关事项的通知》明确,2021年起,对新备案集中式光伏电站、工商业分布式光伏项目和新核准陆上风电项目,中央财政不再补贴,上网电价按当地燃煤发电基准价执行,也可自愿通过参与市场化交易形成上网电价;新核准（备案）海上风电项目、光热发电项目上网电价由当地省级价格主管部门制定,具备条件的可通过竞争性配置方式形成。

（7）积极推进乡村能源低碳转型。

2021年,我国为支持革命老区全面巩固拓展脱贫攻坚成果衔接推进乡村振兴发布多项政策,为社会主义现代化建设提供坚实支撑。1月,国家能源局发布的《关于因地制宜做好可再生能源供暖工作的通知》要求,在乡村振兴战略实施过程中,将可再生能源作为满足乡村取暖需求的重要方式之一,因地制宜推广地热能、生物质能、太阳能、风能等各类可再生能源供暖技术,在具备条件的地区开展试点示范工作和重大项目建设,做好可再生能源供暖支持政策保障。11月,国家发改委、农业农村部、国家乡村振兴局、国家能源局等15个部门联合印发的《"十四五"支持革命老区巩固拓展脱贫攻坚成果衔接推进乡村振兴实施方案》明确,支持陕甘宁、太行等革命老区建设清洁能源基地,支持大别山、川陕、湘鄂渝黔、湘赣边、浙西南等革命老区大力发展清洁能源产业,支持左右江革命老区加快建设清洁能源基地,支持革命老区积极推进整县分布式光伏开发试点,以推进农业农村现代化,为社会主义现代化建设提供坚实支撑。

(8)《2022年煤炭中长期合同签订履约方案(征求意见稿)》发布。

2021年12月3日,国家发改委经济运行局起草的《2022年煤炭中长期合同签订履约工作方案(征求意见稿)》,由中国煤炭工业协会在"2022年全国煤炭交易会"上发布。价格方面,《征求意见稿》明确了"基准价+浮动价"的定价机制不变,实行月度定价。5 500大卡动力煤调整区间在550~850元之间,其中下水煤长协基准价为700元/t。我国自2016年开始推进煤炭中长期合同工作,执行"基准价+浮动价"的定价机制,2017—2021年5 500大卡动力煤基准价一直为535元/t。此次上调至700元/t,上调幅度达31%。浮动价则采用4个价格指数的均值确定综合价格,每月月末计算一次,综合价格相比基准价每升降1元/t,下月中长期合同价格同向上下浮动0.5元/t。这也就意味着中长期价格涨跌幅将比市场波动更平缓。

此外,《征求意见稿》还扩大了2022年的煤炭长协签订范围。供应方面,要求原则上覆盖所有核定产能30万t/年及以上的煤矿企业,且煤炭企业签订的中长期合同数量达到自有资源量的80%以上;用户方面,要求发电供热企业除进口煤以外的用煤100%签订长协。

(9)《关于"十四五"时期深化价格机制改革行动方案的通知》。

2021年5月18日,国家发改委印发《关于"十四五"时期深化价格机制改革行动方案的通知》,明确到2025年,竞争性领域和环节价格主要由市场决定,网络型自然垄断环节科学定价机制全面确立,能源资源价格形成机制进一步完善。《行动方案》提出,稳步推进石油天然气价格改革。按照"管住中间、放开两头"的改革方向,根据天然气管网等基础设施独立运营及勘探开发、供气和销售主体多元化进程,稳步推进天然气门站价格市场化改革,完善终端销售价格与采购成本联动机制。积极协调推进城镇燃气配送网络公平开放,减少配气层级,严格监管配气价格,探索推进终端用户销售价格市场化。结合国内外能源市场变化和国内体制机制改革进程,研究完善成品油定价机制。完善天然气管道运输价格形成机制。适应"全国一张网"发展方向,完善天然气管道运输价格形成机制,制定出台新的天然气管道运输定价办法,进一步健全价格监管体系,合理制定管道运输价格。此外,《行动方案》还指出,认真落实关于清理规范城镇供水供电供气供暖行业收费促进行业高质量发展的意见,清理取消不合理收费,加快完善价格形成机制,严格规范价格收费行为。

（10）氢能推动绿色发展。

2021年,氢能产业战略地位进一步提升。2月,国务院发布《关于加快建立健全绿色低碳循环发展经济体系的指导意见》,对推动氢能在能源体系绿色低碳转型中的应用、加强加氢等配套基础设施建设提出了要求。

3月颁布的《中华人民共和国国民经济和社会发展第十四个五年规划和2035年远景目标纲要》提出,要发展壮大战略性新兴产业,在类脑智能、量子信息、基因技术、未来网络、深海空天开发、氢能与储能等前沿科技和产业变革领域,组织实施未来产业孵化与加速计划,这将赋予我国氢能发展更多新任务和新机遇。

6月,围绕新型电力系统、新型储能、氢能与燃料电池、碳捕捉利用与封存、能源系统数字化智能化、能源系统安全等重点领域,国家能源局发布《关于组织开展"十四五"第一批国家能源研发创新平台认定工作的通知》,将氢能与燃料电池纳入国家能源研发创新重点领域,明确了氢能在国家能源技术创新体系中的重要地位。

10月,国务院印发《2030年前碳达峰行动方案》,在推动工业领域碳达峰行动、交通运输绿色低碳行动、绿色低碳科技创新行动等重点任务中,均提及氢能领域的发展和应用。

11月,国家发改委等十部门印发的《"十四五"全国清洁生产推行方案》提出通过绿氢炼化、氢能冶金等手段加快燃料原材料的清洁替代和清洁生产技术应用示范。

同月,工信部印发《"十四五"工业绿色发展规划》,明确提出要加快氢能技术创新和基础设施建设,推动氢能多元利用。

12月,财政部、工信部、科技部、国家发改委、国家能源局联合印发《关于启动新一批燃料电池汽车示范应用工作的通知》,张家口牵头的河北城市群、郑州牵头的河南城市群申报获批,我国初步形成北京、上海、广东、河北、河南五大燃料电池汽车政策支持示范城市群,推动加氢站建设和氢燃料电池汽车产业规模化发展。

（11）国家发改委、国家能源局发布《"十四五"现代能源体系规划》。

2022年3月,国家发改委、国家能源局发布《"十四五"现代能源体系规划》。

到 2025 年,非化石能源消费比重提高到 20% 左右,非化石能源发电量比重达到 39% 左右;加快发展风电、太阳能发电。全面推进风电和太阳能发电大规模开发和高质量发展,优先就地就近开发利用;有序推进风电和光伏发电集中式开发,加快推进以沙漠、戈壁、荒漠地区为重点的大型风电光伏基地项目建设。

(12) 国家发改委、国家能源局发布《促进新时代新能源高质量发展实施方案》。

2022 年 5 月,国家发改委、国家能源局发布《促进新时代新能源高质量发展实施方案》。

在创新开发利用模式、构新型电力系统、深化"放管服"改革支持引导产业健康发展、保障合理空间需求充分发挥生态环境保护效益、完善财政金融政策等七个方面完善政策措施,重点解决新能源"立"的问题,更好发挥新能源在能源保供增供方面的作用。

(13) 科技部、教育部、工信部等部门发布《"十四五"东西部科技合作实施方案》。

聚焦碳达峰、碳中和目标。发挥多部门、多地区协同攻关优势,支持新疆实施能源清洁利用与碳达峰、碳中和科技行动,开展煤炭清洁利用、智能化风力发电机组、储能、新能源微电网等先进能源技术研发与示范应用,开展战略矿产、化工等行业绿色低碳技术开发与成果转化,支撑引领新疆绿色发展。

(14) 科技部、教育部、工信部等部门发布《智能光伏产业创新发展行动计划(2021—2025 年)》。

突出发挥光伏作为新能源发展的主力军作用,需充分提升光伏发电电网友好型、降低光伏发电波动性、间歇性对电网平衡造成的冲击:建设智能光伏发电系统、开发应用各类电网适应性技术、发展智能光储系统、拓展智能光伏技术耦合等多种举措。

4.2　消费:能源需求侧结构升级

需求是购买欲望和支付能力的统一。能源需求是指消费者在各种可能的价格水平下愿意并且能够购买的能源商品的数量。能源需求是人们对社会产品和服务需求的衍生需求,可以看作是一种特殊的生产要素。一国的能源需求总量是由终端能源需求量、能源加工转换损失量和能源损失量三部分构成。终端能源需求量,按照 IEA 和经合组织核能署(OECD-NEA)的定义,是指终端用能设备入口得到的能源。能源加工转换损失量是指一定时期内全国投入加工转换的各种能源数量之和与产出各种能源产品之后的差额,是观察能源在加工转换过程中损失量变化的指标。能源损失量是指一定时期内能源在输送、分配、储存过程中发生的损失和由客观原因造成的各种损失。因此终端能源需求量是指一次能源消费量减去能源加工、转换和储运这三个环节的损失和能源工业所用能源后的能耗量。其中,中间环节损失包括选煤和型煤加工损失、炼油损失、油气田损失、发电、电站供热、炼焦、制气损失、输电损失、煤炭储运损失、油气运输损失。在中国能源平衡表统计中,只扣除选煤、炼焦、油田、炼油、输配电损失,未扣除发电损失和能源工业所用能源。因此计算出来的终端能源需求量远高于国际通行准则计算得出的数量。

能源消费是有效能源需求的反映。由于能源需求一般很难准确测算,有时用能源消费代替能源需求。决定能源需求结构因素包括能源资源禀赋、能源技术水平和产业结构。

4.2.1 能源资源禀赋

中国是世界上的人口大国,这意味着中国在新能源需求方面也将是全世界超级大国。中国是一个能源资源相对丰富的国家。全国水力资源蕴藏量6.8 亿 kW,其中可开发量为 3.79 亿 kW,居全世界第一;煤炭储量 10 019 亿 t,仅次于美国和俄罗斯,居全世界第三位,石油、天然气储量也十分丰富。

我们国家能源资源分布极不平衡。相对而言,西部多,东部少,北部多,南部少。煤炭资源总量北部占 87%,西部占 52%;可采储量北部占 79%,西部占 26%。东北和华北地区油气海运资源总量占 52%,西北地区占 35%;东北和华北地区天然气储量占 50%,西北地区占 32%。海上运输用液化石油气资源总量中,西北地区占 43%,华北和东北地区占 12%;52%的天然气储量在西北地区,23%在华北和东北地区。70%的天然气理论储量集中在西南地区,67.8%的技术可采水资源集中在西南地区,15.5%集中在中南地区。

与世界相比,我国煤炭资源地质开采条件较差,大部分储量需要井工开采,露天开采可供应较少。石油天然气资源地质条件复杂,埋深,勘探开发技术要求高。未开发的水力资源主要集中在西南部的山谷,远离负荷中心,难以开发,成本高。非常规能源资源勘探程度低,经济性差,缺乏竞争力。

然而,随着中国经济规模的不断扩大,中国的能源需求越来越大。能源产业仍然是制约国民经济发展的瓶颈,也是制约经济和社会发展的主要因素之一。能源在国民经济发展过程中起着特殊而重要的作用。

国外有很多关于能源和经济发展的研究,但大多以市场经济为背景,对国家能源需求变化及其影响因素的研究较少。就我国能源经济理论研究而言,理论研究往往落后于实践,缺乏前瞻性和系统性。

如前所述,要改变中国的能源体系,需要改变能源供应和能源终端使用行业,特别是交通运输和工业等难以实施减排的行业。轻工业在工业上相对容易电气化,但重工业需要能够提供高热负荷的能量密集型燃料。由于中国重工业规模庞大,其中许多是世界领先企业,这些难以实现电气化的挑战被放大。钢铁、水泥、化工等行业将优先考虑以低碳氢能和生物质燃料代替煤炭作为主要能源。重工业需要大力投资开发基于低碳能源的新型生产工艺,如使用绿色氢能生产钢和使用生物质能生产化学品。这些技术离商业化还有很长的路要走。

4.2.2　能源技术水平

能源技术的创新和管理水平的提高改变了人类以传统化石能源为主要能源的现状,也有利于提高能源生产效率。技术进步是能源革命长期持续的保障。自从煤炭和石油成为工业革命后的主要能源以来,资源枯竭的声音几乎从未停止过。毕竟化石能源是可耗竭资源,理论上肯定会枯竭。然而,由于技术进步,化石能源供应一直在满足人类对能源的需求。能源技术进步是打破能源资源可得性约束的根本力量。例如,提高煤炭和石油收益率的技术将收益率从最初的10%提高到40%以上,技术进步大大扩大了能源资源的边界。近年来,页岩气和页岩油革命为美国创造了新的经济增长点,大大改善了美国的能源安全和战略安全形势,提高了全球能源供应能力。降低光伏和风电成本也扩大了可用能源的边界。未来,能源资源的边界扩张仍具有巨大的潜力,也有可能提高现有能源资源收集能力的技术突破。例如,深海石油开采、海底可燃冰开采、氢能低成本利用、新型核能技术等。依靠不断的技术进步，人类可以获得持续的能源供应保障。

能源生产消费新模式产生的新业态（如充电桩行业）将为经济发展创造新的增长点。互联网技术、物联网技术与智能能源系统的结合，特别是分布式能源系统，将为后工业化时代创造更舒适的生活状态。

能源技术的进步也体现在能源利用效率的提高上。它在工业节能、交通节能、家庭节能和广义节能方面都有很大的前景。可以说，节能是最大的能源资源。2013年1月，"世界经济论坛"和埃森哲（Accenture）咨询管理公司联合发布了《2013年全球能源产业效率研究报告》。本报告从经济、生态和能源安全的角度评估了世界不同国家的能源优缺点。中国仅排名第74位，表明中国在工业节能方面仍有巨大的潜力。工业能耗占我国总能耗的70%（2015年），是节能工作的重点领域。

1）钢铁行业

钢铁工业是我国国民经济发展中重要基础原材料产业，2021年我国粗钢产量10.3亿t，钢铁行业能源消费约占全国能源消费总量11%。钢铁行业工艺结构以高炉-转炉长流程为主，煤、焦炭占行业能源消费量约90%（以当量计），主要用能工序包括炼铁、焦化、烧结等。烧结烟气内循环、高炉炉顶均压煤气回收、铁水一罐到底、薄带铸轧、铸坯热装热送、副产煤气高参数机组发电、余热余压梯级综合利用、智能化能源管控等技术是钢铁行业节能技术的发展方向。

（1）重点工序节能提效技术。

① 大型转炉洁净钢高效绿色冶炼技术。通过提高顶底复合吹炼强度，结合高效脱磷机理建立少渣量、低氧化性、低喷溅及热损耗机制，实现原辅料、合金源头减量化及炉渣循环利用。在某公司300 t转炉洁净钢高效绿色冶炼工艺改造项目中，利用大型转炉洁净钢高效绿色冶炼技术对转炉进行改造，节约标准煤5.3万t/年，减排二氧化碳14.7万t/年。

② 特大型高效节能高炉煤气余压回收透平发电装置。利用高炉冶炼排放出具有一定压力能的炉顶煤气，使煤气通过透平膨胀机做功，将其转化为机械能，驱动发电机发电或驱动其他设备。在俄罗斯北方钢铁湿式高炉煤气余压回收透平发电装置节能改造项目中，使用湿式高炉煤气余压回收透平发电装置替

换原有设备,系统效率达到92%,比改造前增加发电量4 320万kW·h/年,折合节约标准煤1.3万t/年,减排二氧化碳3.6万t/年。

③ 多功能烧结鼓风环式冷却机。集成高刚性回转体、扇形装配式焊接台车、风箱复合密封、上罩机械密封、动态自平衡卸料、全密封及保温等技术,有效增加通风面积,降低冷却风机电耗,增加余热发电量。在某公司烧结系统改造项目中,利用多功能烧结鼓风环式冷却机替代原烧结环冷机,冷却电耗减少2.6 kW·h/t烧结矿,余热产气量增加46.5 kg,可节约电量5 572万kW·h/年,折合节约标准煤1.7万t/年,减排二氧化碳4.7万t/年。

④ 棒线材高效低成本控轧控冷技术。控冷技术覆盖轧钢全流程,包括中轧机组间冷却、轧后阶梯型分段冷却、过程返温、冷床控温等冷却关键点控制,实现降温—返温—等温循环型冷却路径调控,精确控制钢筋组织均匀性和珠光体相变,优化氧化铁皮结构。在某公司改造项目中,用分级气雾冷却设备替换原穿水冷却设备,综合能耗降低4 kg标准煤/t钢,节约标准煤4 000 t/年,减排二氧化碳1.1万t/年。

(2) 公辅设施系统节能提效技术。

① 钢铁行业减污折叠滤筒节能技术。减污折叠滤筒的过滤材料呈折叠状,内有一体成型支撑骨架;具有高过滤精度和高通气量,可以在有限空间内提供更多过滤面积,同时,实现对微细粉尘高效捕捉和除尘器低运压差。在某公司200 m²烧结机机尾除尘系统节能改造项目中,采用等距大折角折叠滤筒替换传统布袋,可节约电量140万kW·h/年,折合节约标准煤434 t/年,减排二氧化碳1 203 t/年。

② 多孔介质燃烧技术。燃烧产生的热量通过高温固体辐射和对流方式传输,同时借助多孔介质材料的导热和辐射不断地向上游传递热量预热气体,并依靠多孔介质材料蓄热能力回收燃烧产生高温烟气余热。在某公司取向硅钢氧化镁涂层干燥炉改造项目中,原红外涂层干燥炉改为多孔介质涂层干燥炉,机组加热效率提升10%,硅钢生产线干燥工序平均天然气消耗降低40 m³/h,折合节约标准煤372 t/年,减排二氧化碳1 031 t/年。

③ 冶金工业电机系统节能控制技术。转炉每个冶炼周期为30 min左右,吹炼时间和装、出料的时间各占一半,风机在转炉吹炼时高速运行,在吹炼后期及补吹时中速运行,而在出钢和装料期间可将速度降低,这样既能满足转炉

冶炼工艺要求,又能实现节能。在某公司高压除鳞泵系统节能改造项目中,采用 MVC1200-10K/350 高压变频器及控制系统进行智能驱动,可节约电量510 万 kW·h/年,折合节约标准煤 1581 t/年,减排二氧化碳 4383 t/年。

④ 新型长寿命激光闪速氧化膜热轧辊。采用高能激光对轧辊表面进行毫秒级高速辐照,在轧辊表面产生瞬时高温,生成一层四氧化三铁氧化膜,可提高其高温耐磨性能,抑制热疲劳裂纹,轧辊使用寿命提高 1 倍以上。在某钢厂 1780 热轧线改造项目中,采用长寿命激光闪速氧化膜热轧辊替代原轧辊,轧辊寿命提高 1 倍,每天可减少停机保温时间 2 h,可节约标准煤 1.6 万 t/年,减排二氧化碳 4.4 万 t/年。

⑤ H 型鳍片管式高效换热技术。锅炉给水泵将除氧水输送至余热蒸汽锅炉省煤器,经余热蒸汽锅炉内鳍片管等换热面吸收热量,变成高温热水进入锅筒,锅筒通过上升管和下降管与蒸发器内鳍片管等换热面吸收热量产生饱和蒸汽,饱和蒸汽从锅筒主汽阀进入过热器,产生过热蒸汽供给用户。在某公司 33000 kV 安硅铁矿热炉烟气余热发电利用项目中,安装 H 型鳍片管式烟气矿热余热锅炉、汽轮机、发电机、自动控制以及配套设备,发电量约 2800 万 kW·h/年,折合节约标准煤 8680 t/年,减排二氧化碳 2.4 万 t/年。

(3) 余热余压回收利用技术。

① 氟塑钢新材料低温烟气深度余热回收技术。在原脱硫塔前布置氟塑钢低温省煤器,降低脱硫塔烟气温度,回收烟气显热;在脱硫塔后布置氟塑钢冷凝器对湿饱和烟气冷凝降温,回收烟气潜热。在某公司低温烟气改造项目中,在脱硫塔前后增加低温省煤器,回收进脱硫塔烟气显热,在脱硫塔布后安装冷凝器对湿饱和烟气冷凝降温,回收烟气潜热,三台炉节约标准煤 8388 t/年,减排二氧化碳 2.3 万 t/年。

② 工业余热梯级综合利用技术。结合工艺用能需求,综合考虑余热源头减量、高效回收、梯级利用等方式,实现含尘含硫间歇波动典型中高温余热,提升余热回收利用水平,降低排烟温度至 150℃ 以内。在某公司硅钢部 3♯ 环形炉节能技术改造项目中,废气排放系统中增设一套汽水两用冷凝式余热回收锅炉,将环形炉废气显热和冷凝潜热回收,余热回收装置回收热量产生蒸汽 2 t/h(表压 0.6 MPa 饱和蒸汽),折合节约标准煤 2015 t/年,减排二氧化碳 5587 t/年。

③ 熔渣干法粒化及余热回收工艺装备技术。熔渣通过离心机械粒化增加换热面积,结合强制一次风冷原理,实现高炉渣快速冷却和一次余热回收,粒化后熔渣性能不低于水淬工艺;再采用回转式逆流余热回收装置对已凝结渣粒进行二次余热回收。该项目为研发类技术,暂无推广案例。

④ 一种焦炉上升管荒煤气余热回收技术。采用上升管水换热器,在换热器夹套内通入除氧水和高温荒煤气顺流间接换热,除氧水吸热蒸发后转化成蒸汽回收荒煤气显热。在上升管换热器内部生成气水混合物,再到汽包内水气分离,蒸汽直接并网或到用户,水用泵加压到上升管换热器继续生产蒸汽。在某公司焦炉荒煤气余热回收项目中,在捣固焦炉上安装上升管余热回收蒸汽全套系统,产饱和蒸汽约 113.5 kg/t 焦,可生产低压饱和蒸汽 23.3 万 t/年,折合节约标准煤 2.2 万 t/年,减排二氧化碳 6.1 万 t/年。

⑤ 清洁型焦炉高效余热发电技术。以清洁型焦炉余热烟气作为热源,通过锅炉将水加热到高温超高压参数蒸汽,高压蒸汽进入汽轮机高压缸做功后再通过锅炉加热,加热后低压蒸汽进入汽轮机低压缸做功,汽轮机带动发电机发电。在某公司 2×80 MW 热回收焦炉及配套干熄焦余热蒸汽高效发电项目中,新建 6 台高温超高压中间一次再热余热锅炉和 2 台高温超高压中间一次再热汽轮发电机组,综合节约标准煤 4 万 t/年,减排二氧化碳 11.1 万 t/年。

2)石化化工行业

石化化工行业是国民经济支柱产业,经济总量大、产业链条长、产品种类多、关联覆盖广。2020 年石化化工行业能源消费量为 6.85 亿 t 标准煤,约占全国能源消费总量的 14%。其重点耗能产品包括原油加工、乙烯、煤制烯烃、合成氨、甲醇、电石、烧碱、纯碱、对二甲苯、精对苯二甲酸、轮胎、黄磷等。高效催化、过程强化、高效精馏技术,废硫酸高温裂解、煤气化技术,中低品位余热余压利用技术等是石化化工行业节能技术的发展方向。

(1)乙烯裂解炉节能技术。

围绕乙烯裂解炉辐射段、对流段、裂解气余热回收系统三个重要组成部分,采用强化传热高效炉管、裂解炉余热回收、裂解炉耦合传热等技术,减少燃料气消耗量,降低排烟温度,提高裂解炉热效率,延长清焦周期,增加超高压蒸汽产量,适用于石化化工行业乙烯裂解炉节能技术改造,预计节约标准煤 93 万 t/年。

（2）半水-二水湿法磷酸技术。

原料磷矿与硫酸在半水反应槽中生成半水石膏，通过半水过滤给料泵将半水料浆输送至半水过滤机，滤液作为成品酸送往罐区，半水石膏经过一次洗涤后，与半水过滤冲盘水一同进入二水转化槽。二水转化料浆通过二水过滤给料泵输送至二水过滤机，二水石膏经过三级洗涤后，送至界外。半水闪冷气经过二级氟吸收及循环水洗涤后，排至烟囱；成品氟硅酸经过硅胶过滤后输送至罐区储槽。半水反应尾气经过文丘里洗涤器、二级尾气洗涤后排至烟囱，过滤尾气及二水转化尾气经过一次洗涤后排至烟囱，适用于石化化工行业湿法磷酸工艺节能技术改造，预计节约标准煤47万t/年。

（3）等温变换技术。

采用双管板结构、双套管与全径向、径向分布器等技术，设计独特换热元件结构置于等温变换反应器内部，利用沸腾水相变吸热，及时高效移出反应热，实现等温、低温、恒温反应，催化剂使用周期长，一炉一段深度变换，反应效率高，反应器阻力低，易大型化，副产中压蒸汽，热回收效率高，系统流程短，阻力低，适用于石化化工行业氮肥、甲醇生产工艺节能技术改造，预计节约标准煤10万t/年。

（4）低品位热驱动多元复合工质制冷技术及装备。

利用$100\sim140℃$低温热源驱动制取最低$-47℃$的冷能，将现有热驱动制冷技术的制冷深度从$7℃$降低至零度以下，可替代压缩式制冷机组，将可压缩气体提压过程转换为不可压缩液体提压过程，适用于石化化工行业乙二醇、联碱、合成氨生产工艺低温余热节能技术改造，预计节约标准煤53万t/年。

（5）新型高抗腐蚀双金属复合节能技术。

针对海底双金属油气管道，通过双钨极双送丝技术实现超高焊接速度情况下快速成型，将焊接能量更多用于焊丝的熔化，而非母材熔化，实现高熔覆效率、降低焊接热输入、降低焊接熔深，适用于石化化工行业采油、输油等工艺双金属耐蚀材料增材制造节能技术改造，预计节约标准煤20万t/年。

（6）蒸汽锅炉节能装置。

采用串联多极式磁路对锅炉进水进行深度处理，处理过程可削弱水分子间作用力，降低表面张力，提高蒸发速率，减少水生成水蒸气时的综合能耗，提高锅炉蒸发速率和效率，适用于石化化工行业蒸汽锅炉节能技术改造。预计节约标准煤 32 万 t/年。

（7）炼油加热炉 95＋技术。

将强化传热、余热回收、防腐蚀、防沾污结焦进行有效集成，用具有抗沾污结焦、抗高低温腐蚀、高黑度、耐磨损等功能复合结晶膜对装置受热面进行技术改造，提升受热面吸热、耐高低温腐蚀、抗沾污结渣性能，从而降低装置排烟温度，适用于石化化工行业炼油加热炉节能技术改造。预计节约标准煤 15 万 t/年。

（8）煤化工气化黑水余热回收技术。

采用无过滤、全通量黑水直接取热技术，将 130℃ 左右黑水冷却至 60℃ 以下，回收热量用于供暖或其他用热需求，替代现有工艺系统中真空闪蒸及闪蒸黑水冷却单元，解决煤化工行业水煤浆气化工艺中"粗合成气湿法洗涤除尘"单元产生气化黑水低温余热资源浪费问题，实现余热回收，适用于石化化工行业水煤浆气化工艺黑水余热回收利用节能技术改造，预计节约标准煤 36 万 t/年。

（9）高效控温绕管型反应器技术。

采用绕管型换热内件，通过锅炉水等移热介质在绕管内挠流和汽化潜热吸收反应热、管外反应流体错流强化换热，反应器单位催化剂换热面积大、传热系数大、结构本质安全可靠、设备检修方便等。使用该反应器可以减少设备数量，缩短工艺流程，降低工艺回路阻力和循环气量，降低压缩机能耗，可充分回收反应热，产出更多蒸汽并降低冷却工质消耗，适用于石化化工行业强放热反应工序反应器节能技术改造，预计节约标准煤 9 万 t/年。

（10）高效智能炭素焙烧技术及成套设备。

燃气和空气预混后，经燃烧器喷嘴注入炉膛内燃烧，高温烟气在顶部驱动风机作用下，从炉顶吹到炉底，在炉膛产生旋流流场。装着炭素制品坩埚被架空，炉膛底部高温烟气流经坩埚底部后向上回流，以坩埚为对象构成烟气炉体内部循环。高温烟气与坩埚表面强化对流换热，坩埚吸收烟气热量；坩埚内炭素制品温度升高，在可控环境下完成焙烧过程，适用于石化化工行业炭素焙烧工艺节能技术改造，预计节约标准煤 27 万 t/年。

（11）基于三维管自支撑纵向流蒸发器蒸发浓缩系统技术。

将蒸发器产生的二次蒸汽，通过压缩机增焓升温后，送入三维管自支撑纵向流蒸发器的加热室，冷凝放热。回收二次蒸汽潜热对物料蒸发浓缩，无需冷却塔,适用于石化化工、轻工等行业蒸发浓缩工艺节能技术改造,预计节约标准煤 9 万 t/年。

(12)高效节能蒸发式凝汽技术。

采用复合式多级冷凝技术,包括蒸汽初步预冷段和蒸发式凝汽段,采用多级换热、实现三种介质循环,可根据环境条件进行多模式运行,实现高效节电,适用于石化化工、生物医药等行业换热工段节能技术改造,预计节约标准煤 11 万 t/年。

3)建材行业

建材行业是支撑国民经济发展的重要基础原材料产业,能源消费量约占全国能源消费总量的 8%,其中水泥、平板玻璃、建筑卫生陶瓷能源消费量约占建材行业能源消费量的 76%。水泥高效篦冷机、高效节能粉磨、低阻高效旋风预热器、浮法玻璃一窑多线、陶瓷干法制粉等技术是建材行业节能技术的发展方向。

(1)玻璃熔窑用红外高辐射节能涂料。

开发适用于玻璃熔窑硅质高辐射基料及红外高辐射节能涂料,在熔窑内部硅质内壁喷涂红外高辐射节能涂料后,硅质内壁在高温下辐射率提高。窑内通过热损失和反射传热被烟气带走的热量降低;由硅质内壁以辐射传热方式再传回窑内热量,并被配合料及玻璃液吸收,使得熔窑内热量利用率增大,适用于建材、石化化工等行业玻璃熔窑节能技术改造,预计节约标准煤 65 万 t/年。

(2)隧道漫反射光学节能材料。

隧道漫反射光学节能材料是应用光学棱镜和反光材料技术,通过产品表面多棱角立体纹理,对光源实现逆向漫反射;应用于隧道侧墙,通过照明灯光提升反射效率,利用光源辐射能量,减少能耗浪费,以此提高隧道空间环境亮度、路面亮度和墙面亮度,改善和优化路面光照均匀度、墙面光照均匀度,适用于建材行业隧道内照明节能技术改造,预计节约标准煤 9 万 t/年。

(3)新型梯度复合保温技术。

针对玻璃窑炉不同部位,通过热工模拟计算及工况试验,根据热量从窑内向窑外梯度散失特点,将各部位保温层划分为不同温度段。对各温度段开发耐温性能好、保温性能强、材料耐久性强、高温线收缩低的保温新材料;再开发利用纤维喷涂,确保保温层不开裂、不收缩;形成保温性能优异、密封性好、耐久性强的新型保温技术,将玻璃熔窑向外界散失热量控制在窑内,降低热量损耗,节约燃料使用量,适用于建材、石化化工等行业玻璃熔窑节能技术改造,预计节约标准煤 50 万 t/年。

(4)陶瓷集成制粉新工艺技术。

将含水 40%~42% 的泥浆压滤脱水成含水 19%~20% 的泥饼,破碎成小泥块,低温干燥为含水 8.5%~9.5% 小泥块,破碎、造粒、优化、分选后得到含水 7%~8%、粒径合适的粉料。如此一来,可利用窑炉低温余热蒸发泥块水分;用机械脱水方式去除超过 50% 水分,耗能有所降低;分料、高含水率泥浆球磨时间缩短 15% 以上,降低了球磨能耗,适用于陶瓷行业高档干压陶瓷砖粉料生产工序节能技术改造,预计节约标准煤 19 万 t/年。

(5)混烧石灰竖窑及配套超低温烟气处理技术。

采用智能清渣系统、炉窑智能运行系统等技术,窑体保温采用耐火及隔热等多种复合材料,使窑体表面温度保持在 30℃ 左右,防止窑体热量散失,产生节能效果;产品对于石灰石原料适应性强,可煅烧各种粒径石料,且可连续煅烧,充分利用石灰石资源。同时该窑型配套超低温烟气脱硝处理装置,能够实现烟气在 130℃ 催化剂起活,解决窑炉行业烟气脱硝二次加热能源浪费问题,适用于非金属、矿采及制品制造行业工业窑炉节能技术改造,预计节约标煤 50 万 t/年。

(6)水泥生料助磨剂技术。

将助磨剂按掺量 0.12~0.15 比例添加在水泥生料中,改善生料易磨性和易烧性,在水泥生料的粉磨、分解和烧成中可以助磨节电、提高磨窑产量、降低煤耗、降低排放、改善熟料品质等作用,适用于建材行业新型干法水泥窑生料粉磨、分解和烧成工序节能技术改造,预计每年节约标准煤 43 万 t/年。

(7)瀑落式回转窑制备陶粒轻骨料技术。

使废弃物在 1 200℃ 左右高温中达到熔融状态,经冷却后形成具有高附加值、高匀质性、材料功能可设计高性能轻骨料。烘干焙烧分离,且设备内部异型结构可以增强热交换,提高换热效率,生产线余热回用设施完备,焙烧余热用于料球或原料烘干、冷却余热分段后用于助燃或原料及料球烘干,适用于建材行业粉煤灰、煤矸石、尾矿、污泥、淤泥、赤泥等固体废弃物处理节能技术改造,预计节约标准煤 12 万 t/年。

（8）抛釉砖用陶瓷干法制粉生产工艺及装备。

采用适合于抛釉砖生产系统工艺和适合陶瓷原料特点的专用装备，包括立式辊磨机、交叉流强化悬浮态造粒机、干粉除杂筛等，解决干法制粉生产低吸水率地砖用粉料时存在的坯体表面平整度差和面层缺陷等问题，满足瓷砖生产要求。与湿法制粉技术相比，干法制粉技术降低制粒节所需蒸发水量，并采用干法料床粉磨设备，实现热耗和电耗降低，建筑陶瓷制粉工序综合能耗降低，适用于建材行业建筑陶瓷制粉工序节能技术改造，预计节约标准煤 98 万 t/年。

（9）高强度低密度页岩气用压裂陶粒支撑剂及制备节能技术。

基于含铝固废矿渣复合矿化剂多组分设计，实现含铝固废矿渣循环再利用；使用多组分复合矿化剂低温烧成石油压裂支撑剂陶粒技术，同时利用原位自生莫来石晶须增韧技术，实现低密度石油压裂支撑剂陶粒硬度提高，以固废为原材料制备陶粒支撑剂，同时具有较低烧成温度，生产全过程低碳节能，适用于建材行业石油、页岩气压裂用陶粒砂生产制造工序节能技术改造，预计节约标准煤 17 万 t/年。

（10）节能型低氮燃烧器。

采用非金属材质拢焰罩结构，在直流外净风通道外设有“非金属材质拢焰罩”。四个风通道截面积均可进行无级调节，实现各通道风速和风量之间匹配，解决燃烧器控制窑内工况弱的问题，提高煤粉燃尽率，提供喷煤管节能低氮效果，实现窑内过剩空气系数低工况下稳定燃烧，适用于建材行业水泥熟料烧成工序节能技术改造，预计节约标准煤 48 万 t/年。

4）煤炭、天然气

立足我国以煤为主的基本国情，推动煤炭清洁高效利用，是夯实“能源饭碗端在自己手里”，发挥煤炭支撑我国经济和社会发展，保障能源安全压舱石和稳定器作用，实现能源低碳发展的根本，对如期实现碳达峰、碳中和目标意义重大、潜力巨大。

（1）低热值煤气高效发电技术。

针对企业富余低热值煤气利用效率低的问题，开发适用 $30\sim150$ MW 小容量机组超高压、亚临界和超临界系列低热值煤气高效发电技术，将富余低热值煤气送入煤气锅炉燃烧，产生蒸汽送入汽轮发电机组做功发电，提高低热值煤气利用效率,适用于钢铁、有色、石化化工等行业富余低热值煤气高效利用节能技术改造,预计节约标准煤 480 万 t/年。

(2)卧式循环流化床燃烧成套技术。

将立式循环流化床锅炉单床炉膛"折二化一为三"形成三床炉膛,延长燃烧时间;一级灰循环升级为两级灰循环,实现对复杂燃料适应性和易操作性;高温分离变为中温分离,可避免燃用低灰熔点燃料时在循环回路内结焦;空气和燃料双分级降低原始 NO_x 生成,可节约脱硝成本,适用于钢铁、石化化工行业燃生物质、燃煤炭等燃烧设备节能技术改造,预计节约标准煤 90 万 t/年。

(3)低氮燃气辐射供热节能技术。

采用天然气、液化石油气或人工煤气等作为热源,经单元式燃烧辐射加热器燃烧,主机燃烧后产生高温热烟气(一般温度不高于 500℃),在负压风机驱动下在辐射管内定向流动,通过辐射管、反射板作用向各类物体进行辐射精准供暖。部分高温热烟气通过外置高温烟气回燃装置与新鲜空气混合后参与到二次循环中。负压风机可以根据供暖场景,兼顾单台或者多台单元式燃气辐射加热器,组成组合式燃气辐射加热系统,适用于轻工、建筑等行业及工业园区供热节能技术改造,预计节约标准煤 11 万 t/年。

(4)智能化矿物干法深度分选技术。

智能干选机采用"X 射线+图像"双源识别技术,通过高速电磁阀控制高压风精准喷吹完成目标矿物与脉石矿物分离;智能梯流干选机应用"梯度流态化"理论,原煤在风力、激振力和重力三个力场作用下,将产生流态化现象,实现按密度分层,再通过排料机构精准切分。不用水、不耗介、不产生煤泥,实现矿物深度分选,适用于煤炭行业全粒级煤炭干法深度分选及非煤矿物预抛废、分选、尾矿回收等工序节能技术改造,预计节约标准煤 8 万 t/年。

(5)多孔介质无焰超焓燃烧系统。

燃烧产生的热量通过介质本身导热和辐射效应不断向上游传递并预热燃气,同时通过多孔介质本身蓄热能力回收燃烧产生高温烟气余热。高温介质材料空间强化燃烧速率和效率,降低过剩空气系数,减少系统排烟热损失;燃烧空间小,设备耗散热损失减少;辐射能占比高,热交换散逸热量减少,适用于有色、石化化工等行业加热、预热、保温、热处理工段节能技术改造,预计节约标准煤 35 万 t/年。

（6）高效节能低氮燃烧技术。

采用"3＋1"段全预混燃烧方式，三个独立燃烧单元，使炉内温度均匀，热效率提高，解决燃烧不充分导致高排放问题。用风流速引射燃气，燃烧过程中逐渐加速，同方向上混合燃烧，充分利用燃气动能，增加炉内尾气循环，延迟排烟速度，降低排烟温度，提高热交换效率，有效抑制 NO_x、二氧化碳、CO 产生。通过分段精密配风，实现最佳风燃比，火焰稳定，适用石化化工、钢铁等行业以天然气、石化气及钢铁产煤气为燃料燃烧工艺节能技术改造，预计节约标准煤 39 万 t/年。

5）有色金属行业

有色金属行业是国民经济的重要基础产业。2020 年全行业能源消费约2.655 亿 t 标准煤，占全国能源消耗总量的 5.3％。氧化铝行业高效溶出及降低赤泥技术，铜冶炼行业短流程冶炼、连续熔炼技术，锌冶炼行业高效清洁化电解、氧压浸出技术，镁冶炼行业竖式还原炼镁技术，多孔介质燃烧技术等是有色金属行业节能技术的发展方向。

（1）侧顶吹双炉连续炼铜技术。

采用高铁硅比（$Fe/SiO_2 \geqslant 2$）熔炼渣型，直接产出含铜 75％白冰铜，吹炼采用较高铁钙比渣型、产出含硫＜0.03％的优质粗铜。因熔吹炼烟尘率低、渣量小含铜低、流程返料少及反应热利用充分，使得铜精矿至粗铜直收率＞90％，粗铜单位产品综合能耗降低，实现高效化、清洁化、自动化连续炼铜，适用于有色金属行业铜精矿冶炼工序熔炼和吹炼节能技术改造，预计节约标准煤 16 万 t/年。

（2）380 A/m^2 电流密度电解铜应用技术及装备。

采用高电流工艺（即 380 A/m^2 电流密度）实现电解效率提升；采用电解液双向平行流供液循环技术，实现电解液流速均衡及对底部平行双向旋转过程优化控制；采用双向平行流腔道一体化浇铸成型电解槽技术，电流密度分布均匀，提高电解出铜率和生产效率；采用乙烯基树脂整体浇铸电解槽，实现铜精炼电解规模化生产应用，适用于有色金属行业铜精炼生产制造工序节能技术改造，预计节约标准煤 39 万 t/年。

4.2.3　能源消费与产业结构分析

从能源消费品种看,消费结构有待进一步优化。目前,我国的能源消费品种主要有煤炭、石油、天然气和电力。其中,煤炭和石油两个品种占据消费总量的大部分。从表 4-1 可以看出,近年能源消费结构中,煤炭消费占比呈下降趋势,2018 年跌至 60% 以下,占比持续下降。清洁能源消费占能源消费总量的比重从 2012 年的 14.5% 上升到 2022 年的 25.5%,几近翻番。总体看,我国能源构成中,煤炭处于主体性地位,石油和天然气对外依存度高,清洁能源消费占比在持续提升。北方地区清洁取暖面积约 156 亿 m²,清洁取暖率达到 73.6%,替代散煤(含低效小锅炉用煤)1.5 亿 t 以上。能源与生态环境友好性明显改善,能源节约型社会加快形成,能源消费结构更加优化。

表 4-1　2012—2021 年中国能源消费情况　　单位:万 t 标准煤

年份	煤炭消费总量	石油消费总量	天然气消费总量	水电、核电、风电等消费总量
2012	275 464.53	68 363.46	19 302.62	39 007.39
2013	280 999.36	71 292.12	22 096.39	42 525.13
2014	279 328.74	74 090.24	24 270.94	48 116.08
2015	273 849.49	78 672.62	25 364.40	52 018.51
2016	270 207.78	80 626.52	27 020.78	57 963.93
2017	270 911.52	84 323.45	31 397.03	61 897
2018	273 760	87 696	36 192	66 352
2019	281 280.6	92 622.7	38 999.0	74 585.7
2020	282 864	94 122	41 832	79 182
2021	293 440	96 940	133 620	

数据来源:国家统计局。

注:2020 年、2021 年数据系计算所得。

从三次产业能源消费看,结构节能未有效发挥作用。开展节能降耗的途径有两种,一是直接节能,二是结构节能。结构节能是指通过调整优化三次产业结构,提高低能耗行业比重,降低高能耗行业比重来实现整体能耗的降低,从而达到节能的目的。

2021年，第一产业增加值83 086亿元，比上年增长7.1%；第二产业增加450 904亿元，比上年增长8.2%；第三产业增加值609 680亿元，比上年增长8.2%。从占比看，2021年第一产业增加值占国内生产总值比重为7.3%，第二产业增加值比重为39.4%，第三产业增加值比重为53.3%。新冠疫情影响下，第三产业增加值占比略有回落，与2018年持平，这是近年来第三产业增加值首次回落。新产业新业态新模式加速成长。全年规模以上工业中，高技术制造业增加值比上年增长18.2%，占规模以上工业增加值的比重为15.1%；装备制造业增加值增长12.9%，占规模以上工业增加值的比重为32.4%。全年规模以上服务业中，战略性新兴服务业企业营业收入比上年增长16.0%。全年高技术产业投资比上年增长17.1%。全年新能源汽车产量367.7万辆，比上年增长152.5%；集成电路产量3 594.3亿块，增长37.5%。

从三次产业分析，中国第二产业依然在国内占据30%以上，高于其他发达国家，这对于促进国内"碳中和"发展并不利，目前我国相对来说缺乏可持续能源支撑，要尽力不依赖化石能源，促进转型升级。我国产业结构仍需不断优化，未来进一步减少高耗能行业的比重，优化第二产业，尤其是工业内部的行业结构将是未来节能降耗工作的重点所在。

随着全球低碳能源系统的逐步转型，全球对低碳燃料、技术、产品和解决方案的需求将加速增长。中国在这些新兴增长领域处于领先地位。中国在低碳产品和解决方案领域有着巨大的国内市场，同时也有着巨大的生产基地来完成相应的生产。例如，2020年，全球乘用车存量的45%（450万辆）在中国。2020年，世界插电式电动汽车产量近一半，重载电动汽车产量90%也来自中国。煤炭排放强度远远超过所有化石燃料中的其他燃料。因此，在2060年之前，中国实现碳中和目标的关键一步是减少煤炭的使用。与目前以煤为主的电力系统相比，采用可再生能源比例较高的电力系统，结合对低碳能源基础设施的投资，可能会降低电力成本。碳定价政策将加快这一趋势的发展，进一步为燃煤发电与天然气、可再生能源等低碳发电之间的竞争创造公平的竞争环境。除电力行业外，重工业也是我国主要的煤炭消费部门。虽然有很多机会可以提高能源和排放效率（例如，通过清洁煤炭和煤化工技术），但从长远来看，该行业仍需要从煤炭向低碳能源的大规模转型。随着国家排放交易系统向排放密集型行业的扩张,碳价格的上涨将促使燃料从煤转向氢能和先进生物质燃料等低碳燃料。CCUS在一些弃煤难度最大、成本最高的行业,可以在碳价的支持下发挥减碳作用,助力碳中和尽快实现。

4.3 碳负排放技术:碳捕捉和封存

4.3.1 CCUS技术简介

二氧化碳的排放主要来自发电和工业过程中化石燃料的使用。对于电力行业,根据碳捕捉与燃烧过程的先后顺序,传统碳捕获方式主要包括燃烧前捕获、富氧燃烧和燃烧后捕获等。煤化工、天然气处理、钢铁、水泥等行业中二氧化碳的工业分离过程属于燃烧前捕获方式。

1) 碳捕捉

碳捕捉指将二氧化碳从化石燃料燃烧产生的烟气中分离并增加至一定压力的过程。目前捕捉的对象主要集中于大型的二氧化碳排放源,如水泥厂、燃煤电站、钢铁厂、合成氨厂等,且其中燃煤电站是我国二氧化碳减排首选方向。目前传统碳捕捉方式主要包括燃烧前捕捉、富氧燃烧和燃烧后捕捉等。煤化工、天然气处理、钢铁、水泥等行业中二氧化碳的工业分离过程属于燃烧前捕捉方式。各种碳捕获方式的技术路线如图4-1所示。

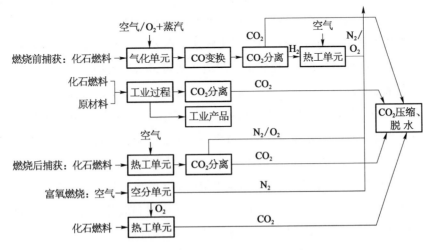

图4-1 多种碳捕获方式的技术路线

燃烧前捕捉是在燃料燃烧前将燃料中的碳元素通过化学反应转化成二氧化碳而除去。该方法适合于联合循环发电电站。燃烧前捕捉方法的捕捉二氧化碳过程为：在化石燃料燃烧前，先将化石燃料气化转化为一氧化碳和氢气合成气；冷却后，再通过蒸汽转化反应，将合成气中一氧化碳转化为二氧化碳后将二氧化碳从混合气体中分离出来最终实现能源与碳分离。燃烧前气体具有杂质少和压力高优点，但捕捉二氧化碳浓度高和分压高。该方法适用工艺广泛、能耗比较小、分离设备尺寸相对小、投资低。

燃烧后捕捉是指燃烧设备在烟气通道安装二氧化碳分离单元，捕捉燃烧后烟气中二氧化碳组分。燃烧后碳捕捉特别适合于传统燃煤电站，该方法的过程为：化石燃料燃烧产生的烟气依次通过相关单元系统完成脱硝、除尘、除硫处理，最后进入吸收二氧化碳单元，利用化学吸收剂（如 MDEA、DEA）或物理吸附剂（如分子筛）吸收烟气中二氧化碳，吸附或吸收的二氧化碳经过加压、脱水后通过各种途径输送和封存。但该方法燃烧后烟道气流量大，二氧化碳浓度低、能耗相对较高，分压较小，但是燃烧设备尺寸庞大，投资和运营成本高。华能上海石洞口第二电站，从 2010 年便开始应用这个技术。该技术的难度不大，但缺点是捕捉过程的能耗不低，发电站原本输出功率的 1/3 都用于捕捉碳，且这个设施的占地面积也不小。

富氧燃烧系统是用纯氧或富氧代替空气作为化石燃料燃烧的介质。燃烧产物主要是二氧化碳和水蒸气，以及燃料中所有组成成分的氧化产物、燃料或泄漏进入系统的空气中的惰性成分等，另外还有多余的氧气以保证燃烧完全。经过冷却水蒸气冷凝后，烟气中二氧化碳含量在 $80\% \sim 98\%$ 之间。这样高浓度的二氧化碳经过压缩、干燥和进一步的净化可进入管道进行存储。二氧化碳在高密度超临界下通过管道运输，其中的惰性气体含量需要降低至较低值以避免增加二氧化碳的临界压力而可能造成管道中的两相流，其中的酸性气体成分也需要去除。此外二氧化碳需要经过干燥以防止在管道中出现水凝结和腐蚀，并允许使用常规的碳钢材料。在富氧燃烧系统中，由于二氧化碳浓度较高，因此捕获分离的成本较低，但是供给的富氧成本较高。目前氧气的生产主要通过空气分离方法，包括使用聚合膜、变压吸附和低温蒸馏。但空气分离方法需要特殊纯氧环境燃烧设备设施和技术手段，这是一个瓶颈，纯氧燃烧温度很高，而这对燃烧材料的耐热性又是一个巨大的挑战。

2）碳的运输

在二氧化碳运输方面,目前最可行的办法是利用管道输送。管道是一种已成熟的市场技术,将气态的二氧化碳进行压缩可以提高密度,从而可降低运输成本。也可以利用绝缘罐将液态二氧化碳装在罐车中进行运运。在某些情况下,使用船舶运输二氧化碳从经济角度讲更具有吸引力,尤其是需要长途运输或需将二氧化碳运至海外时,但由于这种情况需求有限,故而目前运输规模较小。在技术上,公路和铁路罐车也是切实可行的方案。然而,除小规模运输之外,这类运输系统与管道和船舶相比则不经济,不大可能用于大规模运输。目前,美国等国家在管道运输技术方面已很成熟,需要解决的问题是如何降低运输成本。运输成本主要取决于管道长度和管道直径,而由于捕获(包括压缩)成本非常高,使得运输成本在整个成本中所占比例较低。因此只要捕获和封存成本较低,或为了获得其他一些收益(如提高油田采收率),许多国家不惜长距离运输的高成本远距离输送二氧化碳。例如,美国为提高原油采收率,采用远距离输送高压液态二氧化碳,最长的输送管是绵羊山脉(Sheep Mountain)运输管道,它将南科罗拉多州的二氧化碳运至得克萨斯州的二叠纪盆地,距离为 656 km。

3）碳封存技术

碳封存是指将捕获、压缩后的二氧化碳运输到指定地点进行长期封存的过程。目前,主要的封存方式有地质封存、海洋封存和碳酸盐矿石固存等。另外,一些工业流程也可在生产过程中利用和存储少量被捕获的二氧化碳。但是,从普通电站排放、未经处理的烟道气仅含有大约 $3\%\sim16\%$ 的二氧化碳,可压缩性比纯的二氧化碳小得多,而从燃煤电站出来经过压缩的烟道气中二氧化碳含量也仅为 15%,在这样的条件下储存 1 t 二氧化碳大约需要 $68\ m^3$ 储存空间。因此,只有把二氧化碳从烟道气里分离出来,才能充分有效地对它进行地下处理。在将二氧化碳封存到地下之后,为了防止其泄漏和或迁移,需要密封整个存储空间。因此,选择一个合适的具有良好封闭性能的封存盖层也十分重要,它可以起到一个"盖子"的作用,以确保能把二氧化碳长期地封存在地下。比较有效的办法是利用常规的地质圈闭构造,包括气田、油田和含水层,对于前两种,由于它们是人类能源系统基础的一部分,人们已熟悉它们的构造和地质条件,所以利用它们来储存二氧化碳就比较便利和合算;而含水层由于其非常普遍,因此在储存二氧化碳方面具有非常大的潜力。根据碳封存地点和方式的不同,可将碳封存方式分为海洋封存、地质封存、碳酸盐矿石固存及工业利用固存等。

海洋封存的基本原理是利用海洋庞大的水体体积及二氧化碳在水体中不低的溶解度,使海洋成为封存二氧化碳的容器。海水中所含碳的总量约为大气层的 50 倍,植物及土壤中总和的 20 倍。二氧化碳海洋封存的潜在容量远大于化石燃料的含量,海水能自大气层吸收二氧化碳的潜在能力,取决于大气层的二氧化碳浓度和海水的化学性质。而吸收速率的高低,则取决于表层及深层海水的混合速率。海洋每年要吸收约 70×10 t 二氧化碳,受限于表层及深层海水间的缓慢对流,仅在大约 1 000 m 深的海洋水体中发现了因人类活动所排放二氧化碳的证据。就阻隔二氧化碳返回大气层而言,灌注深度越深隔离效果越好。二氧化碳的海洋封存都是把其灌注于海洋的斜温层以下,以期获得更好的封存效果。被灌注到深海中的二氧化碳,可以是气态、液态、固态或水合物形态,不同灌注形态的溶解速率会有差别。增加海水中二氧化碳的浓度,会对海洋生物造成不利的影响,例如降低生物钙化、繁殖及成长速率、迁移能力等。虽然二氧化碳海洋封存已历经近 30 年的理论发展、试验室试验和小规模现场测试及模式模拟研究,但尚缺乏大规模海洋封存的操作实例。

地表封存的基本原理是使二氧化碳与金属氧化物进行化学反应,形成固体形态的碳酸盐及其他副产品。地表封存所形成的碳酸盐是自然界的稳定固态矿物,可在很长的时间中提供稳定的二氧化碳封存效果。二氧化碳地表封存的可行性取决于封存过程所需提供的能量成本、反应物的成本及封存的长期稳定性三个因素。每封存 1 t 的二氧化碳约需要 $1.6 \sim 3.7$ t 含碱土金属的硅酸盐岩石,并会产生 $2.6 \sim 4.7$ t 的废弃物。一旦二氧化碳经地表封存为碳酸盐矿物后,其封存稳定性可高达千年以上,相对于地质、海洋等其他封存机制,其封存后的监管成本较低。整体而言,二氧化碳地表封存技术尚未成熟,高操作成本、矿业开采作业对环境的影响等议题,是后续研究的重点。

地质封存是将二氧化碳注入地下地质结构,储存于岩石孔隙中,且不会随着时间推移而泄漏。通常情况,当地质纵向深度大于 800 m 时,地层压力一般大于二氧化碳临界值,因而二氧化碳处于超临界状态。目前来说,地质封存是各国家大规模封存最有效最经济方法之一。地质封存机理可分为物理封存和化学封存两类,其中物理封存方法包括构造底层封存、束缚气封存、水动力封存和煤层吸附封存;化学封存方法包括溶解封存和矿化封存。部分机理从二氧化碳注入就开始作用,如水动力封存、地层封存等;而另一部分机理产生作用却非常缓慢。

矿石碳化是通过碱性和碱土氧化物与二氧化碳在一定条件下反应生成碳酸钙和碳酸镁而被固化,达到长期与大气隔开。目前矿石碳化技术仍处于研究发展阶段,距离实际应用有待时日。自然界中富含钙镁硅酸盐矿物,如橄榄石、硅灰石、蛇纹石等,虽然这些碱土氧化物矿物质可以和二氧化碳自发反应生成稳定碳酸盐而将二氧化碳固化,且碱土氧化物封存泄漏风险几乎不存在,但是因其反应作用过程极为缓慢,对短期大规模减排没有明显效果。

4)碳利用

(1)工业。

工业二氧化碳排放量每年高达 80 亿 t,其中钢铁、化工、建材等行业占70%。如果加上间接排放,工业排放在全球人类活动引起的二氧化碳排放总量中占比接近 40%。到 21 世纪中叶,新增二十亿人口的衣食住行和娱乐将提高对工业产品的需求。

根据目前各国提交的国家自主贡献中限制排放和提升能效的承诺,IEA估计到 2060 年直接工业二氧化碳排放量将从 80 亿 t/年上升至 100 亿 t/年。但是,要实现符合《巴黎协定》的气候成果,上述排放量应在 2060 年 15 前降至47 亿 t 才行。

每年约有 19 亿 t 工业二氧化碳排放都是生产工艺中化学反应的副产品。这些"工艺排放"即便使用可行的生产技术也无法避免。例如,水泥生产中65% 的排放都在碳酸钙(石灰石)转化成氧化钙(生石灰)的过程中产生。虽然这一化学反应是水泥制造不可或缺的。其他二氧化碳排放量较高的工业工艺流程还有天然气处理,钢铁、氨、尿素和生物燃料的生产,以及化学制品、塑料和纤维的各种化工工艺流程。

要削减排放,必须采取多种手段,包括转换燃料,提升能效,以及部署现有最佳技术和未来创新技术。在很多情况下,缓解排放的唯一可行办法就是在生产后使用 CCS 清除二氧化碳。

据 IEA 估计,要实现符合《巴黎协定》的气候成果,CCS 必须在 2017—

2060 年之间帮助水泥、钢铁和化工行业削减 290 亿 t 二氧化碳排放量。因为很多化工生产工艺产生的二氧化碳流几近纯净,捕捉成本很低,所以 CCS 尤其适合应用于化工行业,可在 2060 年前实现 140 亿 t 减排量。

① 钢铁行业。钢铁行业大约产生了全球 7% 的二氧化碳排放量。通过钢铁循环利用、能效项目及一些用氢替代化石燃料的初步措施,已经做了大量的工作来减少排放。仍有一大部分温室气体排放可以通过使用 CCS 来实现减排。

位于阿布扎比的阿联酋钢厂自 2016 年以来一直在用溶剂捕捉法进行碳捕捉和封存。二氧化碳的产生源自直接还原铁装置(DRI,即将铁矿石转化为用于炼钢的铁元素)中用作还原剂的煤炭或天然气。该钢厂每年大约捕捉 80 万 t 二氧化碳,通过管线运输用于提高采收率(Enhanced Oil Recovery, EOR)。其他项目也在研究改变炼钢基本工艺以促进二氧化碳减排。塔塔钢铁公司的 Hisarna 工艺是一项新技术。该技术不仅能提升能效,降低炼钢的排放强度,还能提高二氧化碳浓度,更利于捕捉。

② 电力行业。电力行业迅速脱碳是实现净零排放的关键所在。发电产生的排放量占全球二氧化碳排放量的三分之一。电力行业已经是全球最大的二氧化碳排放来源。尽管如此,电力需求预计还会有大幅上升。结合 CCS 的发电站有助于保障未来低碳电网的韧性和可靠性。配备 CCS 的电站具有相当的灵活度,可以提供可调度的低碳电力,并能提供惯性、频率控制和电压控制等电网稳定服务。非水电可再生发电是无法提供上述保障的。随着间歇性能源的部署不断加强,CCS 对其形成了很好的补充。

对于全球现有化石能源发电站的减排来说,CCS 的作用至关重要。全球目前现有大约 2 000 GW 的火电发电容量,预计到 2030 年还有 500 GW 的新增发电容量。目前,有超过 200 GW 的新增发电容量已经开工建设。虽然某些燃煤电站和气电站会提前退休,但亚洲的天然气电站平均使用年限为 19 年,而燃煤电站只有 12 年,剩余经济寿命长达数十年。如果进行 CCS 改造或提前退休的话,无论是现有的还是在建的燃煤电站或气电站还会继续排放二氧化碳,且排放速度到 2050 年足以消耗 IEA 可持续发展情境下 95% 的碳预算。这样的话,净零排放是不可能实现的。用 CCS 来改造化石能源发电在某些情况下是一种经济的选择。对于中国、印度及东南亚国家等高度依赖煤炭的经济体来说,可持续采用这种方式,在转向低碳经济的过程中,实现公平转型。

中石化胜利油田 EOR 项目是中国第一个燃煤电站大型 CCUS 项目。中石化胜利油田 EOR 项目位于山东省东营市,受到"十二五"国家科技支撑计划支持,立项名为"大规模燃煤电站烟气二氧化碳捕捉、驱油、封存(CCUS)技术开发及应用示范项目"。通过改造现有 CFB 锅炉电站来实现二氧化碳的燃烧后捕捉,计划于 2017 年投入运行,这将是中国首个燃煤电站 CCUS 项目。项目建成后,其二氧化碳捕捉效率为 $85\%\sim90\%$,年捕捉量可达 1.0×10^6 t,这相当于 $101\sim205$ MW 发电功率产生的二氧化碳量,而累计捕捉可达 $(2.1\sim3.0)\times10^7$ t。捕捉到的二氧化碳通过管道被输送到胜利油田,用作驱油剂,可提高 $10\%\sim15\%$ 的产油率。脱碳后烟气中氧的质量浓度降低至 6% 以下,氮气的质量浓度超过 91%。这种脱碳后的烟气可用于氮气泡沫驱油,从而进一步降低驱油成本。

(2)产品。

CNF 和 MWCNT 是纳米级的碳纤维和碳管,由多个石墨烯薄片组成。

CNF 以二氧化碳为原料生产。电解过程破坏了化学结合,碳可以从生产模块中取出,转移到过滤模块,氧气通过生产模块中的通风管道排出。碳在一个专利过滤模块中过滤,然后碳纳米纤维就可以作为最终产品。

这两种材料具有独特的强度、耐久性、导热性和导电性,比塑料更轻,比钢铁更强韧。另外,CNF 和 MWCNT 在电池、塑料和混凝土中还具有潜在二氧化碳减排效果。

4.3.2　国外 CCUS 技术发展情况

1)美国

美国的 CCS 商业设施数量位居全球首位,1972 年在得克萨斯州建立了世界上第一个 CCS 设施。截至 2021 年 9 月,全球 CCS 商业设施 135 个(包括运营、早期开发、在建项目),其中 70 个位于美国,CCUS 项目应用广泛,涉及水泥制造、煤炭发电、煤气发电、垃圾发电、化工等行业,主要得益于美国对 CCUS 技术的政策支持。在 CCUS 技术领域,美国早期专注于 CCUS 研发和示范(RD&D)与市场开发和基础设施建设相协调,逐步过渡到 RD&D,促进 CCUS 的发展。在技术 RD&D 方面,自 1997 年以来,美国能源部化石能源办公室一直致力于 CCUS 的研发和示范,并不断增加研发资金。2020 年 12 月美国出台的《2020 能源法案》将 CCUS 的研发支持力度大幅提高,提出将在 2021—2025 年提供超 60 亿美元的研发资金支持,目前是自《2009 美国复苏与再投资法案》(34 亿美元)以来的最高水平。2021 年 11 月 5 日,美国能源部宣布启动"负碳攻关计划",它旨在从空气中去除 10 亿 t 二氧化碳,并将二氧化碳的成本降低到 100 美元/t 以下。在商业应用方面,《2008 年能源改进扩张法》中确立的 48A 和 45Q 投资税收抵免政策促进了 CCS 的市场发展。2018 年 45Q 税收抵免政策修订后,每吨二氧化碳的补贴金额大幅增加。2021 年拜登政府上任后,先后提出了《准用 45Q 法案》《碳捕捉现代化法案》《碳捕捉、利用、封存税收抵免修正法案》《为我们未来能源融资法案》等。在基础设施建设方面,2021 年 3 月,美国两党提出"封存二氧化碳,减少排放",提出建立二氧化碳基础设施融资和创新法案,为环境保护署提供安全的地质封存基础设施开发计划,为盐碱地质层第六类许可证(储存地下二氧化碳所需的许可证)提供更多资金等措施。2021 年 11 月,美国通过了《基础设施投资法案》,提议为二氧化碳运输和储存基础设施和场地的开发和融资提供近 50 亿美元。

2)欧盟

欧盟在 CCS 制度化和标准化方面走在世界前列,CCS 指令是世界上第一部关于 CCS 的详细立法,详细规定了二氧化碳运输、封存场地选址、勘探封存许可证发放、运营关闭、关闭后责任义务、二氧化碳监控、信息披露等具体要求,以及现有相关指令的修订,在欧盟建立起二氧化碳地质封存的法律和管理框架。欧盟 CCS 的相关政策主要与能源和气候变化政策有关。例如,《2030 年气候和能源政策框架》指出,CCS 是欧盟能源和碳密集型行业大幅减排的关键技术,加强 CCS 研发和商业示范;2050 年长期战略将 CCS 作为实现碳中和目标的七大战略技术领域之一;欧盟委员会在《欧洲绿色协议》中提出将 CCS 纳入气候中立过渡所需的技术,并将其视为关键工业部门脱碳的优先事项之一。2021 年通过的《欧洲气候法》将气候中立的政治承诺转化为法律义务,预计未来将继续增加 CCS 相关政策支持。2021 年通过的《欧洲气候法》将气候中立的政治承诺转化为法律义务,预计未来将继续增加对 CCS 的相关政策支持。许多欧盟研发补贴计划支持 CCUS 的研发和部署。欧洲地平线计划在

2021 年和 2022 年为 CCUS 技术研发提供 3 200 万欧元和 5 800 万欧元资金。截至 2021 年 9 月,欧盟已有 35 个商业 CCUS 项目。与美国不同,欧洲的 CCUS 示范项目主要依赖于欧盟碳交易市场来体现。

3)日本

日本长期以来一直致力于低排放发展战略,将 CCUS 技术与氢能、可再生能源、储能和核能作为日本实现碳中和目标的关键技术。在《能源技术战略路线图》《国家能源新战略》《第五期能源基本计划》等政策规划中,建议加快 CCUS 相关技术的发展。2014 年推出的《战略能源计划》提出 2020 年左右实现 CCUS 技术的实际应用,尽快建设 CCUS 就绪设施,支持 CCUS 商业化。由于日本缺乏资源和油气产区地质条件,日本积极参与美国 Petranova 等海外 CCUS 项目投资,致力于在中国开发碳回收技术,并于 2019 年发布了碳回收技术路线图,设定了碳回收技术的发展路径,加快 CCUS 技术战略部署,该路线图于 2021 年修订,以促进其进一步发展。2020 年发布的《创新环境创新战略》和《实现 2050 碳中和的绿色增长战略》都提出要大力发展 CCUS 和碳回收技术,积极抢占碳回收技术创新高地。在技术研发方面,日本新能源产业综合开发机构(NEDO)是发展 CCUS 技术的主要政府科研机构,目前主要通过 NEDO 碳循环和下一代火力发电等技术开发计划(2016—2025 年)、CCUS 研发及示范相关计划(2018—2026 年)等促进 CCUS 技术研发。2021 年,NEDO 宣布将于 2021—2025 年在"碳循环和下一代火力发电技术开发"框架下投资 130 亿日元支持二氧化碳回收技术的发展;2022 年—2023 年 2 月,NEDO 宣布在绿色创新基金框架下投资 382.3 亿日元进行碳分离和回收,1 152.8 亿日元用于支持二氧化碳转化为合成燃料、可持续航空燃料、甲烷、绿色液化石油气等技术的发展,490 亿日元用于支持二氧化碳还原化学品。

4)韩国

韩国将 CCUS 作为低碳绿色增长和实现国家碳减排目标的关键技术。2010 年 7 月,绿色增长委员会制定了"韩国国家 CCS 综合计划",通过高效 CCS 技术的发展,实现国家碳减排目标,创造新的增长引擎。2010 年 11 月,韩国成立了二氧化碳捕捉与封存协会促进 CCS 技术的发展。2021 年 3 月,韩国发布了《推进碳中和技术创新战略》,将 CCUS 作为实现碳中和的十大关键技术之一。2021 年 9 月,韩国发布 CCUS 技术发展报告,提出技术研发主题、短中长期技术路线和目标等。2021 年 9 月,韩国工业通商资源部宣布 2021—2025 年将提供 950 亿韩元支持高排放行业 CCUS 技术的发展。

4.3.3 中国 CCUS 技术发展现状

目前,我国 CCUS 的关键技术取得了进步,新技术类型不断推出,但在技术经济成本、示范规模、推广和有效性评价方面仍有待进一步探索。在二氧化碳捕获技术方面,我国燃烧前捕获技术相对成熟,第一代工业示范捕获技术,如胺吸收剂、常压富氧燃烧等,部分具有商业化能力。燃烧后捕获技术正处于示范阶段,特别是燃烧后化学吸收法与国际商业应用存在较大差距。其他第二代捕获技术,包括新膜分离、新吸附、增压富氧燃烧和化学链燃烧,仍处于研发阶段,预计将在 2035 年左右实现技术连接。在运输方面,陆地运输和内陆船舶运输技术相对成熟,但配套的陆地运输管道和管网设计仍处于早期阶段,海底管道运输技术的发展仍处于概念原型阶段。与美国、挪威、日本、巴西等国家相比,海洋封存示范项目的规模存在明显差距。在利用方面,除化工和生物利用技术外,特别是二氧化碳合成化学材料技术,基本实现了大规模商业化,产生了良好的经济效益,其他利用技术包括加强油、替代气体、浸泡采矿和加强深盐水技术,仍处于小规模工业示范研发阶段。

我国 CCUS 技术在国家大力推动下,取得了一系列丰硕成果,为日后长期发展打下了坚实的基础,但不可否认仍存在许多难题有待解决。

1)法规政策体系尚未完善

目前,我国在节能减排、清洁、可再生能源等领域都有相对完善的法律法规,但《环保行政处罚办法》《环境影响评价法》《水污染防治法》等法律法规未纳入 CCUS 技术相关内容,尚未出台企业可参考自制政策措施的 CCUS 法律框架。此外,整个 CCUS 链涉及国家和地方的石油、煤炭、电力、化工等不同行业和部门,但还未出台相应的监管体系、总体协调机制和产业化布局指导政策,特别是 CCUS 技术实现碳减排后长期高成本投资、低补偿、低利润回报,必然导致大型 CCUS 项目的长期盈亏失衡,因此,企业选择开展小型项目,甚至不开展 CCUS 项目,极大地阻碍了我国 CCUS 技术的发展。

2)高成本和高能耗压力

目前,我国 CCUS 应用主要是国家投资示范项目,但 CCUS 技术形成的产品竞争力低,整体经济差,无法分担高投资成本。此外,技术融资困难,能耗高,仅由企业难以维持。CCUS技术的高成本、高能耗和低收益特性对中国CCUS项目的推广是一个巨大的挑战。

3)不可预测的安全风险

众所周知,二氧化碳会与围岩、地下水、岩浆热液等介质发生物化反应,破坏地层稳定性。长期密封会直接导致地表变形、地震、水质酸化、土壤酸化、地层矿物质溶解、微生态环境和区域空气含量变化,间接危害当地人类和动植物。我国陆地和海底管道运输仍处于试验和探索阶段,其运输安全性尚未得到保障。因此,CCUS在生态环境保护方面存在潜在威胁,主要集中在二氧化碳在运输和密封过程中的泄漏,一旦发生,将严重影响周围环境甚至生物生命安全。

4)核心技术有待提高

目前,中国CCUS在单纯的捕捉和利用技术上与发达国家相差不大,但在商业化运作、全链工程、运输管道的材料、管网设计和安全监测等核心技术上与发达国家仍存在较大差距。这种差距主要表现在CCUS全流程示范工程规模化程度低,覆盖行业面窄,难以复制和缺乏经济效益等。例如现有CCUS示范项目主要集中于化工和电力行业,但在水泥和钢铁行业少有加装捕捉设备且尚未开展集成化示范项目,相反国外已在水泥和钢铁等难减排行业开展了类似阿联酋从钢铁厂排放的烟气中捕捉二氧化碳并用于驱油的示范项目。不仅如此,中国看似幅员辽阔,封存潜力巨大,但地质结构复杂,人口稠密,因此存在技术标准和安全措施要求更高的难点。

4.3.4 中国CCUS技术发展建议

从国内工程经验积累丰富、技术研发加快、应用前景广阔、国际投资持续加大和研究广泛开展的情况来看,CCUS技术作为中国今后应对温室效应的主要方向,已具备大规模推广的条件。因此逐步解决现存问题,建立系统的可复制、能推广的长效机制,CCUS就会迎来蓬勃发展,形成绿色发展新常态。

1)建立针对CCUS的完善法律法规和政策体系

政府部门制定的法律法规、行业标准、产业政策、规划设计在引领CCUS推广发展中发挥着重要作用。因此建议:① 加快建立CCUS法律框架,在完善现有政策的基础上,制定CCUS相关产业试行政策法规,一方面为项目建设运行提供约束和依据,另一方面为其提供法律基础经验,使CCUS技术法制化发展;② 通过示范工程经验先行出台社会团体标准、地方标准和行业标准,让企业在二氧化碳捕捉方式、捕捉纯度、利用方式、管网设计、管道输送量、封存选址和封闭方式等方面有法可依,最终形成国家标准,使CCUS技术标准化发展;③ 建立项目审批和许可制度,明确项目的申请门槛,将全流程技术环节涉及的内容统一纳入同一监管平台,将许可制度贯穿整个项目周期,使CCUS技术规范化发展;④ 参考发达国家出台的鼓励措施,例如美国的45Q法案,结合我国各地实际情况,制定条理清晰的优惠推进政策,包括优先投放建设用地指标、财政补贴专项基金、税费减免(所得税、增值税、设备购置税等)和多样化贷款融资渠道等,以此降低成本,减轻企业负担,使CCUS技术商业化发展。

2)建立跨部门、跨行业合作平台

CCUS全流程项目涉及多个技术环节和行业部门,类似于中国在矿业领域推进的绿色矿山建设,仅靠某一部门或者企业、团体和高校,无法全面、有效和科学地进行监督管理和研发运行,因此应建立跨部门、跨行业合作平台进行协调与沟通。政府应结合"双碳"目标,梳理各部门职能作用和范围,借鉴国外先进监管措施,取长补短加快推进制定空气、土壤、地下水、生态系统和安全风险等方面的监管体系,形成联席会制度,加强业务交叉沟通,形成合力共同提高监管效率、力度和覆盖面。

3)建立环境影响评价机制

尽管CCUS技术的减排效果显著,但具有不确定性风险,其中最大隐患在于二氧化碳封存和运输过程中的泄漏,可通过现有不同类型的示范工程经验,建立数字模型和分析处理系统,对各工程所在地的空气、植被、地形、土壤、水资源、储层温压、二氧化碳羽流状态(体积、温度、压力和逃逸)、生态系统和居民健康等进行监测,一方面为我国设计全面立体的环境监测机制提供探索经验,另一方面为我国建立CCUS环境风险防范体系和事故应急预案提供依据。

4)统筹发展,加强技术研发与国际合作

CCUS技术只是实现"碳达峰"和"碳中和"战略目标的技术措施之一,还包括清洁能源发展、提高行业能源效率、源头减排和绿色经济转型。中国需要从可行性、可持续性、经济性、技术性和安全性的角度综合考虑CCUS项目的战略布局和资源配置。因此,抓住经济转型、产业升级和供给侧结构性改革的机遇,利用 CCUS 技术对水泥、钢铁、燃煤电站、合成氨厂等现有设备进行安装改造,在因地制宜、节约成本的基础上延长设备使用寿命,调整能源结构。加强节能减排措施和绿色低碳清洁能源技术,从源头上减少碳排放;在明确技术路线图、战略定位和发展目标的基础上,继续加强 CCUS 技术研发和二氧化碳应用创新,安排重大科研任务和示范项目,重点研究方向和技术弱点;始终关注和把握国际 CCUS 技术发展趋势,加强国际交流,将人才引进与国际化培养相结合,扩大国际企业建设准入,加快中国 CCUS 技术发展,完善全过程示范经验,成熟碳交易系统和先行政策法规;积极向国际社会展示中国碳减排的责任和实际行动,促进 CCUS 纳入多边双边合作机制,共同促进人类共同未来社区的建设。

5)正确引导和大力宣传 CCUS 项目

在 CCUS 项目的推广过程中,实际上是绿色发展理念的传播和推广。充分利用"互联网+"的概念,通过政策法规、文明口号、新闻媒体等不同渠道,正确宣传 CCUS 技术的目标、愿景、经验和成果,引导各级政府、企业、群众认识到绿色转型发展是一个科学、可持续、长期的过程,不能脱离实际国情进行跨越式发展。在此基础上,建立相应的行业中介机构,对各级人员进行相关知识培训和能力建设,发挥点辐射效应,使群众建立绿色发展,促进 CCUS 技术环境效益、经济效益和品牌效益,形成良好的生态文明建设氛围。

参考文献

[1] 秦阿宁,吴晓燕,李娜娜,等.国际碳捕捉、利用与封存(CCUS)技术发展战略与技术布局分析[J].科学观察,2022,17(4):29-37.DOI:10.15978/j.cnki.1673-5668.202204008.

[2] 赵震宇,姚舜,杨朔鹏,等."双碳"目标下:中国 CCUS 发展现状、存在问题及建议[J].环境科学,2023,44(2):1128-1138.DOI:10.13227/j.hjkx.202203136.

[3] 曹建宝.多能互补与 CCUS 耦合利用碳减排模式分析[J].当代石油石化,2022,30(5):33-36+51.

[4] 中华人民共和国工业和信息化部.国家工业和信息化领域节能技术装备推荐目录(2022年版)[EB/OL].(2022-12-01)[2023-03-15].https://wap.miit.

gov. cn/zwgk/zcwj/wjfb/gg/art/2022/art_e1e474f6a9e44af2a9c5b7bd4af3f371.
html.

［5］崔晓利.中国能源大数据报告（2022）［EB/OL］.（2022 - 07 - 19）［2023 - 03 -
15］.https：//news. bjx. com. cn/html/20220719/1242314. shtml.

［6］中能传媒研究院.我国电力发展与改革形势分析（2022）［EB/OL］.（2022 - 04 -
02）［2023 - 03 - 15］.https：//mpower. in-en. com/html/power-2404283. shtml.

［7］王雪辰.能源发展回顾与展望（2021）——电力市场篇［EB/OL］.（2022 - 01 -
26）［2023 - 03 - 15］. https：//news. bjx. com. cn/html/20220126/1201455.
shtml.

［8］边际.我国实现碳中和的目标和途径［J］.上海化工,2021,46(2)：5.DOI：10.
16759/j. cnki. issn. 1004-017x. 2021.02.005.

5

『双碳』行动路径制定指南

本章从政府、园区、企业的角度介绍了如何科学地制定"双碳"行动路线。其中政府层面，首先介绍了碳中和标准体系的建设情况，重点分享了节能和能效，新能源和可再生能源，温室气体管理，碳捕捉、利用与封存，生态环境，绿色金融等领域标准体系建设进展，突出标准引领，对于推进碳达峰、碳中和目标具有重要意义；其次从能耗双控、能源审计、绿色制造体系和能效"领跑者"四个方面分析了目前我国的节能政策，政策的实施提高了能源利用效率，促进了能源和产业结构调整升级，加快推进生态文明建设，助力我国"双碳"目标的实现；最后介绍了循环经济和清洁生产的背景，"十四五"工作目标及主要任务，提升再生资源利用水平，建立健全绿色低碳循环发展经济体系，为经济社会可持续发展提供资源保障，同时也是实现减污降碳协同增效的重要手段，是加快形成绿色生产方式、促进经济社会发展全面绿色转型的有效途径。

园区层面，从能源系统、规划和管理、碳金融介绍了产业园区"双碳"转型的抓手，但同时也面临着行业相关标准指引少、转型路径不明确、相关专业人才稀少等挑战；其次梳理了产业园区低碳绿色转型的政策，分享了华东某中外合资工业园区、华北某中外合资生态园、华南某信息产业园3家园区案例，探讨了产业园区"双碳"转型发展的框架思路；最后介绍了零碳产业园区，分析了零碳产业园区的四大关键作用，如何平衡发展与"双碳"战略的关系，以数字化手段整合节能、减排、固碳、碳汇等碳中和措施，以智慧化管理实现产业低碳化发展、能源绿色化转型、设施集聚化共享、资源循环化利用，实现园区内部碳排放与吸收自我平衡，生产、生态、生活深度融合的新型产业园区。

企业层面，企业是温室气体排放的主要来源，也是推动碳达峰、碳中和的责任主体。稳妥有序推动企业编制碳达峰、碳中和行动方案是贯彻实施积极应对气候变化国家战略的必然要求。首先对标行业碳排放核算与报告标准规范，加强碳排放监测与核算，摸清碳排放基本特征；其次深入研究企业发展阶段、排放特征、市场行情、政策环境等因素，分阶段确定以碳排放双控指标为核心的降碳目标；然后根据企业自身情况分类施策，系统提出碳减排路径；再者结合企业性质和实际需要，建立健全企业碳排放管理体系，加强人才、资金、项目等要素配置；最后把握好碳达峰、碳中和的长期性、艰巨性、复杂性，建立动态评估和行动强化机制。

5.1 政府的行动研究

5.1.1 碳中和标准体系

1）整体情况

作为贯穿经济社会发展各领域的技术规则和规范产品生产销售的准则，标准的作用在企业的生产经营所起到的作用越来越大。对于推进碳达峰、碳中和目标尤其如此。2021年10月，中共中央、国务院印发了《国家标准化发展纲要》，提出完善绿色发展标准化保障，要求"建立健全碳达峰、碳中和标准。加快节能标准更新升级，抓紧修订一批能耗限额、产品设备能效强制性国家标准，提升重点产品能耗限额要求，扩大能耗限额标准覆盖范围，完善能源核算、检测认证、评估、审计等配套标准。加快完善地区、行业、企业、产品等碳排放核查核算标准。制定重点行业和产品温室气体排放标准，完善低碳产品标准标识制度。完善可再生能源标准，研究制定生态碳汇、碳捕集利用与封存标准。实施碳达峰、碳中和标准化提升工程"。

从国家层面来看，我国在石油、天然气、煤炭、电力等传统能源领域的国家标准共计有905余项。其中，煤炭类国家标准42余项，石油类国家标准305余项，电力类国家标准近304项，天然气类国家标准205余项。

在现有国家标准中，覆盖计量、系统优化用能、能效、能耗限额、在线监测、检测、能源管理、能量平衡、节能量与分布式能源及绩效评估、节能技术评价等节能类国家标准392余项，现行强制性能效标准与能耗限额分别为77项和113项。

碳排放领域涉及监测、计量、管理、核算和评估等系列标准，已发布温室气体管理相关10余项国家标准，正在制修订的标准30余项，其中行业企业温室气体核算与报告标准20余项、核查系列标准3项、企业碳管理系列标准3项、项目减排量核算标准4项、单位产品碳排放限额标准4项。此外，绿色包装、制造和评价等国家标准有50余项，循环经济类国家标准有10余项。

从行业层面来看，我国现有行业中，天然气、石油、电力、煤炭等传统能源领域的行业标准共计6110余项，其中电力类行业标准2310余项（推标2200余项），石油天然气类行业标准2410余项（推标2200余项），煤炭类行业标准

1 310余项(推标1 000余项)。

在现有行业标准中,涉及节能、绿色、循环经济、可再生能源、能效、温室气体、能耗等多个领域的行业标准705余项,覆盖环境保护、煤炭、石油天然气、交通、林业等行业领域。

2)重点领域标准体系建设进展

(1)节能和能效。

节能标准是国家节能制度的基础,是提升经济质量效益、推动绿色低碳循环发展、建设生态文明的重要手段,是化解产能过剩、加强节能减排工作的有效支撑。

2017年,国家发改委、国家标准委印发了《节能标准体系建设方案》的通知,方案突出节能标准的规范引领作用,按照节能过程环节将节能标准进行归类,构建节能标准体系框架。节能标准体系框架主要包括基础共性、运行、设计、建设、目标评估、优化等7个标准子体系。目标标准子体系包括能耗限额标准、能效标准,是整个标准体系的关键和重点。

节能和能效领域的标准化技术委员会主要包括全国建筑节能标准化技术委员会(SAC/TC452)、全国能源基础与管理标准化技术委员会(SAC/TC20)、全国能量系统标准化技术委员会(SAC/TC459)等。

SAC/TC20是节能领域国家标准的主要归口单位,负责承担节能领域的标准化技术工作,专业范围为节能及能源方面的通用性、综合性的基础和管理等领域,截至2022年10月,制定国家层面的节能标准390余项。

强制性节能标准是成效最为显著的节能标准,其中目标要求子体系已经发布实施了强制性高耗能单位产品能耗限额标准110余项,强制性终端用能产品能效标准70余项,基本实现了主要高耗能行业和重点用能产品的全面覆盖,电动机、空调能效指标和火电等能效指标达到国际先进水平。

此外,推荐性节能标准已经发布了基础共性国家标准10余项,重点用能设备和系统经济运行国家标准10余项,重点用能设备和系统节能监测国家标准20余项,能源计量器具配备国家标准10余项,节能测试和计算方法20余项,能源管理体系国家标准20余项,以及余能和新能源利用、节能评估国家标准20余项,能量优化等方面的国家标准10余项,节能市场化机制等方面的系列标准,形成了较为完善的节能标准体系。

SAC/TC459 全国能量系统标准化技术委员会主要负责范围为能量系统的统计、分析方法、评价、用能单位能量系统综合利用方法、评价指标、能量系统的优化,已发布 10 余项国家标准,覆盖领域从基础通用到重点用能行业、典型能量系统都有所涉及,但相较于国家及相关行业的能量系统优化工作需求和产业发展潜力而言,覆盖面仍待进一步拓展,以便充分发挥标准在相关节能工作的支撑作用。

此外,节能领域涉及的行业部门较多,包括节能技术、节能监察、节能监测、节能设计、能源计量、节能量、节能评价、节能测试、能源管理等相关行业标准 310 余项,分布在电力、工业、交通、能源、农业、建筑等多个行业领域。

(2)新能源和可再生能源。

① 太阳能。太阳能利用主要包括光热发电、太阳能热利用、光热发电和储热等。

太阳能领域直接相关的全国专业标准化技术委员会有全国太阳能标准化技术委员会(SAC/TC402)、全国气候与气候变化标准化技术委员会风能太阳能气候资源分技术委员会(SAC/TC540/SC2)、全国太阳能光伏能源系统标准化技术委员会(SAC/TC90)、全国建筑用玻璃标准化技术委员会太阳能光伏中空玻璃分技术委员会(SAC/TC255/SC1)、全国太阳能光热发电标准化技术委员会(SAC/TC565)。

太阳能标准化以光伏发电和太阳能热利用为主,光伏发电方面,已发布国家标准 49 项,包括:基础通用(10 余项)、光伏发电系统(2 项)、光伏部件(4 项)、光伏应用(10 余项)、光伏材料(20 余项)等方面。

太阳能热利用方面,已发布国家标准 40 余项,包括:通用材料及部件(10 余项)、工程(2 项)、系统(20 余项)、基础通用(3 项)、应用(2 项)等方面,在研已报批 10 余项。目前,太阳能热利用标准仍以系统、产品和材料的性能及测试实验方法为主,近年来制定的标准开始向高效绿色产品及中高温热利用发展。

此外,涉及太阳能领域的行业标准有 85 余项,覆盖能源、农业、有色、环境保护等行业的技术要求、试验方法、安装规范等。我国已基本建立了太阳能光热发电和太阳能热利用标准体系,相关标准在支持太阳能开发利用方面发挥了重要的支撑作用。

② 风能。风能领域直接相关的全国专业标准化技术委员会为全国风力发电标准化技术委员会(SAC/TC50),负责全国风力机械(包括风力发电、风力提水等机械)等专业领域标准化工作。全国气候与气候变化标准化技术委员会风能太阳能气候资源分技术委员会(SAC/TC540/SC2),负责风能气候资源方面的标准化工作。

风电标准化方面,已发布相关国家标准 80 余项,包括:风电场规划设计(6 项)、风电场运行维护(1 项)、风电并网管理技术(1 项)、风力机械设备和电气设备(80 余项)等方面。

已发布行业标准 90 余项,包括:规划设计(40 余项)、施工与安装(10 余项)、运行维护(7 项)、并网管理技术(10 余项)、机械设备(7 项)、电气设备(8 项)等方面。此外,行业标准有 110 余项。

我国已基本建立风力发电标准体系,主要分为基础通用、风电场规划设计、风电场施工与安装、风电场运行维护管理、风电并网管理、风力机械设备、风电电气设备等方面,相关标准在支撑风电规划设计、并网发电等方面发挥了重要支撑作用。

③ 氢能。氢能领域直接相关的全国专业标准化技术委员会有全国氢能标准化技术委员会(SAC/TC309)、全国燃料电池及液流电池标准化技术委员会(SAC/TC342)、全国汽车标准化技术委员会电动车辆分技术委员会(SAC/TC114/SC27)燃料电池汽车工作组、全国气瓶标准化技术委员会(SAC/TC31),负责氢能相关标准化研究工作。

目前,现行有效的氢能相关国家标准共计 100 余项,涉及术语、氢安全、氢储运、燃料电池、氢品质、制氢、加氢站、临氢材料、氢能应用等。目前氢能主管部门尚不明确,氢能行业标准仅 20 余项,主要涵盖临氢材料、基础通用、制氢等方面,相对较少。虽然我国已基本建立了涵盖全产业链的氢能技术标准体系,但是为适应氢能产业快速发展需要,亟须加快推动氢能标准化工作。

④ 生物质能。生物质能领域直接相关的全国专业标准化技术委员会有全国能源基础与管理标委会新能源与可再生能源分会(SAC/TC20/SC6)、全国林业生物质材料标委会(SAC/TC416)、全国沼气标委会(SAC/TC515)、全国石油产品和润滑剂标委会(SAC/TC280)、全国煤炭标委会(SAC/TC42)、全国变性燃料乙醇和燃料乙醇标委会(SAC/TC349),负责生物质标准化方面的

工作。

目前我国已制定 90 余项国家标准,170 余项行业标准,涵盖液体燃料、生活垃圾焚烧发电、生物天然气、清洁供热、农林生物质热电、成型燃料等。但是,我国在生物质领域尚未建立系统全面的标准体系,仍需开展生物质能标准体系研究,推动制定一批技术、检测、安全、装备等方面的核心标准,促进生物质能开发和利用。

⑤ 新能源汽车。新能源汽车分类主要为纯电动汽车、混合动力汽车和燃料电池汽车。

新能源汽车领域相关的全国专业标准化技术委员会为全国汽车标准化技术委员会(SAC/TC114),负责全国载货汽车、牵引汽车、越野汽车、客车、自卸汽车、专用汽车、轿车及汽车列车(包括半挂车和全挂车)、摩托车和电动汽车和名词术语、产品分类、技术要求、试验方法等专业领域的标准化工作。

已制定新能源汽车国家标准 71 项,覆盖基础通用、整车、动力电池、安全、零部件、安全管理、基础设施、通信等领域。另外,全国氢能标准化技术委员会(SAC/TC309)和全国燃料电池及液流电池标准化技术委员会(SAC/TC342)制定有关燃料电池汽车标准 10 余项。

我国基本形成新能源汽车行业标准体系,主要分为基础通用、整车、整车及基础、车载储能系统、驱动电机系统、燃料电池汽车、充(换)电系统、电磁兼容等子体系。其中纯电动汽车相关标准占比约 71%,燃料电池汽车相关标准占比约 20%,混合动力汽车相关标准占比约 9%。

⑥ 核能。核能领域直接相关的全国专业标准化技术委员会为全国核能标准化技术委员会(SAC/TC58),负责全国核能包括核能名词术语、辐射防护、反应堆技术、放射性同位素和核燃料技术等专业领域标准化工作。

SAC/TC58 已发布国家标准 170 余项,核能行业能源类标准 940 余项。

我国已基本建立核能利用和防护标准体系,相关标准在支撑核能安全使用等方面发挥了重要保障作用。

⑦ 海洋能。海洋能利用主要包括波浪能、潮流能和其他水流能等。

海洋能领域直接相关的全国专业标准化技术委员会有全国海洋标准化技术委员会海域使用及海洋能开发利用分技术委员会(SAC/TC283/SC1)和全国海洋能转换设备标准化技术委员会(SAC/TC546)。

SAC/TC283/SC1 负责海洋能源开发、海域使用利用、海籍调查等国家标准制修订工作,已发布海洋能开发利用方面国家标准十余项。

SAC/TC546 负责海洋能转换设备(包括波浪能、潮流能和其他水流能转换电能,不包括有坝潮汐发电)领域标准化工作。至今已发布国家标准 4 项,主要为术语、资源评估和特征描述及发电性能评估方面标准,正在制定标准 4 项,涉及海洋能转换装置的质量要求、系统设计和评价等相对较为基础的标准。

我国海洋能领域标准体系还处于初步建立阶段,国家主管部门和标准化机构正一步步转化国际标准,同时结合我国海洋能利用实际情况,逐步构建和完善我国海洋能利用标准体系。

(3)温室气体管理。

全国碳排放管理标准化技术委员会(SAC/TC548)主要负责碳排放管理术语、统计、监测,区域碳排放清单编制方法,企业、项目层面的碳排放核算与报告,低碳产品、碳捕获与碳储存等低碳技术与装备,碳中和与碳汇等领域的国家标准制修订工作。

目前 SAC/TC548 已发布国家标准 10 余项,正在制修订的标准有 40 余项,其中企业碳管理系列标准 3 项、项目减排量核算标准 4 项、核查系列标准 3 项、行业企业温室气体核算与报告标准 20 余项、单位产品碳排放限额标准 4 项。现有涉及温室气体的行业标准 20 余项,温室气体和碳排放领域也制定了 40 余项团体标准。

在碳排放管理领域还需进一步完善标准体系建设,在基础通用标准方面制定温室气体管理术语等相关标准,不断完善数据质量标准等基础通用标准;核算报告标准方面,完善现有企业层面和项目层面温室气体排放与清除核算及报告系列国家标准,保持与国际标准的一致性,制定产品和服务碳足迹的核算标准;核查标准方面不断完善审定核查通则及机构人员相关要求;技术标准方面制定直接在线监测技术标准;管理服务标准方面,制定温室信息披露标准等。

(4)碳捕集、利用与封存。

2016 年,原环保部发布《二氧化碳捕集、利用与封存环境风险评估技术指南(试行)》规范和指导二氧化碳捕集、利用与封存项目的环境风险评估工作。

目前住建部制定了 1 项国家标准《烟气二氧化碳捕集纯化工程设计标准》（GB/T 51316—2018），全国石油天然气标准化技术委员会正在研制国家标准《二氧化碳捕集、输送和地质封存管道输送系统》。此外，现行的行业标准 7 项，涉及机械行业 3 项燃煤烟气碳捕集装置和装备相关标准，船舶和石油化工行业 2 项液化二氧化碳运输相关标准，以及石油行业 2 项油气田注二氧化碳相关标准。

CCUS 技术发展、示范项目实施、政策落实等都亟须标准化工作支持，但其涉及捕集、运输、利用和封存阶段等多个环节，目前在基础方法、技术推广、项目建设与管理、监测、风险管理等多个环节的标准还处于空白状态，影响市场对该技术的接受和项目推广应用。

（5）生态环境。

我国生态环境标准体系框架主要由环境质量和污染物排放、污染防治、生态系统保护与修复等部分组成。

全国环境管理标准化技术委员会（SAC/TC207）主要负责全国环境管理专业领域内基础性、通用性、综合性的标准化工作，同时对口国际标准化组织环境管理标准化技术委员会（ISO/TC207）。

SAC/TC207 自成立以来，归口管理国家标准 30 余项，国家标准计划 10 余项，主要包括环境管理体系、环境标志和声明、环境绩效评价、环境成本和效益、生命周期评价、生态系统评估等领域国家标准。

全国环保产业标准化技术委员会（SAC/TC275）主要负责资源循环利用、全国环保产业领域环保设备、通用性、环保服务等专业领域内基础性、综合性的标准化工作。同时对口国际标准化组织水回用技术委员会（ISO/TC282）和污泥回收、循环、处理和处置技术委员会（ISO/TC275）。

自 2009 年成立以来，归口管理国家标准 50 余项，国家标准计划 82 项，主要包括水污染防治、大气污染防治、固体废物处理处置等环保细分领域的基础通用类、产品类、检测方法类、管理评价类国家标准。

在环境质量和污染物排放方面，我国生态环境部已发布水环境质量国家标准 5 项，水污染排放国家标准 60 余项，相关行业标准 40 余项；固定源和移动源污染物排放国家标准 60 余项；大气环境质量国家标准 4 项，相关行业标准 10 余项；土壤环境保护领域已发布行业标准 50 余项。

在生态系统评估与修复方面,全国环境管理标准化技术委员会(SAC/TC207)、全国营造林标准化技术委员会(TC385)在生态服务功能评估、生态修复、生态环境损害评估等方面共发布《土地生态服务评估 原则与要求》(GB/T 31118—2014)、《裸露坡面植被恢复技术规范》(GB/T38360—2019)等6项生态系统评估与修复领域相关国家标准。

在行业标准方面,国家生态环境部、国土资源部、林业和草原局、国家能源局、国家海洋局等部门,共发布 LY/T 2899—2017《湿地生态系统服务评估规范》、HJ 25.4—2019《建设用地土壤修复技术导则》等34项生态系统评估与修复领域相关行业标准,一定程度上弥补了生态系统评估与修复领域标准的缺失。

在生物多样保护方面,我国暂无生物多样性相关全国性标准化技术委员会,据不完全统计,目前我国暂未制定生物多样性直接相关标准,已制定生物多样性直接相关行业标准 20 余项,相关标准体系尚不完善,亟须加大对生物多样性领域的相关标准研究工作。

(6)绿色金融。

人民银行等主管部门积极构建统一完备的中国绿色金融标准体系,加快研究制定国内统一、国际认同、清晰可执行的绿色金融标准。

全国金融标准化技术委员会(SAC/TC180)于 2018 年成立绿色金融标准工作组(WG8)。

2021 年 4 月,中国人民银行、发改委、证监会等联合印发新版《绿色债券支持项目目录(2021 年版)》。相关目录增设"说明/条件"列,根据绿色债券支持项目的特征对每个四级分类所包含的项目范围进行解释,同时对各个项目需满足的标准进一步细化,并设置了技术筛选标准和详细说明,有效发挥标准对绿色债券等绿色金融活动的支撑作用。

2021 年 7 月,人民银行发布《金融机构环境信息披露指南》(JR/T 0227—2021)和《环境权益融资工具》(JR/T 0228—2021)等首批 2 项绿色金融行业标准。

近年来,各地绿色金融改革创新试验区高度重视绿色金融标准体系建设,积极探索制定绿色金融地方标准。例如,湖州通过实践探索,积极探索绿色金融的地方化成果,打造湖州绿色金融标准体系,建立绿色金融新配置,对规范行业发展、防止"洗绿""刷绿""漂绿"风险,均具有积极意义。目前,湖州已发布 10 余项地方标准,覆盖绿色金融标准体系建设、绿色融资项目和企业评价、绿色金融产品要求、绿色金融发展指数等方面。

SAC/TC20 针对绿色投资融资活动,正在紧锣密鼓地推动制定相关标准。目前,《能效融资项目分类与评估指南》(GB/T 39236—2020)国家标准已于 2020 年正式发布。

5.1.2 节能政策

1) 能耗双控

能耗双控是我国的一项节能政策,主要解决资源环境约束问题。20 世纪 80 年代改革开放初期,由于能源短缺,"能源问题,已成为目前国民经济发展中的一个突出矛盾",并确定了"开发与节约并重,近期把节能放在优先地位"的能源方针。"十一五"时期我国开始在全国设定能耗强度约束性目标,党的十八大以后,生态文明建设作为"五位一体"的总体布局之一,就开始了能耗双控。2015 年党的十八届五中全会上,提出实行能耗总量和强度双控行动,并将目标分解到各地区,进行严格考核。

能耗双控提高了能源利用效率,促进了能源结构、产业结构的调整升级,加快推进了生态文明建设,助力了我国"双碳"目标的实现。能耗双控的实行取得了巨大的成效,在新的形势和背景下,还需从以下几个方面来进一步改进和完善,更好地落实能耗双控政策从而实现"双碳"目标。

一是将能耗总量作为预期性目标,并考虑节能历史贡献。将能耗总量作为预期性目标进行考核,给经济、产业发展适当的能耗使用空间,更好促进"六保",落实"六稳";考虑各省、各地区"十一五""十二五""十三五"以来的 GDP 能耗下降历史贡献,以及 GDP 能耗现状和产业结构,在"十四五"节能双控目标下达时需综合考虑历史贡献度,分解节能目标。

二是非高载能行业重点考核强度指标和节能管理指标。逐步放松非高载能行业或能效较高行业的总量控制,但需强化强度指标和节能管理指标考核。在区、集团一级的强度评价中使用"产值能耗下降率"指标,在对具体重点用能单位进行目标分解时,以产品单耗评价为主,并考核节能工作运行机制、节能工作管理、节能重点工程等节能管理指标。

三是建立节能考核"熔断"机制。对于增加值能耗先进的省份、地区,建议给予更加弹性的强度考核方式,建立熔断机制;一直保持当前水平、波动不大的省份、地区,建议免除考核强度目标,在设置相关的前置条件下,是否可以转向偏重节能管理水平的考核,如只考核节能工作的管理和技术措施,但是一旦波动较大,则下一年给予考核强度目标。

四是开展工业低碳转型发展路线图研究。分析工业能源消费结构、能源消费行业、地区分布等特征,开展工业行业用能特征分析,调研当前上海工业低碳发展现状。基于数据中心、5G基站、人工智能等"新基建"用能增长点,挖掘上海工业节能潜力,探索工业转型升级、高质量发展路径,形成工业低碳转型发展路线图。

五是建议加快推进能耗双控到"双碳"目标过渡。国家层面明确2030年前达峰并争取尽早达峰,当前省级层面峰值目标及落实进度存在一定差异,碳排放监测、核查及报告体系仍有待完善。建议建立国家层面碳排放源普查,形成碳排放清单,结合不同地区经济发展水平、低碳产业培育、低碳能源利用、生态功能定位等方面的特点,制定国家和地区碳排放目标,推进能效水平不断提高,促进形成能源低碳化、产业高端化发展格局,促进能耗双控向"双碳"目标过渡。

2)能源审计

能源审计,是发达国家20世纪70年代末期开始倡导的由政府推动节能活动的一种管理方法。它是由专职能源审计机构或具备资格的能源审计人员受政府主管部门或业主的委托,对用能单位的部分或全部能源活动进行检查、诊断、审核,对能源利用的合理性作出评价、并提出改进措施的建议,以增强政府对用能活动的监控能力和提高能源利用的经济效果。

目前,我国的能源审计已相当成熟。审计人员依据国家有关的节能法规和标准,以用能单位生产经营经营活动中能源消费状况、能源加工转换、能源转供等台账、报表、账单、运行记录及能源管理制度、机构及人员岗位设置、生产工艺、主要用能设备为基础,并结合现场考察、设备测试、节能诊断、节能潜力挖掘等,对用能单位的能源利用状况进行系统的审计、分析和评价。

由各级政府部门实施五年一次的专项能源审计,主要以重点用能企业能源消费情况、节能诊断及企业节能潜力为切入点。对重点用能企业能耗数据真实性、生产工艺、主要用能设备、能效状况、完成节能降耗目标任务等,以及当地固定资产投资项目的节能审查、节能制度执行情况进行核查。

一是关注重点用能企业能效状况。首先摸清企业的基本情况,如主要工艺、装置、主要设备的名称及生产能力,并对主要工艺流程图、主要工艺能源消耗情况、主要用能设备进行汇总分析;摸清电力、热力及其他能源(或耗能工质)转换(或生产)等系统情况;绘制电力系统图、热力系统图、其他能源(含耗能工质)转换(或生产)系统图。其次是对企业能源管理运行状况进行分析,如能源管理方针和目标,推进目标责任制管理,有能源管理和节能目标文件,目标责任制考核文件等;针对企业能源管理机构、能源管理人员状况、能源管理网络,管理机构的职权,绘制能源管理网络图;对企业能源管理机构运行情况的问题进行分析;检查能源计量器具表和能源计量网络情况,能源计量器具配备率、完好率和检查周期、受检率情况;分析计量问题;检查企业能源统计现状、原始记录、台账、报表、分析报告,以及能耗数据的真实性等情况。最后是对企业节能降碳潜力进行分析和建议:对热、电等主要用能系统及主要用能设备进行节能降碳挖潜,对电机系统、制冷系统等重点用能设备进行技术评估,分析余能余热资源利用可能性;依据国家和上海地标对生产工艺,根据行业工艺、装备信息,分析企业现有工艺方面的节能降碳潜力。

二是关注固定资产投资项目节能审查和节能验收执行情况。2016 年施行的《节能监察办法》也有"对能源生产、经营、使用单位和其他相关单位执行节能法律、法规、规章和强制性节能标准的情况等进行监督检查,对违法违规用能行为予以处理,并提出依法用能、合理用能建议的行为"的规定。可见,国家和地区都对用能单位有明确且严格的节能减排规定。2017 年起实施的《固定资产投资项目节能审查办法》,要求年综合能源消费量 1 000 t 标准煤或 500 万 kW·h 电以上的固定资产投资项目在开工建设前须取得节能主管部门出具的节能审查批复,并对项目在竣工验收、投入运营后是否按照节能审查批复意见落实各项节能措施情况进行节能验收,即对固定资产投资项目进行事中、事后节能管理。

3)绿色制造体系

《中国制造 2025》明确提出绿色发展,发展循环经济,提高资源回收利用效率,构建绿色制造体系,走生态文明的发展道路,积极构建绿色制造体系,支持企业开发绿色产品、建设绿色工厂、发展绿色园区、打造绿色供应链、推行企业社会责任报告制度、强化绿色监管和开展绿色评价。《工业绿色发展规划（2016—2020 年）》和《绿色制造工程实施指南（2016—2020 年）》进一步明确了"以企业为主体，以标准为引领，以绿色产品、绿色工厂、绿色工业园区、绿色供应链为重点，以绿色制造服务平台为支撑，推行绿色管理和认证，加强示范引导，全面推进绿色制造体系建设"。

绿色制造体系建设主要包括以下几方面内容：建立健全绿色标准、创建绿色工厂、建设绿色工业园区、打造绿色供应链、开发绿色产品。

其中，绿色工厂按照用地集约化、生产洁净化、废物资源化、能源低碳化原则，结合行业特点，分类创建绿色工厂，推行资源能源环境数字化、智能化管控系统，实现资源能源及污染物动态监控和管理。

绿色工业园区选择一批基础条件好、代表性强的工业园区，推进绿色工业园区创建示范，推行园区综合能源资源一体化解决方案，提升园区资源能源利用效率，培育一批创新能力强、示范意义大的示范园区。

绿色供应链以汽车、电子电器、通信、大型成套装备等行业龙头企业为依托，以绿色供应标准和生产者责任延伸制度为支撑，完善采购、供应商、物流等绿色供应链规范，开展绿色供应链管理试点。

绿色产品按照产品全生命周期绿色管理理念，遵循能源资源消耗最低化、生态环境影响最小化、可再生率最大化原则，以点带面，开发推广绿色产品，发布绿色产品目录，引导绿色生产。到 2020 年，开发推广万种绿色产品。

绿色制造体系助推企业自身降低能源资源消耗、减少环保风险、降低运行成本，进一步创造竞争优势，提升品牌价值，是实现产业转型升级和绿色发展的有效途径，也是企业主动承担社会、践行绿色发展理念的必然选择。

4）能效"领跑者"

2011 年，国务院印发的《"十二五"节能减排综合性工作方案》中提出，要在我国建立"领跑者"标准制度，研究确定高耗能产品和终端用能产品的能效先进水平，制定"领跑者"能效标准。为了便于市场选择，与"领跑者"制度相配套，我国要求产品张贴能效标识，标识该产品的品名、型号、能效及制造企业名称。目前，我国已发布 7 批实施能效标识产品目录，节能产品认证覆盖电冰箱、空调、洗衣机等 64 类产品。

2012 年 5 月 16 日,国务院常务会议确定了进一步促进节能家电消费的政策措施。提出实施能效"领跑者"制度,公告能效"领跑者"产品型号目录,对达到"领跑者"能效指标的超高效产品给予较高补贴,适时将"领跑者"能效指标纳入能效标准中。

5.1.3　循环经济

1)背景

坚持节约资源和保护环境的基本国策,遵循"减量化、再利用、资源化"原则,着力建设资源循环型产业体系,加快构建废旧物资循环利用体系,深化农业循环经济发展,全面提高资源利用效率,提升再生资源利用水平,建立健全绿色低碳循环发展经济体系,为经济社会可持续发展提供资源保障。

2)主要目标

循环型生产方式全面推行,绿色设计和清洁生产普遍推广,资源综合利用能力显著提升,资源循环型产业体系基本建立;废旧物资回收网络更加完善,再生资源循环利用能力进一步提升,覆盖全社会的资源循环利用体系基本建成;资源利用效率大幅提高,再生资源对原生资源的替代比例进一步提高,循环经济对资源安全的支撑保障作用进一步凸显:

(1)2025 年主要资源产出率比 2020 年提高约 20%。

(2)单位 GDP 能源消耗、用水量比 2020 年分别降低 13.5%、16% 左右。

(3)农作物秸秆综合利用率保持在 86% 以上。

(4)大宗固废综合利用率达到 60%。

(5)建筑垃圾综合利用率达到 60%。

(6)废纸利用量达到 6 000 万 t。

(7)废钢利用量达到 3.2 亿 t。

(8)再生有色金属产量达到 2 000 万 t。

(9)资源循环利用产业产值达到 5 万亿元。

3)主要任务

(1)构建资源循环型产业体系,提高资源利用效率。

① 推行重点产品绿色设计。

② 强化重点行业清洁生产。

③ 推进园区循环化发展。

④ 加强资源综合利用。

⑤ 推进城市废弃物协同处置。

(2) 构建废旧物资循环利用体系,建设资源循环型社会。

① 完善废旧物资回收网络。

② 提升再生资源加工利用水平。

③ 规范发展二手商品市场。

④ 促进再制造产业高质量发展。

(3) 深化农业循环经济发展,建立循环型农业生产方式。

① 加强农林废弃物资源化利用。

② 加强废旧农用物资回收利用。

③ 推行循环型农业发展模式。

5.1.4 清洁生产

推行清洁生产是贯彻落实节约资源和保护环境基本国策的重要举措,是实现减污降碳协同增效的重要手段,是加快形成绿色生产方式、促进经济社会发展全面绿色转型的有效途径。为贯彻落实清洁生产促进法、"十四五"规划和 2035 年远景目标纲要,加快推行清洁生产,经国务院同意,国家发改委联合生态环境部、工信部、科技部、财政部、住建部、交通运输部、农业农村部、商务部、市场监管总局印发《"十四五"全国清洁生产推行方案》(发改环资〔2021〕1524 号)。

1) 主要目标

到 2025 年,清洁生产推行制度体系基本建立,工业领域清洁生产全面推行,农业、服务业、建筑业、交通运输业等领域清洁生产进一步深化,清洁生产整体水平大幅提升,能源资源利用效率显著提高,重点行业主要污染物和二氧化碳排放强度明显降低,清洁生产产业不断壮大。

到 2025 年,工业能效、水效较 2020 年大幅提升,新增高效节水灌溉面积6 000 万亩。化学需氧量、氨氮、氮氧化物、挥发性有机物排放总量比 2020 年分别下降 8%、8%、10%、10% 以上。全国废旧农膜回收率达 85%,秸秆综合利用率稳定在 86% 以上,畜禽粪污综合利用率达到 80% 以上。城镇新建建筑全面达到绿色建筑标准。

2) 重点推进工业清洁生产

(1) 工业产品生态(绿色)设计示范企业工程。

重点实施轻量化、无害化、节能降耗、资源节约、易制造、易回收、高可靠性和长寿命等关键绿色设计技术应用示范,培育发展 100 家工业产品生态(绿色)设计示范企业,制修订 100 项绿色设计评价标准,推广万种绿色产品。

(2) 重点行业清洁生产改造工程(表 5-1)。

表 5-1　重点行业清洁生产改造工程

行　　业	改造工程
钢铁行业	大力推进非高炉炼铁技术示范,推进全废钢电炉工艺;推广钢铁工业废水联合再生回用、焦化废水电磁强氧化深度处理工艺;完成 5.3 亿 t 钢铁产能超低排放改造、4.6 亿 t 焦化产能清洁生产改造
石化化工产业	开展高效催化、过程强化、高效精馏等工艺技术改造;推进炼油污水集成再生、煤化工浓盐废水深度处理及回用、精细化工微反应、化工废盐无害化制碱等工艺;实施绿氢炼化、二氧化碳耦合制甲醇等降碳工程
有色金属行业	电解铝行业推广高效低碳铝电解技术;铜冶炼行业推广短流程冶炼、连续熔炼技术;铅冶炼行业推广富氧底吹熔炼、液态铅渣直接还原炼铅工艺;锌冶炼行业推广高效清洁化电解技术、氧压浸出工艺;完成 4 000 台左右有色窑炉清洁生产改造
建材行业	推动使用粉煤灰、工业废渣、尾矿渣等作为原料或水泥混合材料;推广水泥窑高能效低氮预热预分解先进烧成等技术;完成 8.5 亿 t 水泥熟料清洁生产改造

(3) 农业清洁生产提升工程(表 5-2)。

表 5-2　农业清洁生产提升工程

方　　向	提升工程
实施节水灌溉	以粮食主产区、生态环境脆弱区、水资源开发过度区等地区为重点,推进高效节水灌溉工程建设
化肥减量替代	集成推广测土配方施肥、水肥一体化、化肥机械深施、增施有机肥等技术。在粮食和蔬菜主产区重点推广堆肥还田、商品有机肥使用、沼渣沼液还田等技术模式

方　向	提升工程
农药减量增效	支持一批有条件的县,重点推进绿色防控,推广物理、生物等农药减量技术模式。实施农作物病虫害统防统治,培育一批社会化服务组织和专业合作社
秸秆综合利用	坚持整县推进、农用优先,发挥秸秆还田耕地保育功能、秸秆饲料种养结合功能、秸秆燃料节能减排功能
农膜回收处理	以西北地区为重点,支持一批用膜大县推进农膜回收处理,探索农膜回收利用有效机制

（4）清洁生产产业培育工程。

支持开展煤炭清洁高效利用、氢能冶金、涉挥发性有机物行业原料替代、聚氯乙烯行业无汞化、磷石膏和电解锰渣资源化利用等领域清洁生产技术集成应用示范。培育一批拥有自主知识产权、掌握清洁生产核心技术装备的企业和一批高水平、专业化的清洁生产服务机构。

（5）清洁生产审核创新试点工程。

以钢铁、焦化、建材、有色金属、石化化工、印染、造纸、化学原料药、电镀、农副食品加工、工业涂装、包装印刷等行业为重点,选取 100 个园区或产业集群开展整体清洁生产审核创新试点,探索建立具有引领示范作用的审核新模式,形成可复制、可推广的先进经验和典型案例。

5.2　产业园区的行动推荐

据统计,我国已有 2 000 多个国家级及省级工业园区,贡献了全国工业产值的 50% 以上,工业园区也同时贡献了全国二氧化碳排放量的 31%。大量的工业园区带来大量经济收益与就业岗位的同时,也带来了大量的碳排放。但是工业园区也可以通过产业化的优势来进行能源、交通、建筑、产业、生活、智慧等等方面的综合战略规划调整,推动达成智慧零碳生态新园区。

5.2.1　产业园区"双碳"转型的抓手和挑战

产业园区最常见的是政府主导的开发模式,也有一些是以核心企业为主导并聚集上下游企业。总体来说,园区是根据城市经济发展需要,建立产业规划和发展战略,引进符合相关条件的产业项目,以地产为载体,项目为依托,实现城市功能建设的开发模式。随着国家和城市经济结构优化升级,可持续发展在投资决策中发挥越来越重的影响力,长线发展收益与短期收益是需要相平衡的。产业园区也需要重视低碳园区的建设,制定符合自身条件的低碳发展路线。

1)能源系统

产业园区的"双碳"发展路线,最首要的机遇来自能源系统的整合建设和高效运营。按照能源使用量分析,产业园区中主要能源需求包括工业生产需要的电力、热力及办公、生活需要的采暖、照明、空调、动力等能源。根据世界资源研究所的数据显示,工业企业自身发电和供热产生的碳排占工业环节总排放的17%。所以这些年政府一直在大力提倡清洁生产和节能减排,这部分能源的生产和运营如果通过能源站的方式进行集中调配,可以通过规模化提升能效,并使用可再生能源、热电联产、储能蓄能等综合方式脱碳,将显著降低园区能源系统的碳排总量。

2)规划和管理

产业园区通过研究"双碳"专项行动规划,制定"双碳"绩效管理标准,在园区整体运营中树立循环经济理念,实现上下游联动,提质增效。比如通过碳市场居中调节的方式联系上下游企业,建立碳链条,通过财务模型的设置促使企业自身主动在采购、生产、运营管理等各环节都建立绩效管理工具,并促进企业间脱碳工艺技术的交流,上下游采购中减碳产品的优胜劣汰,通过市场机制让"双碳"转型成功的企业获得更强的市场竞争能力,进而带动更多企业参与和更积极地投入"双碳"转型。在"双碳"转型发展初期,鼓励园区联合外部咨询公司力量,带领企业进行减碳路径研究、专题培训、交流和最佳实践的案例分享。

3)碳金融

工业企业进行脱碳转型迫切需要融资支持,而脱碳的成果在碳市场中也将转化为碳资产,吸引进一步投资,如何建立碳金融的落地服务并导入绿色转型金融支持,成为园区带领园内企业加速"双碳"转型的重要抓手。产业园区将对接国家和省级碳交易平台,培训指引相关企业充分使用碳金融的工具,加速脱碳转型的过程,建议园区积极建设促进碳金融、绿色金融、转型金融落地服务企业的管理配套平台,并全程为园区内企业提供落地性的碳资产核证、登记、交易、质押贷款、基金、资管、保理等支撑服务。

4)主要挑战

很多产业园区内的企业产业化程度不够,导致产生不了聚集效应,想要转型付出的代价太大也没有引导。总体来说,在目前"双碳"转型实施初期,共同的挑战主要是行业相关标准指引少、转型路径不明确、碳足迹的计算方法学不统一、碳认证未与国际接轨、相关专业人才稀少等问题。

5.2.2 产业园区低碳绿色转型的政策梳理

(1)国务院《"十四五"节能减排综合工作方案》(2022.1):引导工业企业向园区集聚,推动工业园区能源系统整体优化和污染综合整治,鼓励工业企业、园区优先利用可再生能源。以省级以上工业园区为重点,推进供热、供电、污水处理、中水回用等公共基础设施共建共享,对进水浓度异常的污水处理厂开展片区管网系统化整治,加强一般固体废物、危险废物集中贮存和处置,推动挥发性有机物、电镀废水及特征污染物集中治理等"绿岛"项目建设。到2025年,建成一批节能环保示范园区。

(2)发改委、工信部《关于做好"十四五"园区循环化改造工作有关事项的通知》(2021.12):通过优化产业空间布局、促进产业循环链接、推动节能降碳、推进资源高效综合利用、加强污染集中治理等循环化改造,实现园区的能源、水、土地等资源利用效率大幅提升,二氧化碳、固体废物、废水、主要大气污染物排放量大幅降低。

(3)工信部、人民银行、银保监会、证监会《关于加强产融合作推动工业绿色发展的指导意见》(2021.11):鼓励运用数字技术开展碳核算,率先对绿色工业园区等进行核算;支持在绿色低碳园区推动基础设施领域不动产投资信托基金(基础设施 REITs)试点;鼓励建设中外合作绿色工业园区,推动绿色技术创新成果在国内转化落地。

(4)生态环境部《关于在产业园区规划环评中开展碳排放评价试点的通知》(2021.10):选取一批具备碳排放评价工作基础的国家级和省级产业园区开展试点工作,以生态环境质量改善为核心,采取定性与定量相结合的方式,探索开展不同行业、区域尺度上碳排放评价的技术方法,包括碳排放现状核算方法研究、碳排放评价指标体系构建、碳排放源识别与监控方法、低碳排放与污染物排放协同控制方法等方面。通过试点工作,重点从碳排放评价技术方法、减污降碳协同治理、考虑气候变化因素的规划优化调整方式和环境管理机制等方面总结经验,形成一批可复制、可推广的案例,为碳排放评价纳入环评体系提供工作基础。

(5)国务院《关于加快建立健全绿色低碳循环发展经济体系的指导意见》(2021.2):科学编制新建产业园区开发建设规划,依法依规开展规划环境影响评价,严格准入标准,完善循环产业链条,推动形成产业循环耦合。推进既有产业园区和产业集群循环化改造,推动公共设施共建共享、能源梯级利用、资源循环利用和污染物集中安全处置等。

5.2.3 绿色低碳产业园区最佳实践案例

案例1 华东某中外合资工业园区(表5-3)

表5-3 华东某中外合资工业园区案例

方　向	实践内容
能源利用	大量接入清洁能源,建立"光伏-储能-充电桩-天然气分布式"的区域能源互联网络;加强对成员企业推进开展能源审计、重点用能单位节能考核、提升企业节能绿色意识,加强能源管理;"十三五"时期,园区单位生产总值能耗下降16.8%,单位GDP二氧化碳排放量总体呈稳步下降态势
绿色工业	以循环经济为指导理念,设立了节能循环低碳发展专项引导资金,提高了企业开展节能技改、能源管理等工作的积极性;加强基础设施建设,最大限度重复利用热能、污泥等副产品及厨余垃圾和废弃物,并生产沼气和生物质燃料,形成循环产业链
社区管理	倡导绿色生活,全域实行生活垃圾分类管理
绿色建筑	积极推广以节能环保、自然采光、雨水收集为特色的绿色建筑,获评省级建筑节能与绿色建筑示范区
绿色交通	通过"以桩促车、以车引桩",完善公共交通网络,在全域内使用清洁能源公交车、推广普及电动汽车、鼓励使用自行车
数字化管理	与数字化服务供应商开展合作,搭建开放的能源互联网共享服务中心,以设立基准、优化能源需求、减少排放和提高能效

案例 2　华北某中外合资生态园(表 5-4)

表 5-4　华北某中外合资生态园案例

方　向	实践内容
顶层设计	建立以生态保护为导向的 40 项生态指标体系,并结合实践升级为全国首个 2030 可持续发展指标体系,纳入了商务部《国家级经开区国际合作生态园工作指南》
能源供给	构建多元化清洁能源供给体系,重点发展太阳能、风能、地热能、空气能等可再生能源,并实施泛能网技术;打造"智能绿塔"模式,采用新型太阳能光伏板获取和储存能量以提供用电支持
绿色建筑	引进德国 DGNB 可持续评价标准体系,大力发展被动式超低能耗和装配式建筑,装配式建筑占新建民用建筑 50%以上
数字化管理	结合大数据、AI、人工智能、知识图谱等新一代信息技术,构建包含数据集成、数据治理、智慧"双碳"算法模型库及大数据分析的"双碳"数据体系,实现数据管理的灵活性和多功能性

案例 3　华南某信息产业园(表 5-5)

表 5-5　华南某信息产业园案例

方　向	实践内容
能源转型	园区加强建设能源管理平台及系统,确保用能单位及用能设备的能源消耗实现全部监测并有效识别节能空间,并搭建控制系统及时解决日常能源消耗的"跑冒滴漏";同时,推行用能预算管理,对项目用能和碳排放情况进行综合评价
应用转型	园区对生产制造产线的设备进行自动化、智能化改造,减少设备的停机时间、减少委外维修的内容和项目,提高设备的稼动率及单位时间的产出,使设备始终处于理想的运行状况;对生产过程中的重点耗能单元进行数字化改造,通过先行先试节能技术及研究应用智能控制技术,推进重点能耗设备节能,实现生产过程低碳化

5.2.4　产业园区"双碳"转型发展的框架思路

建议产业园区实施"双碳"转型发展时应重视相关政策、规划和标准的制定、制定园区的低碳发展路线,打造循环经济管理体系,推进碳金融落地服务平台的建设,建立明确的"双碳"发展规划是园区开展低碳建设和实现"双碳"

转型的前提条件,做好"顶层设计"和"上层建筑"有利于加快园区经济方式转变和经济结构调整,提高核心竞争能力,促进园区绿色、可持续发展,如图5-1所示。

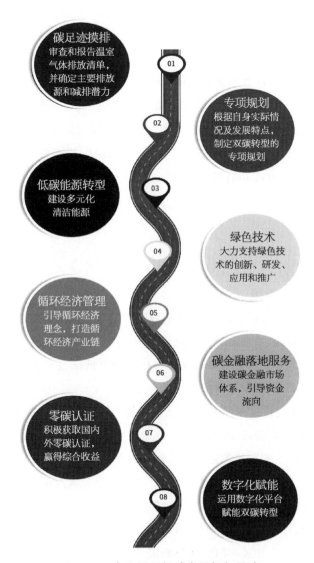

图 5-1 产业园区低碳发展框架思路

要以实践指导理论为原则,从短期、中期、长期的时间跨度上制定"双碳"转型目标及路线图。在能源、生产、交通等方面逐步细化各项准则,并发布总体规划、白皮书等相关指导性文件。

然后,针对园区内主导产业和企业进行"双碳"转型的具体路线进行定量的分析规划,识别主导产业在未来短、中、长期"双碳"转型实施路径中的风险与机遇,从"双碳"转型的视角制定产业结构的升级优化方向。对入园企业进行严格的考核与把控,对其"双碳"转型的风险进行分析、预测和评估,从而起到预防、缓解和降低的作用。

同时,园区也应注意加强低碳技术和"双碳"目标的宣传,提高成员企业的低碳发展意识。由于企业往往把经济效益放在第一位,企业往往会忽视低碳发展的环境效益,缺乏低碳发展的意识。因此园区的低碳建设要引导企业识别"双碳"转型的风险和机遇,明确节能减排的责任,提高资源能源综合利用率,加强技术创新力度和管理水平,促进园区企业建立符合自身情况的碳达峰、碳中和行动方案。

5.2.5 零碳园区

1)零碳智慧园区四大关键作用

(1)助力产业升级。

在实现"双碳"目标的过程中,将形成强大的绿色低碳市场需求,使产业发展可以形成新动能,推动能源等国民经济核心产业数字化进程,并进一步赋能产业转型升级。零碳智慧园区建设还会推动绿色低碳技术的发展,对绿色发展具有指导意义,引领产业供给侧变革。

园区零碳化建设加速节能环保低碳技术与产品的推广普及,加速"卡脖子"技术的突破。在新技术的带动下,产业核心基础零部件、关键基础元器件、先进基础的制造工艺和装备逐渐向低碳高效的方向升级发展,并进一步应用于工业生产全过程及企业管理各环节,形成智能化发展的新业态和经营模式。另一方面,零碳智慧园区建设产生海量的园区、产业、企业等相关数据,通过对企业产品分布、经济指标等各项指标数据进行收集、比对、分析,促进园区精细化管理的同时,也为相关部门分析判断经济运行、产业布局提供决策依据,助力实现精准决策。此外,零碳智慧园区建设能够营造共同发展、合作共赢的产业环境,通过搭建政企沟通桥梁,形成智能化、规模化、集群化的产业发展平台,通过企业间资源整合及政府合作共拓市场,进一步推动行业发展。

（2）重塑区域发展格局。

"双碳"战略与新型电力系统建设、"东数西算"等国家级战略的共同实施，将从更宏大的格局和更广阔的视野重塑区域产业发展格局，逐步形成经济提质增效与区域一体化发展协同共进的新局面。做好"双碳"工作，需要通过经济结构调整、产业调整、发展方式转型、能源转型等多方面共同完成，这对地方能源发展和经济转型提出了更高要求。各地借机逐步调整高耗能产业占比较大的现状，并加快发展战略性新兴产业、高技术产业、现代服务业等，以构建新发展格局。同时，在能源研究、开发、规划和转型的过程中，先进行部分地区的"双碳"试点工作，积累足够经验后才好查漏补缺，才可以推广到全国。如长三角、京津冀、粤港澳大湾区等产业集聚程度高、经济发展基础好的区域应积极引领新兴产业高起点绿色发展，中部、黄河流域等能源资源密集型产业集聚、生态环境脆弱的区域统筹推进碳达峰、生态保护与经济高质量发展。

（3）建设数字中国。

零碳智慧园区在建设和实践过程中，数字化的产业、数字化的治理、数字化的生活和数字化的生态同步推进，助力数字中国实践落地。全球数字经济蓬勃发展，数字中国建设掀起新一波的浪潮，零碳智慧园区作为智慧城市发展的基本组成单元，是数字中国建设的重要落脚点和先锋，也是绿色建筑、智慧建筑的终端实现载体。"双碳"背景下的零碳智慧园区与新一代信息与通信技术深度融合，通过园区内及时、互动、整合的信息感知、传递和处理，为管理者和用户提供智能化管理、高效运作、全方位服务的数字化生活和工作环境。同时，园区零碳化发展催生新模式、新业态创新发展，推动企业实现产业降本增效，提升综合竞争力，进一步推动产业向精细化高质量发展，实现产业链价值链全面升级。此外，零碳智慧园区能够实现园区管理和城市管理的融合，通过实现碳排放智慧监测，构建碳管理综合监控平台等公共平台，从而整体实现城市和产业功能区碳中和的精细化管理、智慧化服务。零碳智慧园区上接"智慧城市"，下连"智慧社区"，成为"双碳"背景下数字中国践行落地的示范基地。

（4）推进新型城镇化进程。

在"双碳"战略背景下，低碳、高质量的城镇化发展将成为发展趋势，产城融合、产业功能区、产业新城等相关理念与产业园区的绿色转型升级融合发展，助力打造低碳城镇化。新型城镇化重点任务指出，按照统筹规划、合理布局、分工协作、以大带小的原则,立足资源环境承载能力,推动城市群和都市圈健康发展,构建大中小城市和小城镇协调发展的城镇化空间格局。而园区将土地利用、城市功能、产业要素、政策环境高度耦合,成为城市拓宽产业空间,培育新型城镇化动力机制的主要抓手之一。一方面,从产业体系的角度将园区作为承接产业转移的载体,推进战略性新兴产业集聚、企业低碳化改造、低碳技术创新供给等,形成低碳绿色产业集群,增强园区的辐射带动作用和聚集人口的能力,为城镇化提供平台和空间,进一步提升产业竞争力。另一方面,园区零碳化有利于推进城市资源配置智能化、优化城市宜居环境、提升城市文化的传承和创新、增强市民的幸福感和城市的可持续发展;同时,园区零碳化作为低碳化的城镇化建设的组成部分,是推动实现能源供给低碳化、经济发展方式低碳化和居民生活方式低碳化的有效实践。

2)平衡"双碳"战略与发展

我国提出的"两个一百年"奋斗目标,要求到2030年GDP需要保持5%以上的增长,一次性能源需求保持2%的增长,无疑给实现"双碳"带来巨大挑战。作为世界第一工业大国,我国经济发展仍需要大量的能源消耗,碳排放量仍在增长。据英国石油公司(BP)数据,2020年,我国碳排放量达到98.99亿吨,同比增长0.6%,再创历史新高,占全球碳排放量的比重也提升至30.7%。

由于能源结构不合理,化石能源占能源消费比例高达85%,脱碳压力巨大。同时,我国区域间发展不平衡现象明显,不同区域的发展程度不同,具有不同的资源禀赋,西部大开发、东北振兴和中部崛起等国家战略的实施均需要以产业发展作为基础引擎,也会带来相应的碳排放。在此背景下,园区作为我国发展高新技术产业和推进自主创新的核心载体,通过根据自身区位特点、发展阶段、产业特点、要素资源等方面,从融入全国大局考虑统筹规划,平衡区域发展与碳约束之间的关系,如何实现生态文明与科技创新、经济繁荣相协调相统一的可持续发展,便成为亟须破解的平衡难题。

3)五大关键发展趋势

(1)从政策单点布局到机制环境日益完备。

自"双碳"目标提出以来,我国减排政策力度不断加码,从国家到地方纷纷跟进细化政策,打出政策组合拳,机制环境日益完善。目前,我国相关部委均已就未来减排工作作出安排,方向较为明确,如图5-2所示。其中发改委提出从调整能源结构、产业结构转型、提升能源利用效率、低碳技术研发推广、健全低碳发展体制机制及生态碳汇六大发力领域,为"双碳"工作作出了总体布局,可视为统领性安排。通过对各部委已发布的和在编的政策来看,能源和工业领域是政策主体和重点关注对象,能源部门能源转型以及工业部门钢铁减压的目标均十分明确。除了对能源和工业部门的直接调控之外,金融、生态、科技等领域也将成为主要发力方向,相关政策机制不断完善,为"双碳"目标的如期实现提供坚实保障。在金融领域,中国绿色金融体系建设自 2016 年后稳步发展,绿色债券发行量、绿色信贷存量全球领先,未来绿色金融体系及绿色低碳市场的相关财税政策有望进一步完善。在科技领域,科技部将加大碳减排科技攻关。在生态领域,中国碳市场的覆盖范围将逐步扩大,通过发挥价格信号的引导作用,鼓励企业开展节能减排。碳排放统计核算工作组加快建立统一的碳排放统计核算体系,为制定减排政策和各类主体采取减排行动提供依据。

2021年1月	2021年2月	2021年3月	2021年4月	2021年8月	2021年10月	2021年12月
住建部《绿色建筑标识管理办法》 生态环境部 • 碳排放权交易管理政策吹风会 •《关于统筹和加强应对气候变化与生态环境保护相关工作的指导意见》	人民银行《关于引导加大金融支持力度,促进风电和光伏发电等行业健康有序发展的通知》	国家电网《国家电网公司"碳达峰、碳中和"行动方案》	科技部《科技支撑碳达峰碳中和行动方案》编写专家组第二次会议	财政部牵头起草《关于财政支持做好碳达峰碳中和工作的指导意见》	国务院 •《2030年前碳达峰行动方案》 •《关于完整准确全面贯彻新发展理念做好碳达峰碳中和工作的意见》 •《关于推动城乡建设绿色发展的意见》 •《国家标准化发展纲要》 生态环境部《关于做好全国碳排放权交易市场数据质量监督管理相关工作的通知》	工信部 •《"十四五"工业绿色发展规划》 •《"十四五"原材料工业发展规划》

图 5-2 国家部委节能减排工作安排

(2)从强约束推动到聚力共建共治共享。

随着零碳机制环境逐渐建立,零碳氛围开始形成,城市、园区、企业、居民将从零碳建设中获得有效激励,从被动接受逐步转变为主动参与、积极推进,在政府的引导下,合力共建低碳社会。政府作为低碳制度的供给者和制度执行情况的监管者,积极完善顶层设计、强化政策引导,统筹制定总体方案和具体措施,保障"双碳"工作稳妥推进。行业企业发挥实施主体作用,不断提高贯彻创新、协调、绿色、开放、共享新发展理念的能力和水平,落实高质量发展要求,加快传统产业改造升级和智能制造发展,聚焦"双碳"目标,构建节约高效的社会用能模式,加快工业绿色低碳转型。社会民众自觉开展绿色生活创建活动,倡导简约适度、绿色低碳生产生活方式,培育绿色、健康、安全消费习惯。2021 年 7 月,首届中国碳中和图谱及零碳城市峰会上,部委智库及央企、地方政府共同发起"百城千企零碳行动",共建高水平零碳企业、零碳智慧园区、零碳产业集群和零碳城市。未来,通过政府主导、政策引导、市场调节、企业率先、全社会共同参与,整体实施、持续推进、共建共治共享的"双碳"建设新格局将逐步形成。

(3)从简单工具包到场景深度实践方案。

碳账户、碳金融、碳信用、碳普惠等类型服务逐步落地,并沿场景深度整合为实践方案,面向企业和居民提供灵活方案+服务包,通过产品类型产品形式的不断丰富创新,全方位服务于生产生活生态,为"双碳"目标的实现提供长期、稳定、可靠的系统性支持。随着全国碳市场化运行,碳账户机制先行建立,通过明确各相关主体在减碳方面的责任,实现减碳责任分解落地,推动绿色转型取得实质性进展。在此背景下,各地根据自身情况建立碳账户体系,例如工业碳账户、农业碳中和账户、个人碳账户三大体系碳账户及银行机构碳账户、银行员工碳账户、企业客户碳账户、个人碳账户四大领域碳账户等不同碳账户体系,以推动工业、企业、居民生活等重点领域绿色低碳转型。在个人碳账户体系基础上,个人碳账户建设将逐步深化,业务场景也将持续覆盖社会生活方方面面,例如用电用水、交通碳排、公益活动等,同时碳账户积分还将与银行贷款评级、个人碳信用等相结合,助力打造绿色信用体系。相应的,政府也将引导金融机构基于碳排放信息的金融产品和服务创新,加强对低碳、减碳、脱碳等领域的金融支持,为"双碳"工作向更深和更高层次迈进赋予动能。

(4)从星火次第绽放到全面铺开排浪涌现。

全国范围内,各类特色突出差异化的零碳智慧园区实践不断落地,动态中优化经验总结,形成标杆模式,并在全国范围内扩散推广。9月1日,生态环境部发布了《关于推进国家生态工业示范园区碳达峰碳中和相关工作的通知》,要求各园区将"双碳"作为国家生态工业示范园区建设的重要内容,形成"双碳"工作方案和实施路径,分阶段、有步骤地推动示范园区先于全社会在2030年前实现碳达峰,2060年前实现碳中和。这表明,以生态工业园区为代表的工业园区逐渐成为实现"双碳"目标的精准抓手之一,开始探索零碳智慧园区建设路径,发挥促进减污降碳协同增效、推动区域绿色发展中的示范引领作用。自"十三五"规划首次提出"实施近零碳排放区示范工程"以来,我国多地积极开展试点示范工程建设工作,并且取得了显著成效,探索出了各具特色的经验模式和创新路径。例如广东作为全国低碳试点省,因地制宜开展零碳排放建设,目前已基本建立起城市、城镇、园区、社区、企业、产品等多层次的试点示范体系。伴随政策、技术、资金及人才等多方面的驱动力不断加强,未来零碳智慧园区建设进程将持续加快,深化落地应用。

(5)从数据简单汇聚到深度赋能智慧应用。

随着能源大数据中心不断建成投运,经济社会主要运行指标、碳排放量、气象等相关数据加快集成融合,逐步支撑"双碳"智慧研判及自主优化,助力政府科学决策、企业精益管理及服务民众智慧用能。在供给侧,通过对发电及电网企业的二氧化碳排放量等数据集聚分析,能够为发电企业和电网企业控制与管理电站、机组和设备的碳排放量提供准确的决策依据,并进一步基于数据开展损失电量细化分析,实现运行优化、智能监盘,提高发电效率。在需求侧,企业或园区等借助智能设备,实时掌握生产运营各环节碳排数据并进行碳排数据分析,识别全产业链范围内的减排机会,并制定相应运营优化举措,在减少碳排的同时实现精益运营。此外,通过对各区域、各行业乃至各企业的碳排放总量、单位GDP碳排放强度的测算及动态监测,实现碳足迹追踪、管控,有助于政府及监管机构等相关部门及时了解企业的碳排放情况与碳中和发展进程,辅助政府治理、科学决策、高效规划。在此基础上构建碳中和综合评估模型,进行碳排放与碳达峰趋势分析,实现对分领域、分区域、分行业等碳达峰进程的数智化研判分析,支撑政府精准管控。

4)零碳园区概念内涵

绿色园区是以循环经济学基本原理和工业生态学为理论指导,通过模拟自然系统的循环路径来建立产业系统中的循环途径。构建园区内物质流和能量流的生态产业链网关系,形成互惠共生的生态系统,从而实现整个园区内资源利用率最大化、废物排放量最小化,建立低碳、清洁、和谐社会环境关系的新型产业园区发展模式。根据国家环境保护总局发布的《生态工业园区建设规划编制指南》:生态工业园区指依据清洁生产要求、循环经济理念和工业生态学原理而设计建立的一种新型工业园区。它通过物质流或能量流传递等方式把不同工厂或企业连接起来,形成共享资源和互换副产品的产业共生组合,使一家工厂的废弃物或副产品成为另一家工厂的原料或能源,模拟自然生态系统,在产业系统中建立"生产者—消费者—分解者"的循环途径,寻求物质闭环循环、能量多级利用和废物产生最小化,如图 5-3 所示。

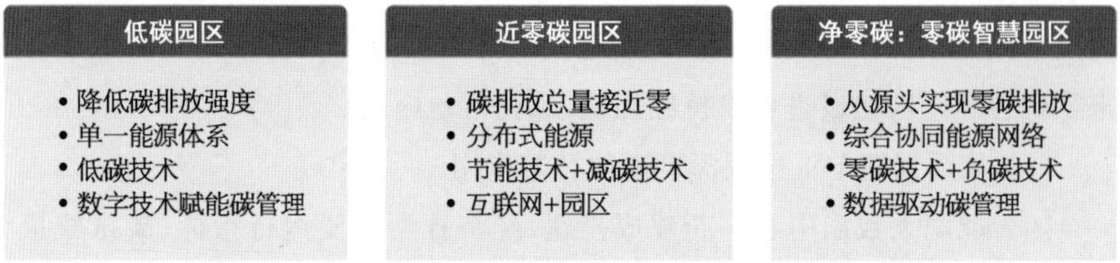

低碳园区	近零碳园区	净零碳:零碳智慧园区
• 降低碳排放强度 • 单一能源体系 • 低碳技术 • 数字技术赋能碳管理	• 碳排放总量接近零 • 分布式能源 • 节能技术+减碳技术 • 互联网+园区	• 从源头实现零碳排放 • 综合协同能源网络 • 零碳技术+负碳技术 • 数据驱动碳管理

图 5-3 低碳园区、近零碳园区、零碳智慧园区比较

可持续发展社区协会(ISC)发布《低碳园区发展指南》,将低碳园区定义为:在满足社会经济环境协调发展的目标前提下,以系统产生最少的温室气体排放获得最大的社会经济产出,以实现土地、资源和能源的高效利用,以温室气体排放强度和总量作为核心管理目标的园区系统。聚焦到碳排放目标,低碳工业园区是以降低碳排放强度为目标,以产业低碳化、能源低碳化、基础设施低碳化和管理低碳化为发展路径,以低碳技术创新与推广应用为支撑,以增强园区碳管理能力为手段的一种可持续的园区发展模式。

在此基础上,近零碳园区是在经济高质量发展、生态文明高水平建设的同时,通过能源、产业、建筑、交通、废弃物处理、生态等多领域技术措施的集成应用和管理机制的创新实践,实现区域内碳排放快速降低并趋近于零的园区空间,其经济增长由新兴低碳产业驱动,能源消费由先进近零碳能源供给,建筑交通需求由智慧低碳技术满足,持续演进并最终实现"碳源"与"碳汇"的平衡。

零碳智慧园区是指在园区规划、建设、管理、运营全方位系统性融入碳中和理念,依托零碳操作系统,以精准化核算规划碳中和目标设定和实践路径,以泛在化感知全面监测碳元素生成和消减过程,以数字化手段整合节能、减排、固碳、碳汇等碳中和措施,以智慧化管理实现产业低碳化发展、能源绿色化转型、设施集聚化共享、资源循环化利用,实现园区内部碳排放与吸收自我平衡,生产、生态、生活深度融合的新型产业园区。

5)零碳园区蓝图构架

零碳智慧园区顶层设计系统融入碳中和理念,愿景目标决定了园区的理想和前进方向,强调"数字融汇赋能",落脚点为"高品质发展"(图5-4),建设理念明确园区建设的原则和要求,强调创新成长、绿色高效和以人为本,兼顾绿色与发展、兼顾生产和生态的全面规划。零碳操作系统以数据打通园区核心生产要素各环节,对园区经济社会发展及碳排放相关重点要素数据进行系统梳理和全量汇聚,建立园区碳排放指标体系和碳管控应用,为场景化业务应用提供通用的、可复制的基础能力支撑。依托零碳操作系统的能源转型、应用转型和数字化转型三大核心能力转型保障零碳智慧园区建设目标顺利推进和愿景落地。核心要素全面塑造园区零碳化发展环境,支撑建设目标的推进。零碳智慧园区建设上联零碳智慧城市,下接零碳产业民生,通过物理空间"城市-园区-企业-人"和数字空间的深度融合互动,实践园区的零碳化高品质发展。

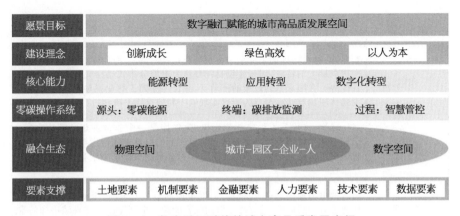

图5-4 数字融汇赋能的城市高品质发展空间

　　零碳操作系统以数据为核心生产要素,通过框架层、应用层、支撑层和物理层共同支撑零碳智慧园区建设,为零碳生产、零碳建筑、零碳交通等各类场景化应用提供通用的、可复制的基础能力支撑,促进园区基于此操作系统开发碳排放、碳清洁能源等相关智慧应用,同时数字化赋能园区碳生命周期全程智慧监测与管理,实现园区内部管理者、经营者和消费者的全联结,从过程和终端两方面共同帮助园区实现零碳目标,如图5-5所示。

框架层	产业运营	产业结构优化	产业服务	全局诊断	碳达峰目标测算

应用层	碳排放监测						能源综合管控				
	建筑	交通	生活垃圾	生产制造	碳汇	能源	分析对比	趋势预测	调度管理	能耗优化	动态监测	智能决策

支撑层	能力开放平台	数据集成	应用开发	智能数据使能引擎	优化策略	能耗预测	数据运营平台	零碳专题库	零碳主题库
	云计算		大数据	区块链		人工智能	物联网		……

物理层	智能计算		智能存储		智能网络		智能终端	
	通用计算 弹性计算 边缘计算		网络存储 归档存储 数据备份		低碳网络 4G/5G 无线网络		传感设备 视频监控 数据采集与传输设备	

图5-5　零碳操作系统

6)关键技术

零碳园区关键技术见表5-6。

表5-6　零碳园区关键技术

技　术	内　容
光伏	产业园、物流园区的工业厂房屋顶一般具有闲置屋顶面积大、遮挡物少、自身用电量大的特点,对于建设自发自用为主的分布式小型光伏电站具有特别优势。在国家系列政策的推动下,整合工业园工商业屋顶和立面资源建设光伏屋顶电站已经成为园区实现碳中和的重要手段
氢储能	对于风力、光伏等不稳定能源发电,氢储能是一个非常理想的解决方案。氢储能技术能够有效解决园区当前模式下的可再生能源发电并网问题,同时也可以将此过程中生产的氢气分配到交通等其他领域中直接利用,提高经济性
微电网	园区的电力使用负荷大、强度高,对电能的质量要求高,因此整合太阳能、风能等分布式能源,建立楼宇级的综合能源微电网是园区实现碳中和的重要手段之一

技　术	内　容
CCUS	在园区层面,鉴于生产工艺与新能源出力不连续性和不稳定性等原因,能源和生产环节无法实现完全的零碳排放,通过负碳技术等碳移除的手段,可以抵消部分化石能源的碳排放而实现碳中和
零碳建筑	根据世界绿色建筑协会相关数据,来自建筑物的温室气体排放占所有温室气体排放的近40%,成为各种类型园区中的主要碳排放来源之一,并贯穿园区建设的全过程。打造零碳建筑,在源头上实现节能,最大幅度降低建筑供暖、空调、照明能耗

7) 实践案例

海信(广东)信息产业园位于广东省江门市蓬江区,是集多媒体、家电、通信及相关配套产业链产品于一体的综合性生产制造型工业园区。作为蓬江区新一代电子信息产业龙头企业,海信江门园区主要通过能源转型以及应用转型推进园区低碳化改造和产业升级,打造零碳智慧园区。在能源转型方面,园区搭建能源管理平台,通过信息化节能实现智慧能源管理。在应用转型方面,园区一方面通过打造零碳建筑,对空调通风、集中供暖等系统进行节能改造,另一方面通过全方位、多层次实施生产过程节能措施,对生产设备进行智能化改造,打造零碳生产,降低单位生产值的能源消耗,实现园区绿色发展。

(1)全局。

海信(广东)信息产业园综合考量自身基本情况,参考研究先进节能标准规范、技术,科学选择建设路径,有计划有目标地推进零碳智慧园区建设。在规划阶段,充分分析园区地理信息、区位信息、自然资源等,充分考虑对自然资源的广泛使用便利,对建筑物类型、高度、朝向等进行科学设计、合理建设。在建设阶段,对既有建筑顶层、墙壁、建筑空调通风、集中供暖进行系统化节能改造;对新建建筑联合专业机构进行全方位绿色节能设计,打造近零建筑排放示范点。在运营阶段,对生产制造过程进行数字化建设,对重点能耗设备进行节能改造,对过程余热进行回收,对生产过程废料进行重复利用、绿色回收。海信信息产业园从产业生产、基础设施、公共服务、固碳能力等方面,系统地推进零碳智慧园区建设,目前已取得阶段性成果。

(2)能源管理平台。

海信(广东)信息产业园加强建设能源管理平台及系统,确保车间、厂房等次级用能单位、主要用能设备或环节的能源消耗实现全部监测并有效识别节能空间,通过平台对标重点耗能单元能效水平,识别并改进短板,实现智慧能源管理。同时,针对可控的能源消耗,通过搭建控制系统实现能源消耗的远程控制、自动控制及其他控制模式,并应用检漏仪等专业设备,及时解决日常能源消耗的"跑冒滴漏"。此外,还推行用能预算管理,强化固定资产投资项目节能审查,对项目用能和碳排放情况进行综合评价,从源头推进节能降碳,并完善能源计量体系,采用认证手段提升节能管理水平。海信(广东)信息产业园加强园区碳排放的动态监测和管理,对零碳改造及成效及时进行评估,并及时应对零碳改造过程中出现的新情况、新问题,实现数据驱动能源综合管理。

（3）生产线。

海信(广东)信息产业园对生产制造产线的设备进行自动化、智能化改造,将生产过程中的重点耗能单元进行数字化改造,降低单位生产值的能源消耗,提升制造效率。生产制造产线的重点设备方面,持续推进 TPM,通过一保、二保、预防性的维修、备件的管理、维护及保养维修能力的提升减少设备的停机时间、减少委外维修的内容和项目,提高设备的稼动率及单位时间的产出,使设备始终处于理想的运行状况。生产过程中的重点耗能单元方面,研究洁净厂房、采暖制冷、电或火焰加热系统等设备或系统构成及用能原理,通过先行先试节能技术及研究应用智能控制技术,推进重点能耗设备节能,实现生产过程低碳化。

5.3 企业的行动研究

企业是温室气体排放的主要来源,也是推动碳达峰、碳中和的责任主体。稳妥有序推动企业编制碳达峰、碳中和行动方案是贯彻实施积极应对气候变化国家战略、推动企业低碳高质量发展的必然要求,国家有部署、地区有政策、行业有倡议。企业应树立风险意识、坚持长期主义、增强系统思维,以高质量发展为引领,以能源绿色转型为核心,以结构、工程、技术、管理降碳为路径,摸清底数、对标要求、明确路径、强化保障,科学编制碳达峰、碳中和行动方案。

5.3.1 系统摸清碳排放家底

对标行业碳排放核算与报告标准规范,加强碳排放监测与核算,摸清碳排放基本特征,要点如下。

(1)构建数据管理体系。加强生产、能耗等碳排放核算基础数据监测与获取,按年度开展碳排放核算、报告与信息披露。具备条件的企业,可委托专业技术服务机构开展碳盘查,确保数据真实、准确、完整。

(2)规范测算历史排放。以法人为边界,以边界一、边界二为重点,按照统一标准规范,核算历史时期(一般为近5~15年)企业碳排放数据,建立长序列碳排放数据库(集)。

(3)分析评估降碳成效。分析企业碳排放总量、变化趋势等基本特征,识别碳排放来源结构、增减贡献,评估并量化企业已采取节能低碳行动的实际效果。

5.3.2 科学设定碳控排目标

深入研究企业发展阶段、排放特征、市场行情、政策环境等因素,分阶段确定以碳排放"双控"指标为核心的降碳目标,要点如下。

(1)分阶段设置目标。综合研判企业未来产业结构、用能需求和碳排放态势,科学设定短期、中期、长期目标。优先设定和量化"十四五"碳排放控制目标,中期目标可展望到2030年、2035年。具备条件的企业,可明确远期到2050年、2060年的降碳愿景。

(2)突出碳排放双控。紧扣推动能耗双控向碳排放总量和强度双控转变的政策导向,近期以强度降低目标为主、总量目标为辅,并将强度作为约束性指标;远期以总量减排目标为主。

(3)加强减碳目标衔接。企业阶段性碳排放总量(增量)目标、碳达峰峰值、碳达峰时间要按照区域"一盘棋"要求,充分对接各区域碳达峰实施方案和碳排放双控目标,实现统筹衔接。

5.3.3 系统提出碳减排路径

要点如下。

(1)突出结构降碳。大企业大集团要优化产业结构和投资布局,逐步提升高技术产业、战略性新兴产业、绿色低碳产业和现代服务业占比。能源企业加快能源生产结构调整,加快布局可再生能源,提升绿色低碳能源占比。工业企业要加快转型升级,优化产品结构和用能结构,严控高碳投资、产能和项目,降低高碳排放、低附加值产品占比,按一定优先序控制和减少化石能源消费,推动基于可再生能源电力的电气化。

(2)实施工程降碳。结合企业实际实施工艺更新重塑和节能降碳改造,有序实施废物再利用、设备淘汰更新、余热余压余能利用、分布式能源、绿化碳汇、碳捕捉等降碳项目,提升清洁生产能力。

(3)强化技术降碳。推广先进适用生产技术和节能降碳技术。具备条件的企业,要加快布局氢冶金、碳捕集利用与封存、原(燃)料低碳替代、绿色氢能等前沿技术研发和应用示范。

(4)加强管理降碳。健全企业节能降碳责任制,完善节能降碳激励机制。将碳排放管理纳入企业数字化管理平台,实施用能数字化调控和提效。推广绿色建筑,鼓励绿色办公、绿色出行,实施绿色采购。提高绿电和其他零碳电力、新能源交通物流车采购比例,购买核证碳减排量实施一定比例的碳补偿。

5.3.4 建立健全企业碳排放管理体系

结合企业性质和实际需要,建立健全企业碳排放管理体系,加强人才、资金、项目等要素配置,要点如下。

(1)建立工作机制。碳排放较多的企业,可统筹设立碳达峰、碳中和工作议事协调机构,成立碳资产管理部门,加强组织领导和日常管理。碳排放较少的企业,应明确节能降碳职能部门,确保降碳工作落实。

(2)完善投入机制。突出低碳引领,调整优化企业经营战略,加大对低碳技术、降碳项目、低碳产业的投资,分阶段滚动储备节能降碳工程项目。

(3)配备专业人才。企业应加强碳排放管理培训。具备条件的企业,可引进和规范培养"碳排放管理员",培育一批达到职业技术标准要求的人员。

(4)管好碳资产。有条件的企业应推动核证碳减排项目指标规范开发和交易,积极参与碳排放权交易,盘活碳资产,实现保值增值。具备条件的企业,可开展碳排放绩效国际对标,推动低碳产品和碳足迹认证,提升行业影响力。

5.3.5 建立动态评估和行动强化机制

把握好碳达峰、碳中和的长期性、艰巨性、复杂性,建立动态评估和行动强化机制,要点如下:

(1)开展绩效评估。以五年为周期,以碳排放双控目标为重点,定期开展碳达峰、碳中和进展成效分析,评价"投入—产出"情况,分析存在的差异和突出问题。

(2)更新调整方案。根据动态评估和当时实际,调整更新碳达峰、碳中和行动方案,细化降碳阶段性目标任务,进一步明确降碳技术路径和具体行动,增强时效性和可操作性。

(3)制定配套方案。结合当时技术进步、发展需要、降碳约束等条件,制定节能、绿色产业发展、绿色化改造、产能等减量替代等配套实施方案,推动降碳行动落地落实。

参考文献

[1] 杜伟杰,党程远."双碳"战略背景下循环经济高质量发展面临问题及对策研究[J].再生资源与循环经济,2022,15(12):3-5.

[2] 温宗国,唐岩岩,王俊博,等.新时代循环经济发展助力美丽中国建设的路径与方向[J].中国环境管理,2022,14(6):33-41.

[3] 陈娟丽,郝艳.碳达峰目标下碳排放影响评价的政策与制度探索[J/OL].中南林业科技大学学报(社会科学版),2022(6):48-55[2023-02-06].

[4] 王建宾,胡永朋,周忠堂,等.零碳农业园区综合能源服务解决方案[J].农村电气化,2023,428(1):60-66.

[5] 杨友麒."双碳"形势下能源化工企业绿色低碳转型进展[J].现代化工,2023,43(1):1-12.

[6] 零碳园区热潮背后的冷思考:冲破发展初期的"桎梏"[N].21世纪经济报道,2022-12-30(15).

[7] 谢斐,牟思思.国内外零碳产业园区建设情况及政策启示[J].当代金融研究,2022,5(12):66-73.

[8] 刘慧敏.近零碳排放园区试点建设实施方案研究[J].绿色科技,2022,24(23):276-280.

[9] 庞加兰,王薇,袁翠翠.双碳目标下绿色金融的能源结构优化效应研究[J/OL].金融经济学研究:1-17[2023-02-06].

[10] 宋卓然,程孟增,牛威,等.面向能源互联网的零碳园区优化规划关键技术与发

展趋势[J].电力建设,2022,43(12):15-26.

[11] 徐婷,邵男,田三忠,等.双碳目标背景下企业标准化调整与改进策略研究[J].中国标准化,2023,623(2):33-35+52.

[12] 规划司.国家标准化发展纲要[EB/OL].(2021-12-01)[2023-04-10].https://www.ndrc.gov.cn/fggz/fzzlgh/gjjzxgh/202112/t20211201_1306575_ext.html.

[13] 国家标准委.节能标准体系建设方案[EB/OL].(2017-01-11)[2023-04-10].http://www.gov.cn/xinwen/2017-01/19/content_5161268.htm.

[14] 人民银行.绿色债券支持项目目录(2021年版)[EB/OL].(2021-04-22)[2023-04-10].http://www.gov.cn/zhengce/zhengceku/2021-04/22/content_5601284.htm.

[15] 审计署长沙特派办.关于能源审计的思考[EB/OL].(2022-03-28)[2023-04-10].https://www.audit.gov.cn/n6/n39/c10227689/content.html.

[16] 发改委.固定资产投资项目节能审查办法[EB/OL].(2023-03-28)[2023-04-10].https://www.ndrc.gov.cn/xxgk/zcfb/fzggwl/202304/t20230406_1353307_ext.html.

[17] 发改委.节能监察办法[EB/OL].(2016-01-13)[2023-04-10].http://www.gov.cn/gongbao/content/2016/content_5067688.htm.

[18] 发改委.完善能源消费强度和总量双控制度方案[EB/OL].(2021-09-11)[2023-04-10].https://www.ndrc.gov.cn/xxgk/zcfb/tz/202109/t20210916_1296856.html.

[19] 国务院.中国制造2025[EB/OL].(2015-05-19)[2023-04-10].http://www.gov.cn/zhuanti/2016/MadeinChina2025-plan/mobile.htm.

[20] 国务院.工业绿色发展规划(2016—2020年)[EB/OL].(2016-07-25)[2023-04-10].http://www.gov.cn/zhengce/zhengceku/2021-12/03/content_5655701.htm.

[21] 工信部节能与综合利用司.绿色制造工程实施指南(2016—2020年)[EB/OL].(2017-01-10)[2023-04-10].https://www.miit.gov.cn/cms_files/filemanager/oldfile/miit/n973401/n1234620/n1234623/c5542102/part/5542109.pdf.

[22] 国务院."十二五"节能减排综合性工作方案[EB/OL].(2011-09-07)[2023-04-10].http://www.gov.cn/gongbao/content/2011/content_1947196.htm.

[23] 环资司."十四五"循环经济发展规划[EB/OL].(2021-07-07)[2023-04-10].https://www.ndrc.gov.cn/xwdt/ztzl/sswxhjjfzgh/wap_index.html.

[24] 发改委."十四五"全国清洁生产推行方案[EB/OL].(2021-10-29)[2023-04-10].https://www.ndrc.gov.cn/xxgk/zcfb/tz/202111/t20211109_1303467.

html.

[25] 国务院."十四五"节能减排综合工作方案[EB/OL].(2021-12-28)[2023-04-10].http://www.gov.cn/zhengce/content/2022-01/24/content_5670202.htm.

[26] 发改委.关于做好"十四五"园区循环化改造工作有关事项的通知[EB/OL].(2021-12-15)[2023-04-10].https://www.ndrc.gov.cn/xxgk/zcfb/tz/202112/t20211220_1308649_ext.html.

[27] 工信部.关于加强产融合作推动工业绿色发展的指导意见[EB/OL].(2021-09-03)[2023-04-10].https://www.miit.gov.cn/zwgk/zcjd/art/2021/art_90ee895bb134432b8b543e34ebd984c0.html.

[28] 生态环境部.关于在产业园区规划环评中开展碳排放评价试点的通知[EB/OL].(2021-10-28)[2023-04-10].https://www.mee.gov.cn/xxgk2018/xxgk/xxgk06/202110/t20211028_958149.html.

[29] 国务院.关于加快建立健全绿色低碳循环发展经济体系的指导意见[EB/OL].(2021-02-22)[2023-04-10].http://www.gov.cn/zhengce/content/2021-02/22/content_5588274.htm.

[30] 毕马威.中国双碳战略落地,园区专项规划势在必行[EB/OL].(2022-05-22)[2023-04-10].https://www.sohu.com/a/548317340_120070887.

[31] 发改委.发展改革委关于印发《2019年新型城镇化建设重点任务》的通知[EB/OL].(2019-03-31)[2023-04-10].http://www.gov.cn/xinwen/2019-04/08/content_5380457.htm.

[32] 生态环境部.生态工业园区建设规划编制指南[EB/OL].(2008-04-01)[2023-04-10].https://www.mee.gov.cn/ywgz/fgbz/bz/bzwb/other/qt/200712/t20071224_115411.shtml.

[33] ISC.低碳园区发展指南[EB/OL].(2012-05)[2023-04-10].http://www.tanpaifang.com/ditanhuanbao/2012/1022/7932.html.

[34] 生态环境部.关于推进国家生态工业示范园区碳达峰碳中和相关工作的通知[EB/OL].(2021-09-01)[2023-04-10].https://www.mee.gov.cn/xxgk2018/xxgk/sthjbsh/202109/t20210901_884575.html.

[35] 工信部.绿色制造工程实施指南(2016—2020年)[EB/OL].(2016-09-14)[2023-04-10].https://www.miit.gov.cn/cms_files/filemanager/oldfile/miit/n973401/n1234620/n1234623/c5542102/part/5542109.pdf.

[36] 国务院.关于"十二五"节能减排综合性工作方案(摘要)[EB/OL].(2011-09-07)[2023-04-10].http://www.gov.cn/gongbao/content/2011/content_1947196.htm.

[37] 发改委.国家发展改革委关于印发《"十四五"循环经济发展规划》[EB/OL].

(2021-07-01)[2023-04-10].https://www.ndrc.gov.cn/xxgk/zcfb/ghwb/202107/t20210707_1285527.html.

[38] 李惠."双碳"目标下化工行业绿色低碳循环经济体系构建研究——评《化工行业循环经济》[J].化学工程,2022,50(1):4-5.

[39] 刘长滨,张雅琳.国外能源审计的经验及启示[J].建筑经济,2006(7):80-83.

6

工业企业『双碳』实践重点行动

本章节主要探讨了工业企业实现"双碳"目标的行动路径，梳理了钢铁、水泥、炼油、现代煤化工等重点领域的工艺改造路线，分析了能耗数字化管理的重要意义，探讨了通用用能设备的节能改造技术路径及ESG对工业企业实现"双碳"目标的保障作用。

对于工业企业，要从引导改造升级、绿色技术应用、先进装备应用，以及能源系统优化升级、公辅设施改造等多个方面推动行业节能降碳和绿色转型。着重提升工艺装备水平和能源利用效率，构建结构合理、竞争有效、规范有序的发展格局，避免以重组为名盲目扩张产能和低水平重复建设，建立示范性项目、低碳产业基地、零碳园区工厂，引领整个行业向着节能低碳的方向发展。此外，还应充分利用数字化技术，对企业能耗情况进行精细化管理，通过深层的数据挖掘及信息化技术应用，进一步做到智能优化运行，并带动区域性的智慧能源布局，使数据从微观到宏观领域都得到充分的利用。

ESG体系可以有效地促进企业平衡其自身发展与对环境、社会、人文等产生的影响，为企业社会责任投资提供强有力的指引，促进企业形成长期稳定、绿色健康的可持续发展态势。本章选取上海电气、首钢集团、晶澳科技等十六家央企、国企、民企，多方面展示企业在ESG管理中的成功案例，具有较好的示范效应。企业应不断积极践行ESG理念，加强建设中国特色ESG的生态系统，不断提升核心竞争力，以实现高质量绿色协调发展。

6.1 重点领域的工艺改造路线

2022 年 2 月 11 日,国家发改委、工信部、生态环境部、国家能源局四个部门联合发布了《高耗能行业重点领域节能降碳改造升级实施指南(2022 年版)》。该指南从顶层设计分析探讨了我国高耗能行业重点领域为了实现碳达峰、碳中和目标,进行节能降碳改造升级的路径和趋势。

首先是引导改造升级,特别是对于能效水平在基准水平以下的企业,这部分企业应该是未来改造升级的重点关注对象,鼓励他们应用绿色技术、工业节能技术、先进技术装备等,同时结合能源系统的优化、余热余压的利用、公辅设施的改造等来进行整体改造升级。

其次还应该充分发挥高等院校、科研院所、行业协会等单位的创新资源,依托科研和人才及知识的力量来推动重点领域绿色共性关键技术、前沿引领技术和相关重大设备的技术攻关。针对能效水平已经达到或者接近标杆水平的骨干企业,更应该百尺竿头更进一步,率先建立示范性项目、低碳产业基地、零碳园区工厂等,从而引领整个行业向着节能低碳的方向发展。

此外,对于重点领域的骨干企业,鼓励引导其发挥资金、人才和技术的优势,充分利用自身资源,通过技术更新换代,淘汰落后产能,引进绿色技术,开展本领域内的兼并重组。着力建设规模化、一体化的生产基地,提升工艺装备水平和能源利用效率,构建结构合理、竞争有效、规范有序的发展格局,避免以重组为名盲目扩张产能和低水平重复建设。最后,要充分发挥相关法律法规和《产业结构调整指导目录》的支撑作用,对能效在基准水平以下,且较难在规定时限通过改造升级达到基准水平的产能,应通过市场化方式和法制化手段推动其加快退出。

6.1.1 钢铁行业

1) 背景介绍

根据中钢协有关数据显示,我国钢铁业碳排放量高达 18 亿吨,约占碳排放总量的 15%,在制造业 31 个门类中仅次于火电。钢铁行业将面临从碳排放强度的"相对约束"到碳排放总量的"绝对约束",以及"低碳经济"的国际挑战,在碳中和政策背景下,钢铁行业面临巨大的低碳转型压力。钢铁行业的碳达峰目标:初步要求 2025 年前,钢铁行业实现碳排放达峰;到 2030 年,钢铁行业碳排放量较峰值降低 30%,预计将实现碳减排量 4.2 亿 t。这在短期内会给企业带来运营压力,尤其是会压缩企业的利润空间,但长期来看,如果能抓住机遇强化创新,钢铁行业将迎来新的发展前景。

有人预测在钢铁行业低碳转型的过程中,高能耗、低效益的中小企业将被淘汰,实力雄厚的大型上市企业通过技术创新、兼并重组,市场竞争力将进一步增强。在国家推动钢铁行业低碳转型政策措施不断完善的背景下,有实力的上市企业在技术研发创新、标准制定引领方面将大有可为,进而为推动我国钢铁行业高质量发展提供有力支撑。面对新的压力和挑战,钢铁行业该如何实现自我蜕变,迎接新的发展浪潮,成为了钢铁企业应思考的重大问题。

2)工艺技术路线

从产业整体发展角度看,应持续提升产业集中度,实施专业化整合和分工。避免单纯为了追求规模效应的整合,探索横向跨区域跨国别、纵向跨产业链的兼并重组,推动中国钢铁行业整体高质量发展。通过能源精益化管理为节能降碳赋能,应用先进适用、成熟可靠的清洁生产工艺技术,促进高能效转化工艺、装备、管理技术的创新开发及应用,全面推进能源配置智慧化。从关联行业需求出发打造绿色产品供应链。围绕建筑、交通、能源、桥梁等重点行业需求,从材料使用全生命周期的资源消耗和碳排放评价出发,开展钢铁产品绿色设计。鼓励企业建立全流程全方位的监测监控体系,进行基于生命周期评价的碳排放分析。

统筹协调长流程炼钢和短流程炼钢的关系,鼓励有条件的企业率先发展短流程炼钢,提升高炉炼铁废钢的应用比例。其次以吨钢碳及污染物排放为标准,严格禁止新设非规模化钢厂,分阶段强制退出效率低下的小散炼铁高炉,严防"地条钢"死灰复燃和已化解过剩产能复产,提升钢铁行业生产效率。

重点推广钢渣微粉生产应用及含铁含锌尘泥的综合利用,提升资源化利用水平。鼓励开展钢渣微粉、钢铁渣复合粉技术研发与应用,提高水泥熟料替代率,加大钢渣颗粒透水型高强度沥青路面技术、钢渣固碳技术研发与应用力度,提高钢渣循环经济价值。推动钢化联产,依托钢铁企业副产煤气富含的大量氢气和一氧化碳资源,生产高附加值化工产品。开展工业炉窑烟气回收及利用二氧化碳技术的示范性应用,推动产业化应用。

从技术改造更新角度看,推广烧结烟气内循环、高炉炉顶均压煤气回收、转炉烟一次烟气干法除尘等技术改造。推广铁水一罐到底、薄带铸轧、铸坯热装热送、在线热处理等技术,打通、突破钢铁生产流程工序界面技术,推进冶金工艺紧凑化、连续化。加大熔剂性球团生产、高炉大比例球团矿冶炼等应用推广力度。开展绿色化、智能化、高效化电炉短流程炼钢示范,推广废钢高效回收加工、废钢余热回收、节能型电炉、智能化炼钢等技术。推动能效低、清洁生产水平低、污染物排放强度大的步进式烧结机、球团竖炉等装备逐步改造升级为先进工艺装备,研究推动独立烧结(球团)和独立热轧等逐步退出。

推广应用高效节能电机、水泵、风机产品,提高使用比例。合理配置电机功率,实现系统节电。提升企业机械化自动化水平。开展压缩空气集中群控智慧节能、液压系统伺服控制节能、势能回收等先进技术研究应用。鼓励企业充分利用大面积优质屋顶资源,以自建或租赁方式投资建设分布式光伏发电项目,提升企业绿电使用比例。

此外,还应提升能源的多级利用,进一步加大余热余能的回收利用,重点推动各类低温烟气、冲渣水和循环冷却水等低品位余热回收,推广电炉烟气余热、高参数发电机组提升、低温余热有机朗肯循环发电、低温余热多联供等先进技术,通过梯级综合利用实现余热余能资源最大限度回收利用。加大技术创新,鼓励支持电炉、转炉等复杂条件下中高温烟气余热、冶金渣余热高效回收及综合利用工艺技术装备研发应用。

企业需加速推动改善生产流程、更新生产设备,建立健全钢铁智能化、绿色化生产体系,加强产业链协同,加大风能、太阳能、氢能等清洁能源利用。在生产运营方面,通过完善软硬件基础设施、深化设备智能化改造等,不断提升生产智能化水平,在工艺优化、调度控制、远程协同等场景下,实现智能化、数字化管理,促进生产运营提质增效。

3)信息技术应用

利用大数据分析等技术,加强能耗监管,健全能源管理体系,对钢铁制造各环节的能耗和排放进行智能化管理,提高能效,降低单位能耗。5G、工业互联网等数字技术将助力钢铁行业实现碳达峰、碳中和目标。不少钢铁行业上市公司加快布局数字经济,推进绿色智能制造,推动数字赋能钢铁主业转型升级。比如,杭钢股份表示,将培育壮大数字经济产业,投资建设互联网数据中心业务,推进数字经济产业运营升级,致力于将杭钢股份打造成为"智能制造＋数字经济"双主业协同发展的资本平台。

我国钢铁行业已经具备相对较好的信息化基础,充分运用 5G、大数据、工业互联网等新一代信息技术赋能钢铁行业数字化转型,将助力我国钢铁行业在能耗和排放、生产运营、产业链协同、产品质量管理等方面不断优化,提高系统效率,支撑行业碳达峰、碳中和目标的实现。数字技术在钢铁行业的大量应用,可以实现原料供应、能源使用、产能释放等与市场需求的精准匹配,有利于减少能耗,缓解减排压力。同时,这些技术的大量应用可以为钢铁企业创新发展提供新动能,创新驱动短期看会增加投入,但长期看可以为企业发展创造若干比较优势,有利于企业长远发展,技术的改进和平台的优化也可以使企业加快实现碳达峰、碳中和目标。

6.1.2 水泥行业

1）背景介绍

根据相关数据显示,2021 年全球水泥产量超过 41 亿 t,我国的水泥产量约 24 t,二氧化碳排放量约为 12 亿 t,占全国碳排放总量的 13% 左右。由于水泥生产工艺复杂,原料多样,碳排放也不完全相同。就目前的统计数据来看,有 95% 左右的碳排放来自熟料生产。根据欧洲水泥研究院的研究,碳排放约 1/3 来自燃料燃烧,约 2/3 来自熟料烧结过程的矿化反应。因此,要实现 2030 年碳达峰的目标,除了在水泥去产能、控产量等方面努力实现碳减排外,在熟料减碳方面也应该有所行动。

欧洲水泥协会 2020 年发布的碳中和路线图中,重点介绍了如何通过产业链的每个阶段(熟料、水泥、混凝土、建筑和再碳化)进行碳减排,从而实现碳中和。欧盟建议采取二氧化碳运输和储存网络;采取循环经济行动,支持在水泥生产中使用不可回收的废物和生物质废物燃料;基于生命周期方法,减少欧洲建筑碳足迹,鼓励建筑市场多使用低碳水泥;在碳排放监管和促进工业转型方面营造公平的竞争环境等方式实现净零排放的目标。

过去的 20 年里,我国的水泥产业基本完成了产业技术结构调整,在节能降耗方面有了一定的突破,并且取得了较好的成果,也正因为如此,再实施碳减排碳中和,存在有一定的难度,为了响应国家碳达峰、碳中和目标,水泥产业必须有破釜沉舟的勇气和决心。目前,国家对通过碳交易市场购买排放权履行减排责任的企业有明确要求,其抵消部分占比不能超过排放量的5%。因此,有专家认为,对水泥企业而言,要么从源头控制和减少碳排放,要么压减产能,才能满足碳中和的要求。

2021年1月,中国建材联合会发布的《推进建筑材料行业碳达峰、碳中和行动倡议书》中提出我国建筑材料行业要在2025年前全面实现碳达峰,水泥等行业要在2023年前率先实现碳达峰,2021年5月,国家市场监管总局、工信部、发改委、生态环境部等七部委联合发布《关于提升水泥产品质量规范水泥市场秩序的意见》中提到确保2030年前水泥行业碳排放实现达峰,为实现碳中和奠定基础。这是水泥行业政策中首次提出碳达峰目标。但国家层面对于水泥行业具体的碳达峰、碳中和路线尚未出台。

2) 工艺技术路线

根据工信部发布的《高耗能行业重点领域节能降碳升级实施改造指南(2022年版)》,水泥行业实现碳达峰、碳中和未来的主要方向,一方面是加强先进技术攻关,培育标杆示范企业,另一方面是加快成熟工艺普及推广,有序推动改造升级。技术攻关方面,积极开展水泥行业节能低碳技术的研究,研发超低能耗示范技术,绿色氢能煅烧水泥熟料关键技术,研发新型固碳胶凝材料制备及窑炉尾气二氧化碳利用关键技术,以及水泥窑炉烟气二氧化碳捕集与纯化催化利用关键技术等重大节能低碳技术。

事实上,国际上的一些公司正在尝试采用绿氢替代燃煤进行水泥熟料煅烧,例如西班牙的某水泥厂大多采用了电解水制氢、氢能替代燃煤用量约20%,德国海德堡水泥在英国的一家水泥厂也采用了液氢替代燃煤,替代料约40%。我国也有一些科研院所对绿氢煅烧水泥进行了研究,其目的是实现水泥熟料煅烧燃煤的替代。可以通过风电、光伏和水电的输入,采用电解水制备氢气和氧气技术,实现氢气的利用。这既适应了我国清洁能源的发展,又使得既有水泥生产可以在技术装备基本保持不变的前提下实现节能降碳。

除了绿氢替代之外,CCUS也是助力水泥行业实现碳达峰、碳中和目标的有效途径。CCUS分为碳捕集、碳利用与封存,碳捕集的方法主要有燃烧前捕集、富氧燃烧和燃烧后捕集三种。燃烧前捕集和富氧燃烧要求条件相对苛刻,技术研究开发和示范项目较少。燃烧后补集技术是当前较为成熟和广泛的应用。目前,碳利用与封存的主要方向是地下封存、驱油和食品利用。碳封存技术有高压液化注入海底和地质封存两种。驱油技术最早应用于低渗透油藏开发,在驱油增产的同时可实现二氧化碳埋藏与封存,是目前经济技术条件下的一种有效的温室气体减排路径。

二氧化碳驱油与封存技术已在北美实现商业化、规模化应用,我国部分石油企业也已建成示范工程并逐步开展推广应用,在水泥行业里,二氧化碳捕集技术已经有了应用案例,比如有新闻报道白马山水泥厂建设了万吨级水泥窑烟气二氧化碳捕集纯化项目,产品达到了99.9%以上的工业级和纯度为99.99%以上的食品级二氧化碳,这为大型水泥企业实施碳达峰、碳中和目标起到了很好的示范引领作用。

6.1.3 炼油行业

1) 背景介绍

炼油一般指石油炼制,是将石油通过蒸馏的方法分离生产符合内燃机使用的煤油、汽油、柴油等燃料油,副产物为石油气和渣油。比燃料油重的组分,又通过热裂化、催化裂化等工艺转化为燃料油,这些燃料油有的要采用加氢等工艺进行精制。不同种类的原油和不同的目标产品需要设计不同的炼油厂,一般可分为燃料型炼油厂、化工型炼油厂、燃料-润滑油型炼油厂、燃料-润滑油-化工型炼油厂等。

炼油行业直接关系到我们国家的经济命脉和能源安全。其能源消耗主要是燃料气消耗、蒸汽消耗和电力消耗等。炼油行业规模化水平参差不齐,用能主要存在如下问题,比如中小装置规模占比较大、加热炉热效率偏低、能量系统优化不足、耗电设备能耗偏大等。炼油行业的低碳绿色发展必须把握正确的方向,加强技术开发,积极推广成熟工艺,有序推广系统改造升级。

2) 工艺技术路线

在提高能源利用率方面,比如采用一氧化碳燃烧控制技术提高加热炉热效率,合理采用变频调速、液力耦合调速、永磁调速等机泵调速技术提高系统效率,采用冷再生剂循环催化裂化技术提高催化裂化反应的选择性,降低能耗、催化剂消耗,采用压缩机控制优化与调节技术降低不必要的压缩功消耗和不必要停车,采用保温强化节能技术降低散热损失。

在节能装备与系统优化方面,加快节能设备和系统优化推广应用。比如升级改造空气预热器,提高加热炉的热效率,推广应用高效换热器,加大沸腾传热,提高传热效率。推广加氢装置原料泵液力透平应用,回收介质压力能。采用装置能量综合优化和热集成方式,减少低温热产生。推动低温热综合利用技术应用,采用低温热制冷、低温热发电和热泵技术实现升级利用。推动蒸汽动力系统、换热网络、低温热利用协同优化。推进精馏系统优化及改造,优化循环水系统流程,采取管道泵等方式降低循环水系统压力。新建炼厂应采用最新节能技术、工艺和装备,确保热集成、换热网络和换热效率最优。

在智能化技术应用方面,采用智能优化技术,实现能效优化,智能化不是简单的数据和设备的连接,而是对生产数据进行排序、分类、筛选、分析。鼓励炼化企业深入开展智能工厂建设实践,加快转型升级,用大数据、云计算、物联网等新技术带动传统企业生产、管理和营销模式变革。

在绿色能源利用方面,氢气是炼厂的宝贵资源,炼厂需要大量氢气,氢气的合理利用对于炼化一体化装置而言非常重要。炼油厂利用氢气来降低汽油柴油的硫含量,以及加大对渣油、重油的转化,氢气用量随着含硫或劣质原油的比例增加而增加。推进炼厂氢气网络系统集成优化,无疑是推动炼油行业节能降碳的重点。比如采用氢夹点分析技术和数学规划法对炼厂的氢气网络系统进行模拟、诊断和优化,推进氢气网络与用氢装置协同优化,开展氢气资源的精细管理与综合利用,提高氢气利用效率,以达到降低氢耗、系统能耗和二氧化碳排放的目的。

除了推动技术改造升级和清洁能源利用以外,根据《产业结构调整指导目录》,将依法依规淘汰 200 万 t/年及以下常减压装置、采用明火高温加热方式生产油品的釜式蒸馏装置。对能效水平在基准值以下,且无法通过改造升级达到基准值以上的炼油产能,按照等量或减量置换的要求,通过上优汰劣、上大压小等方式加快退出。

6.1.4 现代煤化工行业

1)背景介绍

提起现代煤化工,不是本行业的人可能不理解什么是煤化工,什么又是现代煤化工及其与传统煤化工的区别。这里,笔者给出解释,煤化工是指以煤为原料,经过化学加工使煤转化成气体、液体、固体燃料及各种化工产品的工业,是相对于石油化工、天然气化工而言的。从理论上来说,以原油和天然气为原料通过石油化工工艺生产出来的产品都可以以煤为原料通过煤化工工艺生产出来。煤化工又可以分为传统煤化工和现代煤化工,其中煤焦化、煤合成氨、电石生产等属于传统煤化工,煤制甲醇、煤制乙二醇、煤制天然气、煤制油、煤制二甲醚等为现代煤化工。传统的煤化工污染较高,能源消耗较大,效率较低。现代煤化工是推动煤炭清洁高效利用的有效路径,对于拓展化工原料来源具有积极的作用,已经成为石油化工行业的重要补充。

此前召开的中央经济工作会议提出,要立足以煤为主的基本国情,抓好煤炭清洁高效利用,增强新能源消纳能力,推动煤炭和新能源优化组合。这对于现代煤化工来讲是雪中送炭,为整个行业注入了一剂强心针。面对新局势,煤化工行业必须调整发展思路、重新设置布局,寻求低碳转型发展的新方向。

2)"双碳"背景下的发展压力

由于煤化工分类较多,我们接下来说的现代煤化工主要是针对煤制甲醇、煤制烯烃和煤制乙二醇。

我国煤制烯烃产业发展较快,同时也面临着一些问题,比如产品结构单一、同质化现象严重、市场竞争激烈等,与此同时,面临巨大的环保和"双碳"目标的压力,多处规划的煤制烯烃项目极有可能遭遇被拒的局面。虽然我国的乙烯、丙烯产能依然有较大缺口,但上马煤制烯烃项目还是需要理性分析、完善规划及差异化高端化的产品。

煤制乙二醇自 2000 年以来发展迅速,技术也从一代技术发展到了三代技术。经过多年的发展,一些能耗高、装置规模小的产能已成为落后产能,未来随着技术的进步,有必要进行优化升级,降低能耗和碳排放水平,如果不及时进行转型发展甚至有可能被限制淘汰。面对新的形式和"双碳"要求,我国的现代煤化工产业的发展还存在不少问题,尤其是在产品竞争力、产品差异化高端化、碳排放和产业布局等方面。

(1)产品竞争力不足,企业收益不佳。

与石油化工项目相比,现代煤化工还不具备规模化、基地化的优势,产品单一化现象比较明显,并且同样的产品,其单位产能的投资明显高于炼化项目。由于煤化工的工艺路线和技术特性,相对于石化产品,现代煤化工项目整体投资过大、投资回报周期过长、运行成本过高,使得产品竞争力不足。

（2）碳排放量大。

煤化工生产时需要调整氢、碳原子比例,在生产过程中会产生大量二氧化碳。尽管不同的产品方案和生产工艺生产单位产品所排放的二氧化碳量不尽相同,但是煤化工项目普遍存在单个排放源排放强度大、排放规模大的显著特征。

（3）产品差异化和高端化方面有待改善。

国内采用费托合成技术生产煤制油品的产品类型一致,造成同质化产品供应量激增,加剧了行业竞争。煤制烯烃项目产品以中低端为主,双烯产品集中在少数通用料或中低端专用料牌号上,高端专用料牌号基本空白。煤制乙二醇产品结构单一,已建成的项目通常以乙二醇为绝对主产品,下游用于聚酯的高端应用比例不高。

（4）"三废"及高盐废水处置费用高。

现代煤化工项目大多位于西部煤炭资源丰富的地区,受资源环境安全约束加强影响,部分项目的用地指标、用水指标、环境容量指标和用能指标等代价高,影响了项目经济性预期。特别是这些地区水资源承载力有限,对煤化工项目的水资源利用和废水处理技术提出了更严格的要求。

3）工艺技术路线

煤炭作为我国主体能源,现阶段仍是国家能源安全的"压舱石",面对新变化,煤化工行业必须调整思路、重新布局,寻求转型发展的新方向。

（1）坚持前沿技术开发应用,培育行业发展标杆企业。

煤化工生产过程以化学反应为基础,存在大量物质变化和能量交换过程,技术水平高,工艺流程复杂。先进技术的研发和国际先进水平的技术应用,将有可能打破原有的技术条件限制,从而促进工艺流程优化、消耗降低、物料能量利用更合理,从本质上加快节能降碳。

在高性能复合新型催化剂方面,推动自主化成套大型空分、大型空压增压机、大型煤气化炉示范应用,推动合成气一步法制烯烃、绿氢与煤化工项目耦合等前沿技术开发应用。

① 高性能复合新型催化剂。作为化学反应与化学合成的灵魂,催化剂性

能提升,将大幅改善转化率、选择性等关键指标,从而降低反应条件或简化工艺过程,促进节能降耗。

② 空分装置和煤气化装置。其既是煤化工的重要生产单元,也是重点用能模块,近几年自主化成套技术水平不断提高,需要加快技术创新再上新台阶。

③ 合成气一步法制烯烃。该技术有望变革工艺路线、缩减工艺环节,大幅降低生产能耗。

④ 绿氢与煤化工项目耦合。其属于产业发展模式创新,既可以促进可再生能源的就地消纳,又能够促进煤化工生产过程中物料的有效利用、降低能耗和碳排放,值得探索。

(2)加快成熟工艺普及推广,有序推动改造升级。

① 绿色技术工艺。加快大型先进煤气化、半(全)废锅流程气化、合成气联产联供、高效合成气净化、高效甲醇合成、节能型甲醇精馏、新一代甲醇制烯烃、高效草酸酯合成及乙二醇加氢等技术开发应用,推动一氧化碳等温变换技术应用。

② 重大节能装备。加快高效煤气化炉、合成反应器、高效精馏系统、智能控制系统、高效降膜蒸发技术等装备研发应用。采用高效压缩机、变压器等高效节能设备进行设备更新改造。

③ 能量系统优化。采用热泵、热夹点、热联合等技术,优化全厂热能供需匹配,实现能量梯级利用。根据工艺余热品位的不同,在满足工艺装置要求的前提下,分别用于副产蒸汽、加热锅炉给水或预热脱盐水和补充水、有机朗肯循环发电,使能量供需和品位相匹配。

④ 废物综合利用。依托项目周边二氧化碳利用和封存条件,因地制宜开展变换等重点工艺环节高浓度二氧化碳捕集、利用及封存试点。推动二氧化碳生产甲醇、可降解塑料、碳酸二甲酯等产品。加强灰、渣资源化综合利用。

⑤ 全过程精细化管控。强化现有工艺和设备运行维护,加强煤化工企业全过程精细化管控,减少非计划启停车,确保连续稳定高效运行。

除此之外,应继续推动已建成的现代煤化工工厂优化完善,实现满负荷条件下的连续、稳定、安全、清洁生产运行,降低生产成本,提高生产运行管理水平,积极改善生产经济性。运用智能化、工业物联网技术和高级分析工具,深入分析、加大力度管控现代煤化工生产过程,进一步提高工厂运行效率,提升核心技术指标,提高目标产品合格率,降低能耗、水耗和污染物排放。

实现碳达峰、碳中和是一场广泛而深刻的变革,不是轻轻松松就能实现的,尤其是高耗能重点领域行业,必须长期坚持节能减排和生态优先的发展方式。节能减排是当前最重要的转变生产方式、调整生产结构、降低碳排放的手段,在完成碳达峰、碳中和目标的同时,实现发展方式和发展路径的根本转变,加快促进发展全面绿色转型,推动经济社会实现更高质量更可持续的发展。

6.2 能耗数字化管理

能耗数字化管理系统是对企业能源转换、输配、利用和回收实施动态监测和管理的系统,能够对企业的能耗使用过程进行全程跟踪,所有的用能过程及去向都可以以数据的方式展示出来,从而实现数据采集、分析、汇总、上传等功能。能耗数字化管理系统一般由能耗在线监测端设备、计量器具、工业控制系统、生产监控管理系统、管理信息系统、通信网络及相应的管理软件组成。

用能单位能耗数字化管理的目的是加强用能单位的节能管理,降低企业和关键工序的能耗。掌握能源消费趋势,加强能源消费预测预警,不仅是各级工业和信息化主管部门把握能源消费趋势的前提和基础,同时也要促进产业转型升级和绿色发展,构建资源节约型、环境友好型的产业体系的内在要求。

6.2.1 能耗数字化管理的起源

从"十一五"开始,党和国家就开始重视节能工作,并不断加大对节能的监督管理力度。在《"十二五"节能减排综合性工作方案》《节能减排"十二五"规划》《2014年—2015年节能减排低碳发展行动方案》《"十三五"节能减排综合工作方案》《重点用能单位节能管理办法》等文件中,都对能耗在线监测数字化管理系统建设提出了明确要求。

2017年国家发改委和质检总局联合印发了《重点用能单位能耗在线监测系统推广建设工作方案》,2019年国家发改委、市场监管总局联合印发《关于加快推进重点用能单位能耗在线监测系统建设的通知》。这一系列政策文件由上至下推动重点用能单位开展能耗在线监测系统的建设工作。与此同时,作为节能减排工作的主体,广大用能单位开展能耗在线监测工作的自身需求也在日益增长。用能的精细化、数字化管理和实时调控正在逐步成为用能单位节能工作发展的新方向。

不论是"能耗双控"还是"碳排放双控"都是党中央、国务院加强生态文明建设、推动高质量发展的重要制度性安排,是我们党将生态文明建设作为国家方针政策,推进人与自然和谐共生的重大理论和实践创新。我国正处于工业化、城镇化深化发展阶段,能源需求持续增长,生态环境保护任务艰巨。进一步强化节能提高能效,对从根本上破解资源环境瓶颈约束、建设生态文明、推动高质量发展具有重要意义,同时也是推动实现碳达峰、碳中和目标的重要抓手。

关于用能单位能耗在线技术要求,国家和地方政府都有出台相应的规范标准,比如《重点用能单位能耗在线监测系统推广建设工作方案》中明确要求了能耗在线监测系统的建设原则是由政府推动、共同实施,整合资源、信息共享,统一标准、互联互通。2020 年 10 月 1 日起实施的《用能单位能耗在线监测技术要求》(GB/T 38692—2020)规定了用能单位能耗在线监测的原则、监测范围与内容、基本构成与组成、技术要求及调试与运行维护等。

政府推动、共同实施是指政府相关部门负责统筹推进建设,通过指导、监督、奖惩等措施,推动重点用能单位建设接入端系统,同时要求企业建立健全能源计量体系,建设接入端系统并上传监测数据,积极采用在线监测方式加强能源管理、发掘节能潜力,不断提高能源管理水平和能源利用效率。

整合资源、信息共享是指监测系统建设要以各地区、各部门和重点用能单位既有的能源管理信息化系统为基础,秉承开放、共建、共享的原则,加强资源整合,积极推进与电力需求侧管理平台等协调对接,减少投资,防止重复建设,实现数据共享,避免重复采集数据,减少重点用能单位负担。

统一标准、互联互通是指在前期经过试点验证的系列技术规范的基础上,完善系统架构、数据采集传输、数据应用等标准规范体系,建立全国统一技术标准的监测系统,确保国家、省、用能单位等各级系统数据互联互通。《用能单位能耗在线监测技术要求》(GB/T 38692—2020)中要求监测范围是对购入存储、加工转换、输送分配、终端使用的整个用能过程进行在线监测,同时涵盖能源进出、分配、利用的关键节点和重点用能设备。监测核心内容为能源采购、传输和消耗相关数据,具体来讲分为两类:一类是各类能源及载能工质的消耗量及状态参数;另一类是用能设备、单元、系统的相关参数。

以锅炉系统为例,需要监测的内容见表 6-1。

表 6-1 锅炉系统需检测的参数

项目	序号	参　数	单位	数据来源	安全	能源监控	智慧能源管理	备　注
额定参数	1	锅炉名称	—	厂家	√	√	√	
	2	锅炉型号	—	厂家	√	√	√	
	3	锅炉出口介质	—	厂家	√	√	√	
	4	额定蒸发量/热功率	t/MW	厂家	√	√	√	
	5	设计出口介质温度	℃	厂家	√	√	√	
	6	设计出口介质压力	MPa	厂家	√	√	√	
	7	设计锅炉效率	%	厂家	√	√	√	
	8	设计燃料	—	厂家	√	√	√	
	9	产品编号	—	厂家	√	√	√	
	10	制造单位	—	厂家	√	√	√	
	11	制造日期	—	厂家	√	√	√	
基本情况	12	使用单位	—	使用单位	√	√	√	
	13	安装位置	—	使用单位	√	√	√	
	14	单位内部编号	—	使用单位	√	√	√	
	15	设备注册代码	—	使用单位	√	√	√	
	16	使用登记证号	—	使用单位	√	√	√	
	17	使用燃料	—	使用单位		√	√	
	18	用途	—	使用单位		√	√	
	19	空气预热器	—	使用单位		√	√	
	20	节能器	—	使用单位		√	√	
	21	冷凝水回收利用	—	使用单位		√	√	

项目	序号	参　　数	单位	数据来源	安全	能源监控	智慧能源管理	备　注
基本情况	22	日常运行设定出口压力	MPa	使用单位		√	√	一般用于蒸汽锅炉
	23	日常运行设定回水温度	℃	使用单位		√	√	一般用于热水锅炉
运行监测	24	运行时间	h	检测	√	√	√	
	25	排烟温度	℃	检测		√	√	
	26	排烟处含氧量	%	检测		√	√	
	27	排烟处 CO 含量	%	检测		√	√	
	28	入炉冷空气温度	℃	检测		√	√	
	29	给水瞬时流量	m^3/h	检测		√	√	
	30	给水累计流量	m^3	检测		√	√	
	31	给水温度	℃	检测		√	√	
	32	燃气瞬时流量	m^3/h	检测		√	√	
	33	燃气累计流量	m^3	检测		√	√	
	34	蒸汽瞬时流量	t/h	检测		√	√	
	35	过热蒸汽温度	℃	检测		√	√	
	36	热水瞬时流量	m^3/h	检测		√	√	
	37	热水累计流量	t	检测		√	√	
	38	热水进水温度	℃	检测		√	√	
	39	热水出水温度	℃	检测		√	√	
	40	燃气压力	MPa	检测	√	√	√	
	41	燃气温度	℃	检测		√	√	
	42	蒸汽压力	MPa	检测	√	√	√	
	43	热水进水压力	MPa	检测		√	√	
	44	热水出水压力	MPa	检测		√	√	

项目	序号	参　数	单位	数据来源	安全	能源监控	智慧能源管理	备　注
运行监测	45	锅炉消耗电功率	kW	检测		√	√	
	46	锅炉累计耗电量	kW·h	检测		√	√	
	47	燃气收到基低位发热值	kJ/m³	手动输入		√	√	
	48	锅炉散热表面积	m²	检测		√	√	
	49	正平衡效率	%	计算		√	√	GB/T 10180—2017
	50	反平衡效率	%	计算		√	√	GB/T 10180—2017
	51	锅炉运行热效率	%	计算		√	√	GB/T 10180—2017
	52	上一次维保(包括改造等)内容和时间	–	手动输入	√		√	
	53	改造节电量	kW·h/年	计算			√	
	54	改造节能量	tce/年	计算			√	
	55	改造投资回收期	年	计算			√	

基本结构与组成方面,应采用分层式结构,通常由数据采集层和数据管理层组成,如图 6-1 所示。

总体要求是开展能耗在线监测不能改变原有用能设备的完整性,也不能影响原有用能设备的正常运行,硬件设备应遵循易安装、易维护、高可靠性的原则,可采用一体化结构,满足安装环境条件,具有较好的抗干扰能力和合理的监测灵敏度,结果应有较好的可靠性、重复性和合理的准确性。软件系统应具有良好的人机界面,操作简单、便于运用,可支持数据接入与管理的各项功能,并具有可扩展性和二次开发功能,能适应能耗在线监测与运行管理的不断发展。应充分利用现有网络资源,根据用能单位规模及环境条件选择通信介质和组网方式。数据传输应带有检查和校验机制,并具备故障恢复功能,支持

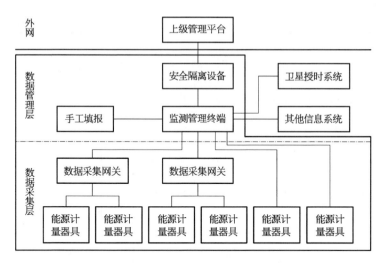

图 6-1　用能单位能耗在线监测组成结构示意图

断点续传,以确保数据传输的准确性和完整性。

6.2.2　能耗管理数字化浪潮

在第四次工业革命浪潮下,伴随着新一代信息技术的蓬勃发展,移动互联网的主导地位得以确立,随之而来的数字化发展遍布全世界,经济社会和工业生产都迎来了新的发展机遇,同时传统工业也面临了新的挑战,转型发展、数字化改造迫在眉睫。

目前我国大部分工业企业管理能力无法与整体市场环境、竞争格局相匹配,亟待推进数字化管理。主要表现在缺乏有效协同、战略执行不到位、企业数字化关键技术自主研发投入不足、部分工业企业数字化管理意识不足等问题,阻碍了数字化管理能力提升和数字化转型,需要广泛而深刻的经济社会系统性变革,而绿色低碳发展是其中的关键。

世界正进入数字经济快速发展的时期,近年来我国也积极推进数字产业化、产业数字化,推动数字技术同经济社会发展深度融合。工业企业数字化转型不仅是供给侧结构性改革主线下升级和高质量发展的重要内容,也是工业领域助力实现碳达峰、碳中和目标的重要途径。

1)能源行业数字化发展政策

国家发展和改革委员会、国家能源局作为能源行业主管部门,在能源发展战略规划、产业政策等的制定过程中,对能源行业数字化转型给予了越来越多的考虑。

《能源生产和消费革命战略(2016—2030)》提出要促进能源与现代信息技术深度融合,重塑产业链、供应链、价值链。煤炭、电力、可再生能源发展。"十三五"规划中都提到了产业数字化相关内容,具体包括:应用大数据、物联网等现代信息技术,建设智能高效的大型现代化煤矿;全面提升电力系统的智能化水平,提高电网接纳和优化配置多种能源的能力,满足多元用户供需互动;全面实行可再生能源行业信息化管理,建设可再生能源项目全生命周期信息化管理体系。《关于推进"互联网+"智慧能源发展的指导意见》《关于加快煤矿智能化发展的指导意见》等专项政策纷纷出台,促进细分能源行业的数字化发展。

此外,其他相关部门出台的围绕数字化的政策,也对能源行业数字化转型有积极作用。例如,2020年,《关于加快推进国有企业数字化转型工作的通知》提出了促进国有企业数字化转型,提升产业基础能力和产业链现代化水平的重点举措。科技部、人民银行等部门也从科技创新、金融支持等方面出台了支持数字化转型的相关政策。各地在推进产业结构升级和能源转型的过程中,也因地制宜越来越多地引入数字化转型的内容。例如,山西提出聚焦"六新"创新突破,依托5G网络打造智能煤矿,推动能源行业转型发展。

2)煤、油、电数字化转型路径

煤炭、油气、电力等不同能源细分产业根据特定需求和发展条件,多元化探索数字技术应用和产业数字化转型,在改善生产流程、降本增效和提高安全性等方面,取得了积极成效。

煤炭行业在地质建模、采矿流程优化和自动化、预测性维护等方面逐步推广数字化技术应用。例如,借助低成本传感器随时掌握采矿关键设备的状态,并通过数据分析和计算机辅助模拟对实际配置和生产流程进行优化,从而改善采矿的限制因素,提高采煤产出并减少其对环境的影响;又如,数字化预测维护的引入改进了设备的运行性能,有益于煤矿安全生产。

油气行业的数字化转型起步较早,走在前列。目前我国各大型油气田企业均不同程度地进行了油气生产自动化、数字化建设。上游勘探和生产环节是油气行业数字化发展的重点。例如,通过超大数据集描述油藏轮廓和结构,通过高度复杂的传感器优化井眼定位,通过数据分析和通信远程控制作业钻头的实时动态等,这些数字化的措施显著提升了油气开采率和生产效率。此外,在下游运营环节,也可以通过智能终端、数据分析等探索零售服务新模式。

电力行业在能源行业数字化转型中最为迫切和必要,并具备良好的基础条件和潜力前景。当前电力系统"双高""双随机"特征日益明显,分布式能源、储能、电动汽车等交互式设施广泛接入,数字化成为新型电力系统建设的必要组成,深入源网荷储各环节,在监测控制、设备运维、供需预测、调度优化、综合能源管理等领域越来越多地应用。

3)数字化与碳减排的协同

数字化不仅是产业转型升级的需要,也是碳减排的需要,绿色低碳发展和数字化转型相叠加已成为能源行业发展的新趋势。然而当前数字化与碳减排的相互融合和互促互济较弱,两者协同推进的路径仍需进一步明确。

一是目标协同,能源行业数字化转型要以构建绿色低碳、安全高效的现代能源体系为目标,通过数字化促进节能减排和降本增效,助力"双碳"目标。二是路径协同,在碳达峰、碳中和具体路径中,除了能源、产业转型等路径外,对能源行业数字化转型的发展趋势及碳减排效果要提高重视,切实增强数字技术赋能能源行业转型的成效。三是政策协同,要将数字化的相关政策嵌入到碳达峰、碳中和各项配套政策之中,以更好地促进能源领域数字化和碳减排的良性互动。

6.2.3 "双碳"背景下的能耗数字化管理

随着互联网技术的发展及能耗在线监测的推广建设,目前能耗数字化管理已经被应用在多个领域,比如学校、园区、公共建筑、工业企业等。在"双碳"背景下,能耗数字化管理又被赋予了新的价值和意义。绿色化、数字化、智能化的协同成为了"十四五"期间发展的重要方向。能耗数字化管理系统建设成为"碳达峰、碳中和"目标实现的重要抓手。

企业通过能耗监测开展能耗大数据分析,可以为做好能源宏观分析与战略规划、开展能源消费总量、实施节能、加强能源计量管理、制定节能标准等提供及时准确的数据支持,促进企业提质降本增效、节能减排。能耗管理系统建设具有以下功能:

（1）能耗在线监测。提供多维度能源消耗情况分析，帮助管理者了解能源消费结构。

（2）节能目标责任考核。实现各级管理部门完成节能量的目标分解，明确工作任务。

（3）碳排放管理。实现碳排放部分基础数据的在线监测和统一采集。

（4）报表管理。生成重点用能单位的能源利用状况报告，实现数据化管理。

（5）运维管理。为重点用能单位数字化管理提供运维辅助，帮助企业及时发现处理问题。

能耗数字化管理系统的实施，可以有效提高各节能主管部门的能耗监测效率，减少监管、行政管理成本，同时通过开展数据分析，发现企业节能潜力，再进一步采取措施，促进经济效益，提高企业信息化、数字化管理水平。

6.2.4 能耗数字化管理的实际应用

1）省（市）级平台应用

省（市）级能源管理平台是能耗在线监测的公共服务平台，一般部署在电子政务外网和互联网，省（市）级平台一般由省（市）级节能主管部门、质监部门负责建设，主要功能是接受本行政区域内重点用能单位能耗数据的上传和监督。目前，在北京、上海、重庆等城市都已经建设了能源管理平台。

政府性质的能源管理平台一般可以实现能耗报表的审批、节能考核、节能规划、节能技改项目的审核、节能监察及备案管理等等，比如重点用能单位的能源利用状况报告，企业可通过政府平台进行填写，能够实现数据自动计算，同时也能根据逻辑关系进行审核校验；企业申报的节能技改项目审核，可以通过网上申报技改项目，通过政府能源管理平台对节能量进行审核等；平台还可以实现节能监察与监督，比如政府部门对重点用能单位执行节能法律法规情况进行日常监察，可以通过系统下发监察通知，被监察对象可以根据节能监察内容在线提交有关材料，监察机构通过平台对材料进行审核等。

2）工业园区的应用

工业园区是产业集聚发展的核心单元，也是我国实施高质量发展、推行节能减碳、实现"双碳"目标重要的空间载体。工业园区担负着资源聚集、培育产业、城市化发展等一系列经济社会发展使命,但同时也是高碳排区域。据统计,全国2543家国家级和省级工业园区贡献了全国50％以上的工业产值,同时也制造了全国31％的二氧化碳排放。

面对能耗双控和碳排放双控与产业发展的矛盾,零碳产业园成为传统产业园实现绿色高质量发展的目标,受到各地政府的青睐,零碳园区建立在数字化全面赋能的智慧园区基础之上,数字化手段贯穿零碳园区建设和运营的全过程。数字化、智能化成为零碳园区的基本特征。而能耗数字化管理在零碳园区的有效运营、实现高质量发展方面具有重要意义。

通过能耗数字化管理系统,可以实现园区的远程管理。可以支持电脑网页版、手机APP、微信公众号同步工作。用户可以通过电脑手机远程查看管理各个区域的用能情况、设备运行情况及缴费情况,不受时间地域的限制,有效避免了人工抄表和现场查验。

其次,可以实现设备运行数据实时监测,保障设备正常运行的同时及时掌握能耗数据。一般园区里,大型用能设备较多,用电量大且日夜持续,实时监测设备电流、电压、功率因素等各项数据,进行异常检测和损耗分析并绘制出用电负荷曲线图,可以及时掌握设备运行情况和重点用能设备的能耗数据,安全运行节能降耗。

除了以上基本功能之外,通过能耗数字化管理系统还可以实现园区的能源利用状况分析、不同设备能耗情况对比,不同企业能源利用情况等,对技术升级、调整产业结构、淘汰落后产能、开展园区内企业碳排放的建设具有重要作用。甚至,能耗数字化管理还可以与碳交易市场相连通,通过节能项目减排量抵消或信用抵消方式中和园区内企业产生的温室气体,最终实现园区的净零碳排放。

3)高耗能企业的应用

在高耗能领域碳达峰工作中,建立工业能耗数字化管理系统是非常重要的一环。通过能耗管理、能效评估、运行管理,可以较快地发现工业生产过程中出现的不合理用能,并采取有效措施,从而改善低效耗能状况,提高工业生产能源利用率。

目前国内较大的重点用能企业均陆续建立了能耗在线监测计量体系,但也有很多中小型企业由于管理制度、资金投入等客观因素,其能源计量方式比较简单,无法从中获得工业生产过程中能耗的详细数据,造成工业用能去向不清楚、问题找不出、分析不到位、节能措施缺乏针对性的情况。因此,工业能耗数字化管理的建设是工业碳达峰工作中的重要组成部分,对贯彻落实国家碳达峰、碳中和行动,推动工业企业加快绿色低碳转型和高质量发展至关重要。

通过能耗数字化管理,工业企业可以对工厂内部各区域的用电、用水等用能形式进行实时监测,用户在电脑端和手机端可通过直接访问网页的形式实时查看包括数据采集、用能监控、用能统计、分项计量、用能公示、报表管理等内容在内的能耗信息。可以实现工厂各区域、各部门能耗统计的可视化,具备能耗数据自动分类统计、分析、用能数据同比或环比、部门或区域对比、形象化展示等功能;可以实现工厂各区域、各部门能耗报表自动生成和导出。可基于现场采集的能耗数据,根据企业需求,定制各类能耗报表,满足企业后勤管理需要。

其次可以实现用能统计报表的自动生成,系统可以自动把园区各车间的生产用能记录存储下来,通过分析处理后生成日、月、年及尖、峰、平、谷时段多维度的可视化的用能数据报表并以曲线图、柱状图等多方式呈现,生产用能情况一目了然。

此外,还可以发现异常及时报警,全方位保障用能安全。系统实时监测各项用能数据,对于运行设备产生的漏电、过载、超功率等异常事件会发出报警信息,管理人员即可收到短信、微信、APP 等报警信息,及时排查隐患或维修处理保障用电安全。

有了这些能耗数据,企业管理过程中,在针对设备设施的节能改造及效果评价中就可以提供科学的计量依据,实现工厂节能工作的量化考核。除此之外,利用能耗数字化管理的各类能耗数据,可及时发现和分析各区域或设备的不合理用能,精准采取节能管控措施。

4)公共建筑领域

自 2007 年住建部、财政部发布了《关于加强国家机关办公建筑和大型公共建筑节能管理工作的实施意见》后,已有多个省市开展了公共建筑能耗监测平台建设工作,其中北京、上海、重庆、天津、深圳、江苏、山东和安徽等省市顺利完成了公共建筑能耗监测平台建设。在全国范围内,实施能耗监测建筑数量已超过 1 万栋。

　　截至 2020 年年底,我国建筑总面积已经超过 400 亿 m^2,建筑能耗将达到 10.9 亿 t 标准煤,建筑在建造和使用过程中直接消耗的能源已占全社会总能耗的百分之三十左右。我国当前大型公共建筑能耗在计量、传输、节能监管方面存在一些问题,粗放式能耗管理会造成大量的能耗浪费,大型公共建筑能耗监测与节能管理已经成为我国开展节能降碳、实现"双碳"目标的重点工作之一。

　　能耗数字化管理除了应用在工业生产领域之外,还可以在公共建筑领域发挥作用,通过安装在公共建筑的分类和分项能耗的计量装置,采用远程传输等手段即时采集能耗数据,实现对重点建筑能耗的在线监测和动态分析、管理。比如医院、大型公共建筑、酒店、学校等应用场所,解决重点能耗问题,能够为政府能源管理部门、能源单位、能源消耗单位提供能耗数据指标,促进能源的规划及节能措施。

　　公共建筑能源管理系统通过实时、准确采集电力、用水、气、暖等能源介质,解决了原来人工完成的能耗数据采集任务;通过数据分析及时发现电力能耗问题,通过能耗总量走势分析、能源总能耗的偏差分析,能耗按设备或区域进行对比、环比分析等,为单位生产运营提供有力的决策数据;系统还可以将采集到的能耗数据统一分析,对数据进行管理,为建筑诊断、节能改造等提供依据和支撑。

　　除此之外,公共建筑能耗监测平台能够解决大型公共建筑的空调、供暖等能源问题,并能够对节能减排作出巨大贡献,产生巨大的社会效益以及经济效益。公共建筑能耗监测平台还可以帮助政府能源管理部门、能源生产单位、能源消耗单位等提供直观的能耗数据指标,便于优化能源利用节能措施和用能规划。

　　公用建筑能耗数字化管理在数据利用上还有待加强,比如可以通过数据分析,开展公共建筑总电耗时间序列分析研究,建立能耗预测模型,开展用能诊断,如商场、办公、宾馆等,其用能情况存在较大的差别,从而导致不同公共建筑之间能耗水平对比存在困难。对各类型大型公共建筑的用能情况进行诊断和分析具有较大意义,可以帮助挖掘建筑节能潜力,寻找行之有效的节能改造技术,真正达到节能的目的。

　　虽然能耗数字化管理已经实现了在政府、业主、公众等多层面的数据应用,达到了数据的共享共用,但目前能耗监测平台数据以电耗为主,随着建筑节能工作的推进及采集技术的发展,平台数据覆盖面将逐渐扩大,可涵盖全能源品种和中小型公共建筑,今后还可涵盖设备运行等信息,数据的价值将更加明显,通过深层的数据挖掘及信息化技术应用,可进一步做到建筑智能优化运行,并带动区域性的智慧能源布局,使数据从微观到宏观领域都得到充分的利用,为"双碳"目标的如期实现贡献力量。

6.3　通用用能设备的节能改造技术路径

2022 年 6 月 23 日,工信部联合国家发改委等 6 个部门下发了《关于印发工业能效提升行动计划的通知》。其中针对通用用能设备提出了要求,文中指出围绕电机、变压器、锅炉等通用用能设备,持续开展能效提升专项行动,加大高效用能设备应用力度,开展存量用能设备节能改造。

据测算,电机、变压器、风机、水泵等 21 类机电产品用电量占全国总量的约 70%。工业锅炉、电机、变压器、风机、水泵、压缩机等通用设备及系统的节能提效,对工业节能降耗,提高能源利用率,实现国民经济各部门节能目标都具有非常重要的意义。本章节主要讲述通用用能设备的节能改造路径。

6.3.1　电机系统节能改造技术路径

工信部、市场监管总局于 2021 年 10 月 29 日联合发布的《电机能效提升计划(2021—2023 年)》提出,到 2023 年高效节能电机年产量达到 1.7 亿 kW,在役高效节能电机占比达到 20% 以上,实现年节电量 490 亿 kW·h,相当于年节约标准煤 1 500 万 t,减排二氧化碳 2 800 万 t。

2022 年 6 月 23 日工信部下发的《工业能效提升行动计划》指出到 2025 年新增高效节能电机占比达到 70%。由此可见,高效电机必定成为电机行业技术和市场的主流和焦点。那么,高效电机有哪些技术路线可供选择呢?就目前来看,主要有以下几种技术路线。

1)三相异步电动机技术路线

三相异步电动机的优点是结构简单、制造容易、价格低廉、运行可靠、坚固耐用、运行效率较高,转子为铸铝,设计难度小、产业链成熟,以及规格齐全等。其每年的电量消耗几乎占据全球总耗电的一半,在我们国家,这个占比还要更高,有可能达到 $60\%\sim70\%$。三相异步电动机的节能降耗,对我国节能降耗、实现低碳绿色发展具有重大意义。

对于三相异步电动机而言,如果需要有级调速就得改变定子绕组极对数,要无级调速就得增加变频。因此,三相异步电动机的传统应用是在定速的场合,不过现在越来越多的三相异步电动机应用是配合变频器或变速驱动器来使用。变频器可以配合频率调整输出电压,若是应用在离心型风扇、泵,或是压缩机上,配合感应电动机可以达到较好的节能效果。

根据工信部发布的《高耗能落后机电设备(产品)淘汰目录》,JW、JK、JS、JB 等等低效能的产品已经逐步淘汰。自 2021 年 6 月 1 日起,《电动机能效限定值及能效等级》(GB 18613—2020)国家标准正式实施。新标准将 IE3 定为三级能效的最低标准,与国际标准保持了一致。新国标规定,IE3 将成为中国最低的三相异步电动机能效限定值(三级能效),低于 IE3 能效限定值的三相异步电动机(如 YE2 系列电机等)不允许再生产销售。这也就意味着,三相异步电动机使用是向着 IE4 以上发展,比如 YE4 和 YE5 系列等。

2)永磁同步电机技术路线

永磁电动机根据不同的分类方式可以分为很多种,比如根据电流方式分为永磁直流电动机和永磁交流电动机。而永磁交流电动机指的是带有永磁转子的多相同步电动机,所以常被称为永磁同步电动机。永磁直流电动机如果按有无电刷和换向器来分又可分为永磁有刷直流电动机和永磁无刷直流电动机。在这里我们主要介绍自启动永磁同步电机和变频调速永磁同步电机。

自启动永磁同步电机的工作原理与异步电机一样,定子绕组三相旋转磁场与转子鼠笼条(铜条)感应电流产生的磁场作用,让电机启动起来,此时永磁体不起作用,当转速起来后,由永磁体与定子旋转磁场作用带动转子旋转。此类电机的特点是转子为铸铝或铜条焊接,设计难度大,产业链比较成熟,成本高、规格齐全。缺点是启动冲击大,且无法调速。目前,该系列的 IE4 标准电机为 TYE4 系列自启动永磁同步电动机。

变频调速永磁同步电机,也就是我们常说的 BLDC 电机。它的特点是转子无导条但有永磁体,最大的优势是免维护、高效率、设计难度一般,产业链比较成熟,规格齐全,但由于需要配置控制器,所以成本比较高,经济性较差。这种电机也是这几年的热点,很多企业特别是半导体企业对其比较重视。永磁同步电机的控制需要用到大量的芯片产品,比如 MCU、DSP 等微处理器,MOSFET 和 IGBT 等功率器件,以及传感器等。

3)同步磁阻电动机技术路线

与传统直流电动机相比,同步磁阻电动机没有电刷和环,简单可靠,维护方便;与传统交流异步电动机相比,同步磁阻电动机转子上没有绕组,也即没有转子铜耗,提高了电机的效率;与开关磁阻电机相比,同步磁阻电动机转子表面光滑、磁阻变化较为连续,避免了开关磁阻电机运行时转矩脉动和噪声大的问题,同时同步磁阻电动机定子为正弦波磁场,控制简单,硬件平台成熟,从而降低了驱动控制系统的成本费用;与永磁同步电机相比,同步磁阻电动机转子上没有永磁体,成本更低,无弱磁和失磁的问题,长期使用效率更稳定。

总体而言,同步磁阻电动机具有坚固可靠、高效节能、调速范围广、维护方便等特点。其转子上没有永磁体,没有失磁风险,效率长期稳定,满足工业自动化如纺织、风机水泵、传送带、交通运输等各个行业的调速驱动需求,是交流驱动领域的一种高性价比调速驱动解决方案。

同步磁阻电动机可以在低成本下产生高功率密度,又结合了永磁同步电机的性能与感应电机的简单易用和易维护性,因此在许多应用中相当有吸引力。另外,同步磁阻电动机的控制策略与永磁同步电动机非常相似,可以采用永磁同步电机常用的矢量控制和直接转矩控制等策略。虽然同步磁阻电动机的设计难度要大一些,但它可以比较容易地满足 IE4,甚至 IE5 标准,这对于电动机的节能降碳,提高能效具有重要意义。

4)电机系统的综合改造技术路线

磁悬浮离心鼓风机节能技术,利用可控电磁力将电机转子悬浮支撑,由高速永磁同步电机直接驱动高效三元流叶轮,省去传统齿轮箱及皮带传动机构,机械传动无油润滑、无接触磨损,具有功耗低、转速高、噪声低、寿命长等特性。在某公司热电脱硫脱硝工艺磁悬浮鼓风机改造项目中,采用 4 台 110 kW 磁悬浮鼓风机替代原来 4 台 250 kW 罗茨鼓风机,系统运行稳定,综合节约电量 87.2 万 kW·h/年,折合节约标准煤 270 t/年,减排二氧化碳 748.6 t/年。

绕组式永磁耦合调速器技术,永磁外转子与绕组内转子有转速差时,绕组中产生感应电动势,控制绕组中感应电流,实现调速和软启动,转速滑差形成能量引出发电,回馈到用电端再利用,实现节能提效。在某钢铁(集团)有限公司烧结除尘风机永磁调速器改造项目中,采用绕组式永磁耦合调速器替换原有调速型液力耦合器,节电率 27.4%,节约标准煤 428.2 t/年,减排二氧化碳 1 187.2 t/年。

新型开关磁阻调速电机系统,其机体采用凸极定子和凸极转子双凸极结构,定子绕组集中、结构开放,散热快、温升低,转子不设绕组、永磁体、滑环等部件,转动惯量小,铁损、铜损及励磁损耗较小,功率因数高。在某公司电机系统节能改造项目中,采用开关磁阻电来机替换 14 台传统电机,使得节约电量 266.4 万 kW·h/年,折合节约标准煤 826 t/年,减排二氧化碳 2 290 t/年。

6.3.2 锅炉系统节能改造技术路径

1)锅炉系统介绍

现代锅炉可视为一个蒸汽发生器。天然气、石油或煤炭等燃料送入锅炉后,通过燃烧的物理化学作用,燃料的化学能转变为热能,通过多种传热方式把热能传递给水,水以蒸汽或热水的形式将热能供给工农业生产和人类的生活,或用来发电和作为驱动机械运动的动力。发电用的锅炉一般称为电站锅炉,直接供给社会生活领域的锅炉则称为工业锅炉或普通锅炉。粗略测算,2020 年,全国锅炉能源消费量超过 1.8×10^9 tce。因此,提升锅炉能效水平、优化燃料结构、减少二氧化碳排放,实现绿色低碳高质量发展,对我国实现碳达峰、碳中和目标具有重要的支撑意义。

对于工业锅炉,由于设计制造、运行管理水平参差不齐,平均运行热效率与设计值有较大差距,仍存在一定的能源浪费。同时,由于其量大面广、使用分散的特点,CCUS 的应用难度较大,低碳化发展面临的形势更为复杂。为此,需综合考虑燃料供应、使用工况、运行水平等多方面因素,提出合理可行的工业锅炉碳减排路径。整体而言,我国工业锅炉会往更注重高效率、低污染、自动化、低成本的发展方向。

我们国家的工业锅炉大都以中小型容量为主,从锅炉型式来说,已经形成了能适应我国国情和满足国内市场需要的较完整的产品规格体系。今后工业锅炉行业的发展,主要是根据燃料情况、环保要求、客户需求及科学技术发展而带来的燃烧方式、燃烧设备的改进和自动化水平的提高。

从技术和产品发展来看,工业锅炉应重点关注生物质能利用、天然气深度利用和煤的清洁高度利用,其中生物质能和天然气利用将以分布式为重点,煤炭利用以集中利用为重点。结合生物质锅炉、余热锅炉、冷凝式燃气锅炉产品主机开发,应加强主要配套机器件的研发利用,开发适合冷凝锅炉的低氮预混燃烧技术、生物质燃烧系统技术研发和工程化推广。未来工业锅炉的发展方向将聚焦节能、环保、新能源利用和信息化融合四个领域,通过研发、转化、集成等手段形成一批有较大应用前景的具有自主产权或集成创新特点的关键新技术、新产品。

生物质锅炉技术的推广对工业锅炉清洁燃料替代而言,既是天然气锅炉技术的竞争者,也是天然气锅炉的长期替代者。从长远来看,工业锅炉生物质燃烧技术对节约化石能源、优化用能结构、减轻环境污染和实现"双碳"目标具有积极意义。虽然我国拥有着丰富的生物质资源,但是很分散,所以在生物质利用方面应该更多地探讨分散利用,因此生物质锅炉容量不宜过大,且应以生物质成型燃料为主。

燃气锅炉将持续向低氮燃烧、凝结换热和多能源系统集成化方向发展,未来应以分散式及时供热为出发点,重点抓好天然气深度利用、产品研发与集成、工程化推广等方面,特别是中小容量($\leqslant$40 t/h)新型燃气锅炉、冷凝式燃气锅炉。同时,应结合国际上先进的分级燃烧技术、浓淡燃烧技术、蒸汽雾化技术、预混燃烧技术和中心稳燃射流燃烧技术等,再结合烟气再循环技术、燃烧控制技术等最大限度控制 NO_x 的排放。其次,通过研发高端换热设备,有效降低锅炉排烟温度,有效回收烟气显热和水蒸气潜热,从而提高锅炉热效率,降低燃气消耗。

加强信息化技术在锅炉上的应用,运用大数据技术,通过互联网远程监控与运行管理系统,对锅炉日常运行数据进行收集、分析,以此来指导锅炉按需设计改进,乃至指导企业管理人员创造新模式、新业态。随着企业信息化、工业化融合程度不断深入,构建上下游供应链协同信息化平台、后端经营运维管理平台、售后维修服务平台的有效对接。

2)锅炉系统节能技术应用

新型锅炉烟风耦合回转式空气预热器节能技术,通过在回转式预热器下游耦合管式预热器,收集烟气热量使回转式预热器处于高温状态,可有效减少回转式预热器硫酸氢铵堵塞,保证烟风阻力平稳、换热效率稳定;同时,通过分模块在线分区干烧方式清除低温区管式预热器沉积硫酸氢铵,从而保障机组高效运行。某公司2×330 MW燃煤机组空气预热器防堵节能改造项目中,采用新型锅炉烟风耦合回转式空气预热器节能技术对锅炉的回转式空气预热器进行改造,锅炉效率提高0.9%,发电量煤耗降低3.1 g/kW·h,综合节约标准煤1.7万t/年,减排二氧化碳4.7万t/年。

燃煤工业锅炉深度节能技术,利用积灰机制,采用反冲刷方式自洁清灰,以控制烟气与受热面交换大小来实现恒定排烟温度和变功率,配合互联网远程监控,可实现智能控制、自洁清灰、恒温抗露、调变负荷等,提高锅炉在线运行热效率。在某公司供热项目中,采用2台DHL116-1.6/130/70-AⅡ型智能调载深度节能热水锅炉,为新城小区320万 m^2 建筑进行供热,锅炉热效率约85.66%,折合节约标准煤5 963 t/年,减排二氧化碳1.7万t/年。

基于吸收式热泵循环的锅炉低品位烟气余热深度回收技术,以热能驱动吸收式溴化锂热泵产生低温水并送入烟气换热器,低温水经过烟气换热器回收大型锅炉排烟余热,回收热量送往热网,可有效回收锅炉排烟低品位余热。在北京市某管理中心供暖设备改造项目中,在4台燃气锅炉排烟口增加高效烟气换热器,新增一台BDZ600-R1型直燃热泵回收烟气热量,一个采暖季可回收热量2.3万GJ,折合节约标准煤785 t/年,减排二氧化碳2 176.4 t/年。

炉窑燃烧工艺优化节能技术,通过在燃气管道表面安装特定纳米极化材料,形成"纳米超叠加极化场",燃料分子在燃烧前就处于活跃的激发态,可有效减少燃料分子参与燃烧所需活化能,燃烧过程中此特定能量又可以转化为有效光能、热能,进一步提升热效率。在某汽车公司燃烧系统节能改造项目中,对70套燃烧器进行燃烧工艺优化技术改造,可节约天然气67万 m^3/年,折合节约标煤891.1 t/年,减排二氧化碳2 470.6 t/年。

6.3.3　其他重点用能系统节能改造技术路径

1)变频改造技术

变频技术是一种把直流电逆变成不同频率的交流电的转换技术。它可把交流电变成直流电后再逆变成不同频率的交流电,或是把直流电变成交流电后再把交流电变成直流电。变频技术具有调速、调压等多种功能,在生产机电设备中的应用比较常见。变频器技术还具有稳定性强、可靠性高的优势,在机电设备节能改造中,选择适宜的变频技术进行改造,对于提升机电设备的节能减排效果、增强稳定运行具有明显作用。

例如在传统的电站供水系统中,水泵机组要么工频运行,要么备用,且主要由技术员操作切投,这就直接导致水管压力不恒定,能耗高。为了改变这种状况,一些电站将变频调速技术应用于电站供水系统,经过改造后,供水母管压力稳定,且表现出了显著的节能效果,改造后约节约 30% 的电能。当然,变频器与水泵的搭配也十分重要,变频器与水泵的功率如果不相符,也容易造成能源浪费或者水泵的工作不稳定,比如水泵的功率远小于变频器,则水泵无法正常运转;如果水泵的功率远大于变频器,那么变频器在实际工作中不能起真正调节作用。因此,在水泵系统中使用变频器,应注意变频器与水泵的合理搭配,才能起到事半功倍的效果。

除了泵系统之外,变频器也常用在风机系统中。在工业生产中,风机设备应用广泛,通风系统的额定风量往往远超过实际运行状况所需要的风量,为了满足生产使用需求,减小风量,有时会安装风量调节装置,比如依靠调节挡板或阀门开度大小来进行调节风量和流速。这种方式不仅能耗高,还有故障率高、风量调节效果差、检修困难、自动化水平低等缺点。如果在风机系统中采用变频器技术,则能根据系统风量的实际需求来调节电机转速,满足工艺需求的同时,减少了管网损耗,提高了风机效率和设备控制精度。

在江苏某公司轧机配套闭式冷却系统节能改造项目中,对控制系统进行数字化变频节能改造,采用了闭式冷却塔变频控制节能技术,采用温度传感器与压力变送器对闭式冷却塔的换热量变化进行数据采集,将数据传输到变频器,使用模糊算法,动态调节循环水泵、风机的频率,实时调整源头发热量与冷却塔的换热量之间的平衡。每台设备可节约电量 26.8 万 $kW \cdot h$/年,折合节约标准煤 83.1 t/年,减排二氧化碳 230.4 t/年。在某公司空压机节能改造项目中,用 2 台 132 kW 永磁变频双级压缩机和一台 110 kW、一台 75 kW 永磁变频双级压缩机替换原有压缩机,节能率 21%,折合节约标准煤 341 t/年,减排二氧化碳 945.4 t/年。

2)储能应用技术

储能即能量的存储,狭义上讲,针对电能的存储,是指利用化学或物理等方法将电能存储起来并在需要时释放的一系列技术和措施。从储能技术视角看,储能主要分为机械储能、电磁储能、电化学储能、热储能与氢储能五大方向,其中的电化学储能发展最为迅猛。根据正负极材质的不同,电化学储能分为锂离子电池、铅蓄电池与钠硫电池。根据储能方式,机械储能分为抽水蓄能、压缩空气储能与飞轮储能。抽水蓄能是当前最为成熟的电力储能技术,全球占比达到九成,但 2020 年新增的储能装机中,75.1％来自电化学储能。

储能的应用场景有很多,从整个电力系统的角度看,可以分为发电侧储能、输配电侧储能和用户侧储能三大场景,我们本书中主要探讨用户侧的工业用户储能技术的应用。工业用户可以利用储能系统在用电低谷时储能,在高峰负荷时放电,从而降低整体负荷,有助于提升节能管理能力和降低容量电费。发生停电故障时,储能系统能够将储备的能量供应给终端用户,避免了故障修复过程中的电能中断,以保证供电可靠性和稳定性。在实施峰谷电价的电力市场中,通过低电价时给储能系统充电,高电价时给储能系统放电,实现峰谷电价差套利,通过"低储高发"模式获取收益,符合推进重点用能设备节能增效的技术方向,并有助于降低用电成本。

5G 基站搭配储能装置是 5G 基站节能降碳、绿色发展的有效措施,可以利用智能错峰,闲时充电、忙时放电,很好地解决了市电不足阻碍 5G 建设的问题。而且在提供 5G 供电备用的同时,还可以回送给电网,以辅助服务的方式参与电网调峰调频,助力电力系统的安全运行,取得比较好的经济效益和社会效益。

数据中心是汇聚多元数据资源、运用绿色低碳技术、提供高效算力服务、赋能千行百业应用,推动经济社会高质量发展、助力城市数字化转型的重要信息基础设施。数据中心不仅耗能高,而且对供电稳定性要求高,需要不间断的供电,同时需要空调控制温度以保障机器运行。数据中心建设储能系统,可增强数据中心的供电可靠性,防止偶然断电导致数据丢失。而且储能系统通过削峰填谷、容量调配等机制,提升数据中心电力运营的经济性,低碳节能。

工商业园区用电量大,在具有明显电价差的工商业园区配置储能,可以平抑尖峰负荷,降低园区的用电基本容量,节省电费,利用峰谷价差降低用电成本还能提供厂区的应急备用电源,满足重要负荷的供电需求。"光伏＋储能"还能帮助园区实施清洁生产改造,积极开展低碳生产实践等。如在工业园区厂房建设"光伏＋储能",本身就具备就地消纳的优势,在新能源发电充沛时,将用不完的多余电力存储起来,在缺风、光照的时候,再将其释放出来以满足负荷使用,利用削峰填谷,既保障了电网的安全,也提升了用电侧的经济效益,从而使得储能系统在工业生产应用中更具价值。

钢铁行业是继电力行业之后我国第二大碳排放行业,其低碳转型对"双碳"目标至关重要。作为高耗能和高污染行业,钢铁行业实施节能减排措施不仅能降低污染,而且能降低企业用能成本。在钢铁行业中,储能装置与目前现有的煤气发电、余热发电进行耦合,利用储能技术将高炉煤气、转炉煤气、热烟气的热量进行存储,减少余热余能资源的浪费,同时依托负荷和发电预测数据,结合分时电价进行运行优化调度,可以优化用能成本,增加能源系统安全可靠性,是钢铁行业实现节能降碳的重要技术路径。

举例说明:三峡集团首个钢铁储能项目——中天钢铁集团有限公司10 MW/39 MW·h储能电站项目。项目由三峡电能与中天钢铁合作,以合同能源管理模式建设,是江苏常州规模最大的用户侧储能项目,也是三峡电能首次推广"低碳钢铁行业"开展储能应用探索的成功范例。项目建成后每年充放电约2 600万kW·h,全生命周期内为中天钢铁节约成本约4 357万元,能够根据用户负荷曲线自动控制系统充放电,实现削峰填谷,系统能够实现负荷预测、优化控制决策、能量实时调度、能效分析、电能质量分析等能源管理功能。

3) 能源站房群控技术

能源站房包含供电的配电站房和供冷热的冷热能源站房,是园区、企业、商业综合体等场景的直接能源供应中心。能源站房内主要有变压器、高压开关柜、低压柜、电缆、冷热机组、控制箱等关键设备。能源站房的关键设备对运行环境有一定的要求,在日常运行中可能会发生各种异常情况,如温湿度异常、着火、水淹、局部放电等。由于能源站房多处于偏僻位置,日常运检人员不能全天值守,常出现无线信号覆盖不到位或出现故障无法远方通信等问题。当发生异常情况无法及时处理,会严重影响用户电、冷、热的能源供应。因此如何在无线及离线模式下始终监控能源站房的工作环境状态,确保站房设备正常工作就成为了一大难题。

目前常用的群控技术有四种:① 不同功能设备组之间,一对一启停控制,这种在工程中应用最广泛,相关联的设备之间设定为"连动连锁"状态,此法适用于系统负载较稳定的情况,且不能保障系统优化运行;② 设备组内设定次序,依次启停设备,作为一种专家经验方法,系统运行综合效率的高低完全取决于专家的知识,即预设定的次序,这使得系统对负载变化的适应能力偏弱,因缺乏动态优化过程,也会降低系统的综合效率;③ 对设备组建立仿真模型,通过优化计算来制定启停和调节策略;④ 对多个设备组构成的整个系统进行建模,仿真优化,实现对每一种设备的启停和调节。

本书中我们针对常见的水泵站房、空压站房、冷水机组站房等等进行阐述,分析群控系统在运维管理、节能降碳方面具有的意义。

利用水泵站房群控系统,通过智能控制器或可编程控制器对变频泵组、稳压泵进行控制能有效避免这些问题。由多台水泵与多台变频器组成的群控水泵系统,泵组投换方式根据用水需求实现位式控制,该控制方法简单,在水泵群控系统中,液位信号、压力开关信号等各种信号来自自动启动水泵,并由水压反馈信号来决定水泵的启动时间和台数,以满足供水的需要。

空压站房可以通过安装智能电表、智能气表采集用户用气规律和相关数据,建立数据库构建物联网,根据数据分析自适应匹配空压机和后处理设备最佳工况,实时动态调整系统运行效率,可有效降低空压机系统能耗。还可以基于人工智能及大数据技术,为空压站系统提供完全自主化的智能决策支持,帮助管理人员更方便地管理空压站,更节能地满足车间用气需求,更科学地进行设备管理维护。

制冷机组的群控系统要求制冷系统的制冷量能够随末端用冷负荷的变化而变化,并能对众多分散设备的运行、安全状况、能源使用情况进行监管,及时完成不同设备或多台设备的启停顺序优化,通过执行最新的优化程序,达到最大限度的节能,这样就减少了手动操作可能带来的误差并简化了系统的运行操作。同时,还具备集中监视和报警功能,能够及时发现设备的问题,可以进行预防性维修,以减少停机时间和设备的损耗,从而避免不必要的能耗。

比如数据中心的制冷空调集控系统,可以通过对末端全部空调的整体管控,解决区域冷热不均、环境温度波动大、气流短路、设备启停频繁及值班空调空耗电等问题。群控系统通过通信口采集各台空调的数据,为每个空调区域节点增加了外置的网络型温湿度传感器,以采集机房整体温度场数据。当机房出现局部热点时,优先投入热点所在区域精密空调的制冷量输出,如果温度还是降不到安全范围,则唤醒相邻区域精密空调输出制冷,协助工作。集控系统根据采集的数据对整个机房的空调设备参数和温度场分布进行综合运算分析,整体调度机房内所有空调的运行,均衡控制机房温度场,提高整体运行效率,从而达到节能目的。

6.4　企业社会形象管理

6.4.1　ESG 定义及其发展历程

1) ESG 内涵及发展

ESG 是近年来金融市场兴起的重要投资理念和企业行动指南,亦是可持续发展理念在金融市场和微观企业层面的具象投影。

可以从"ESG 实践"和"ESG 投资"两个层面来理解 ESG:企业层面(尤其是上市公司层面)的 ESG 实践,即将环境、社会、治理等因素纳入企业管理运营流程,与此前社会各界倡导的企业社会责任(CSR)一脉相承;投资层面的 ESG,是一种关注企业环境、社会、治理绩效而非仅关注财务绩效的投资理念,倡导在投资研究、决策和管理流程中纳入 ESG 因素。

2004 年,UNEP 首次提出 ESG 投资概念,提倡在投资中关注环境、社会、治理问题。此后,国际组织、投资机构等市场主体不断深化 ESG 概念,并逐步形成一套完整的 ESG 理念;与此同时,国际投资机构陆续推出 ESG 投资产品,ESG 理念与产品不断完善与丰富。

新冠疫情暴发后,ESG 的重要性再次提升,ESG 资产管理规模呈现加快扩张态势。据中证指数公司统计,截至 2020 年全球 ESG 投资规模已将近 40 万亿美元,占全球整个资产管理规模 30% 左右。彭博社预测,到 2025 年全球 ESG 资产管理规模有望超过 53 万亿美元,占预计总资产管理规模(140.5 万亿美元)的三分之一以上。基准情形下 2020—2024 的五年内,全球 ESG 资管规模年均增速达 15%。

根据明晟在 2021 年发布的《全球机构投资者调查》显示,73% 的受访者表示计划在 2021 年年底增加 ESG 投资;79% 的受访者表示有时或经常使用气候相关数据来管理风险;关于未来 3～5 年的投资趋势,62% 的受访者提及 ESG。该调查表明 ESG 投资将成未来投资领域重要趋势。

2）国内 ESG 发展概述

国内 ESG 发展较晚。自 2017 年以来，中国证券投资基金业协会发起并开始 ESG 专项研究，积极推广、倡导 ESG 理念。

2018 年 6 月起，A 股正式被纳入 MSCI 新兴市场指数 MSCI 全球指数。为此，MSCI 公司需对所有纳入的中国上市公司进行 ESG 研究和评级，不符合标准的公司将会被剔除。此举推动了国内各大机构与上市公司对 ESG 的研究探索，相关政策与监管文件亦陆续推出。

国内 ESG 投资在 2016 年后才逐渐进入大众视野，相比欧美国家起步很晚，但发展却很迅速。据中国证券投资基金业协会统计，截至 2021 年三季度末，绿色、可持续、ESG 等方向的公私募基金数量已接近 1 000 只，规模合计 7 900 多亿元，较 2020 年年底规模增长 36%。

ESG 的起源为社会责任投资。ESG 标准下的"E"（环境）将重点放在企业对于温室气体排放、空气质量、能源管理、燃料管理、水及污水管理、生物多样性等多方面所作出的贡献；"S"（社会）则侧重于企业在人权、客户权益、社区关系、数据安全及客户隐私、劳工关系、职业健康与安全、多样化与共融等方面的成绩；"G"（管理）指企业在系统化风险管理、意外及安全管理、报告和审计政策、监管覆盖等多方面的举措。

ESG 评价体系进入中国市场的时间仅十数年，目前我国尚未全面要求上市公司强制性进行 ESG 相关信息的披露。然近年来在全球节能减排的环保大背景及我国可持续发展战略的带动下，我国政府亦提出"双碳"目标，ESG 体系中所倡导的节能环保、可持续性的企业经营理念与国家所倡导的可持续发展战略及绿色发展理念相契合。

基于上述背景，中央政府及证监会对于上市公司等进行 ESG 相关信息披露的意愿越来越强烈。2016 年以来，中国人民银行等七部门出台《构建绿色金融体系的指导意见》，要求建立强制性上市公司披露环境信息的制度以来，ESG 已经度过了最初的生涩和茫然，现在成为无法回避的话题和不得不作出的选择。而 ESG 所释放出来的价值与活力，也在以品牌形象、资本投资等形式反哺企业，推动着企业获得更好发展。

2020 年，由中共中央办公厅、国务院办公厅印发《关于构建现代环境治理体系的指导意见》，指出要建立完善上市公司和发债企业强制性环境治理信息披露制度。

2022年4月,证监会发布《上市公司投资者关系管理工作指引》,其中也明确了上市公司投资者关系管理工作的主要职责,在沟通内容中增加上市公司的ESG信息。上述文件的发布无不在向社会释放出一个信号:国家正持续关注ESG体系,ESG报告在企业年度报告中的占比将逐渐增大,未来ESG评价体系将对上市公司及拟上市公司产生更大的影响。

2022年11月16日,由中国经济信息社、中国企业改革与发展研究会、首都经济贸易大学共同主办的《企业ESG评价体系》团体标准发布会在京隆重召开。会上正式发布《企业ESG评价体系》团体标准,启动了"新华信用金兰杯"ESG优秀案例征集活动。

3) ESG发展的挑战

2004年,UNEP首次提出ESG投资概念,国内自2016年后逐渐进入大众视野,但2020年9月我国正式提出"双碳"目标后,发展迅速。此后一系列低碳节能、新能源转型的相关政策陆续出台,推动产业结构升级,加强企业碳排监管等,ESG因素的影响正越来越大,面临着诸多挑战。

(1)政府维度的ESG整体信息披露框架较少。因ESG涉及的信息内容广泛,目前政府层面对ESG中单一方面的指引较多,主要涉及环境维度。ESG整体信息披露的框架较少,与国际相比仍有较大差距,大多只停留在宏观决策层面,而在ESG指标和体系等微观层面则缺乏整体披露框架。

(2)信息披露标准不统一。现阶段我国具有多种类型信息披露制度,主要可分为强制披露制度、半强制披露制度及自愿披露制度。强制披露制度主要针对重点排污单位及其子公司,强制要求其披露相关环境信息;半强制披露制度主要针对重点排污单位之外的上市公司,对其放宽信息披露标准,要求其遵守相关标准或在不遵守相关标准时给予一定的解释;与之相似,自愿信息披露制度对上市公司的信息披露主要采取鼓励方式。这种不统一的信息披露制度使得不同企业在进行信息披露时水平参差不齐。

(3)我国ESG信息披露政策体系尚未形成。内地ESG政策目前大多针对企业,未对广泛资产拥有者、资产管理者等推行ESG理念,也暂未设立更多监管机构以督促企业落实ESG政策,整体ESG政策体系有待完善。

(4)专项监管服务部门及非营利组织缺失。目前,国内对ESG进行监管的部门主要是政府、证监会等，虽然第三方机构承担协助企业进行信息披露的责任，但 ESG 信息披露的研究投入不足，专项监管、鉴证机构、咨询服务缺失。与此同时，由于中国仍处在自上而下推动 ESG 体系发展的阶段，缺少非营利组织来推动 ESG 理论的研究和实施。

6.4.2　ESG 报告编制

1）什么是 ESG 报告

随着 ESG 在资本市场的升温，很多企业发布 ESG 报告，其中也包括一些传统上发布社会责任报告的企业也改为发布 ESG 报告，那么 ESG 报告与社会责任报告究竟有什么区别呢？

ESG 报告与社会责任报告应从其面向受众的角度加以区别。

ESG 报告是企业社会责任报告在资本市场的进阶，相对于面向利益相关方受众的社会责任报告，ESG 报告同时兼顾利益相关方与投资者受众实质性议题需求，并从议题对企业与社会的双向影响视角进行信息披露。

2）编制意义

（1）**防风险**。通过编制和发布社会责任报告、ESG 报告，满足政府、行业协会、资本市场、研究机构、社会组织、新闻媒体等利益相关方对于企业信息披露的强制、半强制或倡导性要求，避免"合规风险"和"声誉风险"。

（2）**促经营**。通过编制和发布社会责任报告、ESG 报告，为资本市场的研究、评级机构提供充分信息，获得资本市场好评，提升投融资能力和效率；另一方面，通过对重点项目、重点产品社会环境影响的梳理，提升其影响力。

（3）**强管理**。通过编制和发布社会责任报告、ESG 报告，在全流程工作推进过程中提升责任管理水平（"以编促管"）；同时，在宣贯理念、发现短板、解决问题过程中强化基础管理水平，进而促进企业持续、健康发展。

（4）**塑品牌**。通过编制和发布社会责任报告、ESG 报告，传递企业社会责任理念、愿景、价值观及履责行为和绩效，展现企业负责任形象，提升品牌美誉度。

对企业来说，ESG 是非财务角度的一项有效测评工具，不仅给金融与投资机构提供了一个有效的决策工具，还可以帮助企业更主动检视、清晰全面认识自身优势与不足，及时查漏补缺，从而驱动企业朝着更绿色低碳、更健康可持续的方向发展。

从 ESG 实施效果来看,ESG 表现好的企业通常在落实生态环境责任、践行社会责任方面具有良好的表现,更容易受到市场的认可和获取更多投融资机会。此外,ESG 能够提高企业知名度和市场影响力,积极保护生态环境、承担社会责任的企业更能得到社会公众和绿色资本市场的认可。

3)编制现状

2019 年与 2020 年独立披露社会责任报告公司数量分别达到了 1 018 家和 1 130 家,增长率分别为 7.8% 和 11.0%。相较于 2020 年,银行、非银金融和钢铁行业依次成为 2021 年 ESG 报告披露覆盖率方面表现最优的三个行业,而美容护理、农林牧渔和家用电器行业则成为 2021 年披露增长率最高的三个行业。

究其原因,首先是 ESG 投资关注度不断提升。可得的、有效的 ESG 数据缺乏是 ESG 投资理念推广的重要瓶颈。随着大量公司进入 ESG 投资产业,在市场竞争机制的作用下,ESG 数据、评级等基础设施将有望迅速完善。同时,在其他行业已进行广泛应用的 NLP、知识图谱等技术也为 ESG 投资价值挖掘带来更多的可能。

其次是 A 股国际投资者不断增加。在中国资本市场持续开放的大背景下,持续增长的外商金融投资为中国的 ESG 投资产业提供了新发展动力,也正在倒逼中国的机构投资者加快 ESG 投资步伐。ESG 管理理念作为一种国际公认的公司长期可持续发展理念,也为增强中国上市公司与国际投资者的互动与交流,提供了一座具有合作共识的新桥梁。

6.4.3 《企业 ESG 评价体系》团体标准发布

1)发布背景

当前国内 ESG 评级机构的评级结果相关性较低,企业实现可持续发展需要客观公正的 ESG 评价标准。直接套用境外国际 ESG 评级标准不符合我国国情和企业实际,制定科学合理的 ESG 评价标准,不仅对于客观公正地评价国资国企,而且对于评价我国民营企业 ESG 表现都具有重要意义。《企业 ESG 评价体系》团体标准的发布是很好的开端。《企业 ESG 评价体系》团体标准明确了企业 ESG 评价的评价原则和评价指标体系,规范了评价流程和评价方法,适用于各行业企业 ESG 绩效表现的企业自评、第二方评价、第三方评价或其他所需要的评价活动。

中国企业改革与发展研究会批准发布《企业 ESG 评价体系》(T/CERDS 3—2022)团体标准,自 2023 年 1 月 1 日起实施。标准由中国经济信息社、首都经济贸易大学、中国企业改革与发展研究会等单位牵头起草,在借鉴国际 ESG 评价体系基础上,结合我国国情和企业发展实际,从环境、社会、治理三个维度构建了四级指标体系,提供规范的评价流程和评价方法,适用不同行业、不同规模的企业,具有一定的科学性和可操作性,为开展企业 ESG 评价提供依据,为促进企业可持续发展提供参考。

2)发布意义

原国家质检总局总工程师、中国质量万里行促进会会长刘兆彬:大力实施 ESG 管理,完全符合全球可持续发展的大战略,也完全符合当前积极应对气候变化严重挑战的内在要求;大力实施 ESG 管理,完全符合党的二十大提出的"两大任务",一个是中心任务,在 21 世纪中叶要全面建成社会主义现代化强国,一个是首要任务,就是高质量发展;大力实施 ESG 管理,完全符合我国广大企业绿色发展、高质量发展、现代化发展的实际需要,完全符合高效化、合规化、国际化发展的需要。

中国经济信息社副总裁曹文忠:ESG 作为识别企业高质量发展的重要指标,是推动企业可持续发展的核心框架和系统方法论。通过建立和完善 ESG 评价标准体系,可为企业 ESG 评价提供基础框架和科学依据,促进企业可持续发展,为推动经济高质量发展贡献力量。

中国企业改革与发展研究会副会长、首都经济贸易大学副校长王永贵:企业 ESG 评价是对企业有关环境、社会和治理表现及相关风险管理的评估,有助于实现以评促改,推动企业持续改进 ESG 实践,以高标准引导企业高质量发展,并为政府制定相关政策、投资机构开展 ESG 投资提供参考。

中国盐业集团有限公司党委书记、董事长李耀强:如何建成世界一流企业,ESG 评价体系提供了一个很好的视角和切入点。ESG 实践体现了构建人类命运共同体的理念,是一种符合新发展阶段、新发展理念的先进企业发展观,倡导企业不仅要关注经济效益,还要更多地履行环保责任、践行社会责任。不仅看企业短期增长,还要重视可持续增长,从注重短期绩效向注重长期价值转变。这种发展观,也与建设世界一流企业"产品卓越、品牌卓著、创新领先、治理现代"的基本要求是相通的。

生态环境部信息中心副总工程师张波:随着我国"双碳"目标的稳步推进和金融市场改革发展,以 ESG 信息披露为体现的监管要求正在逐步建立并加强,生态环境部也在大力营造有利于 ESG 发展的政策环境。企业环境信息依法披露制度是重要的企业环境管理制度,不仅仅覆盖应对气候变化工作,指导企业依法按时、如实披露环境信息,社会公众广泛参与,实现多方协作共管的非常重要的机制,是生态文明制度体系的基础性内容,是推进生态环境治理体系和治理能力现代化的重要举措。

海关总署国际检验检疫标准与技术法规研究中心副主任赵明刚:构建中国 ESG 标准体系,是实现经济社会可持续发展的有效路径,是助力企业高质量发展的现实选择,是推动金融更好服务实体经济的有力助手。

首都经济贸易大学中国 ESG 研究院理事长、第一创业证券股份有限公司党委书记钱龙海:ESG 是企业追求可持续发展的核心框架,ESG 标准体系是企业践行 ESG 理念和 ESG 投资的关键基础设施,加快 ESG 标准体系建设是推动经济高质量发展的有力抓手。

6.4.4　A 股公司 ESG 报告披露情况

作为中国企业的优秀代表,上市公司是践行 ESG 理念的重要参与者。重视 ESG 信息披露工作、促进 ESG 理念与经营管理相融合、强化风险和责任主体意识,是上市公司实现自身高质量发展的重要抓手。

1) 总体特征:主动披露公司数量逐年增多

近年来主动进行 ESG 信息披露的 A 股上市公司数量逐年增加。证券时报·中国资本市场研究院统计的数据显示,沪深两市共有超 1 100 家 A 股公司发布了 2020 年 ESG 报告,发布报告的公司数量占比近 27%。由于上市公司社会责任报告并非强制披露事项,当前沪深两市上市公司主动披露社会责任报告的公司仍占少数,ESG 信息披露整体水平并不高。

从上市地点来看,沪市上市公司 ESG 报告披露意愿相对较强,37% 的公司自愿发布了 2020 年相关的 ESG 报告,较深市上市公司 ESG 信息披露率高 17 个百分点。

2）地域特征：经济发达地区 ESG 披露率不一定高

数据统计显示，一个地区的经济发达程度与其辖区上市公司 ESG 报告披露率没有正向相关性。虽然凭借绝对的经济实力与上市公司规模优势，广东、北京、上海、浙江、江苏等省市发布 ESG 报告的公司数量居前，但这些地区社会责任报告披露率并未达到与其经济发展相匹配的水平。相反，青海、云南、河南、宁夏等地区披露率较高。

值得一提的是，福建省上市公司披露 ESG 报告的强度和力度均处于较高水平，信息披露率位居全国第二，反映出该区域上市公司社会责任意识较强。

3）行业特征：金融行业披露率遥遥领先

分行业看，金融行业发布 ESG 报告的公司数量、披露率均位居首位，ESG 披露力度与强度遥遥领先。此外，钢铁、交通运输、房地产、采掘等传统行业披露率相对居前，而医药生物、电子、通信、计算机、汽车等行业的披露率则处于中下游水准。

4）企业属性：国企披露率远超民企

国企 ESG 信息披露意识相对较高，尤其是中央国有企业，披露率达 53％，地方国有企业为 37％。相比之下，民营企业 ESG 信息披露意识相对不足，未来有待进一步加强。在"双碳"目标背景下，随着政府、监管机构、交易所等市场各方加大力度推动 ESG 发展，强化对上市公司 ESG 信息披露的监管，上市公司 ESG 报告数量和质量有望加速提升。

6.4.5 典型行业 ESG 分析

1）国内银行业 ESG 发展概况

金融机构是践行 ESG 理念的重要力量，尤其是商业银行作为金融体系的重要组成部分，重视 ESG、践行 ESG 对于整个经济社会发展具有重要的积极意义。

首先，在全球积极应对气候变化的大背景下，践行 ESG 有利于推动银行业加速可持续发展转型，挖掘绿色低碳市场机遇；其次，银行金融机构践行 ESG 原则有助于更好适应行业监管趋势，如 2020 年银保监会提出 ESG 管理成为银行业高质量发展的普适性原则、2021 年明确将 ESG 纳入金融机构业务流程等；第三，将 ESG 理念注入日常经营，有助于商业银行经营更稳健、管理更规范,并吸引更多主流投资机构的关注。

2）上市银行披露 ESG 报告意识较强

随着 ESG 在国内的升温,上市银行近两年纷纷将此前的"社会责任报告"升级为"可持续发展报告"。截至 2021 年年底,41 家上市银行中,共有 37 家发布 2020 年 ESG 报告,银行业以超 90% 的披露率领先其他行业。除少数上市不久的银行外,大多数银行已连续多年发布 ESG 报告,10 年以上的比比皆是,反映出银行业整体具备较强的 ESG 信息披露意识。

目前来看,银行的 ESG 报告均由公司内部编制,并通过会计师事务所及其他认证企业对报告信息进行了独立第三方鉴证。

3）披露标准与内容各具特色

银行业 ESG 披露标准与框架不一,大多数银行都披露了经济、环境、社会"三大绩效"的相关数据。其中,经济绩效指标基本一致,环境绩效与社会绩效指标呈现差异化明显。以"纳税总额"为例,工商银行和招商银行用于衡量经济绩效,平安银行则用于衡量社会绩效等。

4）大多数银行 ESG 评级处于中游水平

MSCI 的 ESG 评级有 7 个级别：CCC、B、BB、BBB、A、AA、AAA。从 MSCI 评价结果来看,国内大多数银行的 ESG 评级为中游水平。

国有大型银行中,建设银行 ESG 评级已连续两年被 MSCI 评为 A 级；邮储银行（以港股评级结果替代）ESG 评级结果于 2021 年调高至 A 级；这两家银行的评级水平相对领先。股份制银行中,兴业银行已连续三年获评 A 级,为国内银行业最高水平；招商银行 ESG 评级于 2021 年被调高至 A 级。

6.4.6 企业在 ESG 体系下的合规措施建议

企业内部 ESG 合规体系的建立对企业而言是势在必行的,将 ESG 纳入公司运营的方方面面,在公司日常风险管控中增强环境保护、社会责任及公司治理成效等方面的意识,在制定公司合规目标时,除传统的财务效益外,还应兼顾环境效益及社会效益。

1）环境因素

企业可借助外部专业律师团队的力量为企业披露 ESG 体系下企业可能存在的风险,例如在某一具体项目立项前委托专业律师团队进行环境、环保尽职调查,对潜在的环境风险及社会影响进行评估与管理;在项目具体实施过程中时刻防范环境因素风险,防范其因项目实施造成环境污染而遭受行政处罚等。同时,结合目前的"双碳"趋势,能源企业也可根据自身发展需要及需求参与到绿色金融、碳排放交易之中。目前国家政策在碳排放交易方面属于重大利好时期,碳排放交易可有效促进企业自身节能降耗,增强企业可持续发展能力,同时也与企业承担污染防治、环境保护等社会责任的理念及国家"减碳降碳"的决心相契合。

2)社会因素

能源企业在开展具体项目时,应注意因地制宜,最大限度地减少项目对当地生态、人文等造成的影响,同时也可通过项目的开展为当地提供更多的就业岗位与经济支持,在项目开展的过程中深度地参与到当地社区建设中,主动承担社会责任。同时企业也应注意此类社会公益福利项目的积累,可在企业内部形成一个 ESG 信息数据库,当企业需要进行 ESG 相关信息披露时,信息数据库将会迅速直观地为企业提供正面素材。

3)管理因素

能源企业董事会成员及高管应当将 ESG 体系下的风险防控视为其日常职务的重要组成部分,将 ESG 风险应对纳入日常管理决策。在企业治理方面,能源企业可委托专业律师团队为其制定 ESG 相关政策指引,并形成一个整套的健全的企业 ESG 管理体系,从而让企业员工都能够有效地参与到企业的 ESG 战略中。能源企业同时也应注意年度 ESG 报告、半年度或月度环境保护报告的撰写与披露,从 ESG 报告中向投资者及潜在的投资者传递企业声誉、可持续发展的理念、战略规划等。

以中国核电为例,中国核电作为国内领先的核能企业,其所处行业面临高环境与社会风险,因此中国核电较早就认识到了需要通过加强 ESG 管理及 ESG 报告的披露,加之高度透明的环保报告,以控制其自身风险,并且从中吸引更多投资者的关注。中国核电自 2019 年起发布 ESG 报告,并且不断扩大信息披露范围,不断拓展报告传播渠道。

通过其 2021 年 ESG 报告概览及往年 ESG 报告介绍可知,在环境因素上,中国核电在核电站选址、建设及运营的不同阶段减少对生物多样性的影响,响应了国家对于共建共享生态绿色家园的号召。同时中国核电也采取了非常有效的节能降耗措施,在其 2021 年 ESG 报告概述中,中国核电表示其全年核电机组发电量的生态效益相当于减少二氧化碳排放 13 720 余万 t。

从社会因素上说,中国核电积极承担社会责任,响应国家号召,发挥自身资源优势,在项目具体实施地区带动地方经济发展。同时中国核电通过对核安全文化的宣传与讲解,对企业进行核安全标准化管理,不断完善核安全管理体系,开展核安全管理实践。在员工福祉方面,其也通过多种机制,激发员工主动性,重视员工培养,以期为核电行业输送更多宝贵人才,为稳定运行作出贡献。

从管理因素上看,中国核电建立起了由董事会负责的 ESG 组织管理体系,并成立 ESG 管理工作领导小组和办公室,将 ESG 体系融入到了企业日常业务运营过程中,深入到了企业各职能部门的日常工作中,也渗透到了企业文化中。中国核电也通过对员工权益、安全生产、环境保护等多方面的高效维护,保证了 ESG 组织管理体系在企业中长效运转。

6.4.7 对加快 ESG 发展的建议

当前国内 ESG 发展尚处于起步阶段,ESG 生态尚未成熟,尤其存在信息披露标准和评级体系不统一、强制披露机制不健全、企业对 ESG 的认知度不够等问题。为此,提出如下发展建议:

1) 加强 ESG 相关组织建设,构建多元参与新格局

发挥政府主管部门的协调组织作用,建立政府、投资方、评级机构、咨询服务公司、企业五位一体协同合作的 ESG 生态系统。加强各参与方之间的协同性与耦合性,多维发力,各司其职,形成功能相互补充、行动相互促进的系统性组织体系。

2) 整合 ESG 信息披露标准和评级体系,加快与国际 ESG 接轨

适时推出具有强制性的 ESG 信息披露指引政策,建立与国际通行标准接轨的中国 ESG 评价体系和信息披露标准,优化信息披露的指标化、定量化,加强 ESG 数据治理和监测,建立分级分类评价模型。同时,增强资本市场的引领作用,对标国际主流 ESG 评级体系,鼓励金融机构在投资流程中全面嵌入 ESG 评价,倒逼企业为提升 ESG 评级而加强 ESG 信息披露,加快融入国际 ESG 体系。试点在政府采购招投标中加入对投标企业 ESG 相关内容的要求。

鼓励上海证券交易所对已上市公司的 ESG 内容年度披露,并且将 ESG 中相关指标作为拟上市公司上市条件的一部分。

3)培育企业 ESG 意识,推动重点企业试点践行 ESG 体系

鼓励行业协会、教育和研究机构针对 ESG 市场人才需求,通过开展人才培养计划、开展企业培训项目等方式,提升社会各方面主体对 ESG 的系统性认知。同时,积极推动重点企业在发展战略制定和日常管理运营中积极践行 ESG 理念,选择不同行业中具有代表性的、有社会影响力的企业作为试点,牵引整个行业领域的 ESG 行动,提升行业竞争力,助力打造适合我国产业发展特点的 ESG 体系。推动央企、国企在企业经营中率先引入 ESG 指标考核,依靠相关头部企业的市场影响力和风向标作用带动产业链上相关企业对 ESG 的重视和 ESG 实践。

6.5 成功企业案例

本书从钢铁、机械、能源、食品、服装、软件等行业,筛选了部分在 ESG 管理方面有特色的企业,对其实践行动进行了介绍。

6.5.1 宝钢股份推动工艺创新,助力下游企业减排

宝钢股份有限公司是全球领先的现代化钢铁联合企业,2021 年宝钢股份启动碳中和管理体系建设,积极推动价值链绿色发展,勇当环境友好的最佳实践者。

1)完善 ESG 管理体系、确立行动方案

2021 年,宝钢股份完善了董事会下设的战略、风险及 ESG 委员会,不断完善 ESG 管理体系,2023 年力争实现碳达峰,2025 年具备减碳 30% 工艺技术能力,2035 年运营过程中产生的碳排放量相比 2020 年力争降低 30%,2050 年力争实现碳中和。其中,至 2025 年,公司目标实现碳排放强度下降 8%,规划在节能技术应用、低碳冶金示范工程、绿电开发等方面的投资规模超过 100 亿元。

2)推动战略实施、取得减排极致能效

宝钢股份依托自身建立的最佳商业可行节能低碳技术库(BACT),通过

能效提升专项行动推动 BACT 技术的全流程覆盖和装备升级改造。在中钢协组织的"全国重点大型耗能钢铁生产设备节能降耗对标竞赛"中,公司多座高炉、转炉稳居冠军炉、优胜炉、创先炉称号,湛江钢铁烧结机组实现"三连冠"。

宝钢股份参与投资并主导了项目的技术创新工作,如富氢碳循环超高富氧冶炼、百万吨级氢基竖炉。宝钢集团利用废钢作为原料冶炼实现钢铁的循环利用,相较传统炼钢还可以降低 70% 左右的碳排放。2018 年开始宝钢股份启动绿色电力交易,同时,大力推进厂房屋顶光伏的开发建设,规划到 2025 年屋顶光伏装机量超过 400 MW。

3)响应社会转型、助力下游减排

宝钢股份响应全社会低碳转型需求,面向能源、汽车、电机等行业,积极研发和供应高强度、高能效、耐腐蚀、长寿命、高功能的绿色低碳钢铁产品。

(1)能源行业。

宝钢股份持续提升水电、风电、光伏、核电、输配电网络的综合材料解决方案能力,助力全球能源转型。目前,全球在建规模最大的白鹤滩水电站项目中,采用了宝钢 800 MPa 级低焊接裂纹敏感性高强钢、宝钢 750 MPa 级热轧高强磁轭钢和宝钢硅钢 BeCOREs®。中核集团福清核电 6 号机组,作为当前核电市场上接受度最高的三代核电机型之一,宝钢硅钢 BeCOREs® 取向硅钢用于发电机核心定子。

(2)汽车行业。

宝钢 2021 年推出 SMARTeX 新能源车整体解决方案,在保障车身安全的同时,帮助整车制造商突破车身轻量化的瓶颈问题,并积极从钢板制造端和汽车行驶端推动二氧化碳减排,将宝钢汽车板打造成为全球汽车板 TOP1 品牌,夯实全球新能源车整体解决方案领军者地位。

(3)电机行业。

宝钢硅钢 BeCOREs® 赋能电机低碳发展,使用宝钢股份高等级无取向硅钢制造高能效工业电机,可大幅降低电机生命周期电力损耗,使电机系统整体效率提高 3%~5%,每年至少可节约 600 亿 kW·h,减少二氧化碳排放 5 000 多万 t。新能源汽车驱动电机应用宝钢硅钢 BeCOREs® 无取向硅钢,根据现有宝钢产能和新建的硅钢生产线预估,宝钢无取向硅钢将助力交通行业减少 1.14 亿 t 碳排放。

4）优化披露工作、取得阶段成果

2021 年,宝钢股份搭建 ESG 管治架构,并根据 ESG 指标对《可持续发展报告》全新改版,报告经具有相关资质的独立第三方验证。同时,编制形成了首份绿色低碳发展专项规划。2022 年,宝钢股份首次按照国际标准 ISO14064 和 ISO14025 等,组织开展组织层级和产品碳足迹的量化评估并通过了第三方认证,取得温室气体核查声明。2022 年 4 月,连续第 17 年发布《可持续发展报告》;6 月,编制和发布了中国钢铁行业首份《气候行动报告》,大幅提升了公司温室气体排放信息披露的透明度。

6.5.2　上海电气设定三大路径,持续推动技术迭代

2023 年上海电气荣获"新华信用金兰杯碳达峰碳中和实践应用领军案例"。2022 年 12 月 20 日,上海电气入选"地方国有企业社会责任·先锋 100 指数（2022）",该指数由国务院国资委社会责任局主办,汇聚地方国资委和地方国企年度优秀社会责任案例,上海电气凭借在社会责任各领域的积极探索和突出成果成功入选。上海电气也是国内较早进行 ESG 报告披露的上市公司,已连续 6 年发布 ESG 报告。

能源替代方面,上海电气践行"火电与新能源"优化组合要求,大力开展"风光储氢网"技术创新和产业布局,增加新能源消纳能力,以推动用新能源替代化石能源的变革,构建以新能源为主体的新型电力系统。在能效提升方面,上海电气贯彻落实"节能优先"战略,通过技术创新将各类节能创新产品应用于多个行业场景,为多个行业提供高效节能产品和服务。在资源利用方面,上海电气拥有烟气治理、水处理、固废处理、二氧化碳捕捉及其综合利用核心工艺设计及系统装备能力,促进能源资源的循环利用。在污染物管理方面,上海电气建立了健全清洁生产长效机制,增强企业绿色发展能力。

上海电气作为我国最大的能源装备制造企业之一,将国家"双碳"战略和全面绿色低碳转型作为发展主线,设定"能源替代、能效提升、资源利用"三大路径,通过了技术储备的提升和产品迭代升级,为实现"安全降碳"贡献了重要力量。近期,明晟将上海电气的 ESG 评级由 BBB 提升至 A,成功实现连续两年评级提升,不仅反映了上海电气 ESG 治理水平和披露质量正持续提升,更代表了资本市场对上海电气长期投资价值的充分肯定。

6.5.3 日立集团设立长期目标,构建绿色制造体系

日立作为一家业务范围广泛的跨国集团企业,在 100 多年的发展历程中,日立始终高度关注环境保护,致力于节能减排型社会基础设施系统的开发和升级,以及数字化解决方案,为解决社会的可持续发展作出贡献。

1)服务"双碳"目标,实现 2030 碳中和

2016 年,日立集团发布的"日立环境革新 2050"将"脱碳社会"作为长期目标之一。2020 年,日立集团又在此基础上发布了"2030 碳中和"目标,承诺 2030 年实现在集团内生产过程中的碳中和。

日立电梯目前是中国最大的电梯制造商和服务商之一。为积极响应中国工信部号召"进一步推动绿色制造体系建设",也为了进一步降低生产经营活动所产生的碳排放,日立电梯构建了以绿色工厂、绿色设计产品、绿色供应链为主体的绿色制造体系。

日立电梯的绿色制造体系形成了从产品设计到制造的全产业链绿色制造模式。2022 年,日立在符合条件的所有厂房导入光伏设备,以实现每年利用清洁能源发电 6 655 kW·h,可减少二氧化碳排放约 3 095 t。

2)环境革新 2050

日立在 2016 年制定并推进了环境长期目标"日立环境革新 2050",从可持续发展的视角出发以"脱碳社会""高度循环型社会"和"自然共生社会"为长期目标,指引生产和办公活动中的环境工作。

2021 年日立将碳中和明确为实现脱碳社会的目标,并提出 2030 年度实现事业所(工厂和办公室)的碳中和及全价值链二氧化碳排放量相较 2010 年减排 50%,2050 年实现全价值链的碳中和。

3)加强环保管理

为降低事业活动对环境的负荷,日立正在积极推进能源与水资源的有效利用及废弃物与化学物质减排,将减负活动的成果量化为原单位改善率加以完善并持续推进。在原单位计算方面,由于日立的事业活动遍布多个领域,因此将各事业所的活动量设定为分母。与基准年度相比,2020 年中国地区超额完成以下各项目标:二氧化碳排放量原单位改善率为 15%,废弃物生产量原单位改善率为 23%,用水量原单位改善率为 45%,挥发性有机物大气排放量原单位改善率为 51%。

4）日立"双碳"实践

日立集团三家公司自 2017 年起转向低耗能源利用方式，陆续导入光伏发电系统，三家公司年度光伏发电量总计 2 727 MW·h，二氧化碳减排量达 1 699 t。其中日立电梯（广州）自动扶梯有限公司的光伏发电量已经达到整体用电量的 65%。中国地区日立各制造工厂积极开展工艺与设备的绿色转型，导入可再生能源，力争在 2030 年实现"碳中和"。

6.5.4　晶澳科技将绿色理念贯穿于产品全生命周期

晶澳科技是全球领先的光伏发电解决方案平台企业，主营业务为硅片、太阳能电池及组件的研发、生产和销售，以及太阳能光伏电站的开发、建设、运营等。作为清洁能源企业，晶澳科技关注产品全生命周期，将绿色环保理念贯穿于研发、采购、生产、物流和产品回收等生产运营各环节，全面推行 ISO14001 环境管理体系建设，致力于打造资源节约型和环境友好型企业。例如，设计环节，电池工艺设计采用碱抛工艺降低硝酸耗量及总氮处理，在机场环境使用防炫光组件防止组件光污染影响等。采购环节，要求供应商通过 ISO9000 和 ISO14000 认证，部分重点行业供应商须通过 OHSAS18000 认证。生产环节，不断推进生产向高端化、智能化迈进，并强化节能降耗、绿电使用和降低排放措施。回收环节，公司作为 PV CYCLE 的会员，全球组件回收均可委托 PV CYCLE 处理；此外，公司作为发起单位与其他企业联合发起了"光伏回收产业发展合作中心"，致力于推动行业产品回收利用。

目前，晶澳科技构建了独具晶澳特色的"6+"绿色发展体系（包括绿色产品技术、绿色供应链管理、绿色工厂、绿电供给和应用、绿色办公和生活、绿色理念传播）。晶澳科技拥有 5 个工信部授予的国家级"绿色工厂"，覆盖硅片、电池和组件等不同环节；核心技术"高效 PERC 单晶电池及组件技术"入选国家发改委《绿色技术推广目录（2020）》；多款产品入选工信部首批光伏电池组件"绿色设计产品"；主导产品 DeepBlue3.0 先后获得韩国亲环境认证证书、UL EPD 环保产品声明标志、法国权威机构 Certisolis 碳足迹证书等。截至 2021 年年底，公司组件累计出货超过 88 GW，这些产品运用到光伏电站，相当于每年为社会减少二氧化碳排放 9 000 多万 t。

此外，晶澳科技积极推动绿电使用，各基地积极利用自身闲置屋顶、车棚、空地等,安装了小型地面电站、屋顶分布式、水上悬浮式等多种形式的光伏电站。位于基地内的分布式光伏电站规模约 30 MW,年发电量超过 2 500 万 kW·h。

晶澳科技积极推动 ESG 信息披露,自 2017 年开始编制和发布社会责任报告以来,已累计向社会发布 5 份社会责任报告。中英文对照+第三方审验的《晶澳科技 2021 年可持续发展报告》于 2022 年 6 月正式向社会发布。

6.5.5 金风科技多措并举,清洁生产

在 20 多年的发展历程中,金风科技作为一家风电企业,在全球 ESG 迅速升温和中国"双碳"目标下的高质量发展要求的背景下,迎来了前所未有的发展机遇。

1)战略引领、组织保障推动 ESG 管理健康发展

金风科技的可持续发展战略主要体现在诚信合规经营、绿色环保运营、可持续风电产业链、公平健康工作环境与和谐社区关系五大领域。在最新的可持续发展战略规划中,金风科技提出了在 2022 年实现运营层面的碳中和、2023 年风力发电机组主要零部件供应商(制造类)社会责任审核率 100%、2025 年主要供应商生产金风产品绿电使用比例达到 100% 三大阶段性目标。

2)以绿色低碳、健康和谐为特色的 ESG 实践

在日常的运营管理中,金风科技强化计量管理,以使用节能型灯具、减少设备无负荷运转时间、合理规划用车等方式,加强能源使用管理。在办公园区,各楼宇安装节水型水龙头,收集雨水,做到直饮水废水再利用,优先使用园区中的水。公司承诺在"十四五"期间逐年提升能源和资源的利用效率,力争在 2025 年实现能源使用效率比 2020 年提升 20%。

在金风科技内部工厂,公司推广使用风电、光伏等可再生能源,建设光伏微网、水蓄能空调等项目,公司具备申报条件的工厂全部通过绿色工厂认证。公司严格制定"分类回收、集中保管、统一处理、综合评价"制度,妥善处理各类废弃物。公司风机大部件包装物建立包装物循环再利用工作体系;控制风机生产、运输、安装和运行过程中产生的不同程度厂界噪声。

在风电场建设和运营阶段,金风科技牵头主编并推广绿色风电场标准,将生物多样性的识别、监测和保护贯穿于风电场的建设和运维全过程。以先进的风电场噪声排放技术自主调整和控制风机噪声,充分考虑风机运行对鸟类

及周边社区居民和环境等的影响,开发驱鸟技术、光影测试装置等技术设备,探测驱赶即将飞入风机运营区域的鸟类,以及通过转速控制和扇区管理降低光影闪烁的影响。

为解决风机固废问题,金风科技建立了再制造技术开发中心和服务中心,利用 3R 原则,即再利用(Reuse)、再循环(Recycle)和减量化(Reduce),从旧件回收、物流运输、清洗拆解、技术开发、工艺标准、检测试验到规模应用,设立了系统化流程,全年回收利用零部件,实现资源最大化利用。

金风科技在自身深入推进节能减排,实施能效提升的同时,还致力于打造可持续的风电产业链。早在 2016 年,金风科技就率先在行业内发起“绿色供应链”项目,影响带动供应商降低风机零部件在生产过程中的能源消耗和废弃物排放,并为其提供节能改造、余热利用等节能环保技术培训,从而提升供应链的整体绿色水平。如前文提到,到 2025 年,公司主要供应商生产金风产品绿色电力的使用比例将达到 100%。

2021 年,金风科技位于北京的办公园区通过风光等多种可再生能源互补、源网荷储一体化管理,利用 4.8 MW 分散式风电、1.3 MW 分布式光伏和锂电池、超级电容等多种储能形式,实现清洁电力使用比例达 50%,并通过碳补偿,获得北京绿色交易所颁发的中国首个可再生能源碳中和园区证书。目前,公司构建的碳中和解决方案已涵盖扩充到智慧城市、智慧园区、港航物流、钢铁冶炼、石油石化、养殖农业等不同场景,支持帮助全社会实现低碳绿色发展。

3)ESG 报告,金风科技的“第二张财报”

ESG 报告,被称为企业的“第二张财报”。相对于上市公司年度报告,ESG 报告考虑到了更多利益相关方,包括对环境的影响,承担的社会责任,与员工、供应商、用户之间的关系等,是对上市公司价值更为全面的考量。

2009 年至 2021 年,金风科技连续 14 年发布了社会责任、可持续发展报告,展现了公司在 ESG 领域丰富的管理和实践经验。

4)ESG 指标,创造更美好和谐的可持续发展未来

作为国际领先的风机制造商,金风科技目前有超过 4.5 万台风机运行于全球 6 大洲,向 34 个国家提供优质新能源产品与服务。2021 年,金风科技推动全球可持续能源联盟正式成立,联合多国领先新能源行业伙伴共同开展了包括 ESG 在内的一系列治理与发展工作。2022 年,公司成立集团可持续发

展管理部专门对接公司内部相关工作;每年开展 10 余项 ESG 领域重大项目,包括完善修订员工管理、供应链管理、商业道德等制度,确保合规运营;在研发创新中,更多考虑环境影响因素,加大研发环境友好的产品与服务;获得中国首份风机环境产品声明;优化产品方案实现节约资源和减少碳排放,进而节约成本等。这一系列工作必然需要持续投入大量成本与资源,但换来的是金风科技在管理、产品、影响力等层面更具竞争力,以及更广阔的产品市场和更多样化的可持续发展商业机会,有利于公司长期健康的发展。

6.5.6 伊利集团发挥龙头作用,建设可持续发展生态圈

伊利积极践行"绿色领导力",建立"环境保护可持续发展三级目标体系",实施全生命周期绿色行动,从源头控制能耗,早在 2012 年,伊利集团已经实现碳达峰,将在 2050 年前实现全产业链碳中和。

1)建设绿色供应链,降低生产经营对环境影响

伊利推行以养带种、以种促养的"种养一体化"生态农业模式,升级打造"伊利智慧牧场大数据分析应用平台 3.0",将数字化、智能化先进科学技术与传统养殖业充分融合,有效减少碳排放量,助力打造"绿智能牧场"。截至2021 年年底,"种养一体化"覆盖伊利合作牧场 272 座。同时推进绿色制造,将绿色发展理念融入生产、运营全过程,创新资源节约使用和循环利用技术,全面减少各类废弃物排放,制定绿电提额、光伏发电等计划,提升清洁能源使用率,在各个环节最大限度减少对环境的影响。截至 2021 年,已有 23 家分(子)公司被工信部评为国家级"绿色工厂"。伊利制定《包装可持续 2025 目标及实施路径》,遵循拒绝、重复利用、可回收、轻量化和可降解原则,严格要求产品包装达到可再利用、可再循环、可再回收要求,研发环保包装材料,倡导避免过度包装。伊利采用绿色物流,持续提升国五车辆及铁路运输使用占比,降低车辆碳排放。

2)带动产业链伙伴减碳,共建可持续发展生态圈

伊利在牧场管理、工厂建设、制造、运输及消费过程全程考虑并融入绿色理念,与产业链上下游伙伴一道践行全方位的减碳行动。2010 年起,伊利率先按照 ISO14064 标准及《2006 年 IPCC 国家温室气体清单指南》开展面向企业内的全面碳盘查。截至 2021 年年底,伊利已经连续 12 年开展碳盘查,建立

了整套完善的能源环保数据核算体系。同时,推进建立了全链减碳三大平台——"国家乳制品产业计量测试中心""可持续发展供应链全球网络"和信息化展示平台"EHSQ管理信息系统"。伊利开设了面向供应商的"双碳"管理培训课。2021年,伊利的减碳实践成为全球唯一农业食品业的代表企业案例,成功入选联合国全球契约组织官方发布的首份《企业碳中和路径图》,同年12月,伊利作为中国乳业唯一企业入选了联合国开发计划署发布《走向零碳——在华企业可持续发展行动》报告。

3)坚持透明沟通,披露相关信息

2022年5月22日,伊利首发"三报告":《2021可持续发展报告》《2021生物多样保护报告》和《零碳未来报告》。这是伊利第16年发布《可持续发展报告》,第5年发布《生物多样性保护报告》,首次发布《零碳未来报告》。

2007年,伊利以"责任的力量"为主题发布行业第一份《企业公民报告》(2019年更名为《可持续发展报告》)。2016年,签署《企业与生物多样性承诺书》,作出9大承诺,每年发布《生物多样保护报告》,按照9大承诺披露实质性进展。2022年,为响应国家"3060""双碳"目标,践行低碳发展,伊利发布了中国食品行业首份"双碳"报告——《零碳未来报告》,介绍伊利的减碳进展。

6.5.7 波司登高度重视,推动价值链绿色化

2023年1月23日,摩根士丹利资本国际公司(MSCI)将波司登的ESG评级从BBB上调至A;全球环境信息研究中心(CDP)在此次全球公司评级中显示,针对"气候变化"领域,波司登获得"B-"评级。

波司登设立了完善而严谨的ESG管治架构,将ESG置于较高战略位置,成体系地纳入其日常运营。决策层,由董事会审批集团的整体ESG策略及汇报;管理层,组建由高级管理层领衔、跨部门共同协作的可持续发展督导组,促进可持续发展工作的有效落地,定期向董事会反馈及听取建议。波司登定期进行全面的ESG议题重要性评估,为集团战略和ESG报告提供信息支持。2021、2022财年,波司登通过在线调查收集了超过1 500份内外部利益相关方的反馈以识别重要性议题。

波司登重视节能环保,促进绿色生产。波司登成功建立起符合ISO50001要求的能源管理体系,并在常熟供电局的支持下,建立能源数据实时监测平

台,以数字化提升能源效率。这一系列的努力还获得了江苏省优秀能源企业认证。波司登在具备条件的华东仓库屋顶铺设了光伏发电设备。2021 年,华东仓库光伏发电量为 934 MW·h,占华东仓库电力消耗的 23%。此外,波司登采用绿色设计与绿色原材料,服装上普遍使用新型环保面料,以纯天然植物成分为核心原料,减少对石油资源的依赖性。

6.5.8　腾讯发挥技术优势,深度参与 ESG 体系建设

2021 年,腾讯启动第四次战略升级,把"推动可持续社会价值创新"加入核心发展战略中,ESG 正式成长为企业发展战略的一部分。2022 年 4 月,腾讯发布首份独立 ESG 报告,更立体全面地展示了腾讯在 ESG 工作的管治、目标承诺及具体实践,并应用了 TCFD、SASB、GRI 及融入 SDGS 和 SBTi 的要求。至此,腾讯形成了战略-管理-实践-披露的 ESG 推进链条。

1) ESG 管治架构完善,成为推动战略实施的坚实底座

腾讯完善了 ESG 管治架构,纵向贯穿董事会—管理层——一线,横向覆盖各个 BG 及业务线。腾讯的 ESG 管治由董事会授权企业管治委员会进行监督,并由 ESG 工作组负责具体工作的实施。董事会定期审阅公司 ESG 事宜,包括但不限于 ESG 风险管控(包括气候风险)、ESG 年度报告、碳中和规划及进展,以及可持续社会价值项目进展等。

2) 承诺有雄心的环境目标,以技术推动低碳转型

腾讯是国内互联网企业中率先承诺碳中和的企业之一,计划不晚于 2030 年实现自身运营及供应链的全面碳中和。在自身运营及供应链方面,腾讯遵循"减排和绿色电力优先、抵消为辅"的原则,大力提升数据中心的能效水平,积极参与绿电转型和相关市场建设,并不断探索碳汇领域的技术革新,在国际环保机构绿色和平发布的《绿色云端 2022》报告的互联网云服务企业碳中和中排名首位。在对外赋能和助力社会减排层面,腾讯发挥数字化技术以及产品影响力,助力消费者、产业及社会的低碳转型。比如,在绿色办公方面,腾讯会议、企业微信、腾讯文档等在线办公产品,帮助企业推进无纸化办公,有效解决了异地沟通交流的难题,显著降低了各行各业的差旅成本。

3) 践行国家"双碳"战略,推动 ESG 投资生态体系建设

2021 年,腾讯与多家行业机构共同发起了北京 ESG 投资(基金)生态倡

议。旨在践行国家"双碳"战略,助力我国绿色金融体系健康快速发展。来自金融机构、研究智库和专家学者、第三方知名机构等的数十位行业领军人物加入了首批倡议者行列,同时发布并出版《ESG基金:国际实践与中国体系构建》报告,建立了定量指标体系。在此基础上,2022年腾讯正式建立"以ESG基金评价为核心的生态体系搭建与落地"项目,打通内外部资源,促进ESG投资在我国市场的持续发展。同时,项目研发并上线"腾讯AI-ESG"产品支持基金公司、保险资产管理公司和相关资产管理公司将ESG基金评价体系运用于投资分析、投资决策、产品建设全流程,建立健全了ESG投资经验分享和共建机制;设立ESG基金专区,启动了一系列ESG主题投资者教育活动,并在专区首页投放了ESG基金短视频"ESG基金大揭秘"和投教落地页"一分钟看懂ESG基金"及ESG投教小游戏"可持续发展对象养成攻略";组织了主题为"碳达峰碳中和目标下的ESG投资——《绿色及可持续金融》《ESG基金:国际实践与中国体系构建》新书品读"和2022年金融街论坛系列活动——国家"双碳"战略与ESG高峰论坛等ESG领域的宣传活动,向广大个人和机构投资者传递ESG可持续发展理念。

参考文献

[1] 包兴安,徐一鸣.钢铁等四大行业"碳达峰、碳中和"路径渐清晰 清洁能源产业迎来新一轮发展机遇[N].证券日报,2021-04-26(A2).

[2] 吴庆翱,冯祖强.科技创新引领钢铁行业实现能源绿色低碳转型——以广西柳州钢铁集团有限公司为例[J].广西节能,2022(2):52-54.

[3] 吴跃.欧洲碳中和路线图为水泥减碳提供借鉴[N].中国建材报,2021-12-15(1).

[4] 余玲,邢娜,黄维,等.我国钢铁行业节能降碳现状及存在的问题和对策建议[J].冶金经济与管理,2022(1):10-15.

[5] 李树斌.我国废钢铁利用现状和发展趋势[J].中国钢铁业,2014(10):10-13.

[6] 汪澜.绿氢煅烧水泥熟料关键技术初探[J].中国水泥,2022(4):46-48.

[7] 奔向未来,现代煤化工如何破局[N].中国石化报,2022-01-04(5).

[8] 刘殿栋,王钰.现代煤化工产业碳减排、碳中和方案探讨[J].煤炭加工与综合利用,2021(5):67-72.

[9] 胡迁林,赵明."十四五"时期现代煤化工发展思考[J].中国煤炭,2021,47(3):2-8.

[10] 朱妍,高玉洁.现代煤化工产业主动求变[N].中国能源报,2022-02-21.

[11] 梁秀英,刘猛,李鹏程,等.《用能单位能耗在线监测技术要求》国家标准解读[J].标准科学,2020(9):99-104.

[12] 王于鹤,王娟,邓良辰."双碳"目标下,能源行业数字化转型的思考与建议[J].中国能源,2021,43(10):47-52.

[13] 高晓佳,穆宇晨.大型公共建筑能耗监控系统分析[J].电子技术与软件工程,2021(5):165-166.

[14] 吉朝辉,周轶.浅谈能源管理系统在企业中的应用[J].石油化工建设,2021(43)A2:150-152.

[15] 郭沛宇.加快有色金属等行业绿色低碳发展[N].中国有色金属报,2022-07-02(1).

[16] 祁卓娅,王志雄.重点用能设备节能发展现状分析[J].机电产品开发与创新,2017,30(6):3-4.

[17] 周浩.提高同步磁阻电机力能指标的研究[D].重庆:重庆大学,2013.

[18] 李军,王志雄.重点用能设备节能发展现状分析[J].机电产品开发与创新,2017,30(6):3-4.

[19] 李军,笪耀东,刘雪敏.我国锅炉装备绿色低碳发展研究路径[J].中国工程科学,2022,24(4):212-221.

[20] 中国电器工业协会工业锅炉分会.工业锅炉行业面临的产业、技术发展趋势和"十三五"发展目标[J].电器工业,2016,4:10-16.

[21] 沈启,代允闯.机电设备群控的分布式快速方法[J].暖通空调,2018,48(7):88-93.

[22] Ma ZJ, Wang SW. An optimal control strategy for complex building central chilled water systems for practical and real-time applications [J]. Building and Environment, 2009, 44(6):1188-1198.

[23] 荣剑文.冷水机组群控策略的讨论[J].智能建筑与城市信息,2006(2):39-40.

[24] 荣剑文.冷机群控系统设计[D].上海:上海交通大学,2008:7-12.

[25] Torzhkov A, Sharma P, Lic, et al. Chiller plant optimization an integrated optimization approach for chiller sequencing and control. December15-17, 2010 [C]. Proceedings of 49th IEEE Conference on Decision and Control, 2010.

[26] Wang W, Liu J Z, Zeng D L, et al. Variable-speed technology used in power plants for better plant economics and grid stability[J]. Energy, 2012, 45(1):588-594.

[27] 杨啸,何宁.基于遗传算法的变风量空调模糊控制系统的研究[J].陕西理工学院学报(自然科学版),2014(1):1-4.

[28] 中华人民共和国国家和发展改革委员会.关于发布《高耗能行业重点领域节能降碳改造升级实施指南(2022年版)》的通知[Z].2022-2-11.

[29] 中华人民共和国工业和信息化部.关于印发《电机能效提升计划(2021—2023年)》的通知[Z].2021-10-29.

[30] 中华人民共和国工业和信息化部.关于印发工业能效提升行动计划的通知[Z].2022-6-23.

[31] 任庚坡.ESG发展进展与政策建议[J].上海节能,2022(7):799-803.DOI:10.13770/j.cnki.issn2095-705x.2022.07.005.

[32] 周方召,穆笑然,刘进,等.绿色环保主题基金的业绩表现研究[J].金融与经济,2019(5):34-40+88.DOI:10.19622/j.cnki.cn36-1005/f.2019.05.006.

[33] 中国银保监会政策研究局课题组,洪卫.绿色金融理论与实践研究[J].金融监管研究,2021(3):1-15.DOI:10.13490/j.cnki.frr.20210409.001.

[34] 于东智,孙涛."双碳"目标战略下中国银行业ESG实践的若干思考[J].清华金融评论,2022(8):65-69.DOI:10.19409/j.cnki.thf-review.2022.08.011.

[35] 林楚.三大路径助推上海电气践行"双碳"使命[N].机电商报,2022-05-09(A06).DOI:10.28408/n.cnki.njdsb.2022.000130.

[36] 任晓莉."双碳"目标下我国区域创新发展不平衡的问题及其矫正[J].中州学刊,2021(10):17-25.

[37] 徐晖,任婧.施耐德电气:基于绿色能源管理关键创新,加速赋能"双碳"实践[J].电器工业,2022(8):22-24.

7

碳交易机制和绿色金融

本章对"双碳"目标实现相关支撑机制进行了论述,对国际国内碳市场及其相关方法学进行了详细介绍,对比了国外典型碳市场及国内碳市场的机制建设情况。重点分析阐述了绿色金融发展的相关情况及其与"双碳"战略的关系。并从企业视角对碳资产管理的现实意义及其未来发展趋势进行了评述。

　　实现"双碳"目标将对我国经济社会发展带来重大变革和挑战,需要进一步建立健全相关支撑保障体系和机制,需要多种政策工具的协调配合。尽管我国碳市场建设已经稳步推进,但与国外典型成熟的碳市场相比仍存在一些差距。利用金融手段推动产业绿色转型,是可持续发展的必然要求,绿色金融已成为助力经济社会绿色低碳发展的有力工具。同时,要引导支持企业加强碳资产管理,加快制度创新,盘活企业存量碳资产,促进企业提高碳资产的流转,优化碳资产的管理和使用,拓宽融资渠道,推动企业更好融入和参与"双碳"行动。

7.1 国际碳市场

7.1.1 国际碳市场概况

碳交易是温室气体排放权交易的统称,《京都议定书》首次明确碳交易的概念和界定范围。碳排放权交易作为一种运用市场手段限制温室气体排放的政策工具,受到越来越多的国家和地区的采纳。碳交易机制既让温室气体控排责任压实到排放企业,又为减碳提供经济激励机制,降低全社会减排成本,带动绿色技术创新和产业投资,是平衡经济发展与碳减排关系的一种有效政策工具。

截至 2021 年,全球共有 33 个碳排放权交易体系投入运行,覆盖电力、工业、交通、建筑等多个行业。正在运行的碳排放权交易体系的区域内的温室气体排放量、GDP、人口分别约占全球总量的 16%、54%、33%。此外,全球共有 22 个碳排放权交易体系正在计划或建设中。碳排放权交易最早始于美国,但美国至今未建立全国性的碳交易市场,欧盟则在全球最先引入强制性碳排放交易机制。由于美国及澳大利亚均非《京都议定书》成员国,所以国际性的交易所只有欧盟碳排放权交易制及英国碳排放权交易制。

目前,全球范围内主要的碳排放权交易体系包括欧盟碳市场、美国区域温室气体倡议、韩国碳市场、新西兰碳市场等,以及中国全国和试点地区碳市场。截至 2021 年,全球共有 33 个正在运行的碳排放权交易体系,其所处区域的 GDP 总量约占全球总量的 54%,人口约占全球人口的 1/3,覆盖了全球温室气体排放总量的 16% 左右,全球各个碳排放权交易体系已通过拍卖配额筹集了超过 1 030 亿美元资金。此外,还有 8 个碳排放权交易体系即将开始运营,14 个碳排放权交易体系正在建设中。目前,全球已建立碳市场的地区见表 7-1。

表 7-1 全球建立碳市场的地区一览

政府层级	数量	包含区域
超国家机构	1	欧盟成员国加冰岛、列支敦士登、挪威
国家级	8	中国、德国、哈萨克斯坦、墨西哥、新西兰、韩国、瑞士、英国

政府层级	数量	包含区域
省级	18	广东省、湖北省、加利福尼亚州、康涅狄格州、特拉华州、福建省、缅因州、马里兰州、马萨诸塞州、新罕布什尔州、新泽西州、纽约州、新斯科舍省、埼玉县、魁北克省、罗得岛州、佛蒙特州、弗吉尼亚州
市级	6	北京市、天津市、重庆市、上海市、深圳市、东京市

7.1.2　碳市场相关机制介绍

碳排放权原本并非商品，也没有显著开发价值，但 1997 年《京都议定书》改变了这一情况。按照《京都议定书》规定，"到 2010 年所有发达国家排放的二氧化碳、甲烷等六种温室气体数量要比 1990 年减少 5.2％"，但由于发达国家能源利用效率高、能源结构相对优化、新能源技术被大量采用，因此进一步减排的空间小、成本高、难度较大，而发展中国家能源效率低、减排空间大、成本也低。这导致同一减排量在不同国家之间存在不同成本，形成价格差。发达国家有需求，发展中国家有供应能力，由此碳交易、交易机制及碳市场也建立起来。

目前国际上几个重要碳市场的运行机制主要包含以下几个方面：总量设定机制、配额分配机制、交易机制、核查机制（MRV）、清缴机制和监管机制等。下文以 MRV 机制为重点，介绍碳市场运行的整体流程。

2007 年 12 月，《联合国气候变化框架公约》第 13 次缔约方大会达成的《巴厘岛路线图》明确要求各国适当减缓行动，要符合"可测量（Measurable）、可报告（Reportable）、可核查（Verifiable）"（即 MRV）的要求，这成为气候变化国际谈判中的重要议题之一。1992 年《联合国气候变化框架公约》不仅确立了依据"共同但有区别责任"采取减缓和适应行动来应对气候变化的国际准则，还要求缔约方提供、定期更新及公布国家履约信息沟通，这可以认为是MRV 体系发展的雏形。1997 年《联合国气候变化框架公约》第三次缔约方会议达成的《京都议定书》提出，气体源的排放和各种汇的去除及相应举措应当以公开和可核查的方式进行报告，并依据文件的相关条款进行核查。这表明了国际社会希望通过 MRV 体系增强透明度的决心。《巴厘岛路线图》则明晰了 MRV 体系的要求：发展中国家可持续发展过程中获技术、资金和能力建设援助的减缓行动项目要符合 MRV。2009 年《联合国气候变化框架公约》第十五次缔约方会议暨《京都议定书》第五次会议达成的《哥本哈根议定》进一步具体化了 MRV 的执行内容，包括 MRV 的主体、条件等。

碳市场建设过程中，高质量的温室气体排放数据是碳交易的基础，准确核算和报告温室气体的排放量成为碳市场的一项重点工作，因此，需要对碳排放相关数据及信息的质量进行严格管控，确保企业内部产生的温室气体排放数据被准确核算并报告，供政府、企业、国际社会及公众使用，这个过程即是碳市场配额核查的流程，简称碳核查。简而言之，碳核查是核查主体（政府、社会及核查机构等）根据国家法律法规及相关政策，在传统审计程序的基础上，借助环境学、机械学、工程学等专业知识，对经济实体（企业、设施等）在生产、经营等过程中产生的温室气体数量（主要指碳排放的影响）进行检查、评价及审核等工作，并出具报告的一种经济行为，其基本要求是保证碳排放数据的可信性、可靠性和获取的高效性，并符合 MRV 管理机制，目的则是通过实施核查碳排放数据的相关措施和保证其结果符合国家相关规定，从而支撑碳市场交易的公平、公正和公开。

MRV 中，可测量（M）是指运营商（企业）根据标准化的指南及核算方法学，统计并核算碳排放数据，以保证数据的准确性和科学性；可报告（R）是指运营商在保证碳排放数据准确性和科学性的前提下，达到规定门槛的企业或设施根据碳排放报告规则参与报告工作；可核查（V）是指第三方核查机构依据相关指南对碳排放数据的收集和报告工作进行合规性的检查，帮助监管部门最大限度地把控数据的准确性和可靠性，以提升排放报告结果的可信度。测量和报告是核查的基础，核查则是通过找出不符合项和上报过程中出现的纰漏和失误对监测收集的数据和报告中的数据进行检查，以确保温室气体排放数据的准确性和可靠性，为碳市场的健康有序发展保驾护航。

7.1.3　国外典型碳市场相关机制建设情况

《京都议定书》签署后，碳市场制度体系的构建成为发达国家实现碳减排的重要措施。从 2005 年的《京都议定书》诞生以来，全球已经形成了 33 个独立运行的碳市场，这些市场涉及亚洲、欧洲、北美洲和大洋洲。以欧盟碳市场为代表的国家级碳市场及中国碳交易试点城市等区域减排交易市场的发展，为我国碳市场制度体系的构建提供了大量可借鉴的经验。我国碳市场制度体系的建构，从各地区的试点，到全国碳市场的建构，已经历十余年，在碳减排和区域环境目标的实现方面发挥了显著作用。

目前国际上主要的碳市场包括欧盟碳市场、美国区域碳市场（美国区域温室气体减排行动 RGGI 和美国加利福尼亚州碳市场）、中国碳市场、日本碳市场等。中国碳市场因为起步较晚，在碳市场机制的建设上部分参考了国外机制。

1）欧盟碳市场

欧盟碳市场（EU ETS）是欧洲议会和理事会于 2003 年 10 月 13 日通过《在欧盟建立温室气体排放权交易指令》（欧盟 2003 年第 87 号指令，Directive 2003/87/EC）并于 2005 年 1 月 1 日开始实施的温室气体排放配额交易制度，是全球最具规模，最为成熟的碳交易体系，也是唯一的国家间、多行业强制减排交易体系。其交易机制与《京都议定书》中的温室气体排放权交易机制是一致的，在国际交易市场上起到了示范的作用。2021 年，欧盟碳市场的碳交易额达到 7 600 亿欧元，比 2020 年的 2 890 亿欧元增长了 164％。

欧盟碳市场的主管机构是欧盟委员会的气候总司。主管机构负责制定碳市场的条例，配额总量和分配规则等。欧盟碳配额被定义为金融产品，所以欧盟碳配额交易也包括拍卖现货。

欧盟碳市场涵盖 31 个国家约 11 000 个发电站、制造工厂和其他固定设施及航空活动，其碳交易涉及额度占欧盟温室气体排放总量的 45％。交易对象主要包含了碳排放量较大、能耗较高的能源企业及部分工业企业（如电力工业、钢铁业、制造业等），目前已扩充到了航空业及硝酸制造业的一氧化二氮排放。欧盟碳交易体系已历经三个阶段，目前已经进入第四阶段。

第一阶段（2005—2007 年）：试运行阶段。建立总量控制制度，实施限额设定，即国家分配的欧盟排放交易体系配额。

第二阶段（2008—2012 年）：体系过渡期。对系统进行了政策改进和调整，解决了过度分配问题。欧盟委员会采用相应公式来评估成员国的分配计划，削减了成员国 10％的配额。

第三阶段（2012—2020 年）：发展阶段。一方面取消申报与审批的配额制度,取而代之以欧盟整理规划后的碳排放指标进行分配;另一方面规定各行业碳排放指标不再实行统一标准,而是根据不同行业进行分派。同时从第三阶段开始,欧盟分配的碳排放额度采取逐年递减的方式,目的是 2020 年整体碳排放量在 2005 年基础上减少 21%,并促使 EU ETS 由配额制向拍卖制过渡。

第四阶段(2021—2030 年)。第四阶段的重要特征是实施更有针对性的碳泄漏规则。对于风险较小的行业,预计 2026 年后将逐步取消免费分配,从第四阶段结束时的最高 30% 逐步取消至 0%。同时,将为密集型工业部门和电力部门建立低碳融资基金,主要包括:创新基金,用于产业内技术创新和突破,扩充 NER300 计划资金数额(NER300 是欧盟委员会于 2010 年发起的低碳和可再生示范项目投资计划,致力于 CCS 和可再生能源技术开发),相当于至少 4.5 亿欧元排放津贴的市场价值;现代化基金,用于投资电力部门的现代化能源系统升级改造,并帮助十个低收入成员国的碳密集部门实现平稳过渡。

欧盟碳市场制度体系从 2005 年建立后,其制度体系不断完善。配额分配制度从最初的祖父法免费分配制度,进化到基于历史产出和实际产出为基准的免费分配制度,再进化到以拍卖为主体的市场分配制度,效率逐步提升。在稳定碳价方面,运用长期的总量控制制度和政策,明确远期减排目标,以保护市场对碳资产价值稳定的预期。在增加碳市场的流动性方面,通过法律手段确定碳资产的合法有效性,引导金融机构投资碳市场和碳配额交易,以金融手段提升碳市场的流动性。欧盟碳市场制度建设中出现的问题,以及在制度创新中解决这些问题的措施,对我国碳市场制度的创建和完善,提供了诸多借鉴。

EU ETS 近二十年的运行经验表明,为保证碳市场机制的正常有序进行,不仅需要强有力的碳核查法律法规来保障,还需要一整套行之有效的运行机制来具体落实保证各项法规、政策及行动的有效协调运转,其中的关键就是 MRV 机制。

(1)欧盟碳核查 MRV 制度体系法律法规建设。

EU ETS 建设至今相继出台了十多项碳核查 MRV 相关的法律法规文件,形成了较为完整的欧盟碳核查 MRV 法律体系(表 7 - 2)。其中,"2003/87/EC 指令"是所有碳核查法律法规的基础,自 2003 年颁布至今进行了 13 次修订,目前最新发布的是 2023 年 1 月 21 日的版本,明确了碳核查报告只有达到"满意"才能通过,随后颁布了化石燃料燃烧、炼油等 9 大类行业的核算方法及原则等;2005 年后,欧盟又陆续完善了核算方法学,新增航空业核查办法及强化核查可比性建设等方面的制度。

表 7 - 2　EU ETS 出台的碳核查 MRV 相关法律法规

序号	时　　间	名　　称	有关碳核查主要内容
1	2003 年 10 月 13 日	2003/87/EC 指令	明确运营商要提交"满意"的核查报告,规定核查的基本要求
2	2004 年 1 月 29 日	2004/156/EC 决议(MRG2004)	制定了 EU ETS 第一阶段温室气体排放监测和报告指南,包括化石燃料燃烧、炼油等 9 类行业的核算方法及报告原则
3	2004 年 10 月 27 日	2004/101/EC 指令(链接指令)	与《京都议定书》挂钩,重申了核查的重要性及成员国之间要交换核查的信息以便找到最佳实践
4	2006 年 12 月 12 日	2006/123/EC 指令	帮助建立高服务质量和高透明度的竞争性核查市场
5	2007 年 7 月 18 日	2007/589/EC 决议(MRG2007)	提供第二阶段的排放监测与报告指南,对 MRG2004 进行修改,提出了核查等概念,完善了核算方法等
6	2008 年 7 月 09 日	No.765/2008 条例	规定了与产品营销有关的认证和市场监督要求
7	2008 年 11 月 19 日	2008/101/EC 指令	把航空业纳入核查范围,提出其核查的附加条款
8	2009 年 4 月 16 日	2009/339/EC 决议	修正核查的规定,增加第三方核查机构在航空业核查的要求
9	2009 年 4 月 23 日	2009/29/EC 指令	扩大了核查的范围,提出建立可比较的核查机制的条件
10	2009 年 11 月 25 日	No.1221/2009 条例	为环境第三方核查机构提供了一个独立的、中立的认证体系
11	2012 年 6 月 21 日	No.600/2012 条例(AVR)	明确了核查等概念,并对核查及认证做了详尽规定,如核查的范围等,标志着核查体系的建立

序号	时　　间	名　　称	有关碳核查主要内容
12	2012 年 6 月 21 日	No.601/2012 条例（MRR）	提出运营商或航空运营商需提供核查需要的材料等,同时对核查要求、格式、方法等进行了补充
13	2014 年 4 月 16 日	No.421/2014 条例	提出航空业小规模排放者可适用选择的核查办法
14	2015 年 4 月 29 日	No.2015/757 条例	将航海业纳入欧盟 MRV 体系中,并提出相关核查规定

注：1. MRR：Monitoring, Recordkeeping and Reporting。
　　2. MRG：Monitoring and Reporting Regulation Guidance。

（2）欧盟碳核查 MRV 体系运行机制。

① 碳核查参与主体及职能。欧盟碳核查 MRV 机制的参与主体主要包括主管部门、国家级认证机构、第三方核查机构及运营商等四个。其中,运营商主要分为固定装置运营商和航空运营商两种。各参与主体在碳核查过程中承担着不同的职能。其中,主管部门主要起监督作用,是规则的制定者和执行者,制定和执行碳排放量相关政策、指南和开发相关技术工具、方法论等,并拥有对企业和核查机构在碳排放量数据等方面的监管和处罚的权利。国家级认证机构（NAB）进行评估及确认提供检查、测试、核查、校准及认证等服务的组织（法人）的技术能力和整体性,主要起认证和监督的作用。运营商需要按照规定的监测方法,采用标准化的指南及核算方法学统计、核算并报告其温室气体排放数据量。运营商委托第三方核查机构开展核查业务,并对其核查过程进行配合。第三方核查机构则主要评估核查报告的合规性,数据质量的真实性、准确性和可靠性等,并提交核查报告。为了保障核查的公正性与独立性,欧盟规定第三方核查机构应独立于运营商,同时应建立、记录、实施和维护核查能力,定期监测核查人员的绩效情况,以确保核查人员的能力保持一定水平并有稳定提升。

② 碳核查合规循环。欧盟为了促进碳核查 MRV 流程的规范化,针对一年一度的 MRV 程序及链接这些活动的所有过程,形成了 EU ETS 的"合规性循环"。合规性循环中,企业拟制年度监测计划,以便实施整年度的完整监测,在年末上传内部核查结论,并接受第三方核查机构对之前内部结论的分析结

果;第三方独立核查机构应对企业的碳排放实施核查工作,之后将经过核查的温室气体排放报告上传给主管部门;主管部门应当进一步履行职责,对企业的监测方案给予修改及优化建议。

③ 第三方核查机构人员资质及工作流程。当接受核查委托时,第三方核查机构应建立一支能够进行核查活动的核查团队,核查团队包括主核查人员、其他核查人员及技术专家。若核查团队只有一人,应满足 EU ETS 主核查人员和核查人员的能力要求。进入核查程序前,第三方核查机构应全面了解运营商,评估其是否能够担任此核查任务。具体而言,第三方核查机构需要评估核查报告所涉及的风险及运营商提供的信息,以确定核查范围、核查任务是否在其被认证的范围内等。第三方核查机构需要进行前期的准备工作。

④ 对核查机构的监督体系建设。碳核查体系的监督机制对于碳排放数据的准确性至关重要,需要建立一套行之有效的监督体系来保障核查 MRV 制度的有效性和可靠性。为此,EU ETS 构建了内外部两个维度的核查监督机制。内部的监督体系即独立审查,核查机构应在签发核查报告前,将内部核查文件和核查报告交由独立审查人进行审查,在此过程中,为保证审查的客观性,独立审查人不能是核查团队中的成员,不应参与由其审查的任何核查活动。外部的监督体系由主管部门及 NAB 构成,它们会对核查机构进行监督,主要是审查已核查的排放报告及核查报告的质量,其中 NAB 主要监督第三方核查机构的资质问题(对第三方核查机构的认证)。此外,EU ETS 还颁布了对第三方核查机构违反规定的处罚措施。

⑤ 各成员国碳核查运行协调措施。在欧盟 MRV 机制中,各成员国拥有较大的自由裁量权且国情不一样,造成各国合规体系在具体执行中也存在不同程度的差异。因此,EU ETS 出台了诸如 21 条问卷及 21 条报告、合规会议、合规论坛、标准化 IT 系统等措施来协调各国合规体系的运行。

在促进各成员国碳核查制度管理体系协调发展的过程中,欧盟每年开展的合规会议及定期开展的合规论坛尤为重要。EU ETS 合规论坛的主题主要分成 5 个工作小组——监测与报告、认证与核查、航空业、电子化报告、碳捕集及储存,这个平台是一个提供成员国间及主管部门间 MRV 信息分享的有效机制,也便于在交流分享中确认最佳实践。

⑥ 碳核查信息公开建设。为了更好地满足社会公众及参与主体对碳交

易领域的了解，欧盟从信息公开透明度、网络建设及核查电子化系统三个方面不断加强碳核查信息的公开化建设。欧盟会定期公开有关 EU ETS 实施情况的年度报告及一些研究机构发布的 EU ETS 报告，促进信息的公开和透明。

2）美国区域碳市场

美国区域碳市场的 MRV 体系建设也是以法律为依托逐步建立健全起来的。2009 年 10 月 30 日，美国环保署正式发布《温室气体强制报告法规》，该法规明确了温室气体报告体系中设定的报告界限值、可覆盖的排放源、温室气体排放核算方法学及报告的频率和核查方式等。

表 7 - 3 列出了美国 MRV 体系的基本构成要素，主要包括监测、核算与报告、核查、质量保证和质量控制等四部分，并分别说明了各要素的主要内容和特点。其中，温室气体的核查采用自行核查的方式，并引入电子信息平台，由电子系统核查和现场核查两部分组成：一是通过电子系统中质量控制程序检查企业报告中数据的完整性和一致性，通过与历史排放数据及同类设备的排放参数进行对比，审核监测计划及其计算过程；二是对电子系统检查出的错误、数据缺失及前后核对存在误差等问题，由独立的第三方核查机构或政府、联邦人员进行现场核查，并最终对核查结果负责。

表 7 - 3　美国 MRV 体系建立的主要内容

项　　目	内　　容
立法	制订《温室气体强制报告法规》
温室气体监测	提交监测计划： 1. 数据收集的责任人 2. 数据收集程序和方法 3. 监测仪表校准计划 4. 质量保证程序等
温室气体核算与报告	核算方法：计算和监测并用 报告方式：通过网上电子报告系统，按照生产线报告各类温室气体排放量，该系统内置 42 种排放源的核算方法学
核查	采取自行核查的方式：一是通过电子系统内置的质量控制程序；二是由第三方审核员进行现场核查
质量保证和质量控制	通过监测计划中的相关内容对质量保证和控制作出特别说明

3）日本碳市场

日本政府于 2006 年 4 月 1 日将温室气体排放量的测算、报告及公布制度引入《全球变暖对策推进法》中。日本比较重视 MRV 的制度建设和规范流程，主要表现在温室气体监测、报告及核查的方法学，报告义务主体、报告标准化、监测的组织和流程规范化、规范第三方核查机构及核查工作等方面。表 7-4 说明了日本 MRV 体系的建设情况及构成要素，包括监测、报告、核查、披露四个部分。

表 7-4　日本 MRV 体系框架及构成要素

项　　目	内　　容
监测	确定排放源：依法明确排放源及温室气体报告的义务主体 数据监测：确定各目标活动的监测点和监测方式，编制监测手册，规范各活动的监测标准 规范监测管理流程：对排放量的监测和排放数据建立监督和复查机制
报告	排放量核算：通过详细的监测手册，规定各目标活动的排放量核算方法，温室气体排放量由活动量乘以排放系数得出
核查	核查由第三方机构执行，包括排放报告的核查、减排项目的合规检查、减排报告的核查、核查单位的认证及对交易系统外部的碳信用来源的确认等
披露	建立合计、公布和披露制度：按照企业行业、都道府县分别统计、公布；针对国民或企业的请求，对排放源的排放信息进行披露

日本 MRV 体系中增加了合计、公布和披露制度，该制度规定主管部门将企业排放量、特定排放源排放量按照运营者、行业类别、行政区域分别进行统计，并将结果及相关信息公布于众。此外，主管部门可以根据民众的要求，对持有的排放量电子文档信息进行披露。

4）典型国际碳市场 MRV 体系构成要素分析

通过分析国外发达国家的碳交易 MRV 体系构成及主要内容，可以得出一个完整高效的 MRV 体系应具备的基本要素及规则。由表 7-5 可以看出：第一，各国都通过立法出台了专门的 MRV 法规，从法律层面对 MRV 的各个环节进行规定，如美国的《温室气体强制性报告法规》和欧盟的《欧洲议会和欧盟理事会 2003/87/EC 指令》；第二，监测、核算与报告、核查是 MRV 的重要组成部分，各国在政策制订及流程设计中基本围绕这三部分进行；第三，为了保证温室气体排放数据的准确性,各国法规都明确规定了数据的质量保证和控制,如日本采用披露的方式对企业的碳排放数据进行公众监督。

表 7-5 欧盟、美国及日本 MRV 机制对比

项 目	欧 盟	美 国	日 本
政策性质	专门的 MRV 法规	专门的 MRV 法规	专门的 MRV 法规
法律依据	欧盟排放贸易指令 Directive 2003/87/EC;链接指令 Directive 2009/29/EC;监测和报告条例;认证与核查条例;欧盟监测决定 Decision 280/2004;欧盟温室气体监测机制运行决定 Decision 2005/166/EC;监测和报告指南	《温室气体强制性报告》(GHGRP)	《京都议定书目标达成计划》;修订后的《全球气候变暖对策推进法》(1998 年 117 号)
构成要素	监测、核算与报告、核查质量控制、免责机制	监测、核算与报告、核查质量保证与质量控制	监测、核算与报告、核查披露机制
监测计划及方法	6 种主要温室气体;燃料燃烧排放、工业过程直接排放;计算方法(活动水平法、质量平衡法);测量方法(样本法、连续监测法)	6 种主要温室气体和其他氟化气体	—
运作机制	设施运营商、主管部门、核查员、认证机构;提交监测计划、年度排放报告、核查年度报告;核查机构认证需根据 AVR 的规定和国际标准 ISO17011 编制认证规则,且应满足欧洲认证委员会的同行评估	—	—

7.1.4 国外 MRV 机制对中国的启示

目前,中国碳市场主要有项目层面、区域层面(试点省市)和国家层面的 MRV 机制。其中,项目层面的 MRV 机制属于国际碳减排项目广泛实践的形式(如 CDM),其运行相对成熟,并在中国推动 7 省市地方碳市场建设的过程中也取得了显著的进展;国家层面的碳市场 MRV 机制还处于相关制度设计的初步阶段,仍需要不断地完善。尽管中国在碳市场建设过程中积累了一些 MRV 管理机制建设的经验,为中国建立统一碳市场奠定了基础,但与欧盟的 MRV 机制相比,该机制建设在中国尚处于起步阶段,如相关法律法规体系还

不够健全,核查体系的电子化、信息公开和透明度较低,MRV市场化不足等,加之主管部门间沟通不够和核查能力水平参差不齐等情况依然存在。为保证碳交易的顺利实施,中国亟待加强从政府主管部门监管层面到企业执行层面的管理能力,建立一套具有科学性、合理性、高效性和完整性的温室气体MRV机制。

欧盟在碳市场MRV方面的成功经验,包括其碳核查法律法规制度的完整体系、严格的碳核查机构和人员资质认证流程和监管、严厉的碳核查监督及处罚体系,以及碳核查信息公开建设和相关协调措施等多方面的建设成果,对于中国的碳市场建设具有重要的借鉴意义。综上,建议从以下四个方面完善中国MRV制度体系。

(1)完善中国MRV法律法规制度体系建设。

欧盟不仅有法律效力等级高的基础性法律"2003/87/EC指令",而且出台了专门针对碳核查的AVR和MRR两套技术性法规,并进一步制定了可操作性较强的MRG指南。与欧盟完善的碳核查MRV法律法规体系相比,中国的碳核查MRV相关规范在法律效力、针对性、可操作性及统一性方面尚有较大差距。目前,中国主要从国家发改委、试点省市和行业三个层面相继出台了一系列碳核查相关政策、部门规章及24个行业的碳核查指南及标准等,但这些制度都属于部门规章,效力位阶低,对于地方政府和企业执行的法律强制性不足,不利于中国碳市场的有序运行。并且不同规章在碳排放权交易基本原则、主管部门、碳排放配额管理、碳排放权交易产品内容等多个方面规定存在不一致的情况。因此,当前稳步推进中国碳市场建设的首要重点是完善碳市场法律法规体系的顶层设计,协调完善不同规章制度中的内容,及时颁布国家层面碳核查法律法规制度体系,为支撑碳市场的可持续发展提供强有力的法律支撑。

(2)明确各参与主体职责,加强部门间协调沟通。

MRV管理体系涉及统计、发展改革、质量监督等多个主管部门及企业、第三方核查机构等大量参与主体。在主管部门层面,尽管目前中国碳市场已确定将建立国家和地方两个监管层级,但各层级的具体工作职责和内容有待进一步细化和明确。同时,需要做好不同部门之间的协调工作,避免因部分职能交叉而做重复性的工作。例如,国家有关监管部门和7个试点地区分别花费大量人力物力建立了各自的 MRV 核查体系,其制度内容存在一定的差别。相比之下,欧盟碳市场则在欧盟层面统一出台了 MRR 和 AVR 法规及 MRG 指南,这些规范明确界定了各参与主体的职能,用于指导所有欧盟国家的 MRV 核查全部工作流程,节省了各国的建设成本,也有利于第三方核查单位在欧盟成员国之间的跨国承接业务。同时,为了更好地促进欧盟碳市场稳定有序发展,EU ETS 每年都开展合规会议和论坛,供成员国分享 MRV 领域的最新经验和最佳实践,并就碳市场建设内容和未来发展项目等进行充分交流和研讨,尤其是在报告电子化建设和核查等方面取得了显著的成果。鉴于中国碳市场 7 省市的试点推进现状,涉及从国家到地方各省市等多个部门,完善协调机制是其中一项非常重要的建设内容。因此,及时组织各地进行碳核查工作与实践的交流分享,对于推进统一碳市场制度建设具有重要意义。

(3)健全核查监督体系及处罚机制。

欧盟的核查机构往往是会计师事务所等,守法意识和整体业务水平较高,碳核查监管部门从内部和外部两个维度构建了监督体系,如监管部门可以通过核查报告的交叉检查等手段发现有问题的核查机构,此外还建立了核查机构的同行互评制度和外部专家评价制度等,并且颁布了相对严厉的违法处罚制度,这些对于维护欧盟核查机构的整体水平起到了重要的支撑作用。而目前中国核查机构进入门槛偏低,从业人员良莠不齐;各地对核查机构的违法处罚主要为罚款(0~10 万)、行政处罚和刑事处罚;执法依据各地部门规章,并且多数未进一步明确奖惩机制,无法保证执法的强制力,致使对问题核查机构的处罚偏松,震慑作用不足。因此,建议颁布国家层面的核查认证机构标准及核查机构交叉互评互审制度,加强核查人员的能力建设培训等工作。同时,制定国家和地方监管部门第三方核查机构管理办法,对其准入条件、执业原则、业务要求、违约行为、年度考核、退出机制等要求明确和细化,以保证第三方核查机构的独立性,进而保证作为支撑碳市场基石作用的碳核查体系发挥应有的作用。

(4)大力推进电子信息化发展,增加公开透明度,为碳核查的公平性和有效性提供技术支撑。

欧盟建立了核查报告的统一报送网络平台,各国可以实现数据分享,便于同类设施排放数据的交叉核查,同时,EU ETS 网站上各类标准政策和最新进展等资料和信息非常丰富,方便各利益相关方及时了解和查找。中国各个试点机构虽然在大力推进电子化发展进程,但是整体上信息化水平不高,相关工作仍以纸质申报材料为主,而且存在系统不够灵活,功能较少等问题。因此,尽早建立统一的数据直报电子信息化平台(即直报系统),并进一步与政府统计部门、能源部门的数据等实现对接,提高数据收集效率和公开透明度,有助于实现数据全程质量监督及提高交叉核对工作的整体质量。

7.2 中国碳市场

7.2.1 我国碳市场与运行情况

2011年10月,国家发改委办公厅下发了《关于开展碳排放权交易试点工作的通知》批准北京、天津、上海、重庆4大直辖市,外加湖北(武汉)、广东(广州)、深圳等7省市,开展碳排放权交易试点工作,7个试点省市碳排放交易机制的特点见表7-6。截至2021年,7个碳排放权交易试点中,北京、天津、上海、广东和深圳5个试点地区完成了8次履约,湖北和重庆地区完成了7次履约。

截至2021年12月31日,纳入7个试点碳市场的排放企业和单位共有2900多家,累计分配的碳排放配额总量约80亿t。2021年7个试点碳市场累计完成配额交易总量约3626.242万t,达成交易额约11.67亿元。经历了10年的试验,全国碳排放权交易市场于2021年6月底正式上线。

2021年7月16日,中国全国碳排放权交易市场上线交易,地方试点碳市场与全国碳市场并行。全国碳排放权交易市场的交易中心位于上海,碳配额登记系统设在武汉。企业在湖北注册登记账户,在上海进行交易,两地共同承担全国碳排放权交易体系的支柱作用。目前全国碳市场覆盖的重点排放单位为2013—2019年任一年排放达到2.6万t二氧化碳当量(综合能源消费量约1万t标准煤)的发电企业(含其他行业自备电站)。发电行业成为首个纳入全国碳市场的行业,纳入2162家发电企业、覆盖碳排放规模达45亿t。

全国碳市场开市初期,碳市在经历了开市短暂的上涨后,开始缩量下跌,8月底首次跌破发行价48元/t,9月持续阴跌至42元/t。在这一阶段,由于全国碳市场两千余家企业的交易账户开设进展滞后,大部分企业还未能进入市

表7-6 试点省市碳排放交易机制特点

项目	北京	上海	天津	深圳	广东	湖北	重庆
交易类型	总量控制交易						
温室气体覆盖种类	二氧化碳	二氧化碳	二氧化碳	二氧化碳	二氧化碳	二氧化碳	全部6种温室气体
行业覆盖范围	钢铁、化工、电力、热力、石化、油气开采、大型建筑等	电力、钢铁、化工、建材、造纸、橡胶、化纤航空、商业、港口、金融等	钢铁、化工、电力、热力、石化、油气开采、民用建筑等	电力、水务、建筑和制造业等	电力、水泥、钢铁、陶瓷、石化、纺织、造纸等	钢铁、化工、水泥、汽车制造、电力、有色金属、玻璃、造纸等	电力、冶金、化工、建材等
企业纳入标准	二氧化碳排放总量10 000 t及以上	工业行业二氧化碳排放量20 000 t及以上，非工业行业二氧化碳排放量10 000 t以上	工业及民用建筑二氧化碳排放量20 000 t及以上	年碳排放总量5 000 t以上的企事业单位；建筑面积20 000 m²以上的大型公共建筑和10 000 m²以上的国家机关办公建筑；自愿加入并经主管部门批准纳入碳排放管理的企事业单位；主管部门确定的其他建筑或企事业单位	工业行业10 000 t二氧化碳排放量、非工业行业5 000 t二氧化碳排放量	年综合能源消费量60 000 t标准煤	二氧化碳排放总量20 000 t及以上

续表

项目	北京	上海	天津	深圳	广东	湖北	重庆
配额分配方法	每年度免费发放配额,政府预留少部分拍卖	一次性免费发放2013年,企业免费发放2015年碳排放权配额	免费为主,有偿为辅	有偿和无偿相结合,预留配额总量的2%为新入者配额	有偿无偿相结合,预留新入者配额	免费分配,政府预留不超过10%的配额	免费分配
配额总量(2020年)/亿t	0.5	1.05	1.2	0.22	4.65	1.66	0.78
免费配额核定方法	历史排放法和基准法	历史排放法和基准法	历史排放法和基准法	基准法	历史排放法和基准法	历史排放法和标杆法	历史排放法
交易平台	北京环境交易所	上海环境能源交易所	天津排放权交易所	深圳排放权交易所	广州碳排放权交易所	湖北碳排放权交易中心	重庆碳排放权交易中心
交易方式	公开交易、协议转让及经批准的其他形式	挂牌交易、协议转让等	网络现货、协议和现货拍卖交易等	电子竞卖、定价点选、大宗交易、协议转让等	挂牌竞价、点选、单项竞价、协议转让等	电子竞价、定价转让等	公开竞价、协议转让等
抵消机制	CCER≤5%及本地减排信用	CCER≤3%	CCER≤10%	CCER≤10%	CCER≤10%	CCER≤10%	CCER≤8%规定的减排项目
激励政策	专项财政资金、金融、技术等方面支持	政策、财政、金融资等方面支持	金融资、循环经济、节能减排相关扶持政策	支持优先申报资金、节能减排项目、金融融资	优先申报相关资金项目和相关专项资金扶持	优先申报相关项目和获得财政支持和金融支持	金融融资、财政补助等支持
未履行配额清缴的惩罚机制	未按时履约将处以市场均价3~5倍罚款款	责令履行配额清缴义务,并处以5万元以上10万元以下罚款	取消相关扶持政策	不足部分从下一年度扣除,并以3倍均价罚款	下一年度配额中扣除未足额清缴部分2倍配额,并处5万元罚款	未缴纳差额1~3倍均价处罚,不超过15万元,下一年度配额双倍扣除	3倍均价罚款,不能参加相关优评及财政补助等

场交易。2021 年 12 月 31 日,全国碳市场第一个履约周期顺利结束,收盘价 54.22 元/t,较开市首日开盘价上涨 12.96%,超过半数企业参与了市场交易。

2021 年,全国碳市场累计运行 114 个交易日,配额累计成交量 1.79 亿 t,累计成交额 76.61 亿元。2022 年 7 月 15 日,全国碳市场运行满一周年,累计运行 242 个交易日,配额累计成交量 1.94 亿 t,累计成交额 84.92 亿元,配额平均价格为 43.77 元/t。总体来看,全国碳市场基本框架初步建立,促进企业减排温室气体和加快绿色低碳转型的作用初步显现,有效发挥了碳定价功能。

7.2.2　我国碳市场概况

从我国碳市场的发展历程来看,我国的碳市场建设是从地方试点起步的。2011 年 10 月国家发改委办公厅发布的《关于开展碳排放权交易试点工作的通知》是我国碳市场的发展起点,文件提出将在北京、天津、上海、重庆、广东、湖北、深圳 7 省市启动碳排放权交易地方试点。经过两年的建设,深圳首先于 2013 年 6 月 18 日启动,随后几个试点地区陆续启动,之后福建省通过单独申请成为又一个碳交易试点,并于 2016 年 12 月 22 日启动,也是最后一个碳交易试点。

试点覆盖范围的设计和确定方法包括以下几个方面:① 初期只考虑二氧化碳一种气体;② 同时纳入直接排放和间接排放;③ 纳入对象是法人而不是排放设施;④ 部分碳排放交易试点地区的范围将逐步扩大。

随后几年,我国在碳交易试点中不断出台建设方案和管理办法,培育和建设交易平台,以求做好碳排放权交易试点支撑体系建设。2021 年 7 月 16 日,历经多年的地方试点,全国碳排放权交易市场终于正式启动。从试点市场走向全国统一市场,我国碳交易体系建设虽已积累一定的实践经验,但仍处于起步阶段,相关制度建设还需不断探索和完善。

2020 年 12 月,生态环境部发布《碳排放权交易管理办法(试行)》(以下简称《办法》),《办法》规定全国碳市场和地方试点碳市场并存,尚未被纳入全国碳市场的企业将继续在试点碳市场进行交易,纳入全国碳市场的重点排放单位不再参与地方试点碳市场。交易产品为碳排放配额现货,可以采取协议转让等交易方式,具体形式包括挂牌协议交易和大宗协议交易,并且规定挂牌协议交易的成交价格在上一个交易日收盘价的±10%之间确定,大宗协议交易的成交价格在上一个交易日收盘价的±30%之间确定。

2021年10月,生态环境部印发《关于做好全国碳排放权交易市场第一个履约周期碳排放配额清缴工作的通知》,要求各省碳市场主管部门抓紧完成第一个履约周期的配额核定和清缴的工作,加强和全国碳市场相关系统的对接工作,督促和指导重点排放单位完成配额清缴,确保2021年12月15日17点前本行政区域95%的重点排放单位完成履约,12月31日17点前全部重点排放单位完成履约。重点排放单位可使用国家核证自愿减排量(Chinese Certified Emission Reduction,CCER)抵消配额清缴,但不能超过应清缴配额的5%。全国碳市场第一个履约期结束后,按履约量计,履约完成率达99.5%,整体情况较好。2022年上半年各地生态环境主管部门陆续公布了履约完成及处罚情况,据统计全国约有100余家企业没有完成履约。按企业数量计,履约完成率约94.5%,也基本达到预期。

2022年4月,国家发改委、国家统计局、生态环境部公布了《关于加快建立统一规范的碳排放统计核算体系实施方案》(以下简称《方案》),组织各地区开展了碳排放统计数据试算,并积极推动行业、产品等领域开展碳排放核算方法研究。《方案》提出,到2023年,基本建立职责清晰、分工明确、衔接顺畅的部门协作机制,初步建成统一规范的碳排放统计核算体系。《方案》明确建立全国及地方碳排放统计核算制度、完善行业企业碳排放核算机制、建立健全重点产品碳排放核算方法、完善国家温室气体清单编制机制等重点任务,提出夯实统计基础、建立排放因子库、应用先进技术、开展方法学研究、完善支持政策等保障措施,并对组织协调、数据管理及成果应用提出工作要求。《方案》的发布将有力推动我国建立科学、统一、规范的碳排放统计核算体系,夯实碳排放数据基础、提高碳排放数据质量,为完善碳排放权交易市场、低碳标准体系建设等"双碳"工作提供科学可靠的数据支撑和基础保障。

全国碳排放权交易市场第一个履约周期以电力行业(纯电和热电联产)为突破口,首批纳入2 162家温室气体排放量达到2.6万t二氧化碳当量的电力企业,每年覆盖的二氧化碳排放量超过45亿t,占全国总排放量的40%以上,规模远大于试点碳市场,是全球覆盖温室气体排放量规模最大的碳市场,之后将会按照稳步推进的原则,成熟一个行业,纳入一个行业。

7.2.3 国内碳市场机制

全国碳市场的机制主要包括总量制度、配额分配制度、交易制度、MRV 制度、清缴制度和监管制度等。

1) 总量制度

碳市场通常是基于总量控制的碳市场,因为这个市场的供需关系是由总量控制产生的,这区别于由社会责任产生的自愿减排碳市场。

总量控制目标的设定是整个碳交易体系中的最为关键的问题之一,只有碳排放权具有稀缺性才能保证其具有交易价值。成熟的碳市场需要确定科学合理的排放控制总量,既要实现温室气体排放削减以达到节能减排和保护环境的目标,又要满足经济发展的基本需求,要保证一定的经济增长及消除贫困、改善民生的目标。

配额总量是纳入全国碳排放权交易市场企业的排放上限。目前,根据全国碳排放权交易市场的覆盖范围、国家重大产业发展布局、经济增长预期和控制温室气体排放目标等因素,按照"自下而上"方法设定,即由各省级、计划单列市生态环境主管部门分别核算本行政区域内各重点排放单位配额数量,加总形成本行政区域配额总量基数;生态环境主管部门再以各地配额基数审核加总为基本依据,综合考虑有偿分配、市场调节、重大建设项目等需要,最终研究确定全国配额总量。

2) 配额分配制度

碳配额是根据总量控制目标按照一定的方法计算和转换而得出的,它是碳市场的主要交易产品。碳配额不仅是一个数字,更是关系到企业生产成本和经营利润的重要资产。配额产生后如何分配是碳交易体系建设的重要内容。配额分配是碳交易管理机构根据碳排放控制目标,对纳入交易范围的重点排放单位下达碳排放配额的行为。一般来说,配额的分配机制设计也是将量化的排放配额进行结构性优化的过程,分配方案将直接影响排放交易制度的实施效果,对碳市场发展、参与主体公平竞争和资源配置效率有重要影响。

配额分配的原则包括:统一分配、兼顾公平与效率、阶段性和渐进性,以及要适应产业结构的调整方向。分配方式主要包括免费分配、有偿分配及这两种方式的混合使用;初始配额计算方法则主要包括历史排放法、行业基准线法、历史强度法三种方式,下面我们一一展开介绍。

(1)历史排放法。

历史排放法是根据企业的历史基线年数据分配固定数量配额的方法。

以上海为例,上海对商场、宾馆、商务办公、机场等建筑,以及产品复杂、近几年边界变化大、难以采用行业基准线法或历史强度法的工业企业,常采用历史排放法。

采用历史排放法来分配配额简单、易操作,早期的碳市场基本都采用这种方法。但历史排放法的缺点也很明显,就是对碳减排本来就做得好的企业不公平,反而去奖励了不重视减排的企业。为了防止这种情况的出现,就有了第二种方法——行业基准线法。

(2)行业基准线法。

基准线即"碳排放强度行业基准值",是某行业代表某一生产水平的单位活动水平排放量,根据技术水平、减排潜力、排放控制目标等综合确定。所谓基准线法,就是让企业不跟自己的历史排放比,而是跟整个行业的排放水平比。简单点说,就是在整个行业的排放水平上画一条线,行业内企业的配额统一根据这条线去分配。很显然,排放水平高于这条线的,配额如果不够,需要去市场上买,排放水平低于这条线的则会有富余配额,可以拿到市场上去卖。当然,这条线要低于行业平均排放水平,这样才能起到促进企业减排的作用。其核心计算公式为:企业配额量=行业基准×当年企业实际产出量。

确定行业基准需要考虑的方面包括:全行业企业排放数据的分布特征;交易体系碳强度的下降需求;行业转型升级(去产能、去库存)要求;不同行业的协调问题等。

如果能确保基准设计的连贯性和一致性,使用固定的行业基准线法就可以持续激励相关重点排放单位以高成本效益的方式实现减排目标。此外,固定的行业基准线法同样可以奖励先期减排行动者。然而,如果基准值的设计存在问题,可能无法体现上述优势。同时,固定的行业基准线法也是一种耗时长久和对数据要求较高的分配方法。

以发电行业为代表的第一批考虑纳入全国碳排放权交易市场的行业,大多满足采用行业基准线法计算配额的要求。若采用行业基准线法进行配额分配,其配额计算满足以下基本框架:

配额分配和履约的二氧化碳排放量是相互对应的,两者的边界应一致,即针对这一边界内的排放设施发放的配额,在履约时也是通过核算这一边界内的排放水平确定需要上缴的配额量。基准线法是通过产品产量来确定配额的,其对应排放量的核算边界是生产该项产品的设施,按照生产不同产品的不同设施各自对应的基准线确定配额量,再汇总得到整个重点排放单位履约年度内的配额量。具体公式如下:

$$A = \sum_{i=1}^{N} (A_{x,i})$$

A——企业二氧化碳配额总量,单位:t;

$A_{x,i}$——设施生产一种产品的二氧化碳配额量,单位:t;

x——生产产品种类;

N——设施总数。

(3)历史强度法。

历史强度法是根据企业的产品产量、历史强度值、减排系数等分配配额,是基于某一家企业的历史生产数量和碳排放量,计算出其单位产品的排放量,并以此为基数逐年下降。它介于历史排放法和基准线法之间,通常是在缺乏行业和产品标杆数据的情况下确定配额分配的过渡性方法。

历史强度法的优点是排放量可以随着产品产量的变化而调整,督促企业进行自身的节能减排。它的缺点就是历史节能减排做得越好的企业,反而在采用历史强度法后,进一步减碳的成本会不断升高,存在俗称的"鞭打快牛"的情况。而历史节能减排做得不好的企业,采用历史强度法后,减碳的成本反而不高。因而起不到鼓励先进淘汰落后的效果,不利于全行业整体节能增效。

历史强度法适用于生产过程和产品复杂,历史数据基础薄弱的行业企业。较典型的如钢铁行业、热电联产电站等。其核心计算公式为:企业配额量=历史强度值×减排系数×当年企业实际产出量。

两种配额分配方式和三种配额计算方法的比较见表7-7。

表 7-7　配额分配方式和计算方法对比

大　类	类　型	含　义	优　缺　点
分配方式	免费分配	政府直接免费发放给控排企业	**优点**：企业接受意愿强，政策容易推行；对经济负面影响相对小 **缺点**：会出现寻租问题
	有偿分配	拍卖分配：政府对碳配额进行拍卖，出价高的企业获得碳配额固定价格法：企业按照固定价格购买	**优点**：增加政府收入，通过国家补贴政策降低扭曲效应；解决寻租问题；分配更有效率 **缺点**：不易被企业接受
计算方法	历史排放法	以纳入配额管理的单位在过去一定年度的碳排放数据为主要依据确定其未来年度碳排放配额的方法	**优点**：计算方法简单，对数据要求低 **缺点**：不公平，变相奖励了历史排放量高的企业；未考虑近期经济发展及减排发展趋势；未考虑新公司无历史排放数据
	行业基准线法	以纳入配额管理单位的碳排放效率基准为主要依据，确定其未来年度碳排放配额的方法。即与行业中企业进行横向对比，例如将整个行业的排放量较少的前15%、25%作一个加权平均作为基准值，在此基础上进行计算	**优点**：相对公平；为企业减排树立了明确的标杆，考虑了新老公司的排放 **缺点**：计算方法复杂，所需数据要求高，管理成本高；仅适用于产品类别单一的行业
	历史强度法	介于历史排放法和行业基准法之间，是根据排放企业的产品产量、历史强度值、减排系数等计算分配配额。即企业自身进行纵向对比，例如在过去3年、5年的平均排放水平上叠加减排系数	**优点**：计算方法相对简单，对数据要求相对低，适用于产品类型较多的行业 **缺点**：同样存在不公平，变相奖励了历史排放量相对高的企业；未考虑新公司无历史排放数据

　　从初始配额分配计算方法来看，试点初期，各试点碳市场分配配额采用历史法，即根据企业过去2～3年的排放量和初步预测分配配额，部分地区对于数据条件较好、产品单一的行业，如电力、水泥等行业的企业分配配额采用基准线法。目前，各碳试点市场均针对不同行业或生产过程设置不同的计算方式。表7-8为我国不同碳市场配额分配方式及方法对比。

表 7-8 我国碳市场配额分配方式及方法对比

碳市场	配额总量/亿 t	数量/家	分配方式	配额分配方法
深圳	0.25	750	97%免费分配；3%拍卖	**行业基准线法**：供水行业、供电行业、供气行业 **历史强度法**：公交行业、地铁行业、港口码头行业、危险废物处理行业、污水处理行业、平板显示行业、制造业及其他行业
北京	0.5	886	免费分配	**行业基准线法**：火力发电行业（热电联产）、水泥制造行业、热力生产和供应、其他发电、电力供应行业、数据中心重点单位 **历史强度法**：其他行业中水的生产和供应 **组合方法**：交通运输行业（历史排放法和历史强度法）
上海	1.09	323	免费分配；拍卖	**行业基准线法**：发电企业、电网企业、供热企业 **历史强度法**：工业企业、航空港口及水运企业、自来水生产企业 **历史排放法**：对商场、宾馆、商务办公、机场等建筑，以及产品复杂、近几年边界变化大、难以采用行业基准线法或历史强度法的工业企业
广东	2.66	217	免费分配；拍卖（50万 t）	**行业基准线法**：水泥行业的熟料生产和水泥粉磨，钢铁行业的炼焦、石灰烧制、球团、烧结、炼铁、炼钢工序，普通造纸和纸制品生产企业，全面服务航空企业 **历史强度法**：水泥行业其他粉磨产品、钢铁行业的钢压延与加工工序、外购化石燃料掺烧发电、石化行业煤制氢装置、特殊造纸和纸制品生产企业、有纸浆制造的企业、其他航空企业 **历史排放法**：水泥行业的矿山开采、石化行业企业（煤制氢装置除外）
天津	0.75	145	免费分配	**历史强度法**：建材行业 **历史排放法**：钢铁、化工、石化、油气开采、航空、有色、矿山、食品饮料、医疗制造、农副食品加工、机械设备制造、电子设备制造行业企业

碳市场	配额总量/亿t	数量/家	分配方式	配额分配方法
湖北	1.82	339	免费分配	**历史强度法**：热力生产和供应、造纸、玻璃及其他建材(不含自产熟料型水泥、陶瓷行业)、水的生产和供应行业、设备制造(企业生产两种以上的产品、产量计量不同质、无法区分产品排放边界等情况除外) **行业基准线法**：水泥(外购熟料型水泥企业除外) **历史排放法**：其他行业
重庆	1.3	—	免费分配；拍卖	**行业基准线法、历史强度法、历史排放法**
福建	2	296	免费分配；拍卖	**行业基准线法**：电力(电网)、建材(水泥和平板玻璃)、有色(电解铝)、化工(以二氧化硅为主营产品)、民航(航空) **历史强度法**：有色(铜冶炼)、钢铁、化工(除主营产品为二氧化硅外)、石化(原油加工和乙烯)、造纸(纸浆制造、机制纸盒纸板)、民航(机场)、陶瓷(建筑陶瓷、园林陶瓷、日用陶瓷和卫生陶瓷)
全国	45	2 225	免费分配	**行业基准线法**

全国碳配额的最新分配方案可参考《2019—2020年全国碳排放权交易配额总量设定与分配实施方案(发电行业)》。

根据分配政策,需要注意以下几点。

一是配额核定方法不是固定的,有些行业会变更。其中深圳市行业配额分配方法2021年度发生较大变化,公交行业、港口码头行业、危险废物处理行业、地铁行业由行业基准线法调整为历史强度法。北京市2022年度其他发电(抽水蓄能)、电力供应(电网)两个细分行业配额、核定方法由历史强度法调整为行业基准线法。

二是碳配额不是每年固定的,每年各地会根据应对气候变化目标、经济增长趋势、行业减排潜力、历史配额供需情况等因素,调整年度配额总量。目前试点碳市场基本都提高了配额总量,如湖北由2020年度的1.66亿t提高到

2021年度的1.82亿t,上海由2020年度的1.05亿t提高到2021年度的1.09亿t;广东由2021年度2.65亿t提高到2022年度2.66亿t;深圳提高了300万t,天津则保持不变。

三是碳排放权有偿分配是趋势,尽管有些省市在碳配额分配方案里没有提及有偿分配,但已着手做相关准备与尝试。例如,2022年11月23日,北京绿色交易所组织实施了北京市2021年度碳排放配额有偿竞价发放,共17家通过资格审核的重点排放单位竞价成功,成交总量96万t,统一成交价为117.54元/t,成交总额1.13亿元。

3)交易制度

政府确定碳排放总量并按照一定规则将碳排放配额分配至企业后,如果未来企业排放高于配额,需要到市场上购买配额。与此同时,部分企业通过节能减排技术,最终碳排放低于其获得的配额,则可以通过碳市场出售多余配额。双方一般通过碳排放交易所进行交易。

交易机制是碳交易制度建设过程中的重要因素,也是实现制度落地和达成减排目标的关键环节。只有科学严密的市场交易机制,包括交易主体、抵消机制、履约期长度、结算交割、签发转移登记、技术保存、惩罚标准等制度性安排,才能维持碳市场的正常运行。

全国碳市场交易场所包括全国碳排放权注册登记机构和全国碳排放交易机构,其职能各有不同,如图7-1所示。

图7-1 全国碳排放交易场所

全国碳排放权注册登记机构的作用是通过全国碳排放权注册登记系统,记录碳排放配额的持有、变更、清缴、注销等信息,并提供结算服务。全国碳排放权注册登记系统记录的信息是判断碳排放配额归属的最终依据。

全国碳排放交易机构的作用是负责组织开展全国碳排放权的集中统一交

易。目前已经出台的全国碳市场交易制度体系见表7-9。

表7-9 全国碳市场交易制度体系

项　　目	详　　情
法规	碳排放权交易管理暂行条例 2021年3月30日征求意见
部门规章	碳排放权交易管理办法(试行) 2021年1月5日
通知及规范性文件	碳排放权结算管理规则(试行) 2021年6月17日
	碳排放权交易管理规则(试行) 2021年6月17日
	碳排放权登记管理规则(试行) 2021年6月17日
	关于做好全国碳排放权交易市场第一个履约周期碳排放配额清缴工作的通知 2021年10月26日
	关于做好全国碳排放权市场数据质量监督管理相关工作的通知 2021年10月25日
	企业温室气体排放报告核查指南(试行) 2021年3月29日
	2019—2020年全国碳排放权交易配额总量设定与分配实施方案(发电行业) 2021年12月30日
	2021、2022年度全国碳排放权交易配额总量设定与分配实施方案(征求意见稿) 2022年10月31日
	企业温室气体排放核算与报告指南 发电设施 2022年12月21日
	企业温室气体排放核查技术指南 发电设施 2022年12月21日
	关于做好2023—2025年发电行业企业温室气体排放报告管理有关工作的通知 2023年2月7日
	关于做好2021、2022年度全国碳排放权交易配额分配相关工作的通知 2023年3月13日

地区碳排放配额的交易方式包括挂牌交易、协议转让、定价点选、定价转让等方式,全国碳排放配额交易方式包括协议转让、单向竞价等方式。交易的基本流程如图7-2所示。

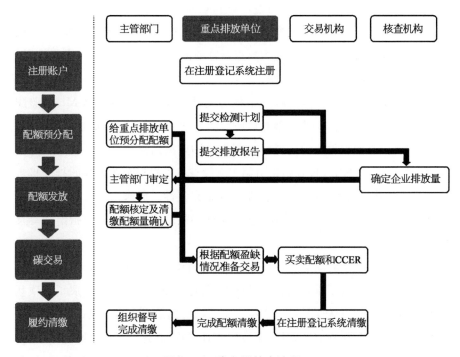

图7-2 碳交易基本流程

协议转让是指交易双方在交易前已达成交易意向及协议,而后通过交易系统进行报价、询价并确认成交的交易方式。协议转让根据单笔交易申报的二氧化碳当量又区分为挂牌协议交易及大宗协议交易。单向竞价是指交易主体向交易机构提出卖出或买入申请,交易机构发布竞价公告,多个意向受让方或者出让方按照规定报价,在约定时间内通过交易系统成交的交易方式,单向竞价模式下买卖双方交易前互不知悉交易双方的身份信息。

4)MRV制度

在选择控排企业的过程中我们注意到,企业是否纳入控排,是根据该企业的碳排放情况来定的,而碳排放并不像电力那样,能够通过计量仪器直接计量,它是通过一系列的计算规则计算出来的。因为一个企业的碳排放量不但决定了它是否纳入碳市场,还决定了今后可以获得的配额数量,也就是决定它需要买碳还是可以卖碳,从某种意义上讲,这个数就是资产,就是钱。所以如何计算企业的碳排放,以及如何保证数据的准确性及公平性是整个碳市场的根基。为此,我国出台了 24 个行业的碳排放核算指南,建立了温室气体全国报送系统,也出台了保证数据准确性的三方核查机制,这些机制统称 MRV 机制,确保企业内部产生的温室气体数据核算的准确性及数据报告的合规性,以保证碳交易环境公平、公正、透明。

MRV 体系具体其实是围绕三个核心文件来实施的。首先是 M——监测计划,监测计划需要由企业编制并按照监测计划实施监测;其次是 R——排放报告,需要由企业根据之前的监测计划得出的监测结果计算碳排放并编写报告;最后是 V——核查,核查则是由第三方核查机构根据企业编写的排放报告核查该企业碳排放信息的真实性、准确性和完整性。而这三个核心文件各自都有主管机构发布的相应的指南,核心文件必须严格按照相应的指南编写及执行。

中国自 2011 年启动低碳试点以来,陆续在北京、上海、天津、重庆、湖北、广东、深圳等地设置了碳排放权交易试点,各地围绕碳交易试点开展了各项基础工作,制定了地方碳交易试点实施方案及配套的地方法律法规,建立了温室气体测量、报告和核查制度,设立了专门管理机构,并建立了市场监管体系等,形成了较为全面完整的碳交易试点制度体系。此后 2014—2021 年间,陆续明确包括 MRV 在内等碳交易环节的管理机制并持续完善碳市场的监管体系、核查标准和监督管理办法,随着 2021 年 7 月碳市场的上线,中国的 MRV 机制初步形成。

法律依据方面:国家发改委在 2014 年 12 月发布了《碳排放权交易管理暂行办法》,并发布了多个国家层面的行业温室气体排放核算方法与报告指南。此后,生态环境部于 2020 年 12 月发布了《碳排放权交易管理办法(试行)》,建立了全国碳市场运行管理的制度依据,并在 2021 年 3 月相继发布《关于加强企业温室气体排放报告管理相关工作的通知》,不断完善相关管理依据。

监测计划和监测方法方面:早期的试点省市除重庆市监测 6 种温室气体外,其他均是监测二氧化碳,碳排放量化方法均是基于活动水平数据和排放因子的温室气体计算方法。而后根据《碳排放权交易管理办法（试行）》的规定，全国碳市场建立后，监测的温室气体种类共有7种，包括6种主要温室气体和三氟化氮，交易主体则包括达到国务院碳交易主管部门所公布排放标准的重点排放单位。

运作机制方面：国家碳排放交易MRV体系运作机制所涉及主体包括国务院碳交易主管部门、省级碳交易主管部门、重点排放单位和第三方核查机构。国务院碳交易主管部门负责碳排放量化及核查的管理及监督；省级碳交易主管部门配合国务院碳交易主管部门对本行政区域内的碳排放权交易相关活动进行管理；重点排放单位根据国务院主管部门的要求，制定排放监测计划并报省级碳交易主管部门备案，编制并报告年度排放报告；核查机构负责开展碳排放核查工作。

5）清缴制度

纳入配额管理的重点排放单位应在规定期限内通过注册登记系统向其生产经营场所所在地省级生态环境主管部门清缴不少于经核查排放量的配额量，履行配额清缴义务。

当企业减排成本低于碳市场价时，企业会选择减排，减排产生的份额可以卖出从而获得盈利；当企业减排成本高于碳市场价时，会选择在碳市场上向拥有配额的政府、企业、或其他市场主体进行购买，以完成政府下达的减排量目标。如果没有足量购买配额以覆盖其实际排放量则面临高价罚款。

按照相关文件规定，重点排放单位未按时足额清缴碳排放配额的，由其生产经营场所所在地设区的市级以上地方生态环境主管部门责令限期改正，处二万元以上三万元以下的罚款；逾期未改正的，对欠缴部分，由重点排放单位生产经营场所所在地的省级生态环境主管部门等量核减其下一年度碳排放配额。

6）监管制度

我国通过信息公开和披露、"双随机、一公开"监督检查等制度，对碳排放权交易及相关活动进行监督管理。

《碳排放权交易管理办法（试行）》规定，由生态环境部制定全国碳排放权交易及相关活动的管理规则，加强对地方碳排放配额分配、温室气体排放报告与核查的监督管理，并会同有关部门对全国碳排放权交易及相关活动进行监督管理和指导。

　　碳排放权交易及相关衍生交易建设方向无疑是走向市场,利用市场化力量,以碳排放配额的稀缺性和碳排放权交易的市场化定价促使企业关注和控制碳排放成本。产品化和市场化的碳排放权交易,与证券、期货交易具有强烈的共性。从证券、期货交易的实践经验来看,要想实现有利于交易的有效市场、保护交易安全,则必须建立体系化和规范化的交易规则和监管规则,实现碳排放权交易的统一监管。

　　国家统一监管是新兴市场发展的必经之路。历史已数次证明,在新兴市场发展的环境下,强有力的统一监管显然更加有利于市场的快速成型和迅捷发展,无论是证券、期货交易市场还是正在发展的碳排放权交易市场,在发展之初,国家统一监管是发展的必经之路。

　　国家统一监管是防范和化解市场风险,防止市场失灵的有效途径。碳排放权交易市场是一个充满"风险"要素的市场,与证券期货市场类似,具有价格敏感度高、突发性强、传导速度快的特点,容易受到其他市场和国内外经济、政治因素的影响。同时,碳排放权交易市场中还存在着包括碳排放权交易各方当事人、交易所、结算和登记机构、中介机构等不同的参与主体,存在信息不对称而引发虚假陈述、内幕交易和操纵市场等各种问题的风险。设置一个强有力的统一监管机构,可以及时发现和处理各种异常情况,有效防范和化解市场风险,维护碳排放权交易的稳定性。同时,这种统一监管不仅可以从微观层面建立碳排放权交易主体和相关机构的监管规范,还可以从维护市场稳定和实现生态保护宏观目标的角度出发,通过制度设计实现必要情况下对碳排放权交易市场的宏观调控和管理。

7.2.4　我国碳市场存在的不足

1) 顶层制度设计有待进一步完善

　　目前关于全国碳市场建设的总体制度设计仍然只有 2017 年发布的《全国碳排放权交易市场建设方案(发电行业)》,该方案提出了基础建设期、模拟运行期、深化完善期三个阶段。在"双碳"目标的推动下全国碳市场得以加速建设,并在 2021 年顺利启动,在新形势下全国碳市场在平稳运行后需要考虑与国家碳达峰、碳中和目标进行合理的衔接,服务"双碳"目标的实现,从而真正明确全国碳市场落实"双碳"目标政策工具的定位。另外,在第一个履约期内企业所获得的碳配额总体富余,但企业普遍有"惜售"情况。一方面,企业无法判断未来配额分配方案的约束力度,造成非履约为目的的交易量占总交易量偏低,不利于碳市场价格发现和资源配置;另一方面,长期定价机制缺失难以引导企业低碳投资,在一定程度上减缓了企业碳减排进程。

2)新行业纳入交易需稳步推进

在全国碳市场启动之后,业内普遍认为第二个履约周期会新纳入2~3个行业,但目前除发电行业以外的其他行业暂时还难以纳入交易市场,主要有三方面的原因:一是碳排放数据质量基础不牢。其他行业核算指南尚未正式发布是直接的制约因素、排放机理复杂、企业对于碳排放数据质量的主体责任落实不到位、碳市场与其他机制未有效衔接是深层制约因素。二是配额分配难度较大。其他行业当前积累的数据尚不完全足以支撑确定合理的行业基准值。三是市场运行机制不成熟。总体上交易不活跃、交易集中在履约期前,以及交易方式以大宗协议为主的特点反映了机制设计还不够健全,部分问题并不能简单通过扩容改善或解决。

3)交易活跃度需要提升

全国碳市场运行一周年来,成交量和碳价呈现了以下一些特征:第一,市场观望情绪重,企业"惜售"心理强,导致成交量偏低。第一个运行周期内全国碳市场配额累计交易量为 1.94 亿 t,换手率(即总交易量/配额总量)约为 2%,低于试点碳市场的平均换手率 5%,远低于欧盟碳市场现货成交换手率约 80%。第二,交易"潮汐现象"较为明显,非履约截止日的日常交易活跃度低,碳市场资源配置的作用未能体现。临近履约的 11 月、12 月成交量占一年成交量的 80%以上,说明企业仅仅把碳市场当作一种需要履约的强制性约束政策,还没有把碳配额当作一种生产要素纳入日常生产运营考虑,也几乎很少有以实现碳资产保值、增值为目的的交易。第三,交易以大宗交易为主,价格未能反映配额价值或减排成本,价格信号失真。在第一个履约周期,挂牌交易合计 3 259.28 万 t,交易额为 15.56 亿元,平均价约为 48 元/t;大宗交易合计 1.61 亿 t,交易额为 69.36 亿元,平均价约为 43 元/t,大宗交易约占全部交易量的 80%。所有交易日中,大宗交易价格比挂牌交易平均低约 10%。大宗交易主要通过集团内部的配额调配、不同控排企业之间直接洽谈或通过居间磋商的方式实现,交易方式相对较复杂,交易过程不够透明,成交价格不是配额价值的体现,亦未反映行业的边际减排成本,其交易方式本身也会在一定程度上增加交易的成本。

7.2.5　其他碳减排机制

近年来,我国除加快开展碳交易试点建立了全国碳市场外,还积极推动CCER、绿电交易市场、绿证制度、碳汇、碳普惠等多种减排机制的建立运行,发挥多种机制其在促进低碳投资、改善空气质量、加强能源安全等方面的作用。

1）国家核证自愿减排量 CCER

CCER 是《京都议定书》下 CDM 的交易标的"核证自愿减排量"（Certified Emission Reduction,简称"CER"）的中国版,是一种"碳信用"。典型的碳交易市场是由碳排放配额和碳信用两类交易标的构成,排放配额是特定排放主体获得的温室气体排放"指标",而碳信用是各类经济主体所能实现的减排效益。具有减排效益的经济活动,可以通过交易碳信用对应的碳资产在市场上取得收益,因此这是碳定价的重要支点。

国家核证自愿减排量,是指对我国境内可再生能源、林业碳汇、甲烷利用等项目的温室气体减排效果进行量化核证,并在国家温室气体自愿减排交易注册登记系统中登记的温室气体减排量。我国对温室气体自愿减排交易采取备案管理,参与自愿减排交易的项目应采用经国家主管部门备案的方法学,并在国家主管部门备案和登记,且由经国家主管部门备案的审定机构审定。自愿减排项目产生的减排量在国家主管部门备案和登记,经备案的减排量称为CCER,单位以"吨二氧化碳当量（tCO_2）"计。CCER 在经国家主管部门备案的交易机构内,依据交易机构制定的交易细则进行交易。

作为碳配额市场的重要补充,CCER 的实施具有重要意义:一是有利于完善碳交易机制。CCER 为我国实行总量控制的碳交易体系带来了抵消机制,给予控排企业除购买碳配额外的更多选择。与配额相比,CCER 具有价格优势,其可以降低控排企业履约成本,提高整体碳市场履约率。二是有利于扩大参与碳市场的主体范围。以全国碳市场为例,目前能够参与配额交易的主体只有发电行业的控排企业。启动 CCER 机制后,更多自愿减排项目的业主也可以参与市场交易,增加碳市场体量,提升市场流动性。三是有利于为企业拓宽绿色融资渠道。CCER 可以作为金融资产参与质押、信托等类型的金融活动。四是有利于促进实现温室气体减排目标。CCER 机制下,更多企业可利用市场化手段主动参与节能减排,着手发展可再生能源,合理运用资源参与 CCER 交易,降低企业碳排放,从而有利于全社会层面实现碳中和目标。

2012 年国家发改委颁布的《温室气体自愿减排交易管理暂行办法》及《温室气体自愿减排项目审定与核证指南》对 CCER 项目减排量从产生到交易的全过程进行了系统规范,自此中国自愿减排市场搭建了相对完善的运行管理体系,中国 CCER 交易也持续开展。2021 年纳入全国碳市场的覆盖排放量约为 40 亿 t,按照 CCER 可抵消配额比例 5% 测算,CCER 的年需求约为 2 亿 t。

2017 年 3 月,国家发改委因"温室气体自愿减排交易量小、个别项目不够规范等问题",暂缓受理 CCER 申请,新项目不再审批,但老项目仍可运行,并组织修订《温室气体自愿减排交易管理暂行办法》,进一步完善和规范温室气体自愿减排交易,促进绿色低碳发展。2021 年 7 月 16 日,全国碳市场开始启动,把 CCER 纳入了全国碳市场,企业可以使用 CCER 抵销碳排放配额的清缴,比例不超过自身应清缴配额的 5%。目前国家正在积极筹备重新启动 CCER 项目的备案和减排量的签发,全国 CCER 市场有望于 2023 年重启。全国 CCER 市场和全国碳市场将进一步融合,更有效率地推动全社会减排,助力国家"双碳"目标实现。

2)绿电绿证交易

绿电交易特指以绿色电力产品为标的物的电力中长期交易,用以满足电力用户购买、消费绿色电力需求,并提供相应的绿色电力消费认证。它是在电力中长期市场体系框架内设立的一个全新交易品种,能够引导有绿色电力需求的用户直接与发电企业开展交易。绿色电力交易试点由国家电网公司、南方电网公司组织北京电力交易中心、广州电力交易中心具体开展,参与绿色电力交易的市场主体,当前阶段以风电和光伏发电为主,未来将逐步扩大到水电等其他可再生能源。绿色电力交易的发展既是碳中和时代下,实现"双碳"目标的重要路径,也是进一步推动再生能源电力市场化消纳、健全绿色电力市场交易机制的关键抓手。

为了保证绿电的环境属性唯一,只有符合要求的平价项目电量、带补贴项目的自愿弃补电量、超出全生命周期合理利用小时数的电量才可以参与绿电交易。对于带补贴项目,全生命周期合理利用小时数以内的电量可以享受国家补贴,如果这部分电量已经享受了补贴,则认为其环境属性已经得到了补偿,不能再通过绿电交易获取环境属性的双重收益。对于电力用户来说,除了与可再生能源发电企业直接交易之外,还可以向电网采购绿电。电网的可再生能源电力来源于保障性收购或代理购电,其中绝大部分是带补贴项目电量。

消费绿电的电力用户能够得到绿证,该绿证即 2017 年启动的自愿认购绿证,由国家可再生能源信息管理中心负责。在绿电交易中,绿证的流转是首先由国家可再生能源信息管理中心通过电力交易中心将绿证核发给发电企业,再由电力交易中心根据最终确认的绿电交易结算结果将绿证从发电企业账户划转至电力用户账户。绿证主要解决存量增量风、光项目补贴不足的问题。目前,绿证主要满足市场主体消纳责任权重要求。我国已建立可再生能源电力消纳保障机制,各类直接向电力用户供/售电的市场主体共同承担可再生能源电力消纳责任,以实际消纳可再生能源电量为主要方式完成消纳量,还可以采用超额消纳量交易和绿证自愿认购的补充(替代)方式完成消纳量,市场主体可以向超额完成年度可再生能源电力消纳量的市场主体购买超额消纳量。电力交易中心负责建设、运营和维护可再生能源电力消纳凭证交易系统,该系统将同步市场主体的实际消纳量及绿证交易情况,计算市场主体的超额消纳量,1 MW·h 超额消纳量生成 1 个可再生能源电力超额消纳凭证用于交易。

从国际上看,美国、欧洲、澳大利亚等成熟电力市场大都建立了绿电及绿证交易市场。绿电在未来有望成为纳入碳市场的控排企业减排的可行途径,绿电作为一种减排措施,其溢价受到两个因素影响:减排率和碳价。随着全国电网排放因子逐步下降,绿电的减排率会越来越低,用户因为使用绿电从而减少排放带来的碳收益也会降低,进而拉低绿电溢价,未来碳价逐步上涨将有利于推高绿电溢价。

3)碳汇

碳汇一般是指从空气中清除二氧化碳的过程、活动、机制,主要是指森林吸收并储存二氧化碳的多少,或者说是森林吸收并储存二氧化碳的能力。广义的林业碳汇指森林植物吸收大气中的二氧化碳并将其固定在植被或土壤中,从而减少二氧化碳在大气中的浓度。根据林草局和统计局的数据,我国的森林生态资源的服务价值不断增长,2010 年森林生态服务价值突破 10 万亿元,森林资产价值达到 13 万亿元;而到了 2015 年森林生态服务价值突破 12 万亿元,森林资产价值突破 21 万亿元;2020 年森林生态服务价值突破 15 万亿元,森林资产价值突破 25 万亿元。

除了林业碳汇,还有海洋碳汇。海洋碳汇又叫"蓝色碳汇",指的是海洋对于空气中活性的碳进行捕捉和封存。有报告显示,海洋吸收了全球人造二氧化碳的四分之一以及 90% 以上温室气体的热量。所以,海洋碳汇对于全球的碳汇而言是一个重要方面。海洋碳汇可以在取得相关认证的基础上进行市场化交易。海洋在固碳方面扮演着重要的角色,据估计,自 18 世纪以来,海洋吸收的二氧化碳已占化石燃料排放量的 41.3% 左右和人为排放量的 27.9% 左右,地球上 55% 的生物碳或绿色碳捕获是由海洋生物完成的。促进海洋碳汇发展,开发海洋负排放潜力,是实现碳中和目标的重要路径。

科学准确地核算海洋碳汇的经济价值,则是推动海洋碳汇发展的基础性工作。当前,海洋碳汇核算体系尚不完善、方法仍不统一,加快海洋碳中和核算机制与方法学研究,率先研发制定海洋碳汇标准并开展海洋碳汇交易试点,必将有利于我国占得先机和把握未来发展的主动权。自然资源部 2022 年发布了《海洋碳汇核算方法》(HY/T 0349—2022)行业标准,该标准是我国首个综合性海洋碳汇核算标准。在海洋碳汇量化问题上,标准所指海洋碳汇能力由红树林碳汇、盐沼碳汇、海草床碳汇、浮游植物碳汇、大型藻类碳汇和贝类碳汇等组成。海洋碳汇能力核算采用常规且成熟的调查方法,主要包括群落样方调查方法、标志桩法、叶绿素 a 法等。核算数据主要来源于实地调查,按照相应的调查方法进行调查与实验就可以获取,如果没有条件开展调查的,标准也给出了相关系数的参考值。

4）碳普惠

低碳权益是环境权益的一种,碳普惠是低碳权益惠及公众的具体表现。碳普惠是为市民和小微企业的节能减碳行为赋予价值而建立的激励机制,是对小微企业、社区家庭和个人的节能减碳行为进行具体量化和赋予一定价值,并建立起以商业激励、政策鼓励和核证减排量交易相结合的正向引导机制。

目前,我国主要通过行业、企业层面落地减排政策及目标,但随着城镇化快速发展和城乡居民生活水平不断提高,人均碳排放水平呈快速增长态势,城市小微企业和城乡居民生活、消费领域已然成为能源消耗和碳排放增长的重要领域。因此，通过建立碳普惠机制，鼓励个人和小微企业的低碳行为，将有利于促进低碳行为的全民参与性，从而促进绿色消费，进而推动企业低碳转型升级，提高整个社会低碳发展的水平，最终推动低碳经济、生态文明。

碳普惠机制通过数据采集，记录并量化公众日常生活中节能低碳行为的减碳量，并将减碳量按照一定比例换算成"碳币"发放到相应公众账户中，利用碳币的金融属性在全社会系统内进行流通，从而获取商业激励、政策激励及交易激励。

（1）商业激励：碳普惠商业激励是指碳币可用于兑换企业所提供的折扣及增值服务，如餐饮、娱乐的优惠折扣，酒店的延迟退房，航空里程，超市赠品等，让公众通过日常消费中的优惠感受到低碳所带来的直接经济价值，增强公众践行低碳的自主性。

（2）政策激励：推动节能降碳是政府的重要职责之一，所谓政策激励是指将碳普惠制与节能减排相关政策制度结合，充分利用市场化的补充激励作用，发挥政策的最大功效，激励公众积极降碳。

（3）交易激励：碳普惠交易激励是指将公众易精准计量的低碳行为所产生的减碳量进行核证并签发，签发的减碳量可用于抵消控排企业配额。

目前，上海市和深圳市出台了碳普惠建设相关政策。其中，《上海市碳普惠体系建设工作方案》提出，到2025年，上海形成碳普惠体系顶层设计，构建相关制度标准和方法学体系，搭建碳普惠平台，选取基础好、有代表性的区域及统计基础好、数据可获得性强的项目和场景先行开展试点示范，衔接上海碳市场，探索多层次消纳渠道，探索建立区域性个人碳账户，打造上海碳普惠"样板间"。《深圳市碳普惠管理办法》围绕碳普惠方法学管理、核证减排量管理、碳积分管理、碳普惠场景管理等方面，制定了完善的规范流程和要求；同时，依托碳普惠统一管理平台开展管理工作，确定碳普惠专家库、碳普惠方法学、核证减排量、碳积分、碳普惠场景等碳普惠体系主要内容的线上平台化管理，建立与深圳碳排放权交易系统的互联互通，提供相关政策信息披露与推广宣传等功能。

气候变化是目前国际社会普遍关注的全球性重大问题，市场机制是促进温室气体减排、降低社会减排成本的重要手段，目前很多国家和地区都试图通过碳交易的市场机制来实现控制和减缓人为活动引起的碳排放。

碳排放是指煤炭、天然气、石油等化石能源燃烧活动和工业生产过程、土地利用、土地利用变化与林业活动产生的温室气体排放，以及因使用外购的电力和热力等所导致的温室气体排放。碳排放权是依法取得的向大气排放温室气体的权利，碳排放配额是政府分配给重点排放单位指定时期内的碳排放额度，是碳排放权的凭证和载体。本节描述的主要是碳排放权相关的市场交易机制。

7.3 绿色金融

7.3.1 ESG 投资

1) ESG 投资理念的发展与现状

ESG 是环境（Environment）、社会（Social）和公司治理（Governance）三个英语单词的首字母缩写，它指的不是财务绩效，而是企业评价标准和投资理念，重点关注的是治理、企业环境、社会和环境绩效。ESG 评价侧重于从财政以外的角度，勘察和查看企业价值和社会价值，从而寻求稳定的长期回报，对于传统指标如企业盈利能力、财务状况等，不会关注。世界上很多机构和组织都提出了内涵基本一致的 ESG 评价框架，其中只有各个领域的分类和具体指标不同。

ESG 最早的概念起源于国外，在 18 世纪提出的"社会责任投资"的概念，与 ESG 高度相似。"社会责任投资"的概念是指资本回报，资本投资领域和投资对社会经济的影响的关注程度是一样的。投资者逐渐意识到企业的环境绩效随着全球环境问题的日益突出可能会影响企业的财务绩效，投资价值判断已作为投资价值判断的基础。与此同时，贫富差距等社会问题、区域和全球性金融危机促使社会价值创造和公司治理逐渐被纳入投资考量之中。2006 年，高盛集团首次提出了 ESG 概念。此后随着 ESG 概念不断深化，相关投资产品也在金融市场陆续涌现。后来社会责任投资演变成企业社会责任（CSR）。联合国负责任投资原则组织（UNPRI）提出了 ESG 的概念。首次提出"预防和化解重大风险、精准扶贫和污染防治三大斗争"，是在中国共产党第十九次全国代表大会报告上。具体来说，污染防治关注环保问题，是"E"的部分；精准脱贫关心社会问题,强调协同发展和乡村振兴,这是"S"的部分;防范化解重大风险是"G"的体现,因为以金融风险为例,现代公司治理结构发展不完善是风险形成的主要因素。ESG虽然是借鉴国外的理念和实践,但在我国不仅产业还有政策上都在不断推进。

据中证指数公司统计,截至2020年全球ESG投资规模已将近40万亿美元。据不完全统计,目前全球ESG评级机构有600多家,其中影响力较大的有明晟(MSCI)、彭博(Bloomberg)、汤森路透(Thomson Reuters)、富时罗素(FTSE Russell)、路孚特(Refinitiv)、晨星(Morning Star)等。明晟评级体系已覆盖全球8000余家公司,其影响力仍在持续扩大,表7-10为明晟的ESG评价指标体系。

表7-10 明晟(MSCI)ESG评价指标体系

一级指标	二级指标	三级代表性指标
环境	气候变化	碳排放
		单位产品碳排放
		融资环境因素
		气候变化脆弱性
	自然资源	水资源稀缺
		稀有金属采购
		生物多样性和土地利用
	污染和消耗	有毒物质排放和消耗
		电力资源消耗
		包装材料消耗
	环境治理机遇	提高清洁技术的可能性
		发掘可再生能源的可能性
		建造更环保的建筑的可能性
社会	人力资源	人力资源管理
		人力资源发展

一级指标	二级指标	三级代表性指标
社会	人力资源	供应链劳动力标准
		员工健康与安全
	产品责任	产品安全和质量
		隐私和数据安全
		化学物质安全性
		尽职调查
		健康和人口增长风险
		金融产品安全性
	利益相关者反对意见	有争议的物资采购
	社会机遇	社会沟通的途径
		医疗保险的途径
		员工医疗保健的机会
		融资途径
公司治理	公司治理	董事会
		股东
		财务会计
		工资薪酬
	公司行为	商业道德
		纳税透明度

（1）中国ESG发展情况：中国的ESG发展起步较晚，但我国节能减排、绿色低碳、高质量发展、精准扶贫、共同富裕等发展战略与ESG核心理念高度相关。2018年A股正式被纳入MSCI（明晟）新兴市场指数和MSCI全球指数，所有被纳入的A股上市公司都需要接受ESG测评，推动了国内各大机构与上市公司对ESG的研究探索。与海外相比，国内ESG评价体系起步较晚，

但 2020 年 9 月我国正式提出 2030 碳达峰 2060 碳中和的目标后，一系列低碳节能、新能源转型等方面的相关政策陆续出台，推动产业结构升级，加强企业碳排监管，ESG 因素的影响正越来越大，ESG 评价发展速度很快。目前，国内影响力较大的 ESG 评级机构包括华证、中证、商道融绿、嘉实、社会价值投资联盟、万得等，评价对象均为上市公司。2022 年 4 月，证监会发布《上市公司投资者关系管理工作指引》中国证券监督管理委员会公告〔2022〕29 号，在投资者关系管理中上市公司与投资者沟通的内容中，首次纳入"公司的环境、社会、治理信息"(ESG)，加快推进 ESG 信息披露和 ESG 投资的发展；团体标准《企业 ESG 披露指南》(T/CERDS 2—2022) 发布，为企业 ESG 信息披露提供了参考，其包含的指标体系见表 7 - 11。目前，湖州市和天津市已经各自推出针对本市企业的 ESG 评价指标。

表 7 - 11　团体标准《企业 ESG 披露指南》(T/CERDS 2—2022)

一级指标	二级指标	三级代表性指标
环境	资源消耗	水资源
		物料
		能源
		其他自然资源
	污染防治	废水
		废气
		固体废物
		其他污染物
	气候变化	温室气体排放
		减排管理
社会	员工权益	员工招聘与就业
		员工保障
		员工健康与安全
		员工发展

一级指标	二级指标	三级代表性指标
社会	产品责任	生产规范
		产品安全与质量
		客户服务与权益
	供应链管理	供应商管理
		供应链环节管理
	社会响应	社区关系管理
		公民责任
治理	治理结构	股东(大)会
		董事会
		监事会
		高级管理层
		其他最高治理机构
	治理机制	合规管理
		风险管理
		监督管理
		信息披露
		高管激励
		商业道德
	治理效能	战略与文化
		创新发展
		可持续发展

（2）上海 ESG 发展情况：上海作为全球金融中心之一，拥有上海证券交易所和众多专业的国内外金融机构，在 ESG 发展方面具有一定优势。制度方面，2022 年 1 月，上海证券交易所发布的《关于做好科创板上市公司 2021 年

年度报告披露工作的通知》中,首次对科创板公司社会责任报告披露提出强制要求,要求科创 50 指数公司单独披露社会责任报告或 ESG 报告。机构方面,ESG 评级机构华证指数、中证指数、万得、嘉实基金的总部均位于上海。以普华永道、BSI、谱尼测试为代表的咨询服务机构也开展了 ESG 方面的服务。产品方面,中证指数有限公司和上海环交所、上海证券交易所共同开发了"中证上海环交所碳中和指数"。

在 ESG 实践方面,上海节能减排工作走在全国前列,上海有一批单位产品能耗处于全世界或全国领先水平的企业,形成了较为成熟的节能技术服务体系,全国首家节能监察机构也成立于上海。在 ESG 信息披露方面,上市公司年报和社会责任报告(CSR 报告)是目前企业披露 ESG 信息的主要方式。根据 2021 年 12 月 23 日,"2021 上海市企业社会责任报告发布暨十周年经验总结大会"的披露,上海是企业自主在国内统一发布平台发布社会责任报告最多的城市。目前,在上海市企业社会责任报告在线信息平台上,共有 508 家企业发布了 2020 年度社会责任报告,其中包括上海电气集团股份有限公司、上海电力股份有限公司、上海汽车集团股份有限公司、光明食品(集团)有限公司、上海仪电(集团)有限公司、上海医药集团股份有限公司、上海城投(集团)有限公司、东方航空集团有限公司、正泰电气股份有限公司、大金(中国)投资有限公司等企业集团或企业个体。

2)ESG 评级

商业机构和非营利组织共同创建 ESG 评级,是用以评估企业如何将其承诺、绩效、商业模式和组织架构与可持续发展目标相匹配。ESG 评级的使用者以投资公司为首,被用以对持有各种基金和投资组合的企业进行筛选或评估。使用者以投资公司为首,使 ESG 评级用于对持有各种基金和投资组合的企业进行筛选或评估。求职者、客户和其他利益相关方也可以使用该评级体系来评估自身各类业务之间的关系。

对于被评级公司而言,如果想要让自己的商业战略适应于社会期望和生态边界,那么企业可以使用该评级体系来更好地了解自己的优势、弱点、风险点和机遇点。同时评级结果也十分重要,因为它是公司资本成本考察的重要因素,以及如今纷繁复杂的 ESG 专项共同基金(mutual fund)或交易所交易基金(exchange-traded fund,ETF)是否能顺利接纳公司的股票。在成千上万的信息传播设备上会显示公司的评级结果,公司名单可以用作参考,在媒体或其他机构组织编制"最佳"或"最可持续"公司时,被监管组织用于筛查"洗绿"行为,以及在求职者决定选择加入或避开哪些公司时也可以被用作参考。评级机构也有可能给高评级公司以特殊地位,如 ISS 就会授予那些"实现了颇具雄心的绝对绩效(absolute performance)要求"的公司以"卓越"(Prime)身份。

总而言之,用 ESG 评价一家公司能反映这家公司的风险。"ESG 评级关注的是公司财务底线所面临的风险,目的是帮助机构投资者评估此类风险,从而在自身时间规划内实现最大投资回报的方式对其资本进行配置。"这是 MSCI 在其官方网站上所阐释的 ESG 评价。

3)ESG 制度对我国产业发展的影响

(1)我国 ESG 发展的影响。

"双碳"目标的提出加快了我国经济绿色低碳转型进程。资本市场更加地关注企业的可持续发展能力,ESG 投资理念逐步成为共识。2021 年,1 100 余家的 A 股上市公司发布了社会责任报告、ESG 报告、可持续发展报告、环境报告等相关报告。上市公司开展 ESG 管理和披露具有重要意义,具体如下:

① 监管政策对企业 ESG 管理和披露提出更高要求。2021 年,证监会、生态环境部分别发文对企业环境信息依法披露系统建设、信息共享和报送、监督检查和社会监督等进行了规定,明确了违规情形及相应罚则,同时将企业环境信息依法披露的情况作为评价企业信用的重要内容。

② ESG 管理水平影响企业经营表现,ESG 管理的重要性逐步显现。企业在可持续经营、公平竞争、社会责任等软实力方面的表现成为防范 ESG 风险的重要因素,通过分析 ESG 因素对企业经营管理绩效正面影响案例,发现企业在经营过程中充分考虑环境责任、社会贡献等 ESG 议题,有利于树立良好企业形象,帮助企业提升客户满意度,赢得市场份额。

③ 企业 ESG 表现成为影响投资者决策的重要因素。投资者进行投资决策主要集中关注规避风险及获得投资收益。ESG 评估可以补充传统财务报表缺乏的信息,在传统投资理念关注"行业好、公司好和价格好"等财务指标的基础上,更加注重发展质量和经济活动的综合效益,帮助投资人更全面地了解投资标的风险和回报信息。

（2）ESG 发展的问题和挑战。

① 缺少 ESG 整体信息披露框架顶层设计。ESG 涉及广泛的信息内容，跨多个政府行政部门，目前政府相关部门对 ESG 中环境维度的要求较多，但 ESG 指标和体系的整体信息披露框架缺少顶层设计，与欧美相比差距明显。

② 尚未健全 ESG 信息披露政策体系。我国 ESG 政策目前主要针对企业，但未设立督促企业落实落地 ESG 政策的监管机构；另外，对资产拥有者、资产管理者等尚需进一步推行 ESG 理念，尚未健全整体 ESG 政策体系。

③ 尚未形成监管与服务体系。我国监管 ESG 政策的部门主要是政府、证监会等，第三方机构 ESG 信息披露的研究投入不足，相关监管、鉴证、咨询服务等尚需加强。

4）加快 ESG 发展的政策建议

当前国内 ESG 发展尚处于起步阶段，ESG 生态尚未成熟，为此，提出如下发展建议：

（1）加强 ESG 相关组织建设，构建多元参与新格局。

发挥政府主管部门的协调组织作用，建立政府、投资方、评级机构、咨询服务公司、企业五位一体协同合作的 ESG 生态系统。加强各参与方之间的协同性与耦合性，多维发力，各司其职，形成功能相互补充、行动相互促进的系统性组织体系。政府部门可引导社会资本发起设立 ESG 创新基金，为创新低碳技术商业化试点提供资金支持，创新基金也可为企业提供碳中和转型及可持续发展所需资金计划。

（2）整合 ESG 信息披露标准和评级体系，加快与国际 ESG 接轨。

适时推出具有强制性的 ESG 信息披露指引政策，建立与国际通行标准接轨的中国 ESG 评价体系和信息披露标准，优化信息披露的指标化、定量化，加强 ESG 数据治理和监测，建立分级分类评价模型。依托相关智库、行业协会，针对我国先进制造领域重点产业制定政府维度的 ESG 整体信息披露框架，探索建立基于大数据分析的 ESG 评估分析披露机制。同时，增强资本市场的引领作用，对标国际主流 ESG 评级体系，鼓励金融机构发展 ESG 基金、ESG 债券、ESG 信贷等金融产品，在投资流程中全面嵌入 ESG 评价，倒逼企业为提升 ESG 评级而加强 ESG 信息披露，加快融入国际 ESG 体系。试点在政府采购招投标中加入对投标企业 ESG 相关内容披露的要求。鼓励证券交易所将

ESG 中相关指标作为拟上市公司上市条件的一部分。

（3）培育企业 ESG 意识，推动重点企业试点践行 ESG 体系。

鼓励行业协会、教育和研究机构针对 ESG 市场人才需求，通过开展人才培养计划、开展企业培训项目等方式，提升社会各方面主体对 ESG 的系统性认知和社会责任意识。同时，积极推动重点企业在发展战略制定和日常管理运营中积极践行 ESG 理念，选择不同行业中具有代表性的、有社会影响力的企业作为试点，牵引整个行业领域的 ESG 行动，提升行业竞争力，助力打造适合我国产业发展特点的 ESG 体系。推动央企、国企在企业经营中率先引入 ESG 指标考核，依靠相关头部企业的市场影响力和风向标作用带动产业链上相关企业对 ESG 的重视和 ESG 实践。

7.3.2 绿色信贷

1）绿色信贷的概念

"绿色信贷"也通常被称为可持续融资（Sustainable-Finance）或环境融资（Environmental-Finance）。宏观上的绿色信贷就是指银行业金融机构在遵循对应产业政策的基础上利用利率杠杆调控信贷资金的流向，实现资金的"绿色配置"。

具体而言就是对"高能耗、高污染"行业实施信贷管制，通过项目准入、高利率、额度限制等约束其发展，引导其转变高能耗、高污染的经营模式；同时通过提供配套优惠的信贷政策与信贷产品，来加大对节能环保、低碳循环产业的扶持力度，使节能环保产业产生更大的生态效益，并反哺金融机构，最终实现生态与金融业的良性循环。

2）绿色信贷的特征

（1）集中性：绿色信贷以支持生态环保事业发展为主所投放的信贷资源，行业分布相对较为集中在绿色上。

（2）服务广泛性：绿色信贷业务的对象不仅有常规绿色产业，而且也支持创新性绿色产业以及待探索型绿色产业的投资。

（3）服务差异性：随着许多商业银行对绿色信贷的概念不断深入，研发的产品也不断创新，使得绿色信贷业务在商业银行资产业务中的比重加大，但由于绿色信贷业务的探索还处于初级阶段，各商业银行的绿色信贷产品同质化严重,加大了同行业的竞争的压力,因此,就需要商业银行让自己在同行业中处于优势。

(4)整体的融合性:绿色信贷和资产业务、中间业务等有着密不可分的联系。

(5)盈利性:商业银行响应绿色金融服务,开展绿色信贷业务,主要是以盈利为目的,从而产生更多的金融业务利润,这是商业银行发展绿色信贷业务,开拓绿色产品的出发点和落脚点。

3)绿色信贷发展历程

起步阶段(1980—2006年)。20世纪80年代初,国务院出台了《关于在国民经济调整时期加强环境保护工作的决定》,要求各地利用经济杠杆保护社会环境,随后国务院《关于环境保护资金渠道的规定通知》明确提出的保护环境资金来源多与绿色信贷有关。

1995年人民银行印发《关于贯彻信贷政策与加强环境保护工作有关问题的通知》,各银行业金融机构在信贷工作中把支持环境污染防治、保护生态环境纳入信贷审核条件,这是国内首次采用金融手段限制和引导企业经营活动,也是绿色信贷发展的雏形。

发展阶段(2007—2011年)。人民银行、原环保总局等部门联合出台《关于落实环境保护政策法规防范信贷风险的意见》,明确要求银行业金融机构严格把握贷款审批、管理、发放,并将环境保护工作、控制对污染企业信贷工作作为履行社会责任的重要内容。

之后,人民银行、银监会先后印发《节能减排授信工作指导意见》《中国人民银行关于改进和加强节能环保领域金融服务工作的指导意见》。各银行业金融机构积极贯彻落实国家有关政策,合理配置信贷资源,把优化调整信贷结构与国家经济机构调整有机结合,有效防范信贷风险,绿色信贷得到快速发展。

全面发展阶段(2012—2015年)。银监会先后出台了《绿色信贷指引》《绿色信贷实施情况关键评价指标》《能效信贷指引》等绿色信贷政策,从多个方面要求银行业金融机构以绿色信贷为抓手,积极调整信贷结构,并在绩效考评中设置社会责任类指标,对银行业金融机构提供金融服务、支持节能减排和环境保护等业务进行披露,督促各银行业金融机构全面做好绿色信贷工作。

2016 年,中国人民银行等七部委联合印发《关于构建绿色金融体系的指导意见》。各银行业金融机构积极贯彻落实各项要求,牢固树立绿色信贷理念,并将其作为自身战略发展重要组成部分,不断加强绿色信贷相关制度、流程、组织和能力建设,以绿色信贷促进生态文明建设的自觉性、主动性不断增强,绿色信贷得以全面发展。

2017—2018 年,中国银行业协会和央行先后出台《中国银行业绿色银行评价实施方案(试行)》《关于开展银行业存款类金融机构绿色信贷业绩评价的通知》,从定量和定性两个维度要求各银行开展绿色信贷自我评估。该项工作制度执行严格,各家银行在进行自评价时均需要提供详细的证据和证明文件,同时银监会组成绿色信贷评价小组进行核查和抽查。

值得注意的是,央行在 2021 年 6 月发布了《银行业金融机构绿色金融评价方案》(简称《评价方案》),在《关于开展银行业存款类金融机构绿色信贷业绩评价的通知》的基础上,进一步扩大了绿色金融考核业务范围,将绿色债券和绿色信贷同时纳入定量考核指标,定性指标中更加注重考核机构绿色金融制度建设及实施情况。

7.3.3 绿色债券

1) 绿色债券的定义

绿色债券是一种工具,指任何将所得资金专门用于资助符合规定条件的绿色项目或为这些项目进行再融资。绿色债券与普通债券不同的是,有四种主要特殊性:募集资金的用途、绿色项目的评估与选择程序、募集资金的跟踪管理及要求出具相关年度报告等。

2) 绿色债券的功能

(1)实现企业的绿色融资需求:现在企业的融资渠道很多,可以通过债市、股市、信贷、私募基金等获得资金需求。而在以往的绿色融资渠道中,我国主要是绿色信贷,它占社会融资总额的百分之六十,需要通过全新的融资渠道来完成企业资本需求,其中绿色债券便是一个重要的融资渠道。

(2)解决期限无法进行匹配的问题:由于银行负债期一般只有半年,如果让绿色企业对一些中长期项目提供有力的支持,可能会出现资金期限错配的问题。但银行和绿色企业若能够发出期限较长的绿色债券,从一定程度上可以保证压力的降低。

（3）拓宽银行业务范围：国际上绿色债券在 2015 年的发行量提升了 200％。绿色债券的启动可以使银行获得一个全新的业务增长方式。

（4）减轻企业融资成本：和普通债券一样，绿色债券可以让融资者以较少的自有资本对外募集资金，发行成本相对较低。如果财政和监管政策对其提供一定的扶持，则可以通过其他方式再次减少融资成本，包括审批的快速、贴息、税收及在其他方面的政策等。

3）绿色债券特点

绿色债券的发行既有其优势，又需接受更严格的监管。与一般债券相比，绿色债券在审核程序和优惠补贴方面具有优势。

绿色债券在相关手续齐备、偿债保障措施完善的基础上，比照发改委"加快和简化审核类"债券审核程序办理，上交所和深交所亦开通了绿色通道或安排专人处理绿色公司债券的申报受理及审核。绿色债券发行还能享受一定的地方优惠、补贴，如 2019 年深圳市政府规定对成功发行绿色债券的企业，按照发行规模的 2％给予单个项目单个企业最高 50 万元的补贴。

除此之外，绿色债券与一般债券的主要区别还在于绿色认证、信息披露、资金账户管理等方面。绿色认证是指由独立的第三方评估认证机构提供，并以出具意见（second opinion）的方式对项目绿色属性提供支持。绿色债券的信息披露要求更严格，需额外提供募集说明书约定的绿色产业项目的承诺函等；除一般债券定期报告内容外，发行人还应当披露绿色债券募集资金使用情况、绿色产业项目进展情况和环境效益等内容。就资金账户管理而言，上交所和深交所均要求指定专项账户，用于绿色公司债券募集资金的接收、存储、划转与本息偿付。

我国绿色债券的历史沿革：相较于国际，国内绿色债券起步较晚。全球第一只绿色债券于 2007 年由欧洲投资银行发行，而中国第一只绿色债券则是由新疆金风科技股份有限公司于 2015 年 7 月 16 日在香港联交所发行。在此之前，一些金融机构和企业也尝试发行过募集资金用于绿色相关领域的债券，但由于缺乏统一的政策和市场普遍共识，并未成为投资者公认的绿色债券。

2015—2017 年，绿色债券起步。2015 年 7 月，我国第一只绿色债券成功发行。2015 年 12 月 22 日，中国人民银行出台了《关于在银行间债券市场发行绿色金融债券有关事宜公告》，并配套发布了《绿色债券支持项目目录》，对绿色金融债券的发行进行了引导，自上而下建立了绿色债券的规范与政策，中国的绿色债券市场正式启动。2015 年 12 月 31 日，发改委发布《绿色债券发行指引》；2016 年 3 月、4 月，上交所和深交所分别发布《关于开展绿色公司债券试点的通知》；2017 年 3 月 22 日，中国银行间市场交易商协会发布《非金融企业绿色债务融资工具业务指引》，至此，绿色债券的相关政策实现了债券市场的全覆盖。受政策指引，2016—2017 年绿色债券累计发行规模达 3 983.6 亿元。

2018—2019 年，绿色债券市场蓬勃发展。2018—2019 年，中国绿色债券市场迅速发展，发行规模分别达 2 179.5 亿元、2 817.6 亿元，发行主体数量分别达 99 个、144 个。2019 年，绿色债券的发行规模和个体数量较 2016 年分别同比大幅增长 42.6%、433.3%。根据 CBI 的统计，2019 年中国贴标绿色债券发行总量超越美国，位列全球第一。

2020 年至今，绿色债券市场不断完善。2020 年，随着"双碳"目标的提出，关于绿色债券的多项政策密集出台。7 月 8 日，中国人民银行会同国家发改委、中国证监会联合出台了《关于印发〈绿色债券支持项目目录（2020 年版）〉的通知（征求意见稿）》，统一了国内绿色债券支持项目和领域；11 月 27 日，上交所、深交所先后发布公告规范了绿色公司债券上市申请的相关业务行为。2021 年 4 月，《绿色债券支持项目目录（2021 年版）》正式发布，新版目录统一了绿色债券的标准及用途，对分类进行了细化，新增了绿色装备制造、绿色服务等产业，剔除了煤炭等化石能源清洁利用等高碳排放项目，采纳国际通行的"无重大损害"原则。随着绿色债券定义和相关规范的明确，绿色债券的顶层设计不断完善。根据央行披露，截至 2020 年年末，我国累计发行绿色债券约 1.2 万亿元，规模仅次于美国，位居世界第二。

根据 2021 年最新版目录，绿色债券是指将募集资金专门用于支持符合规定条件的绿色产业、绿色项目或绿色经济活动，依照法定程序发行并按约定还本付息的有价证券。2020 年 11 月，上交所和深交所分别发布了关于绿色公司债券上市的业务指引，明确要求：绿色公司债券募集资金确定用于绿色项目的金额应不低于募集资金总额的 70%。

绿色债券可进一步分为贴标绿色债券与非贴标绿色债券，国内并未对贴标绿色债券给出官方界定。根据气候债券倡议组织（CBI）的定义：贴标债券是指中国国内市场上经过监管机构批准发行的绿色债券，或者在交易场所注册全称包含"绿色"字样标签的债券。

目前国内绿色债券市场正在逐步规范中，2021 年最新《绿色债券支持项目目录》出台，对国内绿色债券支持项目的范围进行了统一，删除了化石能源清洁利用的相关类别，逐步实现了与国际通行标准和规范的接轨。

7.3.4　绿色股权

1）绿色股权的概念

绿色股权作为一种新型可持续金融产品，为全球投资者提供了新的可供选择的资产类别。

自 2009 年世界首笔标准化绿色债券发行以来，全球绿色金融市场一直以固定收益类产品为主导。去年，全球首只"绿色股票"在瑞典亮相，成为绿色金融领域的又一项创新产品。目前，一些国际金融机构已开始试水绿色股权业务，纳斯达克也在欧洲市场推出了绿股"贴标"计划。绿色股权作为一种新型可持续金融产品，为全球投资者提供了新的可供选择的资产类别。

绿色金融是实现碳中和的关键手段，而绿色股权（PE/VC）投资是绿色金融中不可或缺的一环。根据清华大学气候变化与可持续发展研究院的估算，实现 15℃目标导向转型路径需累计新增投资约 138 万亿元。马骏认为，这些绿色低碳投资的大部分需要依靠社会资本，因此旨在动员和组织社会资本开展绿色投资的绿色金融体系，在实现碳中和的过程中将发挥关键的作用。

2）绿色股权在我国的现状

绿色产品投资、责任投资、ESG 投资风向正逐步形成。但相较于绿色债券，我国绿色股权市场规模仍较小。

当前，绿色企业在 IPO、再融资时优惠条件较少，且绿色企业本身存在的外部性、技术研发期限较长，以及满足现行的股权融资门槛难度相对较大等问题，都会阻碍企业的绿色股权融资。从政策层面上，应该考虑放宽绿色企业上市及再融资门槛，助力绿色企业发展。比如，探索建立"绿色板"和绿色企业主板上市绿色通道；精简主板、科创板绿色企业再融资发行条件；探索优化新三板绿色企业分层及转板机制等。

此外,PE/VC机构在投资的过程中,往往面临募资难、长期资金不足、信息不对称、流动性不足、收益率低等问题,从而导致其不愿自发地去投向绿色企业。要使股权资金流向碳中和领域,就要解决这些问题。其具体措施包括:下调绿色PE/VC机构的合格投资者门槛、引导长期资金流向绿色PE/VC机构、政府作为LP直接出资、优先为绿色PE/VC机构开展PE二级市场试点等,还包括直接为满足考核评级的绿色PE/VC机构提供政策激励等,以引导机构资金流向绿色企业。

最后,公众的绿色投资意识相对不足也会阻碍我国绿色股权市场发展。因此,需要完善投资者教育,制定绿色项目参与度考核,推动公众资金及产业资本自发投入绿色产业。比如,建立绿色企业信息披露平台,降低公众绿色投资过程中的信息搜寻成本;联合第三方机构,搭建绿色研究平台,推动公众投资者教育,将金融机构ESG项目参与度纳入考核,并给予针对性激励;推动金融中介积极参与绿色项目及培育绿色企业等。

7.3.5　绿色金融实践与ESG

绿色金融是指为支持环境改善、应对气候变化和资源节约高效利用的经济活动,即对环保、节能、清洁能源、绿色交通、绿色建筑等领域的项目投融资、项目运营、风险管理等所提供的金融服务。

1) 绿色金融与ESG的关系

总的来说,ESG,即环境、社会和公司治理(Environment、Social Responsibility、Corporate Governance)包括信息披露、评估评级和投资指引三个方面,是社会责任投资的基础,是绿色金融体系的重要组成部分。

2) 从四方面推动绿色金融与ESG取向选择

(1) 从单一产品探索走向多元产品协同:我国绿色金融发展从早期以绿色信贷为主的单一产品格局,拓展到绿色债券、绿色基金、绿色保险、碳排放权交易等多元产品;目前绿色金融产品仍以绿色信贷、绿色债券为主,而绿色基金、绿色保险、碳金融产品等与发达国家还有较大差距,与我国的实际社会需求之间也存在不匹配问题;为对企业自主践行ESG理念和绿色转型形成长效激励,还依赖于科学的、具有前瞻性的ESG评价体系。

(2) 从政策推动走向市场选择:应从早期对"两高一剩"企业限制贷款的

行政型规制,拓展到激励引导社会资本主动绿色转型的市场型规制;加快多主体共同参与的市场化建设,完善碳资产、碳业务、碳金融等相关配套基础设施建设,充分发挥碳市场价格发现功能;需要探索市场主导、政策引导的企业ESG驱动模式。

（3）建立绿色考核和风险管理机制:需要明确银行、保险机构的绿色金融责任,建立合理的绿色考核和风险管理机制;坚持稳中求进,积极提升企业和金融机构的绿色金融管理水平,力求技术赋能绿色项目甄别和管理。

（4）建立市场基础设施保障与规范:需要重视市场基础设施保障,规范绿色披露和绿色审计标准及评价体系,维护绿色市场秩序;离不开生态法治建设,建立生态环境损害赔偿制度,形成政策引导、市场主导的长效机制。

3）"双碳"战略下的绿色金融和ESG基金发展方向

"双碳"目标提出后,ESG实践还处在起步阶段,分布在各省市的诸多实验区、试点区、绿色金融示范城市等特定区域存在特殊政策和机制,其中包括可以先行先试、获得财政补贴、金融优惠支持(利率、再贷款),这些特殊政策和机制对企业经营,特别是企业绩效的影响很大。

目前列入碳排放、碳权交易的行业仅有8个,是我国绿色金融重点支持的行业,当前我国绿色金融以绿色贷款为主,其他的金融品种,如债券、基金、衍生品,资本金融市场中其他的渠道并不发达,产品较少,规模相对较小,且很多地区的碳交易市场仍处于试点阶段,流动性弱,活跃度低。

中国的经济体规模、经济结构、发展阶段决定了在"双碳"目标实现之前,我国是世界上最大的碳排放国,也是潜在的最大碳市场。如果能够把中国碳市场的交易规模、交易标准、交易机制和交易货币一起纳入全球碳市场,必然会从金融市场、金融交易功能方面,对人民币国际化起到强有力的支撑。

4）中国ESG投资与绿色金融发展建议

近年来,随着联合国2030可持续发展目标和《巴黎协定》2℃温升目标的提出,贯彻环境、社会和治理(ESG)原则的责任投资理念不断深入人心。2020年年初新冠疫情的全球暴发,进一步推动各国政府和投资者重新审视传统增长模式、更加重视绿色可持续发展,绿色金融和责任投资迎来新一轮发展高潮。

中国作为负责任的发展中大国,坚决贯彻绿色发展国家战略,积极履行《巴黎协定》承诺及"2030年实现碳排放达峰、2060年实现碳中和"的国家自主贡献目标,结合疫情后的绿色复苏进程,持续优化和完善 ESG 投资的政策环境。

一是构建标准体系,推动 ESG 投资规范发展。2016 年,人民银行就在证监会等 6 个部门支持配合下共同印发了绿色金融的顶层制度设计《关于构建绿色金融体系的指导意见》,这也是全球第一个在中央政府层面推出绿色金融顶层设计的一份文件。这份重要文件当中就提出要鼓励养老基金、保险资金等长期资金开展绿色投资,鼓励投资人发布绿色投资责任报告。2018 年,人民银行又牵头成立了绿色金融标准工作组,研究构建国内统一、国际接轨、清晰可行的绿色金融标准体系,ESG 评级和相关信息披露的标准均是其中的重点。例如,金融标准化委员会证券分委会正在牵头起草《绿色私募股权投资基金基本要求》。

二是完善激励约束机制,优化 ESG 投资政策。目前监管部门已经将 ESG 要求纳入了银行授信全流程,建立了面向部分上市公司的环境信息披露的强制性要求,要求资产管理公司开展绿色投资情况自评估,强化 ESG 信息披露和与利益相关者的交流互动。香港联交所还要求上市公司披露对发行人产生影响的重大气候相关事宜,将所有社会关键绩效指标的披露责任提升至不遵守就解释。

三是在地方绿色金融改革创新实验当中突出了 ESG 理念。目前,人民银行推动全国 6 省 9 地绿色金融创新试验区的金融机构开展了环境信息强制披露试点,利用绿色金融行业自律机制研究确定信息披露的内容、格式等,通过金融机构披露环境、社会责任、公司治理等方面的信息倒逼企业的信息公开和责任投资。试验区在绿色项目库入库筛选与动态管理方面也强调项目的 ESG 特征。

四是推动机构在国际投资中注重环境风险管理、贯彻 ESG 原则。我国先后发布了《对外投资环境风险管理倡议》和《“一带一路”绿色投资原则》(GIP)。截至 2019 年年末,14 个国家和地区的 35 家机构已正式签署这一原则。

在各类政策推动下,国内 ESG 投资蓬勃发展。35 家境内机构签署了负责任投资原则,涵盖基金管理公司、资产管理机构、第三方服务机构等。尤其是新冠疫情暴发以来,中国统筹推进疫情防控和经济社会发展工作,在环境、社会和治理三方面均取得积极成效,充分展现了中国精神、中国力量、中国担当。

7.4　企业碳资产管理

7.4.1　碳资产管理的概念

碳资产是指在强制碳排放权交易机制或者自愿碳排放权交易机制下，产生的可直接或间接影响组织温室气体排放的配额排放权、减排信用额及相关活动。碳资产是一个企业获得的额外产品，不是贷款，是可以出售的资产，同时还具有可储备性。碳资产的价格随行就市，每年呈上涨趋势。

碳交易体系中的每年的碳排放达标和环保达标不是一个性质。虽然碳排放权和排污权实质上都是国家硬性规定的强制指标。但是国家在这一层面上给碳配额多加了一层金融属性，这是排污权所不具备的。排污权是纯被动政策，不达标就要面临受罚，达标了或超额达标，也不会有奖励。但是碳配额就不一样，碳配额可以被看作一种政府发放的特殊"货币"，每年政府给控排企业发放一笔固定的"钱"，如果企业进行减排可以就可以把"钱"省下来，再把省下的"钱"卖给需要的企业。这就是碳排放管理的意义。

假如贵公司一年有 1 000 万 t 的配额，通过减排等手段，减少了 10% 的碳排放，那么就是有 100 万 t 的碳配额可以用于市场交易。按照碳市场开始当日收盘价 50 元/t 计算，就是 5 000 万元的现金收益，且不说长久来看随着控排企业越来越多，指标收紧，价格达到发改委预测的 200 元/t 时，就是整整 2 亿元的现金。这是比较基本的碳资产管理，如果把这整个 1 000 万 t 看作一笔资产，一年后这笔资产就消失了，可以拿着这笔资产去碳市场进行交易，低买高卖，也可以交给专业的公司打理，这又是碳资产管理中的一个收入点，这就是碳金融。

所以，碳排放管理在未来对于企业来说，不仅是一个在未来的必修课，更是一个新增的创收点。有时候与其被动地接受，不如主动去拥抱改变。

7.4.2　碳资产管理体系的搭建

企业通过碳资产管理，可以实现碳资产的保值增值。全国碳市场启动后，企业应从被动地应对转变为积极主动地参与，参与策略也应从单纯的履约管理转变为碳资产综合管理。所谓碳资产综合管理，侧重于"综合"二字，不单是片面的履约交易,而是包括"数据整理——CCER 开发—配额/CCER 交易—履约服务"的全流程全内容管理(图 7-3)。

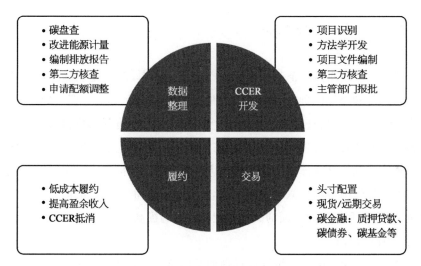

图 7-3　企业碳资产综合管理内容及流程

搭建企业碳资产管理体系可以从以下五个方面着手:

第一,系统化规划。从"双碳"目标出发,系统化规划自身的路径、实施方案。

第二,从战略角度监管,从实操角度落地。随着碳配额逐年缩减的政策,碳汇未来一段时间资源短期价格可能持续高涨,企业要从战略发展的角度,配套政策推动落地。

第三,可持续的运营模式。碳排放不是负担而是有效的资产,从投资的视角获得远期收益,从成本的视角做到减排管理。

第四,数字化管理工具。从碳核查、碳减排到碳交易都离不开数据的真实性、可靠性和可持续性,只有这样才能确保从数据发现、控制和解决问题。同时也可以防止企业过高的履约成本,实现有效的事前监管。

第五,理解"碳经济",有步骤地融入其中。研究表明,到 2030 年,清洁能源在我国的总投资机会高达 16 万亿美元,清洁技术可以推动每年 1 万~2 万亿美元的绿色基础设施投资,并在全球范围内创造 1 500 万~2 000 万个工作岗位。首先,许多企业已经开始布局和架构,包括专业技术人员(如碳排放技术岗位)或是碳交易分析师。其次,针对工业流程和工艺特点,升级节能减排处理的设备与技术,开发清洁能源发电技术,实现企业绿色发展。

7.4.3 碳资产管理的意义

1)经济层面

碳资产管理能提高企业的碳资产资源使用效率,使企业能够通过碳资产的价格信号和资源配置功能来推动企业的管理与运营、提高碳资产的利用率、提高企业生产率、促进技术升级和生产方式转变。当前我国迫切需要价值创造为导向的碳资产管理,来引导企业在追求企业价值最大化的情况下,兼顾环境和社会问题。这既体现了企业的经济主体特征,又体现了生态和谐的要求。碳资产管理作为一项新兴的管理工作,不但有利于企业微观层面的价值实现和创造,还有利于宏观层面的碳资源配置效率的提高。

2)环境层面

碳资产管理是生态系统资源管理的策略之一,强调人类减少对自然环境的破坏、减少温室气体排放。碳资产管理有利于环境资源的开发、利用和维护。只有站在可持续发展的战略高度上,才能更好地确定碳资产管理的定位、内容和实施路径,更好地满足利益相关者的需求,响应国家对建设生态文明体制的要求,促进我国经济社会可持续发展。

3)社会层面

碳资产管理能够体现企业的社会责任,在消费者中树立良好的社会形象,从而获得公众的认同,并通过吸引消费者的关注而获得良好的社会效益。人为地将碳从一种负外部性转变为一种商品和资产,需要一个复杂的制度化的过程,因此碳资产管理的体系构建、实施路径及制度完善必然是一个长期的发展过程。而且,对碳资产进行管理的效果也是需要长期的理论探索和实践论证的过程,并不是一蹴而就的。尤其在不确定环境下的对碳资产这种特殊的稀缺性资源进行跨期和跨空间配置,要求在较长时期内才得 W 验证管理的效果和效率。实施碳资产管理获得的低碳竞争力在短期内或许没有给企业带来直接经济效益,但从长远来看,这些低碳竞争力将会促进企业获取充足的社会收益;从宏观来看,低碳发展也体现了人类社会的发展和进步。

7.4.4 国内碳资产管理现状

中国碳市场的运行起初是通过碳交易试点的方式,所涵盖的领域众多。2008 年,一些专业碳资产管理公司开始在中国设立,然而,这些碳资产管理公司的经营范围主要集中在 CDM 项目的管理上,而针对企业经济主体运营角度实施综合性碳资产管理的公司实为罕见。由于国外的碳资产管理已扩展到开发和创新阶段,因此中国碳资产管理的进程相对滞后。

大型控排企业参与较为主动,管理能力较强;而中小控排企业碳资产管理能力较弱,参与积极性不足。大型控排企业往往具有国有资产的性质,对政府政策的响应程度较高,并且规模较大,受限排影响大。中小控排企业参与积极性不高的原因之一是碳资产管理涉及企业减排、资产管理等重要事项,需要高层管理人员推动实施。另一原因则是缺乏专业的碳资产管理人员参与到交易当中。

从形式上看,目前国内市场上进行碳资产管理的形式主要可以分为两种,一是以自身履约为主要目的战略布局。控排企业进行自身组织架构的变化,成立专门的碳资产管理部门或子公司,进行企业的碳资产管理工作。二是以营利为目的的专业碳资产管理公司。这类公司拥有更多专业领域的人才,更加具有专业性,其产业链包括碳项目开发、碳项目投资、碳交易、碳盘查、碳咨询等。

7.4.5 碳资产管理模式研究

从国内外参与碳市场的企业实践来看,根据不同的组织架构设置可以将碳资产管理模式分为三种:第一种模式是由集团企业在集团层面成立碳资产管理部门,如英国石油、中国石油化工集团有限公司等企业;第二种模式是成立相对独立的碳资产管理公司,如法国电力集团、中国华能集团有限公司等企业;第三种模式是由总部的部门和专业的碳资产管理公司共同进行碳资产管理。由于第三种模式结合了前两种模式,且涉及职能的重复叠加,容易给企业增加不必要的管理和运营成本,下面侧重于分析前两种模式。

模式一:成立碳资产管理部门。

该模式的特点是在集团总部层面成立碳资产管理部门,统筹协调整个集团企业碳交易的各个环节,并对下属企业的碳交易实践提供技术支持。

1）英国石油

英国石油（British Petroleum，以下简称"BP"）是世界领先的石油和天然气企业之一，业务遍及全球 70 多个国家，作为一家全球化的公司，BP 在全球多个地方都处于当地碳减排政策的控制下，因此 BP 在碳资产管理方面也积累了丰富的经验。

具体而言，BP 的碳资产管理分为两个层面：一是在企业层面，每家 BP 的下属企业都有一个碳排放工作组和管理委员会，由负责政策法规、策略、交易、财税、法律和系统建设等方面的成员组成。下属企业具体负责温室气体的监测、报告、核查（以下简称"MRV"）和企业所在区域温室气体减排及履约。做好 MRV 是 BP 下属企业顺利完成履约义务、对企业生产及未来碳排放进行合理预测以及制定碳交易策略的基础，且不同地区的履约机制有不同的 MRV 准则。

BP 每年需要在工厂层面做监测计划，实时监测后将排放报告提交第三方机构审核，再提交政府主管部门核查。主管部门认为碳排放符合要求后，则由 BP 下属企业提交配额；如果配额不够，就需要在市场上购买或者在集团内部进行调配。

二是在集团层面，集团总部可在碳减排解决方案、新技术及新合作模式、全球碳减排交易、安全及操作风险 4 个方面为 BP 下属企业提供支持服务，其中综合供应和交易部门（以下简称"IST"）负责对 BP 全球的碳资产价格变动风险进行管理。同时，IST 下还设立有全球碳排放的交易部门（以下简称"交易部门"），目标是最大限度地降低 BP 整个集团的履约成本并且最大限度地提高 IST 的收入。交易部门分布于全球各地，可以满足 BP 集团内履约企业在全球范围内的交易需求，并对碳资产进行集中管理和风险防控。

需要指出的是，配额仅在履约时交给下属企业，在此之前可以交给交易部门，由该部门负责买卖的盈亏。下属企业在履约前向 IST 部门购买无价格风险的碳排放配额，IST 部门从市场购买抵消配额，承接所有可能的风险以获取差价。同时，不同地区的碳排放政策变化和碳交易规则变化也可以为 BP 公司带来盈利的机会。

2）中国石油化工集团公司

中国石油化工集团公司（以下简称"中石化"）是我国最大的石油企业，位列 2019 年世界 500 强排行榜第 2 名。作为碳排放大户,中石化专门成立了能源管理与环境保护部来进行整个集团企业的碳资产管理工作。该部门的主要职责及已开展的工作如下:

一是完善体制机制。一方面,建立企业内部的碳交易制度,如《中石化碳资产管理办法》《中石化碳排放权交易管理办法》《中石化碳排放信息披露管理办法》等,通过制度规范企业参与碳市场的各个环节。另一方面,建立燃动能耗一体化考核体系,通过评价燃动能耗成本、污染物产生量及二氧化碳产生量等来分析企业的经济效益和环境承载力。

二是开展碳盘查和碳核查。为了摸清碳排放家底,中石化对下属油田及炼化企业进行了初步的碳盘查和碳核查,在企业内部建立碳资产管理信息系统。

三是开展技术研究及减排行动。技术包括碳捕集、碳矿化、产品碳足迹、生物航煤、生物柴油、地热利用技术等。减排行动包括"能效倍增"计划、淘汰落后产能、充分利用低温余热、发展地热产业、开发非常规油气资源、开发利用太阳能、建设二氧化碳捕集示范装置等。

四是参与碳交易。一方面进行 CCER 项目开发,获取减排量;另一方面进行碳交易相关工作,包括 MRV、减排方案制定、交易策略制定等。

模式二:成立碳资产管理公司。

与模式一不同的是,这类企业通过在集团内部成立一家相对独立的碳资产公司来专门负责整个集团的碳资产管理,如法国电力集团、中国华能集团有限公司等。

1)法国电力集团

法国电力集团(EDF)是世界领先的电力企业之一,其业务几乎涵盖了法国整个电力行业的上下游,其主要的碳排放来自欧洲的电力业务,而这些业务的排放实体都在欧盟碳市场的控排范围内,因此法国电力集团成立了法国电力贸易公司(EDF Trading),与其他碳资产管理公司不同的是,碳交易只是EDF Trading 经营业务的一个分支。EDF Trading 在财务、人事和业务上独立运行,它不是根据集团计划简单地完成配额买卖,而是通过多种金融策略和碳资产组合等管理手段在完成计划的基础上降低成本进而产生可观的利润,并最终体现在集团的合并财务报表上。

在欧盟碳市场开启初期,EDF Trading 主要通过在发展中国家开展 CDM 项目获得经核证的自愿减排量(CER)。在这段时间里,法国电力集团的各欧洲业务公司成立了一只规模 3 亿欧元的基金,专注于 CDM 项目的开发,这只基金也是委托 EDF Trading 进行管理。随着欧盟碳市场规模的扩大以及碳市场金融产品的完善,EDF Trading 通过互换、掉期、对冲等多种方式积极参与碳市场,碳配额和 CER 交易量位列欧盟市场的前三名。

除了配额和 CER 交易,EDF Trading 还在欧洲场开展可再生能源证书、生物质颗粒能源、天气衍生品等多项环境相关产品的交易。通过这些交易手段,法国电力集团得以规避市场风险,稳步发展低碳能源并由此提升了集团的长期市场竞争力。

同时,法国电力集团还特别注重交易方面的风险控制。EDF Trading 任何新的交易产品或是新的项目都需要通过技术和法务部门的尽职调查并经过公司定期召开的交易审核委员会批准才能开展,任何交易都需要经过严格的授权且每日统计风险敞口。通过 EDF Trading 的市场操作,法国电力集团不仅完成了欧盟碳市场下的排放要求,而且切实将"碳排放限制"转化为了"碳排放资产"。

2) 中国华能集团有限公司

中国华能集团有限公司(以下简称"华能")是中国五大电力集团之一,在国内发电企业中率先进入世界 500 强行列。为了更好地参与碳市场,华能成立了专门的碳资产公司,负责整个集团企业的碳资产管理工作,其组织架构如图 7-4 所示。

作为集团企业,华能的业务特点为"一元多极"式,"一元"是指电力,这是华能的主业;"多极"是指为主业服务的一系列相关配套产业,包括煤炭、金融、科研、交通运输、新能源、环保等。这些配套产业的发展能够为碳资产公司提供天然的优势,如华能资本服务公司能够为华能碳资产公司提供金融业务优势,西安热工院能够提供技术优势,还有一批水电企业、新能源企业能够提供 CCER 开发的优势等。

因此,华能成立专门的碳资产公司能够很好地依托集团企业现有的金融、技术及产业优势,更好地发挥其碳资产专业机构的平台作用。华能碳资产公司的职能主要有:一是制度建设;二是温室气体排放统计工作;三是 CCER 开

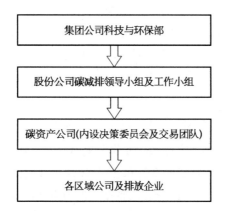

图 7‑4 中国华能集团有限公司碳管理组织结构

发;四是控排企业履约工作;五是能力建设及资讯服务;六是碳金融创新。

案例小结

无论是成立碳资产管理部门还是成立专门的碳资产公司,就碳交易本身而言并没有本质上的区别,两者都是企业内部进行碳资产管理的专门机构,差别在于不同的集团企业,其碳资产管理机构和下属企业之间在权责划分上有所区别。

而究竟采取哪种碳资产管理模式要因时因势而定。在碳市场初期,企业的主要任务是搭建制度框架,进行方法学研究,摸清家底、开展企业内部碳盘查,建立内部能源碳排放管理系统等基础性工作,需要统一协调、步调一致,这就要求企业碳资产管理机构采取充分的主动权,能够调动下属企业的积极性,以取得它们的绝对配合。随着企业更加深入地参与碳市场,企业的管理策略应更多地关注于减排技术的开发利用和交易等环节,而这需要专业团队来运营。

7.4.6 碳资产管理公司及其业务

近几年,为应对碳中和挑战,能源央企纷纷成立、调整碳资产管理公司及其业务,以下为两大电网、五大发电集团旗下碳资产管理公司介绍。

1) 国家电网

国网英大碳资产管理(上海)有限公司成立于 1998 年 1 月 24 日,曾用名上海置信电气器材有限公司、上海置信碳资产管理有限公司。2021年1月12日,国网英大股份有限公司将子公司置信智能全资控股的上海置信碳资产管理公司,划转至国网英大股份直接管理,并更名为"国网英大碳资产管理(上海)有限公司"。2021年2月更名为国网英大碳资产。

2)南方电网

南网碳资产管理(广州)有限公司成立于2021年12月30日,由南方电网资本控股有限公司和南方电网产业投资集团有限责任公司共同组建。

经营范围主要包括碳资产投资和管理,碳减排、碳转化、碳捕捉、碳封存技术研发,节能管理服务,认证咨询等,将全力助力南方电网公司绿色低碳发展,服务推动经济社会发展全面绿色转型。

南网碳资产管理公司作为南方电网实现绿色低碳发展的重要落实载体,将以"四个中心"("双碳"目标管理中心、"双碳"产业运营中心、"双碳"能源交易中心、"双碳"金融服务中心)为发展定位,聚焦碳实业、碳服务和碳金融,以碳实业为基础、碳服务为载体、碳金融为驱动,内建"双碳"管理运营体系,外建"双碳"产业生态圈,推动能源消费方式变革。

3)国家电投

(1)国家电投集团碳资产管理有限公司。

国家电投集团碳资产管理有限公司成立于2021年11月29日,经营范围含资产管理,销售机械设备、环保设备,大气污染治理,环境监测,固体废物治理,供电业务,城市生活垃圾经营性服务等。该公司由国家电力投资集团有限公司、国家电投集团资本控股有限公司、中国电能成套设备有限公司等6家公司共同持股。

(2)国家电投集团智慧能源投资有限公司。

2022年4月13日,国家电投集团智慧能源投资有限公司正式成立。据悉,该公司与此前成立的国家电投集团碳资产管理有限公司为一套班子,两个牌子。

智慧能投注册资本20亿元,该公司由国家电投集团控股90%,国家电投集团综合智慧能源科技有限公司持股10%。

公司经营范围包括发电业务、输电业务、供(配)电业务,燃气经营,自有资金投资的资产管理服务,热力生产和供应,供冷服务,集中式快速充电站,电动汽车充电基础设施运营,新兴能源技术研发,合同能源管理,机械电气设备销售,智能输配电及控制设备销售,新能源原动设备销售,光伏设备及元器件销售等。

（3）国家电投集团北京电能碳资产管理有限公司。

国家电投集团北京电能碳资产管理有限公司成立于 2008 年 1 月 15 日,公司前身为中国电力投资集团有限公司 CDM 开发中心。

公司是中国电力投资集团公司和中国电能成套设备有限公司致力于温室气体减排方面的专业技术咨询机构。其经营范围包括资产经营管理,减少温室气体排放方法的技术咨询（不含中介服务）,销售控制温室气体排放的设备。

4）华电集团

中国华电集团碳资产运营有限公司成立于 2021 年 6 月 11 日。经营范围包括资产管理,环保信息咨询,经济贸易信息咨询,低碳节能减排领域的技术开发、技术推广、技术咨询、技术转让、技术服务,新能源发电的技术开发,电力设备的技术开发,应用软件服务,销售机械设备、计算机、软件及辅助设备,电力供应。

5）华能集团

华能碳资产经营有限公司成立于 2010 年 7 月 9 日,是根据华能集团绿色发展行动计划统一部署设立的集团系统碳资产统一经营运作平台。公司由华能集团下属华能资本服务有限公司、华能新能源产业控股有限公司、西安热工研究院有限公司、华能澜沧江水电开发有限公司及华能四川水电开发有限公司共同出资设立,注册资本金为 5 000 万元。

经营范围包括资产管理,投资管理,财务顾问,经济信息咨询,低碳技术培训,合同能源管理,低碳节能减排领域技术开发、技术推广、技术咨询、技术转让、技术服务,销售节能减排机械设备、五金交电、计算机、软件及辅助设备,货物进出口,电力供应。

6）国家能源集团

（1）国能（惠州）热电有限责任公司成立于 2021 年 10 月 26 日。

经营范围包括经批准的规划容量火力发电、热电联产项目开发、投资、建设及运营,各类综合能源（新能源、分布式能源、储能、氢能等）项目开发、投资、建设及运营等,碳资源开发、利用（不含开采、勘探）,碳资产管理、经营,综合能源利用、合同能源管理、节能环保等的技术咨询服务。

（2）龙源（北京）碳资产管理技术有限公司成立于 2008 年 8 月 27 日。该公司作为龙源电力的全资子公司，主要经营范围包括碳资产管理技术开发、技术咨询，清洁能源技术研发、应用，低碳节能减排领域的技术咨询、技术开发、技术推广、技术转让、技术服务，合同能源管理，销售机械设备、五金交电（不含电动自行车）、计算机、软件及辅助设备、自行开发的产品，会议服务，软件开发，工程和技术研究与试验发展，市场调查，企业管理咨询，经济贸易咨询。

截至本书出版，龙源电力共启动 80 多个 CCER 项目开发，其中备案项目 43 个，位居全国前列。

7）大唐集团

大唐碳资产有限公司于 2016 年 4 月 12 日成立。前身是国内最早建立的 CDM 咨询服务机构之一，截至目前，该公司拥有 163 个 CDM 注册项目，CCER 项目 30 多个，包括风电、水电、光伏、生物质等，公开信息显示该公司已签发二氧化碳减排量达 14 336 192 t。

公司经营范围包括投资管理，资产管理，低碳领域的技术咨询、技术开发、技术推广、技术转让、技术服务，销售（含网上销售）节能产品，合同能源管理，经济信息咨询（不含投资类咨询），计算机技术培训（不得面向全国招生），电力供应等。

7.4.7　企业在碳资产管理中遇到的问题

1）被动消极参与碳资产管理，企业控排能力不足

就目前的情况来看，我国重点排放企业在发展的过程中面临着日益增长的碳减排发展压力，因此对于碳资产管理以及碳市场的构建并不积极，很多企业都是以一种消极的态度应对碳资产管理，大部分企业在履约过程中是持观望态度，"配额的价格明天会不会降低、政府会不会出台其他调控政策"，大家难免有一种侥幸心理，这样就会导致企业的控排执行能力不足，难以实现节能减排的最终目标。

2）碳排放数据不清晰，数据库建立不完善

由于我国碳交易市场刚开始建设，处于起步阶段，很多重点排放企业在碳资产管理的过程中并没有建立有效的数据管理机构，难以得到清晰的碳排放

数据,这样一来就会影响企业的碳资产管理,难以实现节能减排。除此之外,我国碳市场交易管理制度也不够完善,尤其是在数据监管方面,存在一定的技术应用问题,缺乏统一的监管标准,这样就很难对企业碳市场交易起到引导与管理的作用。

3)排放成本过高,急需提升节能减排能力

我国各行业都在践行环境友好型发展的道路,尤其是在碳市场建设之后,然而由于节能减排技术的缺失,导致重点排放企业的节能减排成本过高,加大了企业节能减排的压力。以发电行业为例,由于社会对于电力资源需求的不断增加,电力企业只能增加产出满足社会的电力需求,但是这个过程同时又会导致二氧化碳排放量的增加,加剧气候恶化,要想在保障增产的同时达到碳资产管理的要求,电力企业就必须升级节能减排处理的设备与技术,开发清洁能源发电技术,通过碳市场交易实现减排的目标,这些措施与手段都会增加企业经营管理的成本,加重发电企业的生产负担。

7.4.8 关注碳关税的影响

碳关税本质是拉平进口产品与本国产品的碳成本。这将强迫其他国家建立碳市场或者征收碳税,通过碳定价来实现减碳,或者提高碳价,达到和进口国相同的水平。对于碳关税最重要的影响因素就是出口国碳市场的碳价格和产品含碳量。在碳关税条件下,当出口国碳市场价格与进口国一致,即使产品再高耗能,也能避免缴纳碳关税。换言之,即使一种产品的碳排放量达到了国际最佳,只要这个国家的碳价与进口国还有差距,就依旧需要缴纳碳关税。

碳关税征收导致我国出口企业生产成本的提高,势必会间接影响我国企业出口产品的国际竞争力。其次,对外出口的高碳产品成本上升,导致出口产品价格上升,会削弱我国的出口竞争力,抑制我国的出口增长,使我国出口规模萎缩。

我国对外出口的制造业产品大多处于全球产业链中低端,同时考虑到煤电为主的能源结构,我国产品在"碳关税"上不占优势。发展中国家出现阵痛是必然的过程,中国企业不能对"碳关税"心生抵触,而是要坚定信心、勇于担当,保持定力、积极作为。长期看,我国企业积极采取行动,加速低碳转型发展,碳边境调节机制对我国影响有望逐步弱化。

相关专家表示,我国可以以欧盟 CBAM 实施为契机,优化碳市场的审批纳入流程,探索一条高效的碳市场扩充机制。中国政府应该完善现有的碳市场,我国除了降低国内产业的出口压力与经济负担,可以提升减排技术、降低二氧化碳排放外,还可通过优化国内碳交易规则,激发市场活力,提高碳价水平,缩小与 EU ETS 间的碳价差。

对于我国企业而言,采取措施降低产品碳排放,对于降低碳关税仍有效。减排能力较强的企业,在生产产品过程中消耗的能源少、排放的二氧化碳总量相对较小,相应地,其需要缴纳的碳关税就少。在我国的碳交易机制下,完成减排任务且减排量仍有盈余的企业,可通过碳交易机制将多余的减排成果进行出售,转化为可观的经济收益,用来升级设备或研发减碳降碳技术。首先,要做好整体谋划。其次,要做好合规准备。最后,要重视用好规则。

以间接排放计算涉及的排放因子为例,企业可以通过寻求直购绿电的方式来减少碳排放,同时那些在云南、四川、青海等地建厂的企业,也可以考虑寻求政府支持,推动国家和区域建立更加体现地方绿色电力优势的电网排放因子,并在绿色电力消纳核算、能源双控考核、碳排放量统计考核等方面加强协调,进一步优化国家碳排放统计核算体系。

企业和相关利益方后续应当密切跟踪和研究 CBAM 下相关技术指南和实操层面的规则,仔细甄别具体产品碳排放计算的边界和技术指南,研究企业在国内已经开展的减排行动和已经承担的碳排放成本如何能够得到承认和扣减,为企业开展碳排放管理提供指导的同时,也能为相关主管部门制定政策提供技术支持。如有条件可向国家主管部门提出政策建议,并在条件成熟时支持国家在规则层面与欧盟开展协调和互认等工作。

参考文献

[1] 王科,李思阳.中国碳市场回顾与展望(2022)[J].北京理工大学学报(社会科学版),2022,24(2):33-42.

[2] 宁凯亮,韦婷,朱茜.碳达峰、碳中和带来的机遇和挑战研究报告[R].前瞻产业研究院,2021.

[3] 白文浩,袁帅,武学.全国碳市场开市一周年盘点:回顾、得失与展望[EB/OL].(2022-07-16)[2022-11-08].http://finance.sina.com.cn/esg/2022-07-16/doc-imizirav3689191.shtml.

［4］楼振飞.能源大数据［M］.上海：上海科学技术出版社,2016：118-120.

［5］田苗苗.重启？完善 CCER 交易的若干建议及对企业的影响［EB/OL］.(2022-07-07)［2022-11-08］.http://news.sohu.com/a/564903885_676545.

［6］臧宁宁.推动绿电,绿证和碳信用交易机制协同建设［J］.中国电力企业管理,2022(10)：4.

［7］陈婉.CCER 市场有望重启［J］.环境经济,2022(2)：8.

［8］陈国强,殷音.欧盟碳排放权交易体系（EU ETS)调研报告［OL］. 2022-7. https://mp.weixin.qq.com/s/nDUIRu7-cI3ieO2Y8jQxPA.

［9］刘劲,于艾琳.碳交易体系建设：我们能从欧盟获得哪些启示？［OL］.第 https://finance.sina.com.cn/esg/2023-02-15/doc-imyftyev2294295.shtml.

［10］刘学之,朱乾坤,孙鑫,等.欧盟碳市场 MRV 制度体系及其对中国的启示［J］.中国科技论坛,2018(8)：164-173.

［11］吴璇,张宁,陈颖,等.碳交易 MRV 体系构成要素分析及天津市建设应用研究［J］.城市发展研究,2015,22(11)：19-24.

［12］汪军.碳中和时代：未来 40 年财富大转移［M］.北京：电子工业出版社,2021.

［13］汪军.碳市场机制：从地球的总量控制到企业的配额分配［OL］.https://mp.weixin.qq.com/s/r6uuVWQuZ-oggFbAeGUluQ.

［14］碳达峰、碳中和之路.碳配额有哪些分配方法？深入了解碳配额［OL］.https：//mp.weixin.qq.com/s/A7HTgz49WugOdek2WsvEJQ.

［15］白银市经济合作局.学习进行时‖全国碳市场及交易登记规则！［OL］.https://mp.weixin.qq.com/s/wKDaUtk5Af0Swpe0XsGNow.

［16］朱奕奕,邵锴,公惟韬,等.中国建设碳排放权交易体系的关键：市场化、法治化、统一监管［OL］.https://pkulaw.com/lawfirmarticles/74f3d7ed1c04a54cfb529d574bcb3d71bdfb.html?way=textRightFblx.

［17］蓝虹,陈雅函.碳交易市场发展及其制度体系的构建［J］.改革,2022(1)：57-67.

［18］任庚坡.ESG 发展进展与政策建议［J］,上海市节能中心.中国 SEG 发展白皮书［M］,2021.

［19］智芝全研究.一文读懂 ESG 投资理念［OL］.https://zhuanlan.zhihu.com/p/442655924,2021.

［20］司盛华,赵怡.ESG 指数投资策略在我国债市能奏效吗［OL］,http://finance.sina.com.cn/money/bond/2021-03-03/doc-ikftpnnz1404326.shtml,2021.

［21］播梦碳汇.ESG 评级简要介绍［OL］.https://zhuanlan.zhihu.com/p/566807821,2022.

［22］樊文佳.由典型案例看如何加强绿色信贷发展［OL］.https://finance.sina.com.

cn/esg/2020-08-03/doc-iivhuipn6562222.shtml.

[23] CC.绿色信贷是什么意思？基本特征有哪些？［OL］.https：//www.sgpjbg.com/info/25253.html.

[24] 舍得低碳频道.绿色金融系列 11——中国绿色信贷的发展［OL］.https：//zhuanlan.zhihu.com/p/425711299.

[25] 债见王小瘦.绿色债券那些事儿［OL］.https：//zhuanlan.zhihu.com/p/405571107，2021.

[26] 中国货币市场.我国绿色债券的发展现状、问题及建议［OL］.http：//bond.jrj.com.cn/2021/05/24114732809727.shtml，2021.

[27] 栗栗-皆辛苦.绿色债券的功能和运作机制分析,相关特点介绍［OL］.http：//bond.jrj.com.cn/2021/05/24114732809727.shtml，2021.

[28] 夏韵,孙明春."绿色股票"试水欧洲｜明言 ESG［OL］.https：//www.yicai.com/news/101120609.html.

[29] 聂可昱,刘嘉璐,马吉娟.绿色金融与 ESG——大金融思想沙龙 190 期主题报告发布［OL］.https：//www.sohu.com/a/588464164_674079，2022.

[30] 黄锦鹏,齐绍洲,姜大霖.全国统一碳市场建设背景下企业碳资产管理模式及应对策略［J］.环境保护,2019,47(16)：13 - 17.

[31] 陈江宁,夏苇,刘晟铭,等.从"双碳"目标认知到碳资产管理［J］.企业管理,2021(11)：58 - 60.

[32] 李季鹏,孙振.企业碳资产管理的问题与实施路径研究［J］.发展研究,2018(7)：95 - 101.

[33] 雷英杰.碳市场里的生意经［J］.环境经济,2022(2)：38 - 43.

[34] 中国四大资产管理公司［J］.中国农业会计,2000(4)：10.

[35] 宫振.全国碳市场背景下的重点排放企业碳资产管理工作［J］.现代商贸工业,2021,42(8)：87 - 88.DOI：10.19311/j.cnki.1672-3198.2021.08.037.

[36] 卢梦琪.欧盟"碳关税"或将影响家电出口［N］.中国电子报,2022 - 03 - 29(1).DOI：10.28065/n.cnki.ncdzb.2022.000361.